INTEGRALTAFEL

ERSTER TEIL

UNBESTIMMTE INTEGRALE

HERAUSGEGEBEN

VON

WOLFGANG GRÖBNER UND NIKOLAUS HOFREITER
O. PROFESSOR AN DER UNIVERSITÄT INNSBRUCK O. PROFESSOR AN DER UNIVERSITÄT WIEN

Vierte, verbesserte Auflage

1965
Springer-Verlag Wien GmbH

Ursprünglich erschienen bei Springer-Verlag in Vienna 1965.
Softcover reprint of the hardcover 1st edition 1965
ISBN 978-3-662-37462-7 ISBN 978-3-662-38227-1 (eBook)
DOI 10.1007/978-3-662-38227-1

TITEL NR. 8268

Vorwort.

Der Zweck dieser Integraltafel ist, den Mathematikern, Physikern und Ingenieuren zeitraubende Ausrechnungen von Integralformeln nach Möglichkeit zu ersparen; sie soll auch einen kurzen Überblick über alle in den einzelnen Fällen brauchbaren Methoden geben. Sie soll aber kein Lehrbuch der Integralrechnung sein, sondern setzt genügende Vertrautheit mit deren grundlegenden Begriffen und Regeln voraus.

Größtes Gewicht wurde auf die Genauigkeit der Tafel gelegt: auch diejenigen Formeln, die nicht neu entwickelt sind, wurden vollständig neu gerechnet und mehrmals auf unabhängige Weise überprüft, um möglichst alle etwaigen Fehler und Ungenauigkeiten auszumerzen; bei allen Formeln sind ferner genaue Angaben über ihren Geltungsbereich hinzugefügt.

Die Einteilung der Integrale erfolgt, wie das Inhaltsverzeichnis zeigt, nach den Integranden in Übereinstimmung mit dem üblichen systematischen Aufbau der Integralrechnung. Damit die Integrale leicht auffindbar seien, sind die drei Hauptabschnitte der rationalen, algebraisch irrationalen und transzendenten Integranden lexikographisch unterteilt; die Formeln eines jeden Unterabschnittes sind fortlaufend numeriert, so daß Hinweise auf einzelne Formeln sehr kurz gefaßt werden können: z. B. bedeutet (**236.** 4b) die Formel 4b des Unterabschnittes **236.**

Die Verfasser waren bemüht, diese Sammlung von Integralen möglichst vollständig zu gestalten, aber sie waren sich bewußt, daß diese Vollständigkeit durch die Forderung der Übersichtlichkeit und Handlichkeit des Werkes eingeschränkt werden mußte. Es war daher notwendig, aus der Fülle des Materials auf Grund praktischer Erfahrungen eine passende Auswahl zu treffen und nur diejenigen Sonderfälle ausführlicher zu behandeln, von denen angenommen werden darf, daß sie in den Anwendungen häufig auftreten.

Bereits vorhandene Integralsammlungen wurden durchgesehen und besonders hinsichtlich Anordnung und Abgrenzung des Stoffes benützt. Abgesehen von den bekannten Lehrbüchern der Integralrechnung seien hier die folgenden Formelsammlungen besonders erwähnt:

H. B. Dwight,	Tables of integrals and other mathematical data, New York 1934;
M. Hirsch,	Integraltafeln oder Sammlung von Integralformeln, Berlin 1810;
W. Laska,	Sammlung von Formeln der reinen und angewandten Mathematik, Braunschweig 1888—1894;
F. Minding,	Sammlung von Integraltafeln, Berlin 1849;
C. Naske,	Integralformeln für Ingenieure und Studierende, Berlin 1935;
B. O. Peirce,	A short table of integrals, 3. Aufl.[1];
G. Petit Bois,	Tafeln unbestimmter Integrale, Leipzig 1906.

Die Formeln werden im allgemeinen so angeführt, wie sie dem Standpunkt der Funktionentheorie analytischer Funktionen einer komplexen Veränderlichen entsprechen. Es hat dies den Vorteil, daß man alle Funktionen von reellen Veränderlichen, die man aus jenen auf mannigfaltige Weise ableiten kann, mit einer einzigen Formel umfaßt. (Man denke besonders an die aus dem Logarithmus abgeleiteten Arkus- und Areafunktionen, vgl. [**11.** 9].) Daher wird hier z. B. für den natürlichen Logarithmus das in der Funktionentheorie übliche Symbol $\log x$ an Stelle von $\ln x$ verwendet, und das Funktionszeichen $|x|$ (absoluter Betrag von x), das keine analytische Funktion

[1] Jahreszahl und Verlagsort dieses vorzüglichen Buches waren in dem uns zur Verfügung stehenden Exemplar nicht angegeben.

darstellt, mit wenigen Ausnahmen vermieden[1]. Dieser prinzipielle Standpunkt verbietet es jedoch nicht, die Formeln nötigenfalls in mehreren Gestalten so anzugeben, daß das Resultat ohne zeitraubende Umformungen gleich im Reellen ausgewertet werden kann; auf diese Bedürfnisse des praktischen Rechners wurde überall Rücksicht genommen (vgl. **11.** 7b-d, **231.** 8a-c, u. a. m.).

Gegenüber der ersten Veröffentlichung dieser Integraltafel als Notdruck (Braunschweig 1944)[2] ist die vorliegende Ausgabe neu umgearbeitet und bedeutend erweitert worden. Die Zusätze und Änderungen betreffen vor allem den Abschnitt der elliptischen und hyperelliptischen Integrale; insbesondere wurden die Formeln **243.** 8 und **244.** 8, nach welchen die elliptischen Integrale auf die Legendresche kanonische Form transformiert werden, umgearbeitet; es wurden hier an Stelle der „linearen" Transformationen die „quadratischen" Transformationen benützt, die für numerische Berechnungen im allgemeinen einfachere Formeln liefern. Ferner sei ausdrücklich bemerkt, daß das Symbol (m; d; ν) gegenüber der ersten Ausgabe eine kleine Änderung seiner Bedeutung erfahren hat.

Die Umarbeitung hatte auch zum Ziel, den ersten Teil der unbestimmten Integrale mit dem inzwischen fertiggestellten zweiten Teil, der die bestimmten Integrale enthält, in Einklang zu bringen. Diese beiden Teile bilden ein organisches Ganzes und es liegt in der Natur der Sache begründet, daß viele Lücken, welche im vorliegenden ersten Teil offengelassen werden mußten, erst im zweiten Teil ausgefüllt werden können.

Den Verfassern obliegt die angenehme Pflicht, an dieser Stelle ihren Mitarbeitern ihren herzlichsten Dank auszusprechen: Vor allem gilt dieser Dank Frau Dr. *M. Hofreiter*, welche durch mühevolle und gewissenhafte Kontrollrechnungen die Richtigkeit sämtlicher Formeln überprüft hat; ganz besonders danken wir auch Herrn Dr. *J. Laub*, der ebenfalls an der Aufstellung und Überprüfung der Formeln mitgewirkt und außerdem die mustergültige Reinschrift hergestellt hat, in welcher die Integraltafel nun der Öffentlichkeit übergeben wird; Herrn Prof. Dr. *E. Peschl* in Bonn danken wir für viele wertvolle Ratschläge, welche im Zuge der ersten Ausarbeitung zur Klärung einer Reihe grundsätzlicher Fragen wesentlich beigetragen haben.

Unser wärmster Dank gebührt auch dem *Springer-Verlag* in Wien und seinem Inhaber, Herrn *Otto Lange*, der durch verständnisvolle und weitsichtige Planung das Erscheinen des Werkes in schwierigster Zeit ermöglicht hat.

Innsbruck und Wien, Juli 1948. **W. Gröbner** und **N. Hofreiter.**

Vorwort zur vierten Auflage.

Die Verfasser benützen die Gelegenheit der Neuauflage, um allen zu danken, die auf wünschenswerte Verbesserungen aufmerksam gemacht haben. Da keine großen Änderungen notwendig waren, erschien es zweckmäßig, auch für die vierte Auflage dieselbe Reinschrift zu verwenden, welche schon der ersten Auflage gedient hat. Dadurch konnte auf die einfachste Weise die Gefahr des Eindringens neuer Druckfehler ausgeschaltet werden.

Innsbruck und Wien, Dezember 1964. **W. Gröbner** und **N. Hofreiter.**

---

[1] Daher schreiben wir $\int \frac{dx}{x} = \log C x$ und nicht $= \log |x| + C$.

[2] Von dieser ersten Ausgabe ist kürzlich eine von Ing. Weber gezeichnete französische Übersetzung erschienen (Ministère de l'Armement S.F.I.S., Rapport Nr. 451-01-01/02/03), in welcher die Verfasser des Originalwerkes nicht genannt sind.

Inhaltsverzeichnis.

Seite

Symbole und Bezeichnungen VII
10. Allgemeine Integralformeln VIII

1. Abschnitt. Rationale Integranden.

11. Allgemeine Methode der Partialbruchzerlegung; Grundintegrale 1
12. Potenzprodukte von zwei linearen Ausdrücken $ax+b$ und $cx+d$ 6
13. Potenzprodukte von x und $\frac{ax+b}{cx+d}$ 9
14. Potenzprodukte von mehreren linearen Ausdrücken 10
15. Potenzprodukte von einem linearen und einem quadratischen Ausdruck 12
16. Potenzprodukte von x und ax^n+b 18

2. Abschnitt. Algebraisch irrationale Integranden.

211. Rationale Funktionen von x und $\sqrt[n]{ax+b}$ 22
212. Rationale Funktionen von x und $\sqrt{ax+b}$ 26
213. Rationale Funktionen von x und $\sqrt[n]{\frac{ax+b}{cx+d}}$ 31

221. Rationale Funktionen von x, $\sqrt{ax+b}$, $\sqrt{cx+d}$ 32

231. Rationale Funktionen von x und $\sqrt{ax^2+2bx+c}$ 35
232. Spezialfall: Rationale Funktionen von x und $\sqrt{ax^2+2bx}$ 41
233. Spezialfall: Rationale Funktionen von x und $\sqrt{ax^2+c}$ 42
234. Spezialfall: Rationale Funktionen von x und $\sqrt{x^2+a^2}$ 45
235. Spezialfall: Rationale Funktionen von x und $\sqrt{x^2-a^2}$ 50
236. Spezialfall: Rationale Funktionen von x und $\sqrt{a^2-x^2}$ 51
237. Irrationale Integranden, die sich auf rationale Integranden umformen lassen 56

241. Elliptische Integrale in der Legendreschen kanonischen Form und damit zusammenhängende Integrale. 59
242. Elliptische Integrale in der Weierstraßschen kanonischen Form 73
243. Integrale rationaler Funktionen von x und $y=\sqrt{a_0x^3+3a_1x^2+3a_2x+a_3}$; Umrechnung auf die Legendresche kanonische Form 75
244. Integrale rationaler Funktionen von x und $y=\sqrt{a_0x^4+4a_1x^3+6a_2x^2+4a_3x+a_4}$; Umrechnung auf die Legendresche kanonische Form 81
245. Integrale rationaler Funktionen von x und $y=\sqrt[3]{a_0x^3+3a_1x^2+3a_2x+a_3}=\sqrt[3]{a_0(x-\alpha_1)(x-\alpha_2)(x-\alpha_3)}$; Umrechnung auf die Weierstraßsche und Legendresche kanonische Form. 93
246. Integrale rationaler Funktionen von x und $y=\sqrt[3]{x^2\pm 1}$; Umrechnung auf die Legendresche kanonische Form 95
251. Hyperelliptische Integrale 96

3. Abschnitt. Transzendente Integranden.

	Seite
311. Integrale der Form $\int R(e^{\lambda x})\,dx$	107
312. Integrale der Form $\int f(x)e^{\lambda x}dx$	107
313. Integrale der Form $\int f(x)e^{ax^2+2bx+c}dx$	109
321. Integrale der Form $\int f(\log x)\,dx$	110
322. Integrale der Form $\int R(x)\log^n x\,dx$	111
323. Integrale der Form $\int f(x)\log^n g(x)dx$	112
331. Integrale der Form $\int R(\sin x, \cos x)\,dx$	116
332. Integrale der Form $\int R(\sin(ax+b), \cos(cx+d), \ldots)\,dx$	125
333. Integrale der Form $\int x^p \sin^m x \cos^n x\,dx$	127
334. Integrale der Form $\int e^{ax}\sin^m bx \cos^n cx\,dx$	132
335. Integrale der Form $\int R(x, e^{ax}, \sin bx, \cos cx)\,dx$	134
336. Integrale der Form $\int R\left(\frac{\sin}{\cos}(ax^2+2\,bx+c), x\right)dx$	135
341. Integrale der Form $\int R\left(x, \operatorname{arc}\frac{\sin}{\cos} x\right)dx$	136
342. Integrale der Form $\int R\left(x, \operatorname{arc}\frac{\text{tg}}{\text{ctg}} x\right)dx$	138
351. Integrale der Form $\int R(\text{Sin}\, x, \text{Cof}\, x)\,dx$	139
352. Integrale der Form $\int R(\text{Sin}(ax+b), \text{Cof}(cx+d), \ldots)\,dx$	148
353. Integrale der Form $\int x^p \text{Sin}^m x\, \text{Cof}^n x\,dx$	150
354. Integrale der Form $\int R(\text{Sin}(ax+b), \sin(cx+d, \ldots)\,dx$	155
361. Integrale der Form $\int R\left(x, \text{Ar}\frac{\text{Sin}}{\text{Cof}} x\right)dx$	157
362. Integrale der Form $\int R\left(x, \text{Ar}\frac{\text{Tg}}{\text{Ctg}} x\right)dx$	159
371. Integrale von Weierstraßschen elliptischen Funktionen	161
372. Integrale von Jacobischen elliptischen Funktionen	163

Symbole und Bezeichnungen:

Die folgenden Symbole, die zur Abkürzung in dieser Integraltafel verwendet werden, seien besonders erklärt:

$[\alpha]$ = größte ganze Zahl, die gleich oder kleiner der (reellen) Zahl α ist.

$(m;d;\nu) = m(m+d)(m+2d)\ldots(m+(\nu-1)d)$, für reelle Zahlen m, d und natürliche Zahlen ν;

für $\nu = 0$ wird $(m;d;0) = 1$ festgesetzt. Es gelten insbesondere die Formeln:

$$(m;\,1\,;\nu) = \frac{(m+\nu-1)!}{(m-1)!} = \frac{\Gamma(m+\nu)}{\Gamma(m)};$$

$$(m;-d;\nu) = d^{\nu}\left(\frac{m}{d};-1;\nu\right) = d^{\nu}\frac{\Gamma\left(\frac{m}{d}+1\right)}{\Gamma\left(\frac{m}{d}-\nu+1\right)},$$

$$= (m-(\nu-1)d;\,d;\,\nu).$$

$\log x$ bedeutet immer den natürlichen Logarithmus

$\sqrt{}$ bedeutet im Reellen immer die positive Wurzel.

$E(\varphi,k)$, $F(\varphi,k)$, $\Pi(\varphi,\varrho,k)$ siehe 241.1.

$D_1(\varphi,k)$, $D_2(\varphi,k)$, $D_3(\varphi,\varrho,k)$ siehe 241.3.

$D_4(\varphi,\varrho,k)$ siehe 241.4.

$\mathfrak{Ei}(x)$ siehe 312.3.

$\Phi(x)$ siehe 313.1.

$li(x)$ siehe 321.5.

$\mathfrak{L}_2(x)$ siehe 322.7.

$\mathfrak{Ci}(x)$, $\mathfrak{Si}(x)$ siehe 333.5.

$\mathfrak{C}(x)$, $\mathfrak{S}(x)$ siehe 336.1.

$\mathfrak{Li}(x)$, $\mathfrak{Ti}(x)$ siehe 353.5.

$E(k)$, $K(k)$ siehe 372.1.

10. Allgemeine Integralformeln.

1) **Definition des unbestimmten Integrals:**

$\int f(x)\,dx = F(x)$, wenn $F'(x) = f(x)$ ist; daher ist das unbestimmte Integral nur bis auf eine additive Konstante bestimmt.

2) $\int [f(x) + g(x)]\,dx = \int f(x)\,dx + \int g(x)\,dx$;

3) $\int c\,f(x)\,dx = c\int f(x)\,dx$, wenn c nicht von x abhängt.

4) **Partielle Integration:**

$\int f(x)\,G(x)\,dx = F(x)\,G(x) - \int F(x)\,g(x)\,dx$, wenn $F'(x) = f(x)$ und $G'(x) = g(x)$ ist.

5) **Substitution:**

$\int f(x)\,dx = \int f(g(y))\,g'(y)\,dy$, mit $x = g(y)$, $y = g_{(-1)}(x)$.

6) **Integration von Umkehrfunktionen:**

Wenn $x = f_{(-1)}(y)$ die Umkehrung von $y = f(x)$ ist, also $f[f_{(-1)}(y)] \equiv y$ (identisch) gilt, so bestehen die Formeln:

6a) $\int f_{(-1)}(y)\,dy = y\,f_{(-1)}(y) - \int f(x)\,dx$, mit $x = f_{(-1)}(y)$;

6b) $\int f_{(-1)}(y)\,g\,y)\,dy = f_{(-1)}(y) . G(y) - \int G(f(x))\,dx$, mit $x = f_{(-1)}(y)$, wenn $G'(y) = g(y)$ ist;

6c) $\int H[f_{(-1)}(y)]\,g(y)\,dy = H[f_{(-1)}(y)]\,G(y) - \int h(x)\,G[f(x)]\,dx$,

mit $x = f_{(-1)}(y)$, wenn $G'(y) = g(y)$ und $H'(y) = h(y)$ ist;

6d) $\int F_1[y, f_{(-1)}(y)]\,dy = F[y, f_{(-1)}(y)] - \int F_2[f(x), x]\,dx$,

mit $x = f_{(-1)}(y)$, wenn $\frac{\partial}{\partial x_1} F(x_1, x_2) = F_1(x_1, x_2)$ und $\frac{\partial}{\partial x_2} F(x_1, x_2) = F_2(x_1, x_2)$ ist.

1. Abschnitt. Rationale Integranden.

11. Allgemeine Methode der Partialbruchzerlegung; Grundintegrale.

1) $$\int (a_0 + a_1 x + a_2 x^2 + \ldots + a_n x^n)\,dx = a_0 x + \frac{a_1}{2} x^2 + \frac{a_2}{3} x^3 + \ldots + \frac{a_n}{n+1} x^{n+1} + C$$ *)

2) $$\int (ax+b)^n\,dx = \frac{(ax+b)^{n+1}}{(n+1)a} + C, \quad n \neq -1.$$

3) $$\int \frac{dx}{(x-\alpha)^k} = \frac{-1}{k-1}\,\frac{1}{(x-\alpha)^{k-1}} + C, \quad k \neq 1.$$

4a) $$\int \frac{dx}{ax+b} = \frac{1}{a} \log C(ax+b) \quad ;$$

4b) $$\int \frac{dx}{x-\alpha} = \log C(x-\alpha) \quad .$$

5) $$\int \frac{Ax+B}{(ax^2+2bx+c)^{k+1}}\,dx = \frac{1}{2k(ac-b^2)} \left\{ \frac{(aB-bA)x+bB-cA}{(ax^2+2bx+c)^k} + (2k-1)(aB-bA) \int \frac{dx}{(ax^2+2bx+c)^k} \right\}, \quad k \neq 0.$$ +)

6a) $$\int \frac{dx}{(ax^2+2bx+c)^k} = \frac{1}{2(k-1)(ac-b^2)} \left\{ \frac{ax+b}{(ax^2+2bx+c)^{k-1}} + (2k-3)a \int \frac{dx}{(ax^2+2bx+c)^{k-1}} \right\};$$ +)

6b) $$= \sum_{\nu=1}^{k-1} \frac{(2k-3;-2;\nu-1)\,a^{\nu-1}}{(2k-2;-2;\nu)(ac-b^2)^\nu}\,\frac{ax+b}{(ax^2+2bx+c)^{k-\nu}}$$

$$+ \frac{(1;2;k-1)\,a^{k-1}}{(2;2;k-1)(ac-b^2)^{k-1}} \int \frac{dx}{ax^2+2bx+c}, \quad k = 2, 3, \ldots$$ **) +)

7a) $$\int \frac{Ax+B}{ax^2+2bx+c}\,dx = \frac{A}{2a} \log C(ax^2+2bx+c) + \frac{aB-bA}{a} \int \frac{dx}{ax^2+2bx+c} \quad ;$$

7b) $$\int \frac{dx}{ax^2+2bx+c} = \frac{1}{2\sqrt{b^2-ac}} \log C_1 \frac{ax+b-\sqrt{b^2-ac}}{ax+b+\sqrt{b^2-ac}}, \quad \text{wenn } b^2-ac > 0;$$

7c) $$= \frac{1}{\sqrt{ac-b^2}} \operatorname{arc\,tg} \frac{ax+b}{\sqrt{ac-b^2}} + C_2, \quad \text{wenn } b^2-ac < 0;$$

7d) $$= \frac{-1}{ax+b} + C_3, \quad \text{wenn } b^2-ac = 0.$$

*) Der Buchstabe C bedeutet in allen Formeln grundsätzlich die Integrationskonstante. Treten im selben Zusammenhang mehrere, von einander verschiedene Integrationskonstanten auf, so unterscheiden wir sie durch untere Indizes: $C_1, C_2, \ldots$

**) Es bedeutet: $(m;d;\nu) = m(m+d)(m+2d)\ldots\{m+(\nu-1)d\}$ für $\nu = 1, 2, \ldots$
$(m;d;0) = 1$

+) $ac-b^2 \neq 0$; für $ac-b^2 = 0$ siehe 12.10a–10b.

8a) $$\int\frac{Ax+B}{(x^2+a^2)^k}dx = \frac{1}{2(k-1)a^2}\,\frac{Bx-a^2A}{(x^2+a^2)^{k-1}} + \frac{(2k-3)B}{2(k-1)a^2}\int\frac{dx}{(x^2+a^2)^{k-1}}\,,\qquad k \neq 1\,;$$

8b) $$= \frac{1}{2(k-1)a^2}\,\frac{Bx-a^2A}{(x^2+a^2)^{k-1}} + B\sum_{\nu=2}^{k-1}\frac{(2k-3;-2;\nu-1)}{(2k-2;-2;\nu)a^{2\nu}}\,\frac{x}{(x^2+a^2)^{k-\nu}} +$$

$$+B\frac{(1;2;k-1)}{(2;2;k-1)a^{2(k-1)}}\int\frac{dx}{x^2+a^2}\,;$$

8c) $$\int\frac{Ax+B}{(x^2-a^2)^k}dx = \frac{-1}{2(k-1)a^2}\,\frac{Bx+a^2A}{(x^2-a^2)^{k-1}} - \frac{(2k-3)B}{2(k-1)a^2}\int\frac{dx}{(x^2-a^2)^{k-1}}\,,\qquad k \neq 1\,;$$

8d) $$= \frac{-1}{2(k-1)a^2}\,\frac{Bx+a^2A}{(x^2-a^2)^{k-1}} + B\sum_{\nu=2}^{k-1}\frac{(2k-3;-2;\nu-1)}{(2k-2;-2;\nu)(-a^2)^{\nu}}\,\frac{x}{(x^2-a^2)^{k-\nu}} +$$

$$+B\frac{(1;2;k-1)}{(2;2;k-1)(-a^2)^{k-1}}\int\frac{dx}{x^2-a^2}\,;$$

8e) $$\int\frac{Ax+B}{x^2+a^2}dx = \frac{A}{2}\log(x^2+a^2) + \frac{B}{a}\,\mathrm{arc\,tg}\,\frac{x}{a} + C\,;$$

8f) $$\int\frac{Ax+B}{x^2-a^2}dx = \frac{A}{2}\log(x^2-a^2) + \frac{B}{2a}\log\frac{x-a}{x+a} + C\,.$$

9) Für die Umrechnung des Logarithmus auf arcus- und Ar-Funktionen bei komplexen Argumentwerten sind folgende Formeln von Nutzen, wobei besonders die Vieldeutigkeit dieser Funktionen beachtet werden muß:

9a) $\log(u+iv) = \frac{1}{2}\ln(u^2+v^2) + i(\varphi+2k\pi)\,,\quad k = 0, \pm 1, \pm 2, \ldots\,,$
wo $\varphi = \mathrm{arc\,tg}\,\frac{v}{u}$ innerhalb des Intervalles $-\pi < \varphi \leq \pi$ so zu bestimmen ist, daß auch dem Vorzeichen nach $\sin\varphi = \frac{v}{\sqrt{u^2+v^2}}$ und $\cos\varphi = \frac{u}{\sqrt{u^2+v^2}}$ gilt, also:

$$-\pi < \varphi \leq -\frac{\pi}{2}\,,\quad \text{wenn}\quad u \leq 0\,,\quad v < 0\,;$$

$$-\frac{\pi}{2} < \varphi \leq 0\,,\quad \text{wenn}\quad u > 0\,,\quad v \leq 0\,;$$

$$0 < \varphi \leq \frac{\pi}{2}\,,\quad \text{wenn}\quad u \geq 0\,,\quad v > 0\,;$$

$$\frac{\pi}{2} < \varphi \leq \pi\,,\quad \text{wenn}\quad u < 0\,,\quad v \geq 0\,;$$

insbesondere gilt:
$$\ln(-u) = \ln u + (2k+1)\pi i\,,\qquad k = 0, \pm 1, \pm 2, \ldots$$
$$\ln(\pm iv) = \ln v + (2k \pm \tfrac{1}{2})\pi i\,.$$

9b) Hauptwerte der arcus- und Area-Funktionen <u>im Reellen</u>:

$$-\frac{\pi}{2} \leqq \operatorname{Arc}\sin x \leqq \frac{\pi}{2}\,, \qquad \text{für } -1 \leqq x \leqq +1\,,$$

$$0 \leqq \operatorname{Arc}\cos x \leqq \pi\,, \qquad \text{für } -1 \leqq x \leqq +1\,,$$

$$-\frac{\pi}{2} \leqq \operatorname{Arc}\operatorname{tg} x \leqq \frac{\pi}{2}\,, \qquad \text{für } -\infty \leqq x \leqq +\infty\,,$$

$$0 \leqq \operatorname{Arc}\operatorname{ctg} x \leqq \pi\,, \qquad \text{für } -\infty \leqq x \leqq +\infty\,,$$

$$\operatorname{Ar}\operatorname{Cos} x \geqq 0\,, \qquad \text{für } 1 \leqq x \leqq +\infty\,.$$

Die übrigen Area-Funktionen sind im Reellen eindeutig.

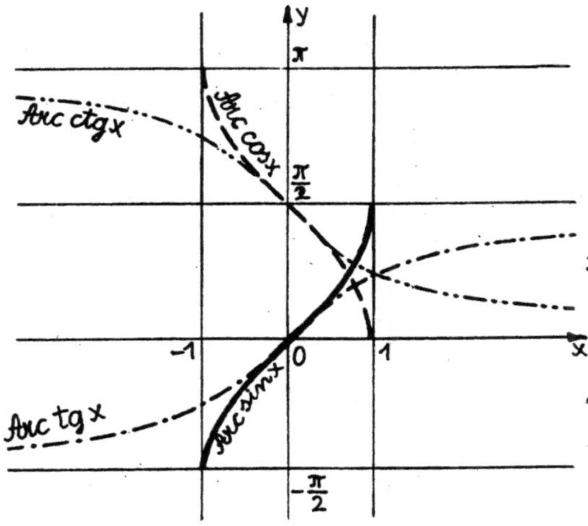

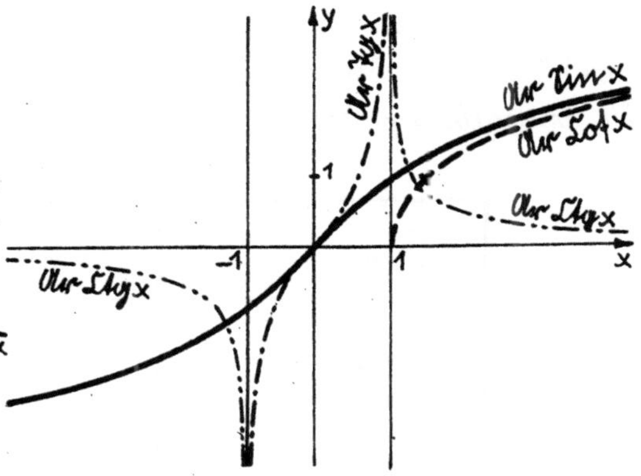

$$\operatorname{Arc}\cos x + \operatorname{Arc}\sin x = \frac{\pi}{2}\,,$$

$$\operatorname{Arc}\operatorname{tg} x + \operatorname{Arc}\operatorname{ctg} x = \frac{\pi}{2}$$

$$\operatorname{Arc}\operatorname{ctg} x \equiv \begin{cases} \operatorname{Arc}\operatorname{tg}\frac{1}{x}\,, & x>0 \\ \operatorname{Arc}\operatorname{tg}\frac{1}{x} + \pi\,, & x<0 \end{cases}$$

$$\operatorname{Arc}\operatorname{tg} x = \operatorname{Arc}\sin\frac{x}{\sqrt{1+x^2}}\,,$$

$$\operatorname{Ar}\operatorname{Sin} x = \ln\left(x+\sqrt{1+x^2}\right),$$

$$\operatorname{Ar}\operatorname{Cos} x = \ln\left(x+\sqrt{x^2-1}\right),$$

$$\operatorname{Ar}\operatorname{Cos} x = \operatorname{Ar}\operatorname{Sin}\sqrt{x^2-1}\,,$$

$$\operatorname{Ar}\operatorname{Tg} x = \operatorname{Ar}\operatorname{Sin}\frac{x}{\sqrt{1-x^2}}\,,$$

$$\operatorname{Ar}\operatorname{Ctg} x = \operatorname{Ar}\operatorname{Tg}\frac{1}{x} = \operatorname{Ar}\operatorname{Sin}\frac{1}{\sqrt{x^2-1}}\,;$$

$$\operatorname{Arc}\sin x = \operatorname{Arc}\operatorname{tg}\frac{x}{\sqrt{1-x^2}}$$

$$\operatorname{Ar}\operatorname{Tg} x = \frac{1}{2}\ln\frac{1+x}{1-x}\,,$$

$$\operatorname{Ar}\operatorname{Ctg} x = \frac{1}{2}\ln\frac{x+1}{x-1}\,;$$

9c) Allgemeine Formeln:

$$\operatorname{arc}\sin z = -i\operatorname{Ar}\operatorname{Sin} iz = -i\log\left(iz+\sqrt{1-z^2}\right),$$

$$\operatorname{arc}\sin\frac{x}{a} = -i\operatorname{Ar}\operatorname{Sin} i\frac{x}{a} = -i\log\left(ix+\sqrt{a^2-x^2}\right) + i\log a\,, \quad a>0\,,$$

$$\operatorname{arc}\cos z = -i\operatorname{Ar}\operatorname{Cos} z = -i\log\left(z+\sqrt{z^2-1}\right),$$

$$\operatorname{arc}\operatorname{tg} z = -i\operatorname{Ar}\operatorname{Tg} iz = -\frac{i}{2}\log\frac{1+iz}{1-iz}\,,$$

$$\operatorname{arc}\operatorname{ctg} z = i\operatorname{Ar}\operatorname{Ctg} iz = \frac{i}{2}\log\frac{iz+1}{iz-1}\,;$$

9d) $\mathfrak{Ar}\,\mathfrak{Cof}\, x = \frac{\pi}{2} i + \mathfrak{Ar}\,\mathfrak{Sin}(-ix)$,

$\mathfrak{Ar}\,\mathfrak{Tg}\, x = \frac{\pi}{2} i + \mathfrak{Ar}\,\mathfrak{Ctg}\, x$,

$\operatorname{arc\,tg} x \pm \operatorname{arc\,tg} c = \operatorname{arc\,tg} \frac{x \pm c}{1 \mp xc}$,

wobei jeder Haupt- oder Nebenwert der einen Seite in einem gewissen Haupt- oder Nebenwert der anderen Seite der Gleichung enthalten ist.

9e) Berechnung der Nebenwerte der arcus- und Area-Funktionen.

Bezeichnet y_0 einen Wert, der der Gleichung der 1. Spalte genügt, so ist irgend ein (komplexer) Wert, der ebenfalls dieser Gleichung genügt, von der in der 2. Spalte derselben Zeile angegebenen Form.

$e^{y_0} = x$	$y_0 + 2k\pi i$
$\sin y_0 = x$	$\begin{cases} y_0 + 2k\pi \\ -y_0 + (2k+1)\pi \end{cases}$
$\cos y_0 = x$	$\pm y_0 + 2k\pi$
$\operatorname{tg} y_0 = x$	$y_0 + k\pi$
$\operatorname{ctg} y_0 = x$	$y_0 + k\pi$
$\mathfrak{Sin}\, y_0 = x$	$\begin{cases} y_0 + 2k\pi i \\ -y_0 + (2k+1)\pi i \end{cases}$
$\mathfrak{Cof}\, y_0 = x$	$\pm y_0 + 2k\pi i$
$\mathfrak{Tg}\, y_0 = x$	$y_0 + k\pi i$
$\mathfrak{Ctg}\, y_0 = x$	$y_0 + k\pi i$

10) Ist der Integrand $R(x)$ eine rationale Funktion von x, so kann man $R(x) = G(x) + R_1(x)$ setzen, wobei $G(x)$ ganz rational ist und

$$R_1(x) = \frac{f(x)}{g(x)} = \frac{a_0 + a_1 x + a_2 x^2 + \ldots + a_m x^m}{b_0 + b_1 x + b_2 x^2 + \ldots + b_n x^n} \quad \text{mit} \quad m < n .$$

Also gilt $\int R(x)\,dx = \int G(x)\,dx + \int R_1(x)\,dx$.

Das erste Integral wird nach 11.1 berechnet, das zweite durch Partialbruchzerlegung in folgender Weise:

11.

Hat $g(x)$ lauter einfache Nullstellen: $g(x) = (x-\alpha_1)(x-\alpha_2)\ldots(x-\alpha_n)$, so lautet die Partialbruchzerlegung von $R_1(x)$

$$R_1(x) = \sum_{\nu=1}^{n} \frac{f(\alpha_\nu)}{g'(\alpha_\nu)} \frac{1}{x-\alpha_\nu}, \quad \text{daraus folgt:}$$

11) $$\int R_1(x)\,dx = \sum_{\nu=1}^{n} \frac{f(\alpha_\nu)}{g'(\alpha_\nu)} \log(x-\alpha_\nu) + C .$$

12) $$\int \frac{A_0 x + A_1}{(x-\alpha_1)(x-\alpha_2)}\,dx = \frac{A_0\alpha_1 + A_1}{\alpha_1-\alpha_2} \log(x-\alpha_1) - \frac{A_0\alpha_2 + A_1}{\alpha_1-\alpha_2} \log(x-\alpha_2) + C, \quad \alpha_1 \neq \alpha_2 .$$

13) $$\int \frac{A_0 x^2 + A_1 x + A_2}{(x-\alpha_1)(x-\alpha_2)(x-\alpha_3)}\,dx = \frac{A_0\alpha_1^2 + A_1\alpha_1 + A_2}{(\alpha_1-\alpha_2)(\alpha_1-\alpha_3)} \log(x-\alpha_1) + \frac{A_0\alpha_2^2 + A_1\alpha_2 + A_2}{(\alpha_2-\alpha_1)(\alpha_2-\alpha_3)} \log(x-\alpha_2)$$
$$+ \frac{A_0\alpha_3^2 + A_1\alpha_3 + A_2}{(\alpha_3-\alpha_1)(\alpha_3-\alpha_2)} \log(x-\alpha_3) + C .$$

Hat $g(x)$ mehrfache Nullstellen: $g(x) = (x-\alpha)^a (x-\beta)^b \ldots (x-\sigma)^s$, so lautet die Partialbruchzerlegung von $R_1(x)$:

14) $$R_1(x) = \frac{f(x)}{g(x)} = \frac{A_a}{(x-\alpha)^a} + \frac{A_{a-1}}{(x-\alpha)^{a-1}} + \ldots + \frac{A_1}{x-\alpha}$$
$$+ \frac{B_b}{(x-\beta)^b} + \frac{B_{b-1}}{(x-\beta)^{b-1}} + \ldots + \frac{B_1}{x-\beta}$$
$$\ldots\ldots\ldots\ldots\ldots\ldots$$
$$+ \frac{S_s}{(x-\sigma)^s} + \frac{S_{s-1}}{(x-\sigma)^{s-1}} + \ldots + \frac{S_1}{x-\sigma},$$

wobei

$$A_\mu = \frac{F_\alpha^{(a-\mu)}(\alpha)}{(a-\mu)!}, \qquad F_\alpha(x) = \frac{f(x)(x-\alpha)^a}{g(x)}, \qquad \mu = 1, 2, \ldots, a;$$

$$B_\mu = \frac{F_\beta^{(b-\mu)}(\beta)}{(b-\mu)!}, \qquad F_\beta(x) = \frac{f(x)(x-\beta)^b}{g(x)}, \qquad \mu = 1, 2, \ldots, b;$$

$$\ldots\ldots\ldots\ldots\ldots\ldots$$

$$S_\mu = \frac{F_\sigma^{(s-\mu)}(\sigma)}{(s-\mu)!}, \qquad F_\sigma(x) = \frac{f(x)(x-\sigma)^s}{g(x)}, \qquad \mu = 1, 2, \ldots, s .$$

Nach dieser Zerlegung kann das Integral $\int R_1(x)\,dx$ mit Hilfe der Formeln 11.3 - 4 berechnet werden.

Will man im Falle konjugiert komplexer Wurzeln

$$g(x) = (x-\alpha_1)^{a_1} \ldots (x-\alpha_k)^{a_k} (x^2+2p_1x+q_1)^{b_1} \ldots (x^2+2p_\ell x+q_\ell)^{b_\ell}$$

das Rechnen mit komplexen Größen vermeiden, so lautet der entsprechende Ansatz mit lauter reellen Koeffizienten $A_{\nu\varrho}$, $B_{\nu\varrho}$, $D_{\nu\varrho}$:

$$R_1(x) = \frac{f(x)}{g(x)} = \sum_{\nu=1}^{k} \sum_{\varrho=1}^{a_\nu} \frac{A_{\nu\varrho}}{(x-\alpha_\nu)^\varrho} + \sum_{\nu=1}^{\ell} \sum_{\varrho=1}^{b_\nu} \frac{B_{\nu\varrho}x + D_{\nu\varrho}}{(x^2+2p_\nu x+q_\nu)^\varrho} .$$

Nach Berechnung der Koeffizienten kann das Integral $\int R_1(x)\,dx$ mit Hilfe der Formeln 11.3 - 8 ermittelt werden.

11.

15) *Ansatz mit unbestimmten Koeffizienten:*

Sei $f(x)$ von kleinerem Grad als $g(x)$ und seien

$$g(x) = (x-\alpha_1)^{a_1} \ldots (x-\alpha_k)^{a_k}, \qquad g_1(x) = (x-\alpha_1) \ldots (x-\alpha_k),$$

$$g_2(x) = \frac{g(x)}{g_1(x)} = (x-\alpha_1)^{a_1-1} \ldots (x-\alpha_k)^{a_k-1}, \quad \text{so gilt}$$

$$\int \frac{f(x)}{g(x)}\,dx = \frac{h(x)}{g_2(x)} + \sum_{\nu=1}^{k} A_\nu \log(x-\alpha_\nu) + C,$$

worin $h(x)$ als ein Polynom von einem um 1 kleineren Grade als $g_2(x)$, d.h. vom Grade $\sum_{\nu=1}^{k} a_\nu - k - 1$, anzusetzen ist und die Koeffizienten von $h(x)$ sowie die A_ν sich durch Koeffizientenvergleichung aus

$$f(x) = h'(x)\cdot g_1(x) - h(x)\cdot g_1(x)\sum_{\nu=1}^{k} \frac{a_\nu - 1}{x-\alpha_\nu} + g(x)\sum_{\nu=1}^{k}\frac{A_\nu}{x-\alpha_\nu}$$

gewinnen lassen.

Hat $g(x)$ auch konjugiert komplexe Wurzeln:

$$g(x) = (x-\alpha_1)^{a_1} \ldots (x-\alpha_k)^{a_k}(x^2+2p_1x+q_1)^{b_1} \ldots (x^2+2p_\ell x+q_\ell)^{b_\ell},$$

und will man nur mit reellen Größen rechnen, so lautet der entsprechende Ansatz, wenn man $g_1(x) = (x-\alpha_1) \ldots (x-\alpha_k)(x^2+2p_1x+q_1) \ldots (x^2+2p_\ell x+q_\ell)$ und $g_2(x) = \frac{g(x)}{g_1(x)}$ setzt:

$$\int \frac{f(x)}{g(x)}\,dx = \frac{h(x)}{g_2(x)} + \sum_{\nu=1}^{k} A_\nu \log(x-\alpha_\nu) + \sum_{\mu=1}^{\ell}\left\{B_\mu \log(x^2+2p_\mu x+q_\mu) + D_\mu \operatorname{arc\,tg}\frac{x+p_\mu}{\sqrt{q_\mu - p_\mu^2}}\right\} + C,$$

worin $h(x)$ als ein Polynom von einem um 1 niedrigeren Grad als $g_2(x)$, d.h. vom Grade $\sum_{\nu=1}^{k} a_\nu + 2\sum_{\mu=1}^{\ell} b_\mu - k - 2\ell - 1$, anzusetzen ist und die Koeffizienten von $h(x)$, sowie die A_ν, B_μ, D_μ durch Koeffizientenvergleichung aus

$$f(x) = h'(x)g_1(x) - h(x)g_1(x)\sum_{\nu=1}^{k}\frac{a_\nu-1}{x-\alpha_\nu} - 2h(x)g_1(x)\sum_{\mu=1}^{\ell}\frac{(b_\mu-1)(x+p_\mu)}{x^2+2p_\mu x+q_\mu} + g(x)\sum_{\nu=1}^{k}\frac{A_\nu}{x-\alpha_\nu}$$
$$+ g(x)\sum_{\mu=1}^{\ell}\frac{2B_\mu(x+p_\mu) + D_\mu\sqrt{q_\mu - p_\mu^2}}{x^2+2p_\mu x+q_\mu}$$

zu finden sind.

12. Potenzprodukte von zwei linearen Ausdrücken $ax+b$ und $cx+d$.

1a) $$\int (ax+b)^m (cx+d)^\lambda dx = \sum_{\nu=0}^{m} \frac{m!\,\lambda!\,(-a)^\nu}{(m-\nu)!\,(\lambda+\nu+1)!\,c^{\nu+1}}(ax+b)^{m-\nu}(cx+d)^{\lambda+\nu+1} + C_1,$$

m ganz, positiv und $\lambda \neq -1, -2, \ldots, -(m+1)$, ansonsten beliebig;

1b) $$= \frac{1}{c^{m+1}}\sum_{\nu=0}^{m}\binom{m}{\nu}\frac{a^\nu(-ad+bc)^{m-\nu}}{\lambda+\nu+1}(cx+d)^{\lambda+\nu+1} + C_2;$$

2a) $$\int \frac{(ax+b)^m}{(cx+d)^{\lambda+1}}\,dx = -\sum_{\nu=0}^{m} \frac{m!(\lambda-\nu-1)!\,a^\nu}{(m-\nu)!\,\lambda!\,c^{\nu+1}} \frac{(ax+b)^{m-\nu}}{(cx+d)^{\lambda-\nu}} + C_1, \quad \lambda \neq 0,1,2,\ldots,m;$$

2b) $$= \frac{-1}{c^{m+1}} \sum_{\nu=0}^{m} \binom{m}{\nu} \frac{a^\nu(-ad+bc)^{m-\nu}}{\lambda-\nu} \frac{1}{(cx+d)^{\lambda-\nu}} + C_2$$

für $\lambda = 0,1,2,\ldots,m$ ist in der Summe das Glied mit $\nu=\lambda$ durch das folgende zu ersetzen: $-\binom{m}{\lambda} a^\lambda (-ad+bc)^{m-\lambda} \log(cx+d)$;

2c) $$\int \frac{(ax+b)^m}{(cx+d)^{m+1}}\,dx = -\sum_{\nu=0}^{m-1} \frac{a^\nu}{(m-\nu)c^{\nu+1}} \left(\frac{ax+b}{cx+d}\right)^{m-\nu} + \frac{a^m}{c^{m+1}} \log(cx+d) + C_1;$$

2d) $$= \frac{-1}{c^{m+1}} \sum_{\nu=0}^{m-1} \binom{m}{\nu} \frac{a^\nu(-ad+bc)^{m-\nu}}{m-\nu} \frac{1}{(cx+d)^{m-\nu}} + \frac{a^m}{c^{m+1}} \log(cx+d) + C_2,$$

$m = 1,2,\ldots$ (vgl. auch 11.13).

3) $$\int \frac{(ax+b)^{m+n}}{(cx+d)^m}\,dx = -\sum_{\nu=0}^{m-2} \frac{(m+n)!(m-\nu-2)!\,a^\nu}{(m+n-\nu)!(m-1)!\,c^{\nu+1}} \frac{(ax+b)^{m+n-\nu}}{(cx+d)^{m-\nu-1}}$$

$$+ \frac{(m+n)!\,a^{m-1}}{(m-1)!(n+1)!\,c^{m-1}} \int \frac{(ax+b)^{n+1}}{cx+d}\,dx, \quad n \geq 0, \quad m \geq 2.$$

4a) $$\int \frac{(ax+b)^m}{cx+d}\,dx = \frac{1}{c^{m+1}} \sum_{\nu=1}^{m} \binom{m}{\nu} \frac{a^\nu(-ad+bc)^{m-\nu}}{\nu} (cx+d)^\nu + \frac{(-ad+bc)^m}{c^{m+1}} \log(cx+d) + C,$$

$m = 1,2,\ldots$;

4b) $$= \sum_{\nu=0}^{m-1} \frac{(-ad+bc)^\nu}{(m-\nu)c^{\nu+1}} (ax+b)^{m-\nu} + \frac{(-ad+bc)^m}{c^{m+1}} \log(cx+d) + C, \quad m = 1,2,\ldots;$$

4c) $$\int \frac{ax+b}{cx+d}\,dx = \frac{ax+b}{c} + \frac{-ad+bc}{c^2} \log(cx+d) + C.$$

5a) $$\int \frac{x^m}{(cx+d)^{\lambda+1}}\,dx = -\sum_{\nu=0}^{m} \frac{m!(\lambda-\nu-1)!}{(m-\nu)!\,\lambda!\,c^{\nu+1}} \frac{x^{m-\nu}}{(cx+d)^{\lambda-\nu}} + C_1;$$

5b) $$= \frac{-1}{c^{m+1}} \sum_{\nu=0}^{m} \binom{m}{\nu} \frac{(-d)^{m-\nu}}{(\lambda-\nu)(cx+d)^{\lambda-\nu}} + C_2,$$

für $\lambda = 0,1,\ldots,m$ ist in der Summe das Glied mit $\nu=\lambda$ durch das folgende zu ersetzen: $-\binom{m}{\lambda}(-d)^{m-\lambda}\log(cx+d)$.

5c) $$\int \frac{x^m}{(cx+d)^{m+1}}\,dx = -\sum_{\nu=0}^{m-1} \frac{1}{(m-\nu)c^{\nu+1}} \frac{x^{m-\nu}}{(cx+d)^{m-\nu}} + \frac{1}{c^{m+1}} \log(cx+d) + C_1;$$

5d) $$= \frac{-1}{c^{m+1}} \sum_{\nu=0}^{m-1} \binom{m}{\nu} \frac{(-d)^{m-\nu}}{m-\nu} \frac{1}{(cx+d)^{m-\nu}} + \frac{1}{c^{m+1}} \log(cx+d) + C_2, \quad m = 1,2,\ldots;$$

5e) $$\int \frac{x^m}{cx+d}\,dx = \sum_{\nu=0}^{m-1} \frac{(-d)^\nu}{(m-\nu)c^{\nu+1}} x^{m-\nu} + \frac{(-d)^m}{c^{m+1}} \log(cx+d) + C, \quad m = 1,2,\ldots.$$

6a) $$\int\frac{dx}{(ax+b)^m(cx+d)^n}=\frac{1}{(n-1)(ad-bc)}\left\{\frac{1}{(ax+b)^{m-1}(cx+d)^{n-1}}+(m+n-2)a\int\frac{dx}{(ax+b)^m(cx+d)^{n-1}}\right\};$$

6b) $$=\frac{1}{(ax+b)^{m-1}}\sum_{\nu=1}^{n-1}\frac{(m+n-2;-1;\nu-1)a^{\nu-1}}{(n-1;-1;\nu)(ad-bc)^{\nu}}\frac{1}{(cx+d)^{n-\nu}}$$

$$+\frac{(m;1;n-1)a^{n-1}}{(n-1)!(ad-bc)^{n-1}}\int\frac{dx}{(ax+b)^m(cx+d)}\ ^{*)};$$

6c) $$=(-1)^{m+1}\binom{m+n-2}{n-1}\frac{a^{n-1}c^{m-1}}{(ad-bc)^{m+n-1}}\log\frac{ax+b}{cx+d}$$

$$+\sum_{\mu=1}^{m-1}(-1)^{m+\mu}\binom{m+n-\mu-2}{n-1}\frac{a^{n-1}c^{m-\mu-1}}{\mu(ad-bc)^{m+n-\mu-1}}\frac{1}{(ax+b)^{\mu}}$$

$$-\sum_{\nu=1}^{n-1}(-1)^{m}\binom{m+n-\nu-2}{m-1}\frac{a^{n-\nu-1}c^{m-1}}{\nu(ad-bc)^{m+n-\nu-1}}\frac{1}{(cx+d)^{\nu}}+C_1\ ^{*)}\quad \text{(vgl. 14.1a-1b)}$$

ist $m=1$ oder $n=1$, so fällt die entsprechende Summe weg.

6d) $$=\binom{m+n-2}{n-1}\frac{a^{n-1}(-c)^{m-1}}{(ad-bc)^{m+n-1}}\log\frac{ax+b}{cx+d}$$

$$+\frac{1}{(ad-bc)^{m+n-1}}\sum_{\nu=0}^{m+n-2}\binom{m+n-2}{\nu}\frac{a^{\nu}(-c)^{m+n-\nu-2}}{n-\nu-1}\left(\frac{ax+b}{cx+d}\right)^{n-\nu-1}+C_2,\ ^{*)}$$

wobei in der Summe das Glied für $\nu=n-1$ wegzulassen ist.

7a) $$\int\frac{dx}{(ax+b)^m(cx+d)}=\frac{(-c)^{m-1}}{(ad-bc)^m}\left\{\log\frac{ax+b}{cx+d}-\sum_{\nu=1}^{m-1}\frac{(-ad+bc)^{\nu}}{\nu\, c^{\nu}}\frac{1}{(ax+b)^{\nu}}\right\}+C_1\ ;^{*)}$$

7b) $$=\frac{(-c)^{m-1}}{(ad-bc)^m}\left\{\log\frac{ax+b}{cx+d}-\sum_{\nu=1}^{m-1}\frac{1}{\nu}\binom{m-1}{\nu}\left(-\frac{a(cx+d)}{c(ax+b)}\right)^{\nu}\right\}+C_2\ ^{*)}.$$

8a) $$\int\frac{dx}{(ax+b)(cx+d)}=\frac{1}{ad-bc}\log\frac{ax+b}{cx+d}+C\ ;^{*)}$$

8b) $$\int\frac{dx}{(ax+b)^2(cx+d)}=\frac{-1}{(ad-bc)(ax+b)}-\frac{c}{(ad-bc)^2}\log\frac{ax+b}{cx+d}+C\ ^{*)};$$

8c) $$\int\frac{dx}{(ax+b)^2(cx+d)^2}=\frac{1}{(ad-bc)(ax+b)(cx+d)}-\frac{2a}{(ad-bc)^2(ax+b)}-\frac{2ac}{(ad-bc)^3}\log\frac{ax+b}{cx+d}+C.\ ^{*)}$$

---

*) $ad-bc\neq 0$; für $ad-bc=0$ siehe 12.10a – 10b.

9a) $$\int\frac{dx}{x(cx+d)^{n+1}}=\sum_{\nu=0}^{n-1}\frac{1}{(n-\nu)d^{\nu+1}(cx+d)^{n-\nu}}-\frac{1}{d^{n+1}}\log\frac{cx+d}{x}+C_1\,,\quad d\neq 0;$$

9b) $$=\frac{1}{d^{n+1}}\sum_{\nu=1}^{n}\binom{n}{\nu}\frac{(-c)^\nu}{\nu}\left(\frac{x}{cx+d}\right)^\nu-\frac{1}{d^{n+1}}\log\frac{cx+d}{x}+C_2\,,\quad d\neq 0.$$

10a) $$\int\frac{x}{(cx+d)^n}dx=\frac{1}{c^2}\left\{\frac{d}{n-1}\frac{1}{(cx+d)^{n-1}}-\frac{1}{n-2}\frac{1}{(cx+d)^{n-2}}\right\}+C,\quad n\neq 1\,,\ c\neq 0,$$

für $n=1$ siehe 12.4c ;

10b) $$\int\frac{dx}{(cx+d)^n}=\frac{-1}{(n-1)c\,(cx+d)^{n-1}}+C\,,\quad n\neq 1\,,\ c\neq 0;\qquad \text{für } n=1 \text{ siehe 12.4c}\,.$$

13. Potenzprodukte von x und $\frac{ax+b}{cx+d}$.

1) $$\int x^{m+1}\left(\frac{ax+b}{cx+d}\right)^\lambda dx=\frac{(ax+b)(cx+d)x^m}{(m+2)ac}\left(\frac{ax+b}{cx+d}\right)^\lambda-\frac{\lambda\Delta+(m+1)(ad+bc)}{(m+2)ac}\int x^m\left(\frac{ax+b}{cx+d}\right)^\lambda dx$$

$$-\frac{mbd}{(m+2)ac}\int x^{m-1}\left(\frac{ax+b}{cx+d}\right)^\lambda dx\,,^{*)}\qquad \begin{cases} m=0,1,2,\ldots \\ \lambda \text{ beliebig reell}\,.\end{cases}$$

2) $$\int x\left(\frac{ax+b}{cx+d}\right)^\lambda dx=\frac{(ax+b)(cx+d)}{2ac}\left(\frac{ax+b}{cx+d}\right)^\lambda-\frac{\lambda\Delta+(ad+bc)}{2ac}\int\left(\frac{ax+b}{cx+d}\right)^\lambda dx\,,^{*)}$$

3) $$\int\frac{1}{(x-\alpha)^{k+1}}\left(\frac{ax+b}{cx+d}\right)^\lambda dx=\frac{-1}{k(a\alpha+b)(c\alpha+d)}\left\{\frac{(ax+b)(cx+d)}{(x-\alpha)^k}\left(\frac{ax+b}{cx+d}\right)^\lambda+\right.$$

$$+\left[(k-1)(ad+bc+2ac\alpha)-\lambda\Delta\right]\int\frac{1}{(x-\alpha)^k}\left(\frac{ax+b}{cx+d}\right)^\lambda dx$$

$$\left.+(k-2)ac\int\frac{1}{(x-\alpha)^{k-1}}\left(\frac{ax+b}{cx+d}\right)^\lambda dx\right\}^{*)},$$

wenn $(a\alpha+b)(c\alpha+d)=0$ ist, siehe 12.2–4.

4) $$\int\frac{1}{x-\alpha}\left(\frac{ax+b}{cx+d}\right)^n dx=\sum_{\nu=1}^{n-1}\frac{1}{n-\nu}\left\{\left(\frac{a\alpha+b}{c\alpha+d}\right)^\nu-\left(\frac{a}{c}\right)^\nu\right\}\left(\frac{ax+b}{cx+d}\right)^{n-\nu}$$

$$-\left\{\left(\frac{a\alpha+b}{c\alpha+d}\right)^n-\left(\frac{a}{c}\right)^n\right\}\log(cx+d)+\left(\frac{a\alpha+b}{c\alpha+d}\right)^n\log(x-\alpha)+C\,,\quad n=1,2,\ldots,$$

wenn $c\alpha+d=0$ ist, siehe 12.2 .

5a) $$\int\left(\frac{ax+b}{cx+d}\right)^n dx=-\sum_{\nu=0}^{n-2}\frac{na^\nu}{(n-\nu)(n-\nu-1)c^{\nu+1}}\frac{(ax+b)^{n-\nu}}{(cx+d)^{n-\nu-1}}+\frac{na^{n-1}}{c^n}(ax+b)$$

$$-\frac{na^{n-1}(ad-bc)}{c^{n+1}}\log(cx+d)+C\,,\quad n=2,3,\ldots\,.$$

*) $\Delta=ad-bc$

13.

5b) $$\int\left(\frac{ax+b}{cx+d}\right)^n dx = \frac{a^n}{c^n}x - \frac{na^{n-1}(ad-bc)}{c^{n+1}}\log(cx+d) - \sum_{\nu=1}^{n-1}\binom{n}{\nu+1}\frac{a^{n-\nu-1}(-ad+bc)^{\nu+1}}{\nu c^{n+1}}\frac{1}{(cx+d)^\nu} + C,$$
$n = 2, 3, \ldots$.

5c) $$\int\frac{ax+b}{cx+d}dx = \frac{a}{c}x - \frac{ad-bc}{c^2}\log(cx+d) + C\;;$$

5d) $$\int\left(\frac{ax+b}{cx+d}\right)^2 dx = \frac{a^2}{c^2}x - \frac{2a}{c^3}(ad-bc)\log(cx+d) - \frac{(ad-bc)^2}{c^3}\frac{1}{cx+d} + C\;.$$

6) $$\int F'\left(\frac{ax+b}{cx+d}\right)\frac{dx}{(cx+d)^2} = \frac{1}{ad-bc}F\left(\frac{ax+b}{cx+d}\right) + C\;.$$

7) $$\int F\left(\frac{ax+b}{cx+d}\right)dx = \frac{1}{c}F\left(\frac{a}{c}\right)(cx+d) - \frac{ad-bc}{c^2}F'\left(\frac{a}{c}\right)\log(cx+d)$$
$$-\sum_{\nu=1}^{\infty}\frac{(-ad+bc)^{\nu+1}}{\nu(\nu+1)!\,c^{\nu+2}}F^{(\nu+1)}\left(\frac{a}{c}\right)\frac{1}{(cx+d)^\nu} + C,$$

gilt, solange die Konvergenz der Reihe sichergestellt ist; das ist insbesondere der Fall, wenn F ein Polynom ist, da die Reihe dann nach endlich vielen Gliedern abbricht.

14. Potenzprodukte von mehreren linearen Ausdrücken.

1a) $$\int\frac{x^k}{(ax+b)^m(cx+d)^n}dx = \frac{1}{(k-m-n+1)ac}\left\{\frac{x^{k-1}}{(ax+b)^{m-1}(cx+d)^{n-1}} - \left[(k-m)ad+(k-n)bc\right]\times\right.$$
$$\left.\times\int\frac{x^{k-1}}{(ax+b)^m(cx+d)^n}dx - (k-1)bd\int\frac{x^{k-2}}{(ax+b)^m(cx+d)^n}dx\right\},$$
$k \neq m+n-1\;;$

1b) $$= A_0\log(ax+b) + B_0\log(cx+d) - \sum_{\mu=1}^{m-1}\frac{A_\mu}{\mu(ax+b)^\mu} - \sum_{\nu=1}^{n-1}\frac{B_\nu}{\nu(cx+d)^\nu} + C$$
für $k = 0, 1, 2, \ldots, m+n-1$ mit

$$A_\mu = (-1)^{m+k+\mu+1}a^{n-k-1}\sum_{j=0}^{m-\mu-1}\binom{k}{j}\binom{m+n-\mu-j-2}{n-1}\frac{b^{k-j}c^{m-\mu-j-1}}{(ad-bc)^{m+n-\mu-j-1}},\quad \mu = 0, 1, \ldots, m-1;$$

$$B_\nu = (-1)^m c^{m-k-1}\sum_{j=0}^{n-\nu-1}\binom{k}{j}\binom{m+n-\nu-j-2}{m-1}\frac{(-d)^{k-j}a^{n-\nu-j-1}}{(ad-bc)^{m+n-\nu-j-1}},\quad \nu = 0, 1, \ldots, n-1\;;$$

(Spezialisierung dieser Formel für $k=0$ siehe 12.6c .)

14.

2a) $$\int \frac{x}{(ax+b)(cx+d)}\,dx = \frac{-b}{a(ad-bc)}\log(ax+b) + \frac{d}{c(ad-bc)}\log(cx+d) + C\,;$$

2b) $$\int \frac{x^2}{(ax+b)(cx+d)}\,dx = \frac{x}{ac} + \frac{b^2}{a^2(ad-bc)}\log(ax+b) - \frac{d^2}{c^2(ad-bc)}\log(cx+d) + C\,;$$

2c) $$\int \frac{x}{(ax+b)^2(cx+d)}\,dx = \frac{d}{(ad-bc)^2}\log\frac{ax+b}{cx+d} + \frac{b}{a(ad-bc)}\,\frac{1}{ax+b} + C\,;$$

2d) $$\int \frac{x^2}{(ax+b)^2(cx+d)}\,dx = \frac{-b(2ad-bc)}{a^2(ad-bc)^2}\log(ax+b) + \frac{d^2}{c(ad-bc)^2}\log(cx+d) - \frac{b^2}{a^2(ad-bc)}\,\frac{1}{ax+b} + C\,;$$

2e) $$\int \frac{x^3}{(ax+b)^2(cx+d)}\,dx = \frac{x^2}{ac(ax+b)} + \frac{b^2(3ad-2bc)}{a^3(ad-bc)^2}\log(ax+b) - \frac{d^3}{c^2(ad-bc)^2}\log(cx+d) - \frac{b^2(ad-2bc)}{a^3c(ad-bc)}\,\frac{1}{ax+b} + C\,;$$

3a) $$\int (x-\alpha_1)^{\lambda_1-1}(x-\alpha_2)^{\lambda_2-1}\ldots(x-\alpha_n)^{\lambda_n-1}\,dx = \frac{1}{C_0}(x-\alpha_1)^{\lambda_1}(x-\alpha_2)^{\lambda_2}\ldots(x-\alpha_n)^{\lambda_n} + C$$

für $\lambda_1 = \frac{C_0}{f'(\alpha_1)}$, $\lambda_2 = \frac{C_0}{f'(\alpha_2)}$, ..., $\lambda_n = \frac{C_0}{f'(\alpha_n)}$,

wobei $f(x) = (x-\alpha_1)(x-\alpha_2)\ldots(x-\alpha_n)$, $\alpha_i \neq \alpha_k$ und C_0 eine beliebige Konstante ist;

3b) $$\int \frac{(x-\alpha_1)^{\lambda-1}}{(x-\alpha_2)^{\lambda+1}}\,dx = \frac{1}{\lambda(\alpha_1-\alpha_2)}\left(\frac{x-\alpha_1}{x-\alpha_2}\right)^{\lambda} + C, \quad \alpha_1 \neq \alpha_2, \quad \lambda \text{ beliebig reell } (\neq 0)\,;$$

3c) $$\int \frac{(ax+b)^{\lambda-1}}{(cx+d)^{\lambda+1}}\,dx = \frac{1}{\lambda(ad-bc)}\left(\frac{ax+b}{cx+d}\right)^{\lambda} + C, \quad \lambda \neq 0,\ ad-bc \neq 0\,;$$

3d) $$\int (x-\alpha_1)^{\lambda(\alpha_2-\alpha_3)-1}(x-\alpha_2)^{\lambda(\alpha_3-\alpha_1)-1}(x-\alpha_3)^{\lambda(\alpha_1-\alpha_2)-1}\,dx$$
$$= \frac{(x-\alpha_1)^{\lambda(\alpha_2-\alpha_3)}(x-\alpha_2)^{\lambda(\alpha_3-\alpha_1)}(x-\alpha_3)^{\lambda(\alpha_1-\alpha_2)}}{\lambda(\alpha_1-\alpha_2)(\alpha_1-\alpha_3)(\alpha_2-\alpha_3)} + C, \quad \begin{cases}\lambda \text{ beliebig reell},\\ \alpha_i \neq \alpha_k\ (i,k=1,2,3);\end{cases}$$

4) $$\int \frac{(ax+b)^{\lambda-1}}{(cx+d)^{\lambda+2}}\,dx = \frac{(ax+b)^{\lambda}(acx+\lambda ad-\lambda bc+ad)}{\lambda(\lambda+1)(ad-bc)^2(cx+d)^{\lambda+1}} + C, \quad \lambda \neq 0, -1\,;$$

5) $$\int (x-\alpha_1)^{\lambda_1-1}(x-\alpha_2)^{\lambda_2-1}\left(x-\frac{\lambda_1\alpha_2+\lambda_2\alpha_1}{\lambda_1+\lambda_2}\right)dx = \frac{(x-\alpha_1)^{\lambda_1}(x-\alpha_2)^{\lambda_2}}{\lambda_1+\lambda_2} + C\,.$$

15. Potenzprodukte von einem linearen und einem quadratischen Ausdruck.

$$\mathfrak{X} = ax^2 + 2bx + c \quad , \qquad d = aB^2 - 2bAB + cA^2 \quad .$$

1a) $$\int \mathfrak{X}^k dx = \frac{1}{(2k+1)a}\left[(ax+b)\mathfrak{X}^k - 2k(b^2-ac)\int \mathfrak{X}^{k-1}dx\right] \quad ;$$

1b) $$= (-1)^k \frac{k!\,k!}{(2k+1)!} \frac{ax+b}{a} \sum_{\nu=0}^{k} (-1)^\nu \binom{2\nu}{\nu} \left[\frac{4(b^2-ac)}{a}\right]^{k-\nu} \mathfrak{X}^\nu + C \; .$$

2a) $$\int (Ax+B)^m \mathfrak{X}^k dx = \frac{1}{(m+2k+1)a}\Big[A(Ax+B)^{m-1}\mathfrak{X}^{k+1} + 2(m+k)(aB-bA)\int (Ax+B)^{m-1}\mathfrak{X}^k dx$$
$$- (m-1)d\int (Ax+B)^{m-2}\mathfrak{X}^k dx\Big] \quad ;$$

2b) $$= \mathfrak{X}^{k+1}\sum_{\nu=0}^{m-1} D_\nu (Ax+B)^\nu + E\int \mathfrak{X}^k dx \quad , \qquad \text{wobei}$$

$$D_{m-1} = \frac{A}{a(m+2k+1)} \quad , \qquad D_{\nu-1} = \frac{2k+2\nu+2}{2k+\nu+1}\,\frac{aB-bA}{a} D_\nu - \frac{(\nu+1)d}{a(2k+\nu+1)} D_{\nu+1} \, ,$$

$$D_{m-2} = \frac{2m+2k}{m+2k}\,\frac{aB-bA}{a} D_{m-1} \, , \quad E = (2k+2)\frac{aB-bA}{A} D_0 - \frac{d}{A} D_1 \quad ;$$

2c) $$\int x\,\mathfrak{X}^k dx = \frac{1}{2(k+1)a}\mathfrak{X}^{k+1} - \frac{b}{a}\int \mathfrak{X}^k dx \; .$$

3a) $$\int \frac{\mathfrak{X}^k}{(Ax+B)^m} dx = \frac{1}{(m-1)A^2}\left[\frac{-A\mathfrak{X}^k}{(Ax+B)^{m-1}} + 2k(bA-aB)\int \frac{\mathfrak{X}^{k-1}}{(Ax+B)^{m-1}}dx + 2ak\int \frac{\mathfrak{X}^{k-1}}{(Ax+B)^{m-2}}dx\right] \quad m \neq 1;$$

3b) $$\int \frac{\mathfrak{X}^k}{Ax+B} dx = \frac{d^k}{A^{2k+1}}\log(Ax+B) + \frac{1}{A^{2k}}\int (aAx+2bA-aB)\Big[A^{2k-2}\mathfrak{X}^{k-1} + dA^{2k-4}\mathfrak{X}^{k-2}$$
$$+ d^2A^{2k-6}\mathfrak{X}^{k-3} + \ldots + d^{k-1}\Big]dx \quad ;$$

4a) $$\int \frac{(Ax+B)^m}{\mathfrak{X}^k} dx = \frac{(aB-bA)(ax+b) + (ac-b^2)A}{2(k-1)(ac-b^2)d}\,\frac{(Ax+B)^{m+1}}{\mathfrak{X}^{k-1}}$$
$$+ \frac{(m-2k+4)aA}{4(k-1)(k-2)(ac-b^2)d}\,\frac{(Ax+B)^{m+1}}{\mathfrak{X}^{k-2}}$$
$$+ \frac{(2k-3)ad - 2(m-k+2)(ac-b^2)A^2}{2(k-1)(ac-b^2)d}\int \frac{(Ax+B)^m}{\mathfrak{X}^{k-1}}dx$$
$$- \frac{(m-2k+4)(m-2k+5)aA^2}{4(k-1)(k-2)(ac-b^2)d}\int \frac{(Ax+B)^m}{\mathfrak{X}^{k-2}}dx \quad ;$$

15.

$$\mathfrak{X} = ax^2+2bx+c \quad , \qquad d = aB^2-2bAB+cA^2$$

4b) $$\int \frac{(Ax+B)^m}{\mathfrak{X}^k}\,dx = \frac{1}{2(m-k+1)(ac-b^2)A^2-(2k-1)ad}\left\{\left[(aB-bA)(ax+b)+(ac-b^2)A\right]\frac{(Ax+B)^{m+1}}{\mathfrak{X}^k}\right.$$

$$\left. + \frac{(m-2k+2)aA}{2(k-1)}\,\frac{(Ax+B)^{m+1}}{\mathfrak{X}^{k-1}} - \frac{(m-2k+2)(m-2k+3)aA^2}{2(k-1)}\int\frac{(Ax+B)^m}{\mathfrak{X}^{k-1}}\,dx\right\},$$

wenn $ac-b^2=0$ *oder* $d=0$ *ist* ;

4c) $$= \frac{1}{(m-2k+1)a}\left[\frac{A(Ax+B)^{m-1}}{\mathfrak{X}^{k-1}} + 2(m-k)(aB-bA)\int\frac{(Ax+B)^{m-1}}{\mathfrak{X}^k}\,dx\right.$$

$$\left. -(m-1)d\int\frac{(Ax+B)^{m-2}}{\mathfrak{X}^k}\,dx\right] \quad ;$$

4d) $$\int\frac{(Ax+B)^{2k-1}}{\mathfrak{X}^k}\,dx = \frac{1}{a}\left[\frac{-A}{k-1}\,\frac{(Ax+B)^{2k-2}}{\mathfrak{X}^{k-1}} + A^2\int\frac{(Ax+B)^{2k-3}}{\mathfrak{X}^{k-1}}\,dx + d\int\frac{(Ax+B)^{2k-3}}{\mathfrak{X}^k}\,dx\right].$$

5a) $$\int\frac{x}{\mathfrak{X}^k}\,dx = \frac{-1}{2(k-1)a\,\mathfrak{X}^{k-1}} - \frac{b}{a}\int\frac{dx}{\mathfrak{X}^k} \quad ;$$

5b) $$= \frac{1}{2(k-1)(b^2-ac)}\,\frac{bx+c}{\mathfrak{X}^{k-1}} + \frac{(2k-3)b}{2(k-1)(b^2-ac)}\int\frac{dx}{\mathfrak{X}^{k-1}} \quad ,$$

vgl. 11.5 – 6 , *für* $k=1$ *vgl.* 11.7a .

6) $$\int\frac{(ax+b)^{2\lambda-1}}{\mathfrak{X}^{\lambda+1}}\,dx = \frac{1}{2\lambda(ac-b^2)}\,\frac{(ax+b)^{2\lambda}}{\mathfrak{X}^{\lambda}} + C \;, \quad \lambda \neq 0 \;, \quad b^2-ac \neq 0 \;;$$

für $\lambda = 0$ *siehe* 15.8b .

7a) $$\int\frac{dx}{(Ax+B)^m\mathfrak{X}^k} = \frac{-1}{(m-1)d}\left[\frac{A}{(Ax+B)^{m-1}\mathfrak{X}^{k-1}} + 2(m+k-2)(bA-aB)\int\frac{dx}{(Ax+B)^{m-1}\mathfrak{X}^k}\right.$$

$$\left. + (m+2k-3)a\int\frac{dx}{(Ax+B)^{m-2}\mathfrak{X}^k}\right] \quad ;$$

7b) $$= \frac{1}{2d}\left[\frac{A}{(k-1)(Ax+B)^{m-1}\mathfrak{X}^{k-1}} + 2(aB-bA)\int\frac{dx}{(Ax+B)^{m-1}\mathfrak{X}^k}\right.$$

$$\left. + \frac{(m+2k-3)A^2}{k-1}\int\frac{dx}{(Ax+B)^m\mathfrak{X}^{k-1}}\right] \quad ;$$

7c) $$= \frac{1}{(2m+2k-2)(aB-bA)}\left[\frac{A}{(Ax+B)^m\mathfrak{X}^{k-1}} + (m+2k-2)a\int\frac{dx}{(Ax+B)^{m-1}\mathfrak{X}^k}\right]$$

für $d=0$ *und* $aB-bA \neq 0$.

15. $\mathfrak{X} = ax^2 + 2bx + c \quad , \qquad d = aB^2 - 2bAB + cA^2$

8a) $$\int\frac{dx}{(Ax+B)\mathfrak{X}^k} = \frac{1}{d}\left[\frac{A}{2(k-1)\mathfrak{X}^{k-1}} - (bA-aB)\int\frac{dx}{\mathfrak{X}^k} + A^2\int\frac{dx}{(Ax+B)\mathfrak{X}^{k-1}}\right] \quad ;$$

8b) $$\int\frac{dx}{(Ax+B)\mathfrak{X}} = \frac{1}{2d}\left\{A\left[\log(Ax+B)^2 - \log\mathfrak{X}\right] + 2(aB-bA)\cdot\int\frac{dx}{\mathfrak{X}}\right\} .$$

9a) $$\int\frac{dx}{\mathfrak{X}^k} = \frac{-1}{2(k-1)(b^2-ac)}\left[\frac{ax+b}{\mathfrak{X}^{k-1}} + (2k-3)a\int\frac{dx}{\mathfrak{X}^{k-1}}\right] \quad ;$$

9b) $$= (-1)^k\, 2\binom{2k-3}{k-2}\left\{\frac{ax+b}{a}\sum_{\nu=1}^{k-1}(-1)^\nu\frac{(\nu-1)!\,(\nu-1)!}{(2\nu-1)!}\left[\frac{a}{4(b^2-ac)}\right]^{k-\nu}\frac{1}{\mathfrak{X}^\nu} - \left[\frac{a}{4(b^2-ac)}\right]^{k-1}\int\frac{dx}{\mathfrak{X}}\right\},$$

vgl. 11.6 ;

10) $$\int\frac{dx}{\mathfrak{X}} = \begin{cases} \dfrac{1}{\sqrt{ac-b^2}}\,\mathrm{arc\,tg}\,\dfrac{ax+b}{\sqrt{ac-b^2}} + C_1 \;, \;\ldots & b^2 - ac < 0 \;, \\[2ex] \dfrac{-1}{ax+b} + C_2 \;, \;\ldots\ldots\ldots & b^2 - ac = 0 \;, \\[2ex] \dfrac{1}{2\sqrt{b^2-ac}}\log\dfrac{ax+b-\sqrt{b^2-ac}}{ax+b+\sqrt{b^2-ac}} + C_3 \;, & b^2 - ac > 0 \;. \end{cases}$$

11a) $$\int\frac{dx}{(a^2x^2+b^2)^k} = \frac{1}{2(k-1)b^2}\,\frac{x}{(a^2x^2+b^2)^{k-1}} + \frac{2k-3}{2(k-1)b^2}\int\frac{dx}{(a^2x^2+b^2)^{k-1}} \quad ;$$

11b) $$= x\sum_{\nu=1}^{k-1}\frac{(2k-3;-2;\nu-1)}{(k-1;-1;\nu)(2b^2)^\nu}\,\frac{1}{(a^2x^2+b^2)^{k-\nu}} + \frac{(1;2;k-1)}{(k-1)!\,(2b^2)^{k-1}}\int\frac{dx}{a^2x^2+b^2} \quad ;$$

12) $$\int\frac{dx}{a^2x^2+b^2} = \frac{1}{ab}\,\mathrm{arc\,tg}\,\frac{ax}{b} + C_1 = \frac{1}{ab}\,\mathrm{arc\,sin}\,\frac{ax}{\sqrt{a^2x^2+b^2}} + C_2 \;.$$

13a) $$\int\frac{x^m}{(x^2+a^2)^k}\,dx = \frac{1}{(2k-2)a^2}\,\frac{x^{m+1}}{(x^2+a^2)^{k-1}} - \frac{(m-2k+3)}{(2k-2)a^2}\int\frac{x^m}{(x^2+a^2)^{k-1}}\,dx \quad ;$$

13b) $$= -x^{m+1}\sum_{\nu=1}^{k-1}\frac{(m-2k+3;2;\nu-1)}{(k-1;-1;\nu)(-2a^2)^\nu}\,\frac{1}{(x^2+a^2)^{k-\nu}} + \frac{(m-1;-2;k-1)}{(k-1)!(-2a^2)^{k-1}}\int\frac{x^m}{x^2+a^2}\,dx;$$

13c) $$= \frac{1}{m-2k+1}\,\frac{x^{m-1}}{(x^2+a^2)^{k-1}} - \frac{(m-1)a^2}{(m-2k+1)}\int\frac{x^{m-2}}{(x^2+a^2)^k}\,dx \;, \quad 2k \neq m+1 \;;$$

15.

13d) $$\int \frac{x^m}{(x^2+a^2)^k}\,dx = \frac{1}{(x^2+a^2)^{k-1}} \sum_{\nu=0}^{\varkappa-1} \frac{(m-1;-2;\nu)(-a^2)^\nu}{(m-2k+1;-2;\nu+1)} x^{m-2\nu-1} + \frac{(1+s;2;\varkappa)(-a^2)^\varkappa}{(s+3-2k;2;\varkappa)} \int \frac{x^s}{(x^2+a^2)^k}\,dx\,,$$

$$m = 2\varkappa+s\,,\ s=0 \text{ oder } 1;\ k \neq 1, 2, \ldots, \frac{m+1}{2} \text{ für } s=1\,;$$

13e) $$= \int \frac{x^{m-2}}{(x^2+a^2)^{k-1}}\,dx - a^2 \int \frac{x^{m-2}}{(x^2+a^2)^k}\,dx\,.$$

13f) $$\int \frac{x^m}{x^2+a^2}\,dx = \sum_{\nu=0}^{\varkappa-1} \frac{(-a^2)^\nu}{2\varkappa+s-2\nu-1} x^{2\varkappa+s-2\nu-1} + (-a^2)^\varkappa \int \frac{x^s}{x^2+a^2}\,dx\,,\quad m=2\varkappa+s,\ s=0 \text{ oder } 1;$$

13g) $$\int \frac{x}{x^2+a^2}\,dx = \frac{1}{2} \log C(x^2+a^2)\,.$$

14a) $$\int \frac{x^{2m+1}}{(x^2+a^2)^{k+1}}\,dx = \sum_{\nu=0}^{m} (-1)^{\nu+1} \binom{m}{\nu} \frac{a^{2\nu}}{2(k-m+\nu)} \frac{1}{(x^2+a^2)^{k-m+\nu}} + C\,,\quad k>m\,;$$

14b) $$\int \frac{x}{(x^2+a^2)^{k+1}}\,dx = \frac{-1}{2k(x^2+a^2)^k} + C\,.$$

15a) $$\int \frac{dx}{(x^2+a^2)^k} = x \sum_{\nu=1}^{k-1} \frac{(2k-3;-2;\nu-1)}{(k-1;-1;\nu)(2a^2)^\nu} \frac{1}{(x^2+a^2)^{k-\nu}} + \frac{(1;2;k-1)}{(k-1)!\,(2a^2)^{k-1}} \int \frac{dx}{x^2+a^2}\,;$$

15b) $$\int \frac{dx}{x^2+a^2} = \frac{1}{a} \operatorname{arc\,tg} \frac{x}{a} + C_1 = \frac{1}{a} \arcsin \frac{x}{\sqrt{x^2+a^2}} + C_2\,.$$

16a) $$\int \frac{dx}{x^{2m}(x^2+a^2)^k} = \frac{-1}{(2m-1)a^2} \frac{1}{x^{2m-1}(x^2+a^2)^{k-1}} - \frac{2m+2k-3}{(2m-1)a^2} \int \frac{dx}{x^{2m-2}(x^2+a^2)^k}\,;$$

16b) $$= \frac{1}{(x^2+a^2)^{k-1}} \sum_{\nu=1}^{m} (-1)^\nu \frac{(2k+2m-3;-2;\nu-1)}{(2m-1;-2;\nu)\,a^{2\nu}} \frac{1}{x^{2m-2\nu+1}}$$

$$+ (-1)^m \frac{(2k-1;2;m)}{(1;2;m)\,a^{2m}} \int \frac{dx}{(x^2+a^2)^k}\,;$$

16c) $$\int \frac{dx}{x^{2m+1}(x^2+a^2)^k} = \frac{-1}{2ma^2 x^{2m}(x^2+a^2)^{k-1}} - \frac{m+k-1}{ma^2} \int \frac{dx}{x^{2m-1}(x^2+a^2)^k}\,;$$

16d) $$= \frac{1}{2(x^2+a^2)^{k-1}} \sum_{\nu=0}^{m-1} \frac{(m+k-1;-1;\nu)}{(m;-1;\nu+1)(-a^2)^{\nu+1}} \frac{1}{x^{2m-2\nu}} + \frac{(k;1;m)}{m!\,(-a^2)^m} \int \frac{dx}{x(x^2+a^2)^k}\,.$$

17a) $$\int \frac{dx}{x(x^2+a^2)^k} = \frac{1}{a^2}\left[\frac{1}{2(k-1)(x^2+a^2)^{k-1}} + \int \frac{dx}{x(x^2+a^2)^{k-1}}\right] \quad ;$$

17b) $$= \frac{1}{2}\sum_{\nu=1}^{k-1} \frac{1}{(k-\nu)a^{2\nu}(x^2+a^2)^{k-\nu}} + \frac{1}{2a^{2k}}\log\frac{x^2}{x^2+a^2} + C \quad ;$$

17c) $$\int \frac{dx}{x(x^2+a^2)} = \frac{1}{2a^2}\log\frac{x^2}{x^2+a^2} + C \quad .$$

18) $$\int \frac{dx}{(cx+d)(x^2+a^2)} = \frac{1}{a^2c^2+d^2}\left[c\log(cx+d) - \frac{c}{2}\log(x^2+a^2) + \frac{d}{a}\operatorname{arctg}\frac{x}{a}\right] + C \quad .$$

19a) $$\int \frac{dx}{(a^2x^2-b^2)^k} = \frac{-1}{2(k-1)b^2}\,\frac{x}{(a^2x^2-b^2)^{k-1}} - \frac{2k-3}{2(k-1)b^2}\int \frac{dx}{(a^2x^2-b^2)^{k-1}} \quad ;$$

19b) $$= x\sum_{\nu=1}^{k-1}(-1)^{\nu}\frac{(2k-3;-2;\nu-1)}{(k-1;-1;\nu)(2b^2)^{\nu}}\,\frac{1}{(a^2x^2-b^2)^{k-\nu}} + (-1)^{k-1}\frac{(1;2;k-1)}{(k-1)!\,(2b^2)^{k-1}}\int \frac{dx}{a^2x^2-b^2} \quad .$$

20) $$\int \frac{dx}{a^2x^2-b^2} = \frac{1}{2ab}\log C\,\frac{ax-b}{ax+b} \quad .$$

21a) $$\int \frac{x^m}{(x^2-a^2)^k}\,dx = \frac{-1}{(2k-2)a^2}\,\frac{x^{m+1}}{(x^2-a^2)^{k-1}} + \frac{m-2k+3}{(2k-2)\,a^2}\int \frac{x^m}{(x^2-a^2)^{k-1}}\,dx \quad ;$$

21b) $$= -\,x^{m+1}\sum_{\nu=1}^{k-1}\frac{(m-2k+3;2;\nu-1)}{(k-1;-1;\nu)(2a^2)^{\nu}}\,\frac{1}{(x^2-a^2)^{k-\nu}} + \frac{(m-1;-2;k-1)}{(k-1)!\,(2a^2)^{k-1}}\int \frac{x^m}{x^2-a^2}\,dx \quad ;$$

21c) $$= \frac{1}{m-2k+1}\,\frac{x^{m-1}}{(x^2-a^2)^{k-1}} + \frac{(m-1)\,a^2}{m-2k+1}\int \frac{x^{m-2}}{(x^2-a^2)^k}\,dx \,, \qquad 2k \neq m+1 \quad ;$$

21d) $$= \frac{1}{(x^2-a^2)^{k-1}}\sum_{\nu=0}^{\varkappa-1}\frac{(m-1;-2;\nu)\,a^{2\nu}}{(m-2k+1;-2;\nu+1)}\,x^{m-2\nu-1} + \frac{(s+1;2;\varkappa)\,a^{2\varkappa}}{(s-2k+3;2;\varkappa)}\int \frac{x^s}{(x^2-a^2)^k}\,dx \,,$$

$m = 2\varkappa+s$, $s = 0$ oder 1 ; $k \neq 1, 2, \ldots, \frac{m+1}{2}$ für $s = 1$;

21e) $$= \int \frac{x^{m-2}}{(x^2-a^2)^{k-1}}\,dx + a^2\int \frac{x^{m-2}}{(x^2-a^2)^k}\,dx \quad ;$$

21f) $$\int \frac{x^m}{x^2-a^2}\,dx = \sum_{\nu=0}^{\varkappa-1}\frac{a^{2\nu}}{2\varkappa+s-2\nu-1}\,x^{2\varkappa+s-2\nu-1} + a^{2\varkappa}\int \frac{x^s}{x^2-a^2}\,dx \,, \quad m = 2\varkappa+s,\ s = 0 \text{ oder } 1 \;;$$

21g) $$\int \frac{x}{x^2-a^2}\,dx = \frac{1}{2}\log C(x^2-a^2) \quad .$$

22a) $$\int \frac{x^{2m+1}}{(x^2-a^2)^{k+1}}\,dx = -\sum_{\nu=0}^{m}\binom{m}{\nu}\frac{a^{2\nu}}{2(k-m+\nu)}\,\frac{1}{(x^2-a^2)^{k-m+\nu}} + C \;, \quad k>m \quad ;$$

22b) $$\int \frac{x}{(x^2-a^2)^{k+1}}\,dx = \frac{-1}{2k(x^2-a^2)^k} + C \quad ;$$

23a) $$\int \frac{dx}{(x^2-a^2)^k} = x\sum_{\nu=1}^{k-1}\frac{(2k-3;-2;\nu-1)}{(k-1;-1;\nu)(-2a^2)^\nu}\,\frac{1}{(x^2-a^2)^{k-\nu}} + \frac{(1;2;k-1)}{(k-1)!(-2a^2)^{k-1}}\int\frac{dx}{x^2-a^2} \quad ;$$

23b) $$\int \frac{dx}{x^2-a^2} = \frac{1}{2a}\log C\,\frac{x-a}{x+a} \quad .$$

24a) $$\int \frac{dx}{x^{2m}(x^2-a^2)^k} = \frac{1}{(2m-1)a^2x^{2m-1}(x^2-a^2)^{k-1}} + \frac{2m+2k-3}{(2m-1)a^2}\int\frac{dx}{x^{2m-2}(x^2-a^2)^k} \quad ;$$

24b) $$= \frac{1}{(x^2-a^2)^{k-1}}\sum_{\nu=1}^{m}\frac{(2k+2m-3;-2;\nu-1)}{(2m-1;-2;\nu)\,a^{2\nu}}\,\frac{1}{x^{2m-2\nu+1}} + \frac{(2k-1;2;m)}{(1;2;m)a^{2m}}\int\frac{dx}{(x^2-a^2)^k} \quad ;$$

24c) $$\int \frac{dx}{x^{2m+1}(x^2-a^2)^k} = \frac{1}{2ma^2x^{2m}(x^2-a^2)^{k-1}} + \frac{k+m-1}{ma^2}\int\frac{dx}{x^{2m-1}(x^2-a^2)^k} \quad ;$$

24d) $$= \frac{1}{2(x^2-a^2)^{k-1}}\sum_{\nu=0}^{m-1}\frac{(k+m-1;-1;\nu)}{(m;-1;\nu+1)a^{2\nu+2}}\,\frac{1}{x^{2m-2\nu}} + \frac{(k;1;m)}{m!\,a^{2m}}\int\frac{dx}{x(x^2-a^2)^k} \quad .$$

25a) $$\int \frac{dx}{x(x^2-a^2)^k} = \frac{1}{a^2}\left[\frac{1}{2(k-1)(x^2-a^2)^{k-1}} + \int\frac{dx}{x(x^2-a^2)^{k-1}}\right] \quad ;$$

25b) $$= \frac{1}{2}\sum_{\nu=1}^{k-1}\frac{(-1)^\nu}{(k-\nu)a^{2\nu}}\,\frac{1}{(x^2-a^2)^{k-\nu}} + \frac{(-1)^{k-1}}{2a^{2k}}\log\frac{x^2-a^2}{x^2} + C \quad ;$$

25c) $$\int \frac{dx}{x(x^2-a^2)} = \frac{1}{2a^2}\log\frac{x^2-a^2}{x^2} + C \quad .$$

26) $$\int \frac{dx}{(cx+d)(x^2-a^2)} = \frac{-c}{a^2c^2-d^2}\log(cx+d) + \frac{1}{2a(ac+d)}\log(x-a) + \frac{1}{2a(ac-d)}\log(x+a) + C .$$

16. Potenzprodukte von x und ax^n+b.

1a) $$\int x^m(ax^n+b)^k dx = \frac{1}{m+kn+1}\left[x^{m+1}(ax^n+b)^k + bkn\int x^m(ax^n+b)^{k-1}dx\right];$$

1b) $$= x^{m+1}\sum_{\nu=0}^{k}\frac{(k;-1;\nu)\,(bn)^\nu}{(m+kn+1;-n;\nu+1)}(ax^n+b)^{k-\nu} + C\ .$$

2a) $$\int\frac{dx}{x^m(ax^n+b)^k} = \frac{1}{(k-1)bn}\,\frac{1}{x^{m-1}(ax^n+b)^{k-1}} + \frac{m-1+(k-1)n}{(k-1)bn}\int\frac{dx}{x^m(ax^n+b)^{k-1}}\ ,\quad k\neq 1\ ;$$

2b) $$= \frac{1}{x^{m-1}}\sum_{\nu=1}^{k-1}\frac{(m+(k-1)n-1;-n;\nu-1)}{(k-1;-1;\nu)\,(bn)^\nu}\,\frac{1}{(ax^n+b)^{k-\nu}}$$

$$+\frac{(m+n-1;n;k-1)}{(k-1)!\,(bn)^{k-1}}\int\frac{dx}{x^m(ax^n+b)}\ ,\quad k>1\ ;$$

2c) $$\int\frac{dx}{x^m(ax^n+b)} = \frac{-1}{(m-1)bx^{m-1}} - \frac{a}{b}\int\frac{dx}{x^{m-n}(ax^n+b)}\ ,\quad m>n\geqq 1\ ;$$

2d) $$\int\frac{dx}{x^n(ax^n+b)} = \frac{-1}{(n-1)bx^{n-1}} - \frac{a}{b}\int\frac{dx}{ax^n+b}\ ,\quad n>1\ ;$$

2e) $$\int\frac{dx}{x^p(ax^n+b)} = \frac{-1}{(p-1)bx^{p-1}} - \frac{a}{b}\int\frac{x^{n-p}}{ax^n+b}dx\ ,\quad 1<p<n\ ;$$

2f) $$\int\frac{dx}{x(ax^n+b)} = \frac{1}{bn}\log C\frac{x^n}{ax^n+b}\ .$$

3a) $$\int\frac{x^m}{(ax^n+b)^k}dx = \frac{1}{(k-1)bn}\,\frac{x^{m+1}}{(ax^n+b)^{k-1}} + \frac{(k-1)n-(m+1)}{(k-1)bn}\int\frac{x^m}{(ax^n+b)^{k-1}}dx\ ,\quad k\neq 1\ ,$$

für $m=n-1$ siehe 16.8c ;

3b) $$= x^{m+1}\sum_{\nu=1}^{k-1}\frac{((k-1)n-(m+1);-n;\nu-1)}{(k-1;-1;\nu)\,(bn)^\nu}\,\frac{1}{(ax^n+b)^{k-\nu}}$$

$$+\frac{(n-(m+1);n;k-1)}{(k-1)!\,(bn)^{k-1}}\int\frac{x^m}{ax^n+b}dx\ ,\quad k\neq 1\ ;$$

3c) $$= \frac{-1}{(k-1)an}\,\frac{x^{m-n+1}}{(ax^n+b)^{k-1}} + \frac{m-n+1}{(k-1)an}\int\frac{x^{m-n}}{(ax^n+b)^{k-1}}dx\ ,\quad k\neq 1\ .$$

4a) $$\int\frac{x^m}{ax^n+b}\,dx=\frac{1}{a}\sum_{\nu=1}^{r}\left(-\frac{b}{a}\right)^{\nu-1}\frac{x^{(r-\nu)n+s+1}}{(r-\nu)n+s+1}+\left(-\frac{b}{a}\right)^{r}\int\frac{x^s}{ax^n+b}\,dx\,,$$

$m=rn+s,\quad s=0,1,\dots,n-1;$ *für* $m=n-1$ *siehe* 16.8b ;

4b) $$\int\frac{x^n}{ax^n+b}\,dx=\frac{x}{a}-\frac{b}{a}\int\frac{dx}{ax^n+b}+C\,.$$

5a) $$\int\frac{dx}{(ax^n+b)^k}=\frac{1}{(k-1)bn}\,\frac{x}{(ax^n+b)^{k-1}}+\frac{(k-1)n-1}{(k-1)bn}\int\frac{dx}{(ax^n+b)^{k-1}}\,,\quad k\neq 1\,;$$

5b) $$=x\sum_{\nu=1}^{k-1}\frac{((k-1)n-1;-n;\nu-1)}{(k-1;-1;\nu)\,(bn)^{\nu}}\,\frac{1}{(ax^n+b)^{k-\nu}}+\frac{(n-1;n;k-1)}{(k-1)!\,(bn)^{k-1}}\int\frac{dx}{ax^n+b}\,,\quad k>1\,.$$

6a) $$\int\frac{dx}{ax^n+b}=\frac{1}{b}\sqrt[n]{\frac{b}{a}}\int\frac{dy}{y^n+1}\quad\text{mit}\quad y=\sqrt[n]{\frac{a}{b}}\,x\,,\quad\text{vgl. 16.9b};$$

6b) $$=\frac{s}{bn}\sqrt[n]{\frac{b}{a}}\log\left(1+\sqrt[n]{\frac{a}{b}}\,x\right)-\frac{2}{bn}\sqrt[n]{\frac{b}{a}}\sum_{\nu=0}^{r-1}\left[P_\nu\cos\frac{2\nu+1}{n}\pi-Q_\nu\sin\frac{2\nu+1}{n}\pi\right]+C\,,$$

mit $n=2r+s\,,\ s=0$ *oder* 1 ;

$$P_\nu=\frac{1}{2}\log\left[\sqrt[n]{\left(\frac{a}{b}\right)^2}\,x^2-2\sqrt[n]{\frac{a}{b}}\,x\cos\frac{2\nu+1}{n}\pi+1\right],\quad Q_\nu=\operatorname{arc\,tg}\frac{\sqrt[n]{\frac{a}{b}}\,x-\cos\frac{2\nu+1}{n}\pi}{\sin\frac{2\nu+1}{n}\pi}\,.$$

7a) $$\int\frac{dx}{ax^n-b}=\frac{1}{b}\sqrt[n]{\frac{b}{a}}\int\frac{dy}{y^n-1}\quad\text{mit}\quad y=\sqrt[n]{\frac{a}{b}}\,x\,,\quad\text{vgl. 16.12b};$$

7b) $$=\frac{1}{bn}\sqrt[n]{\frac{b}{a}}\left[\log\left(-1+\sqrt[n]{\frac{a}{b}}\,x\right)+2\sum_{\nu=1}^{r-1}\left(R_\nu\cos\frac{2\nu\pi}{n}-S_\nu\sin\frac{2\nu\pi}{n}\right)\right.$$

$$\left.+(s-1)\log\left(1+\sqrt[n]{\frac{a}{b}}\,x\right)\right]+C\,,\ \text{mit}\quad n=2r-s\,,\ s=0\ \text{oder}\ 1\,;$$

$$R_\nu=\frac{1}{2}\log\left[\sqrt[n]{\left(\frac{a}{b}\right)^2}\,x^2-2\sqrt[n]{\frac{a}{b}}\,x\cos\frac{2\nu\pi}{n}+1\right],\quad S_\nu=\operatorname{arc\,tg}\frac{\sqrt[n]{\frac{a}{b}}\,x-\cos\frac{2\nu\pi}{n}}{\sin\frac{2\nu\pi}{n}}\,.$$

8a) $$\int\frac{x^s}{ax^n\pm b}\,dx=\frac{1}{b}\left(\frac{b}{a}\right)^{\frac{s+1}{n}}\int\frac{y^s}{y^n\pm 1}\,dy\quad\text{mit}\quad y=\sqrt[n]{\frac{a}{b}}\,x\,,\quad s<n\,;$$

8b) $$\int\frac{x^{n-1}}{ax^n\pm b}\,dx=\frac{1}{an}\log C(ax^n\pm b)\,;$$

8c) $$\int\frac{x^{n-1}}{(ax^n\pm b)^k}\,dx=\frac{-1}{(k-1)an}\,\frac{1}{(ax^n\pm b)^{k-1}}+C\,,\quad k>1\,.$$

16.

9a) $$\int \frac{x^m}{x^n+1}\,dx = \sum_{\nu=1}^{p} \frac{(-1)^{\nu-1}}{(p-\nu)n+q+1}\, x^{(p-\nu)n+q+1} + (-1)^p \int \frac{x^q}{x^n+1}\,dx \quad , \quad m = pn+q \;;$$

9b) $$= (-1)^m \frac{s}{n} \log(x+1) - \frac{2}{n} \sum_{\nu=0}^{r-1} \left[P_\nu \cos\frac{(2\nu+1)(m+1)}{n}\pi - Q_\nu \sin\frac{(2\nu+1)(m+1)}{n}\pi \right] + C \,,$$

mit $n = 2r+s$, $s = 0$ oder 1, $m = 0, 1, \ldots, n-1$; für $m = n-1$ siehe 16.15;

$$P_\nu = \frac{1}{2}\log\left(x^2 - 2x\cos\frac{2\nu+1}{n}\pi + 1\right) \quad , \quad Q_\nu = \operatorname{arc\,tg} \frac{x - \cos\frac{2\nu+1}{n}\pi}{\sin\frac{2\nu+1}{n}\pi} \;.$$

10a) $$\int \frac{dx}{x+1} = \log C(x+1) \;;$$

10b) $$\int \frac{dx}{x^2+1} = \operatorname{arc\,tg} x + C_1 = -\operatorname{arc\,tg}\frac{1}{x} + C_2 = -\operatorname{arc\,ctg} x + C_3 \;;$$

10c) $$\int \frac{dx}{x^3+1} = \frac{1}{3}\log C\frac{x+1}{\sqrt{x^2-x+1}} + \frac{1}{\sqrt{3}}\operatorname{arc\,tg}\frac{2x-1}{\sqrt{3}} \;;$$

10d) $$\int \frac{dx}{x^4+1} = \frac{1}{4\sqrt{2}}\log C\frac{x^2+x\sqrt{2}+1}{x^2-x\sqrt{2}+1} + \frac{1}{2\sqrt{2}}\operatorname{arc\,tg}\frac{x\sqrt{2}}{1-x^2} \;;$$

11a) $$\int \frac{x}{x+1}\,dx = x - \log C(x+1) \;;$$

11b) $$\int \frac{x}{x^2+1}\,dx = \frac{1}{2}\log C(x^2+1) \;;$$

11c) $$\int \frac{x}{x^3+1}\,dx = \frac{1}{3}\log C\frac{\sqrt{x^2-x+1}}{x+1} + \frac{1}{\sqrt{3}}\operatorname{arc\,tg}\frac{2x-1}{\sqrt{3}} \;;$$

11d) $$\int \frac{x}{x^4+1}\,dx = \frac{1}{2}\operatorname{arc\,tg} x^2 + C_1 = \frac{-1}{2}\operatorname{arc\,tg}\frac{1}{x^2} + C_2 \;.$$

16.

12a) $$\int \frac{x^m}{x^n-1}\,dx = \sum_{\nu=1}^{p} \frac{x^{m-n\nu+1}}{m-n\nu+1} + \int \frac{x^q}{x^n-1}\,dx\ , \qquad m = pn+q\ ;$$

12b) $$= \frac{1}{n}\log(x-1) + \frac{(1-s)(-1)^{m+1}}{n}\log(x+1) + \frac{2}{n}\sum_{\nu=1}^{\varkappa-1}\left[R_\nu \cos\frac{2\nu(m+1)}{n}\pi - S_\nu \sin\frac{2\nu(m+1)}{n}\pi\right] + C,$$

mit $n = 2\varkappa - s$, $s = 0$ oder 1, $n > 2$, $m = 0, 1, \ldots, n-1$; für $m = n-1$ siehe 16.15,

$$R_\nu = \frac{1}{2}\log\left(x^2 - 2x\cos\frac{2\nu\pi}{n} + 1\right)\ , \qquad S_\nu = \operatorname{arctg}\frac{x-\cos\frac{2\nu\pi}{n}}{\sin\frac{2\nu\pi}{n}}\ .$$

13a) $$\int \frac{dx}{x-1} = \log C(x-1)\ ;$$

13b) $$\int \frac{dx}{x^2-1} = \frac{1}{2}\log C\,\frac{x-1}{x+1}\ ;$$

13c) $$\int \frac{dx}{x^3-1} = \frac{1}{3}\log C\,\frac{x-1}{\sqrt{x^2+x+1}} - \frac{1}{\sqrt{3}}\operatorname{arc\,tg}\frac{2x+1}{\sqrt{3}}\ ;$$

13d) $$\int \frac{dx}{x^4-1} = \frac{1}{4}\log C\,\frac{x-1}{x+1} - \frac{1}{2}\operatorname{arc\,tg} x\ .$$

14a) $$\int \frac{x}{x-1}\,dx = x + \log C(x-1)\ ;$$

14b) $$\int \frac{x}{x^2-1}\,dx = \frac{1}{2}\log C(x^2-1)\ ;$$

14c) $$\int \frac{x}{x^3-1}\,dx = \frac{1}{3}\log C\,\frac{x-1}{\sqrt{x^2+x+1}} + \frac{1}{\sqrt{3}}\operatorname{arc\,tg}\frac{2x+1}{\sqrt{3}}\ ;$$

14d) $$\int \frac{x}{x^4-1}\,dx = \frac{1}{4}\log C\,\frac{x^2-1}{x^2+1}\ .$$

15) $$\int \frac{x^{n-1}}{x^n \pm 1}\,dx = \frac{1}{n}\log C(x^n \pm 1)\ .$$

2. Abschnitt. Algebraisch irrationale Integranden.

211. Rationale Funktionen von x und $\sqrt[n]{ax+b}$.

1a) $$\int R(x,\sqrt[n]{ax+b})\,dx=\int R\left(\frac{y^n-b}{a},y\right)\frac{n}{a}y^{n-1}dy\,,\quad \text{mit } \sqrt[n]{ax+b}=y\,,\ x=\frac{y^n-b}{a}\,,\ dx=\frac{n}{a}y^{n-1}dy.$$

1b) Jede rationale Funktion $R(x,\sqrt[n]{ax+b})$ läßt sich in der Form schreiben:

$$R(x,\sqrt[n]{ax+b})=\varphi_0(x)+\varphi_1(x)(ax+b)^{1/n}+\varphi_2(x)(ax+b)^{2/n}+\ldots+\varphi_{n-1}(x)(ax+b)^{\frac{n-1}{n}}$$

oder $$=\psi_0(x)+\psi_1(x)\frac{1}{(ax+b)^{1/n}}+\psi_2(x)\frac{1}{(ax+b)^{2/n}}+\ldots+\psi_{n-1}(x)\frac{1}{(ax+b)^{\frac{n-1}{n}}}\,,$$

wobei die $\varphi_\nu(x)$ bzw. $\psi_\nu(x)$ rationale Funktionen von x bedeuten. Zerlegt man diese in Partialbrüche, so kann das Integral

$$\int R(x,\sqrt[n]{ax+b})\,dx$$

mit Hilfe der Formeln 11.1–7 und 211.12–14 berechnet werden.

1c) Ansatz mit unbestimmten Koeffizienten:

Die Berechnung eines Integrals

$$\int\frac{f(x)}{g(x)}(ax+b)^{\frac{p}{n}}dx\,,\quad p=\pm1,\pm2,\ldots\ \text{(kein Vielfaches von } n),$$

wo $f(x)$ und $g(x)$ Polynome der Grade μ und σ sind, und zwar

$$g(x)=(x-\alpha_1)^{a_1}(x-\alpha_2)^{a_2}\ldots(x-\alpha_k)^{a_k}\,,\ \alpha_i\neq-\frac{b}{a}\,,\ \alpha_i\neq\alpha_k \text{ für } i\neq k\,,\ \sigma=a_1+\ldots+a_k$$

ist, kann mit Hilfe des folgenden Ansatzes durchgeführt werden:

$$\int\frac{f(x)}{g(x)}(ax+b)^{p/n}dx=\frac{h(x)}{g_2(x)}(ax+b)^{1+p/n}+\sum_{\nu=1}^{k}A_\nu\int\frac{(ax+b)^{p/n}}{x-\alpha_\nu}dx\,,\quad (\text{vgl. } 211.14)$$

mit $g_1(x)=(x-\alpha_1)(x-\alpha_2)\ldots(x-\alpha_k)$ und $g_2(x)=\dfrac{g(x)}{g_1(x)}$,

wobei die noch unbestimmten Koeffizienten A_ν und die Koeffizienten des Polynoms $h(x)$ vom Grade $\tau=\max(\mu+1,\sigma)-k-1$ *) aus der identisch geltenden Gleichung

$$f(x)=h'(x)g_1(x)(ax+b)+\frac{p+n}{n}a\,h(x)g_1(x)-h(x)g_1(x)(ax+b)\sum_{\nu=1}^{k}\frac{a_\nu-1}{x-\alpha_\nu}+g(x)\sum_{\nu=1}^{k}\frac{A_\nu}{x-\alpha_\nu}$$

ermittelt werden können.

---

*) Für $\tau=-1$ ist $h(x)$ identisch gleich null zu setzen.

211.

2a) $$\int x^m \sqrt[n]{ax+b}\,dx = \frac{n}{(mn+n+1)a}x^m(ax+b)^{1+1/n} - \frac{bmn}{(mn+n+1)a}\int x^{m-1}\sqrt[n]{ax+b}\,dx\ ;$$

2b) $$= \frac{n}{a}(ax+b)^{1+1/n}\sum_{\nu=0}^{m}\frac{(m;-1;\nu)}{((m+1)n+1;-n;\nu+1)}\left(-\frac{bn}{a}\right)^{\nu}x^{m-\nu} + C_1\ ;$$

2c) $$= \frac{n}{a^{m+1}}(ax+b)^{\frac{n+1}{n}}\sum_{\nu=0}^{m}\frac{\binom{m}{\nu}(-b)^{\nu}}{(m-\nu+1)n+1}(ax+b)^{m-\nu} + C_2\ ;$$

2d) $$\int \sqrt[n]{ax+b}\,dx = \frac{n}{(n+1)a}(ax+b)^{1+1/n} + C\ .$$

3a) $$\int \frac{\sqrt[n]{ax+b}}{(x-\alpha)^k}\,dx = \frac{-1}{(k-1)(a\alpha+b)}\,\frac{(ax+b)^{1+1/n}}{(x-\alpha)^{k-1}} - \frac{(kn-2n-1)a}{(k-1)n(a\alpha+b)}\int\frac{\sqrt[n]{ax+b}}{(x-\alpha)^{k-1}}\,dx\ ;$$

3b) $$= (ax+b)^{1+1/n}\sum_{\nu=1}^{k-1}(-1)^{\nu}\frac{((k-2)n-1;-n;\nu-1)a^{\nu-1}}{(k-1;-1;\nu)n^{\nu-1}(a\alpha+b)^{\nu}}\,\frac{1}{(x-\alpha)^{k-\nu}}$$

$$+(-1)^{k-1}\frac{(-1;n;k-1)a^{k-1}}{(k-1)!\,n^{k-1}(a\alpha+b)^{k-1}}\int\frac{\sqrt[n]{ax+b}}{x-\alpha}\,dx\ ;$$

3c) $$= \frac{a^{k-1}}{1-k+1/n}(ax+b)^{1-k+1/n} + C\ ,\quad \text{für}\ a\alpha+b=0\ .$$

4) $$\int\frac{\sqrt[n]{ax+b}}{x-\alpha}\,dx = n\sqrt[n]{ax+b} + n\sqrt[n]{a\alpha+b}\int\frac{dy}{y^n-1}\quad \text{mit}\ ax+b=(a\alpha+b)y^n,\ y=\sqrt[n]{\frac{ax+b}{a\alpha+b}}\,,$$
siehe 16.12 .

5) $$\int\frac{(Ax+B)\sqrt[n]{ax+b}}{(x^2+2Px+Q)^k}\,dx$$ siehe 211.15 für $p=1$.

6) $$\int\frac{(Ax+B)\sqrt[n]{ax+b}}{x^2+2Px+Q}\,dx$$ siehe 211.16 für $p=1$.

7a) $$\int\frac{x^m}{\sqrt[n]{ax+b}}\,dx = \frac{n}{(mn+n-1)a}x^m(ax+b)^{1-1/n} - \frac{mnb}{(mn+n-1)a}\int\frac{x^{m-1}}{\sqrt[n]{ax+b}}\,dx\ ;$$

7b) $$= \frac{n}{a}(ax+b)^{1-1/n}\sum_{\nu=0}^{m}\frac{(m;-1;\nu)}{((m+1)n-1;-n;\nu+1)}\left(-\frac{bn}{a}\right)^{\nu}x^{m-\nu} + C_1\ ;$$

7c) $$= \frac{n}{a^{m+1}}(ax+b)^{1-1/n}\sum_{\nu=0}^{m}\frac{\binom{m}{\nu}(-b)^{\nu}}{(m-\nu+1)n-1}(ax+b)^{m-\nu} + C_2\ ;$$

7d) $$\int\frac{dx}{\sqrt[n]{ax+b}} = \frac{n}{(n-1)a}(ax+b)^{1-1/n} + C_3\ .$$

211.

8a) $$\int \frac{dx}{(x-\alpha)^k \sqrt[n]{ax+b}} = \frac{-1}{(k-1)(a\alpha+b)} \frac{(ax+b)^{1-1/n}}{(x-\alpha)^{k-1}} - \frac{[(k-2)n+1]a}{(k-1)n(a\alpha+b)} \int \frac{dx}{(x-\alpha)^{k-1}\sqrt[n]{ax+b}} \quad ;$$

8b) $$= (ax+b)^{1-1/n} \sum_{\nu=1}^{k-1} (-1)^\nu \frac{((k-2)n+1; -n; \nu-1)\, a^{\nu-1}}{(k-1; -1; \nu) n^{\nu-1} (a\alpha+b)^\nu} \frac{1}{(x-\alpha)^{k-\nu}}$$

$$+ (-1)^{k-1} \frac{(1; n; k-1)\, a^{k-1}}{(k-1)!\, n^{k-1} (a\alpha+b)^{k-1}} \int \frac{dx}{(x-\alpha)\sqrt[n]{ax+b}} \quad ;$$

8c) $$= \frac{-n}{[(k-1)n+1]\sqrt[n]{a}} \frac{1}{(x-\alpha)^{k-1+1/n}} + C \; , \quad \textit{wenn } a\alpha+b = 0 \textit{ ist} .$$

9) $$\int \frac{dx}{(x-\alpha)\sqrt[n]{ax+b}} = \frac{n}{\sqrt[n]{a\alpha+b}} \int \frac{y^{n-2}}{y^n-1} dy \quad \textit{mit } ax+b = (a\alpha+b)y^n ,\; y = \sqrt[n]{\frac{ax+b}{a\alpha+b}} \; , \textit{ siehe } 16.12 .$$

10) $$\int \frac{Ax+B}{(x^2+2Px+Q)^k \sqrt[n]{ax+b}} dx \qquad \textit{siehe } 211.15 \textit{ für } p = -1 \; .$$

11) $$\int \frac{Ax+B}{(x^2+2Px+Q)\sqrt[n]{ax+b}} dx \qquad \textit{siehe } 211.16a \textit{ für } p = -1 \textit{ und } 211.16c \textit{ für } p = +1 \; .$$

12a) $$\int x^m (ax+b)^{p/n} dx = \frac{n}{(mn+n+p)a} x^m (ax+b)^{1+p/n} - \frac{mnb}{(mn+n+p)a} \int x^{m-1} (ax+b)^{p/n} dx \; ;$$

12b) $$= \frac{n}{a}(ax+b)^{1+p/n} \sum_{\nu=0}^{m} \frac{(m; -1; \nu)}{((m+1)n+p; -n; \nu+1)} \left(-\frac{bn}{a}\right)^\nu x^{m-\nu} + C_1 \quad ;$$

12c) $$= \frac{n}{a^{m+1}} (ax+b)^{1+p/n} \sum_{\nu=0}^{m} \frac{\binom{m}{\nu}(-b)^\nu}{(m-\nu+1)n+p} (ax+b)^{m-\nu} + C_2 \quad ;$$

12d) $$\int (ax+b)^{p/n} dx = \frac{n}{(n+p)a} (ax+b)^{1+p/n} + C_3 \; , \quad p = \pm 1, \pm 2, \ldots \; (\textit{aber } p \neq -n) \; .$$

13a) $$\int \frac{(ax+b)^{p/n}}{(x-\alpha)^k} dx = \frac{-1}{(k-1)(a\alpha+b)} \frac{(ax+b)^{1+p/n}}{(x-\alpha)^{k-1}} - \frac{[(k-2)n-p]a}{(k-1)n(a\alpha+b)} \int \frac{(ax+b)^{p/n}}{(x-\alpha)^{k-1}} dx \; ,$$

wenn $k \neq 1$ *und* $a\alpha + b \neq 0$ *ist* ;

13b) $$= (ax+b)^{1+p/n} \sum_{\nu=1}^{k-1} (-1)^\nu \frac{((k-2)n-p; -n; \nu-1)\, a^{\nu-1}}{(k-1; -1; \nu) n^{\nu-1} (a\alpha+b)^\nu} \frac{1}{(x-\alpha)^{k-\nu}}$$

$$+ (-1)^{k-1} \frac{(-p; n; k-1)\, a^{k-1}}{n^{k-1}(k-1)!\,(a\alpha+b)^{k-1}} \int \frac{(ax+b)^{p/n}}{x-\alpha} dx \; , \quad \textit{für } a\alpha+b \neq 0 \; ;$$

13c) $$= \frac{-n a^{k-1}}{(k-1)n-p} (ax+b)^{1-k+p/n} + C \; , \quad \textit{für } a\alpha+b = 0 \; .$$

14) $$\int\frac{(ax+b)^{p/n}}{x-\alpha}\,dx = n(a\alpha+b)^{p/n}\int\frac{y^{n+p-1}}{y^n-1}\,dy$$ mit $ax+b=(a\alpha+b)y^n$, $y=\sqrt[n]{\frac{ax+b}{a\alpha+b}}$, $p=\pm1,\pm2,\ldots$; siehe 16.12.

15) $$\int\frac{(Ax+B)(ax+b)^{p/n}}{(x^2+2Px+Q)^k}\,dx = \frac{(Dx+E)(ax+b)^{1+p/n}}{(x^2+2Px+Q)^{k-1}} + \int\frac{(Fx+G)(ax+b)^{p/n}}{(x^2+2Px+Q)^{k-1}}\,dx,$$

$$D=\frac{aAQ-aBP+bB-bAP}{(2k-2)(Q-P^2)(a^2Q-2abP+b^2)},\quad E=PD+\frac{aB\;-\;bA}{(2k-2)(a^2Q-2abP+b^2)},$$

$$F=\left(2k-4-\tfrac{p}{n}\right)aD,\quad G=\left[(2k-3)b-(2k-2)aP\right]D+\left(2k-3-\tfrac{p}{n}\right)aE,$$

$k\neq1$, $(Q-P^2)(a^2Q-2abP+b^2)\neq0$ und $p=\pm1,\pm2,\ldots$.

16a) $$\int\frac{(Ax+B)(ax+b)^{p/n}}{x^2+2Px+Q}\,dx = \frac{\alpha_1A+B}{\alpha_1-\alpha_2}\int\frac{(ax+b)^{p/n}}{x-\alpha_1}\,dx + \frac{\alpha_2A+B}{\alpha_2-\alpha_1}\int\frac{(ax+b)^{p/n}}{x-\alpha_2}\,dx,$$

wenn $Q-P^2<0$ und $x^2+2Px+Q=(x-\alpha_1)(x-\alpha_2)$ ist;

16b) $$=\frac{nA}{p}y^p+\rho^p\sum_{\nu=0}^{n-1}\Big[\Big(A\cos p\varphi_\nu+\frac{B-AP}{\sqrt{Q-P^2}}\sin p\varphi_\nu\Big)\log\sqrt{y^2-2y\rho\cos\varphi_\nu+\rho^2}$$

$$+\Big(-A\sin p\varphi_\nu+\frac{B-AP}{\sqrt{Q-P^2}}\cos p\varphi_\nu\Big)\operatorname{arctg}\frac{y-\rho\cos\varphi_\nu}{\rho\sin\varphi_\nu}\Big]+C,$$

wenn $Q-P^2>0$, $y=\sqrt[n]{ax+b}$, $\rho=\sqrt[2n]{b^2-2abP+a^2Q}$, $\varphi_\nu=\varphi_0+\frac{2\nu\pi}{n}$,

$\varphi_0=\frac{1}{n}\operatorname{arctg}\frac{a\sqrt{Q-P^2}}{b-aP}$, so daß $\rho^n\cos n\varphi_0=b-aP$ und $\rho^n\sin n\varphi_0=a\sqrt{Q-P^2}$,

$p=1,2,\ldots,n-1$.

16c) $$\int\frac{Ax+B}{(x^2+2Px+Q)(ax+b)^{p/n}}\,dx=\frac{1}{\rho^p}\sum_{\nu=0}^{n-1}\Big[\Big(A\cos p\varphi_\nu-\frac{B-AP}{\sqrt{Q-P^2}}\sin p\varphi_\nu\Big)\log\sqrt{y^2-2y\rho\cos\varphi_\nu+\rho^2}$$

$$+\Big(A\sin p\varphi_\nu+\frac{B-AP}{\sqrt{Q-P^2}}\cos p\varphi_\nu\Big)\operatorname{arctg}\frac{y-\rho\cos\varphi_\nu}{\rho\sin\varphi_\nu}\Big]+C,$$

für $Q-P^2>0$ und denselben Bedeutungen für y,ρ,φ_ν wie 211.16 b, $p=1,2,\ldots,n-1$.

17a) $$\int(Ax+B)^m(ax+b)^{p/n}dx=\frac{n(Ax+B)^m(ax+b)^{1+p/n}}{[p+(m+1)n]a}-\frac{mn(bA-aB)}{[p+(m+1)n]a}\int(Ax+B)^{m-1}(ax+b)^{p/n}dx,$$

17b) $$=\frac{n}{a}(ax+b)^{1+p/n}\sum_{\nu=0}^{m}\frac{(m;-1;\nu)}{(p+(m+1)n;-n;\nu+1)}\left[\frac{(aB-bA)n}{a}\right]^\nu(Ax+B)^{m-\nu}+C_1,$$

$p=\pm1,\pm2,\ldots$;

17c) $$=\frac{n}{a^{m+1}}\sum_{\nu=0}^{m}\binom{m}{\nu}\frac{A^\nu(aB-bA)^{m-\nu}}{(\nu+1)n+p}(ax+b)^{\nu+1+p/n}+C_2$$ (vgl. 12.1b).

18a) $$\int\frac{x^{p/n}}{(ax^2+c)^k}dx = \frac{1}{2(k-1)c}\frac{x^{1+p/n}}{(ax^2+c)^{k-1}} + \frac{(2k-3)n-p}{2(k-1)cn}\int\frac{x^{p/n}}{(ax^2+c)^{k-1}}dx\,,\quad p=\pm1,\pm2,\ldots;$$

18b) $$= x^{1+p/n}\sum_{\nu=1}^{k-1}\frac{((2k-3)n-p;-2n;\nu-1)}{(k-1;-1;\nu)n^{\nu-1}(2c)^{\nu}}\frac{1}{(ax^2+c)^{k-\nu}} + \frac{(n-p;2n;k-1)}{(k-1)!(2cn)^{k-1}}\int\frac{x^{p/n}}{ax^2+c}dx\,,$$
$$p=\pm1,\pm2,\ldots.$$

19a) $$\int\frac{x^{p/n}}{ax^2+c}dx = \frac{n}{(p-n)a}x^{p/n-1} - \frac{c}{a}\int\frac{x^{p/n-2}}{ax^2+c}dx\,,\quad p=1,2,\ldots,\quad p\neq n;$$

19b) $$\int\frac{dx}{(ax^2+c)x^{p/n}} = \frac{n}{(n-p)c}x^{1-p/n} - \frac{a}{c}\int\frac{dx}{(ax^2+c)x^{p/n-2}}\,,\quad p=1,2,\ldots,\quad p\neq n.$$

20a) $$\int\frac{x^{p/n}}{ax^2+c}dx = \frac{n\alpha^{p/n-1}}{2a}\int\frac{y^{n+p-1}}{y^n-1}dy - \frac{n\alpha^{p/n-1}}{2a}\int\frac{y^{n+p-1}}{y^n+1}dy\,,\quad \text{wenn } ac<0 \text{ ist},$$

mit $\alpha=\sqrt{-\frac{c}{a}}$, $y=\sqrt[n]{\frac{x}{\alpha}}$, $p=\pm1,\pm2,\ldots$, siehe 16.9 und 16.12;

20b) $$= \frac{1}{a\rho^{n-p}}\sum_{\nu=0}^{n-1}\left(\sin p\varphi_\nu \log\sqrt{y^2-2y\rho\cos\varphi_\nu+\rho^2} + \cos p\varphi_\nu \operatorname{arc\,tg}\frac{y-\rho\cos\varphi_\nu}{\rho\sin\varphi_\nu}\right)+C,$$

wenn $ac>0$ ist, mit $y=\sqrt[n]{x}$, $\rho=\sqrt[2n]{\frac{c}{a}}\ (>0)$, $\varphi_\nu=\frac{4\nu+1}{2n}\pi$, $p=1,2,\ldots,n-1$.

212. Rationale Funktionen von x und $\sqrt{ax+b}$.

1a) $$\int R(x,\sqrt{ax+b})dx = \int R\left(\frac{y^2-b}{a},y\right)\frac{2y}{a}dy\,,\quad \text{mit } ax+b=y^2,\ x^2=\frac{y^2-b}{a},\ dx=\frac{2}{a}y\,dy;$$

1b) Jede rationale Funktion $R(x,\sqrt{ax+b})$ läßt sich in der Form schreiben:
$$R(x,\sqrt{ax+b}) = \varphi_0(x) + \varphi_1(x)\sqrt{ax+b}$$
oder
$$= \psi_0(x) + \psi_1(x)\frac{1}{\sqrt{ax+b}}\,,$$
wobei die $\varphi_\nu(x)$ bzw. $\psi_\nu(x)$ rationale Funktionen von x bedeuten. Zerlegt man diese in Partialbrüche, so kann das Integral
$$\int R(x,\sqrt{ax+b})dx$$
mit Hilfe der Formeln 11.1–7 und 212.2–9 berechnet werden.

1c) Ansatz mit unbestimmten Koeffizienten:
Die Berechnung eines Integrals $\int\frac{f(x)}{g(x)}\sqrt{ax+b}\,dx$, wo $f(x)$ und $g(x)$ Polynome der Grade μ und σ sind und zwar

$g(x) = (x-\alpha_1)^{a_1}(x-\alpha_2)^{a_2}\ldots(x-\alpha_k)^{a_k}$, $\alpha_i \neq -\frac{b}{a}$ und $\alpha_i \neq \alpha_k$ für $i \neq k$, $\sigma = a_1 + \ldots + a_k$,

ist, kann mit Hilfe des folgenden Ansatzes durchgeführt werden:

$$\int \frac{f(x)}{g(x)}\sqrt{ax+b}\,dx = \frac{h(x)}{g_2(x)}(ax+b)^{3/2} + \sum_{\nu=1}^{k} A_\nu \int \frac{\sqrt{ax+b}}{x-\alpha_\nu}\,dx \;,$$

mit $g_1(x) = (x-\alpha_1)(x-\alpha_2)\ldots(x-\alpha_k)$, $g_2(x) = \dfrac{g(x)}{g_1(x)}$,

wo die noch unbestimmten Zahlen A_ν und die Koeffizienten des Polynoms $h(x)$ vom Grad $\tau = \max(\mu+1, \sigma) - k - 1$ *) aus der identisch geltenden Gleichung

$$f(x) = h'(x)g_1(x)(ax+b) + \tfrac{3}{2}ah(x)g_1(x) - h(x)g_1(x)(ax+b)\sum_{\nu=1}^{k}\frac{a_\nu - 1}{x-\alpha_\nu} + g(x)\sum_{\nu=1}^{k}\frac{A_\nu}{x-\alpha_\nu}$$

ermittelt werden können.

2a) $$\int x^m\sqrt{ax+b}\,dx = \frac{2}{(2m+3)a}x^m(ax+b)^{3/2} - \frac{2mb}{(2m+3)a}\int x^{m-1}\sqrt{ax+b}\,dx \;;$$

2b) $$= \frac{1}{b}(ax+b)^{3/2}\sum_{\nu=0}^{m}(-1)^\nu\frac{(m;-1;\nu)}{(2m+3;-2;\nu+1)}\left(\frac{2b}{a}\right)^{\nu+1}x^{m-\nu} + C_1 \;;$$

2c) $$= \frac{2}{a^{m+1}}(ax+b)^{3/2}\sum_{\nu=0}^{m}\binom{m}{\nu}\frac{(-b)^{m-\nu}}{2\nu+3}(ax+b)^\nu + C_2 \,.$$

3a) $$\int\frac{\sqrt{ax+b}}{(x-\alpha)^k}\,dx = \frac{-1}{(k-1)(a\alpha+b)}\,\frac{(ax+b)^{3/2}}{(x-\alpha)^{k-1}} - \frac{(2k-5)a}{2(k-1)(a\alpha+b)}\int\frac{\sqrt{ax+b}}{(x-\alpha)^{k-1}}\,dx \;;$$

3b) $$= a(ax+b)^{3/2}\sum_{\nu=1}^{k-1}\frac{(2k-5;-2;\nu-1)}{2^{\nu-1}(k-1;-1;\nu)}\left(\frac{-a}{a\alpha+b}\right)^\nu\frac{1}{(x-\alpha)^{k-\nu}}$$

$$+(-1)^k\frac{(-1;2;k-1)}{2^{k-1}(k-1)!}\left(\frac{a}{a\alpha+b}\right)^{k-1}\left(2\sqrt{ax+b} - \sqrt{a\alpha+b}\,\log C\frac{\sqrt{ax+b}+\sqrt{a\alpha+b}}{\sqrt{ax+b}-\sqrt{a\alpha+b}}\right) \;;$$

3c) $$= \frac{-2\sqrt{a}}{2k-3}\,\frac{1}{(x-\alpha)^{k-3/2}} + C_1 \;, \quad \text{wenn } a\alpha+b = 0 \text{ ist}\,.$$

4a) $$\int\frac{\sqrt{ax+b}}{x-\alpha}\,dx = 2\sqrt{ax+b} - \sqrt{a\alpha+b}\,\log C_1\frac{\sqrt{ax+b}+\sqrt{a\alpha+b}}{\sqrt{ax+b}-\sqrt{a\alpha+b}} \;, \quad \text{wenn } a\alpha+b > 0 \;;$$

4b) $$= 2\sqrt{ax+b} + 2\sqrt{-(a\alpha+b)}\,\operatorname{arctg}\sqrt{\frac{-(a\alpha+b)}{ax+b}} + C_2 \;, \quad \text{wenn } a\alpha+b < 0 \;,$$

vgl. 11.9b.

5) $$\int\frac{(Ax+B)\sqrt{ax+b}}{(x^2+2Px+Q)^k}\,dx = \frac{(Dx+E)(ax+b)^{3/2}}{(x^2+2Px+Q)^{k-1}} + \int\frac{(Fx+G)\sqrt{ax+b}}{(x^2+2Px+Q)^{k-1}}\,dx \quad \text{mit}$$

$$D = \frac{aAQ - aBP + bB - bAP}{(2k-2)(Q-P^2)(a^2Q-2abP+b^2)} \;, \quad E = PD + \frac{aB - bA}{(2k-2)(a^2Q-2abP+b^2)} \;,$$

$$F = (2k-4-\tfrac{1}{2})aD \;, \quad G = \left[(2k-3)b - (2k-2)aP\right]D + (2k-3-\tfrac{1}{2})aE \;,$$

für $k \neq 1$ und $(Q-P^2)(a^2Q-2abP+b^2) \neq 0$.

*) Für $\tau = -1$ ist $h(x)$ identisch gleich null zu setzen.

6a) $$\int\frac{(Ax+B)\sqrt{ax+b}}{x^2+2Px+Q}\,dx = 2A\sqrt{ax+b} - \frac{(\alpha_1A+B)\sqrt{a\alpha_1+b}}{\alpha_1-\alpha_2}\log\frac{\sqrt{ax+b}+\sqrt{a\alpha_1+b}}{\sqrt{ax+b}-\sqrt{a\alpha_1+b}}$$

$$+\frac{(\alpha_2A+B)\sqrt{a\alpha_2+b}}{\alpha_1-\alpha_2}\log\frac{\sqrt{ax+b}+\sqrt{a\alpha_2+b}}{\sqrt{ax+b}-\sqrt{a\alpha_2+b}}+C,$$

wenn $Q-P^2<0$ ist und $x^2+2Px+Q=(x-\alpha_1)(x-\alpha_2)$ ist; falls $a\alpha_1+b$ oder $a\alpha_2+b$ negativ ist, ersetze man den Logarithmus durch den Arcus tangens gemäß 11.9b;

6b) $$=2A\sqrt{ax+b}+\frac{\rho}{2}\Big(A\cos\varphi_0+\frac{B-AP}{\sqrt{Q-P^2}}\sin\varphi_0\Big)\log\frac{ax+b+\rho^2-2\rho\cos\varphi_0\sqrt{ax+b}}{ax+b+\rho^2+2\rho\cos\varphi_0\sqrt{ax+b}}$$

$$+\rho\Big(A\sin\varphi_0-\frac{B-AP}{\sqrt{Q-P^2}}\cos\varphi_0\Big)\operatorname{arc\,tg}\frac{2\rho\sin\varphi_0\sqrt{ax+b}}{ax+b-\rho^2}+C\;,$$

wenn $Q-P^2>0$ ist, $\rho=\sqrt[4]{a^2Q-2abP+b^2}$, $\varphi_0=\frac{1}{2}\operatorname{arc\,tg}\frac{a\sqrt{Q-P^2}}{b-aP}$, so daß $\rho^2\cos 2\varphi_0=b-aP$ und $\rho^2\sin 2\varphi_0=a\sqrt{Q-P^2}$ ist.

7a) $$\int\frac{x^m}{\sqrt{ax+b}}\,dx=\frac{2}{(2m+1)a}x^m\sqrt{ax+b}-\frac{2mb}{(2m+1)a}\int\frac{x^{m-1}}{\sqrt{ax+b}}\,dx\;;$$

7b) $$=\frac{1}{a}\sqrt{ax+b}\sum_{\nu=0}^{m}2^{\nu+1}\frac{(m;-1;\nu)}{(2m+1;-2;\nu+1)}\Big(-\frac{b}{a}\Big)^{\nu}x^{m-\nu}+C_1\;;$$

7c) $$=\frac{2(-b)^m}{a^{m+1}}\sqrt{ax+b}\sum_{\nu=0}^{m}\frac{(-1)^\nu}{2\nu+1}\binom{m}{\nu}\Big(\frac{ax+b}{b}\Big)^{\nu}+C_2$$

8a) $$\int\frac{dx}{(x-\alpha)^k\sqrt{ax+b}}=\frac{-1}{(k-1)(a\alpha+b)}\frac{\sqrt{ax+b}}{(x-\alpha)^{k-1}}-\frac{(2k-3)a}{2(k-1)(a\alpha+b)}\int\frac{dx}{(x-\alpha)^{k-1}\sqrt{ax+b}}\,,\;\begin{cases}k\neq1,\\ a\alpha+b\neq0;\end{cases}$$

8b) $$=\frac{1}{a}\sqrt{ax+b}\sum_{\nu=0}^{k-2}\frac{(2k-3;-2;\nu)}{2^\nu(k-1;-1;\nu+1)}\Big(\frac{-a}{a\alpha+b}\Big)^{\nu+1}\frac{1}{(x-\alpha)^{k-\nu-1}}$$

$$+\frac{(1;2;k-1)}{2^{k-1}(k-1)!}\Big(\frac{-a}{a\alpha+b}\Big)^{k-1}\int\frac{dx}{(x-\alpha)\sqrt{ax+b}}\,,\text{ wenn }\begin{cases}k\neq1\\ a\alpha+b\neq0\end{cases};$$

8c) $$=\frac{-2}{(2k-1)\sqrt{a}}\,\frac{1}{(x-\alpha)^{k-1/2}}+C\,,\quad\text{wenn } a\alpha+b=0\;.$$

9a) $$\int\frac{dx}{(x-\alpha)\sqrt{ax+b}}=\frac{1}{\sqrt{a\alpha+b}}\log C_1\frac{\sqrt{ax+b}-\sqrt{a\alpha+b}}{\sqrt{ax+b}+\sqrt{a\alpha+b}}\quad\text{für } a\alpha+b>0\;;$$

9b) $$=\frac{-2}{\sqrt{-(a\alpha+b)}}\operatorname{arc\,tg}\sqrt{\frac{-(a\alpha+b)}{ax+b}}+C_2\quad\text{für } a\alpha+b<0 \text{ (vgl. 11.9b)};$$

9c) $$=\frac{-2}{\sqrt{a}}\frac{1}{\sqrt{x-\alpha}}+C_3\quad\text{für } a\alpha+b=0\;.$$

10) $$\int\frac{Ax+B}{(x^2+2Px+Q)^k\sqrt{ax+b}}\,dx=\frac{(Dx+E)\sqrt{ax+b}}{(x^2+2Px+Q)^{k-1}}+\int\frac{Fx+G}{(x^2+2Px+Q)^{k-1}\sqrt{ax+b}}\,dx$$

mit $D=\dfrac{aAQ-aBP+bB-bAP}{(2k-2)(Q-P^2)(a^2Q-2abP+b^2)}$, $E=PD+\dfrac{aB-bA}{(2k-2)(a^2Q-2abP+b^2)}$,

$F=(2k-4+\frac{1}{2})aD$, $G=[(2k-3)b-(2k-2)aP]\,D+(2k-3+\frac{1}{2})aE$ für $\begin{cases}k\neq 1,\\ (Q-P^2)(a^2Q-2abP+b^2)\neq 0.\end{cases}$

11a) $$\int\frac{Ax+B}{(x^2+2Px+Q)\sqrt{ax+b}}\,dx=\frac{\alpha_1A+B}{(\alpha_1-\alpha_2)\sqrt{a\alpha_1+b}}\log\frac{\sqrt{ax+b}-\sqrt{a\alpha_1+b}}{\sqrt{ax+b}+\sqrt{a\alpha_1+b}}$$

$$-\frac{\alpha_2A+B}{(\alpha_1-\alpha_2)\sqrt{a\alpha_2+b}}\log\frac{\sqrt{ax+b}-\sqrt{a\alpha_2+b}}{\sqrt{ax+b}+\sqrt{a\alpha_2+b}}+C,$$

wenn $Q-P^2<0$ und $x^2+2Px+Q=(x-\alpha_1)(x-\alpha_2)$ ist; falls $a\alpha_1+b<0$ oder $a\alpha_2+b<0$ ist, ersetze man den Logarithmus durch den Arcus tangens gemäß 11.9b;

11b) $$=\frac{1}{\rho}\left[\frac{1}{2}(A\cos\varphi_0-A_1\sin\varphi_0)\log\frac{ax+b+\rho^2-2\rho\cos\varphi_0\sqrt{ax+b}}{ax+b+\rho^2+2\rho\cos\varphi_0\sqrt{ax+b}}\right.$$

$$\left.-(A\sin\varphi_0+A_1\cos\varphi_0)\operatorname{arc\,tg}\frac{2\rho\sin\varphi_0\sqrt{ax+b}}{ax+b-\rho^2}\right]+C_2,$$

mit $A_1=\dfrac{B-AP}{\sqrt{Q-P^2}}$, $\rho=\sqrt[4]{b^2-2abP+a^2Q}$, $\varphi_0=\dfrac{1}{2}\operatorname{arc\,tg}\dfrac{a\sqrt{Q-P^2}}{b-aP}$.

12a) $\int(Ax+B)^m(ax+b)^{p/2}dx$ siehe 211.17 (für $n=2$);

12b) $$\int x^m(ax+b)^{p/2}dx=\frac{2}{a^{m+1}}\sum_{\nu=0}^{m}\frac{\binom{m}{\nu}(-b)^\nu}{2(m-\nu+1)+p}(ax+b)^{m-\nu+1+p/2}+C;$$

12c) $$\int(ax+b)^{p/2}dx=\frac{2}{(p+2)a}(ax+b)^{1+p/2}+C.$$

13a) $$\int\frac{(ax+b)^{p/2}}{(x-\alpha)^m}dx=\frac{2}{p-2m+2}\,\frac{(ax+b)^{p/2}}{(x-\alpha)^{m-1}}+\frac{p(a\alpha+b)}{p-2m+2}\int\frac{(ax+b)^{p/2-1}}{(x-\alpha)^m}dx,\quad p=\pm1,\pm3,\dots$$

13b) $$=\frac{-2}{(p+2)(a\alpha+b)}\,\frac{(ax+b)^{p/2+1}}{(x-\alpha)^{m-1}}+\frac{p+4-2m}{(p+2)(a\alpha+b)}\int\frac{(ax+b)^{p/2+1}}{(x-\alpha)^m}dx;$$

13c) $$=\frac{-1}{(m-1)(a\alpha+b)}\,\frac{(ax+b)^{p/2+1}}{(x-\alpha)^{m-1}}+\frac{(p-2m+4)a}{2(m-1)(a\alpha+b)}\int\frac{(ax+b)^{p/2}}{(x-\alpha)^{m-1}}dx;$$

13d) $$=-(ax+b)^{p/2+1}\sum_{\nu=1}^{m-1}\frac{(p-2m+4;2;\nu-1)}{2^{\nu-1}(m-1;-1;\nu)}\,\frac{a^{\nu-1}}{(a\alpha+b)^\nu}\,\frac{1}{(x-\alpha)^{m-\nu}}$$

$$+\frac{(p;-2;m-1)}{2^{m-1}(m-1)!}\left(\frac{a}{a\alpha+b}\right)^{m-1}\int\frac{(ax+b)^{p/2}}{x-\alpha}dx,\quad p=\pm1,\pm3,\dots.$$

212.

14a) $$\int \frac{(ax+b)^{p/2}}{x-\alpha}\,dx = 2\sum_{\nu=0}^{\frac{p-1}{2}} \frac{\beta^{\nu}}{p-2\nu}\,\xi^{p/2-\nu} + 2(-1)^{\frac{p+1}{2}}(-\beta)^{p/2}\operatorname{arc\,tg}\sqrt{\frac{\xi}{-\beta}} + C_1,$$

wenn $ax+b=\xi$, $a\alpha+b=\beta<0$ und $p=1,3,5,\ldots$ ist;

14b) $$= 2\sum_{\nu=0}^{\frac{p-1}{2}} \frac{\beta^{\nu}}{p-2\nu}\,\xi^{p/2-\nu} + \beta^{p/2}\log C_2\frac{\sqrt{\xi}-\sqrt{\beta}}{\sqrt{\xi}+\sqrt{\beta}},\quad \text{wenn}\begin{cases}ax+b=\xi,\\ a\alpha+b=\beta>0,\\ p=1,3,5,\ldots \text{ ist};\end{cases}$$

14c) $$\int \frac{dx}{(x-\alpha)(ax+b)^{p/2}} = 2\sum_{\nu=1}^{\frac{p-1}{2}} \frac{1}{(p-2\nu)\beta^{\nu}y^{p-2\nu}} + \frac{1}{\beta^{p/2}}\log C_1\frac{y-\sqrt{\beta}}{y+\sqrt{\beta}},\quad \beta>0;$$

14d) $$= 2\sum_{\nu=1}^{\frac{p-1}{2}} \frac{(-1)^{\nu}}{(p-2\nu)(-\beta)^{\nu}y^{p-2\nu}} + (-1)^{\frac{p-1}{2}}\frac{2}{(-\beta)^{p/2}}\operatorname{arc\,tg}\frac{y}{\sqrt{-\beta}} + C_2,\quad \beta<0,$$

wenn $y=\sqrt{ax+b}$ und $\beta=a\alpha+b$ ist.

15a) $$\int \frac{x^{m+\frac12}}{(ax^2+c)^k}\,dx = \frac{1}{2(k-1)c}\,\frac{x^{m+\frac32}}{(ax^2+c)^{k-1}} + \frac{4k-2m-7}{4(k-1)c}\int\frac{x^{m+\frac12}}{(ax^2+c)^{k-1}}\,dx;$$

15b) $$= x^{m+\frac32}\sum_{\nu=1}^{k-1}\frac{(4k-2m-7;-4;\nu-1)}{2^{2\nu-1}(k-1;-1;\nu)c^{\nu}}\,\frac{1}{(ax^2+c)^{k-\nu}} + \frac{(1-2m;4;k-1)}{2^{2k-2}(k-1)!\,c^{k-1}}\int\frac{x^{m+\frac12}}{ax^2+c}\,dx,\quad k\neq 1.$$

16a) $$\int\frac{x^{m+\frac12}}{ax^2+c}\,dx = \frac{2}{(2m-1)a}\,x^{m-\frac12} - \frac{c}{a}\int\frac{x^{m-\frac32}}{ax^2+c}\,dx;$$

16b) $$\int\frac{x^{2m+\frac12}}{ax^2+c}\,dx = 2\sum_{\nu=1}^{m}\frac{(-c)^{\nu-1}}{(4m+3-4\nu)a^{\nu}}\,x^{2m-2\nu+\frac32} + \left(-\frac{c}{a}\right)^m\int\frac{\sqrt{x}}{ax^2+c}\,dx;$$

16c) $$\int\frac{x^{2m+1+\frac12}}{ax^2+c}\,dx = 2\sum_{\nu=0}^{m-1}\frac{(-c)^{\nu}}{(4m+1-4\nu)a^{\nu+1}}\,x^{2m-2\nu+\frac12} + \left(-\frac{c}{a}\right)^m\int\frac{x\sqrt{x}}{ax^2+c}\,dx.$$

17a) $$\int\frac{\sqrt{x}}{ax^2+c}\,dx = \frac{1}{2a\sqrt{\alpha}}\log\frac{\sqrt{x}-\sqrt{\alpha}}{\sqrt{x}+\sqrt{\alpha}} - \frac{1}{a\sqrt{\alpha}}\operatorname{arc\,tg}\sqrt{\frac{\alpha}{x}} + C_1,\quad \text{für } ac<0 \text{ und } \alpha=\sqrt{\left|\frac{c}{a}\right|};$$

17b) $$= \frac{1}{2a\sqrt{2\alpha}}\log\frac{x+\alpha-\sqrt{2\alpha x}}{x+\alpha+\sqrt{2\alpha x}} - \frac{1}{a\sqrt{2\alpha}}\operatorname{arc\,tg}\frac{\sqrt{2\alpha x}}{x-\alpha} + C_2,\quad \text{für } ac>0,\ \alpha=\sqrt{\frac{c}{a}};$$

18a) $$\int\frac{x\sqrt{x}}{ax^2+c}\,dx = \frac{2}{a}\sqrt{x} + \frac{\sqrt{\alpha}}{2a}\log\frac{\sqrt{x}-\sqrt{\alpha}}{\sqrt{x}+\sqrt{\alpha}} + \frac{\sqrt{\alpha}}{a}\operatorname{arc\,tg}\sqrt{\frac{\alpha}{x}} + C_1,\quad \text{für } ac<0 \text{ und } \alpha=\sqrt{\left|\frac{c}{a}\right|};$$

18b) $$= \frac{2}{a}\sqrt{x} + \frac{\sqrt{2\alpha}}{4a}\log\frac{x+\alpha-\sqrt{2\alpha x}}{x+\alpha+\sqrt{2\alpha x}} + \frac{\sqrt{2\alpha}}{2a}\operatorname{arc\,tg}\frac{\sqrt{2\alpha x}}{x-\alpha} + C_2,\quad \text{für } ac>0,\ \alpha=\sqrt{\frac{c}{a}}.$$

19) $$\int\frac{\alpha+\beta\sqrt{ax+b}}{\gamma+\delta\sqrt{ax+b}}\,dx = \frac{\beta}{\delta}\,x + 2\,\frac{\alpha\delta-\beta\gamma}{\delta^2 a}\left[\sqrt{ax+b} - \frac{\gamma}{\delta}\log C\left(\sqrt{ax+b}+\frac{\gamma}{\delta}\right)\right].$$

213. Rationale Funktionen von x und $\sqrt[n]{\dfrac{ax+b}{cx+d}}$.

1) Rationalisierung eines Integrals $\int R\left(x, \sqrt[n]{\dfrac{ax+b}{cx+d}}\right)dx$ durch die Substitution:

$$\frac{ax+b}{cx+d} = \frac{a}{c}y^n, \quad x = \frac{-ady^n+bc}{ac(y^n-1)}, \quad dx = \frac{n(ad-bc)y^{n-1}}{ac(y^n-1)^2}dy;$$

$$\int R\left(x, \sqrt[n]{\frac{ax+b}{cx+d}}\right)dx = \frac{n(ad-bc)}{ac}\int R\left[\frac{-ady^n+bc}{ac(y^n-1)}, \sqrt[n]{\frac{a}{c}}\cdot y\right]\frac{y^{n-1}}{(y^n-1)^2}dy.$$

2) $\int f\left(\sqrt[n]{\dfrac{ax+b}{cx+d}}\right)dx$ vgl. 13.7, wo $F(y) = f(y^{1/n})$ gesetzt werden muß, z.B. gilt:

3a) $$\int\left(\frac{ax+b}{cx+d}\right)^{p/n}dx = \frac{1}{c}\left(\frac{a}{c}\right)^{p/n}\left[cx+d-\frac{(ad-bc)p}{an}\log(cx+d)+\sum_{\nu=1}^{\infty}(-1)^{\nu}\frac{(p/n)!\,(ad-bc)^{\nu+1}}{\nu(\nu+1)!\,(p/n-\nu-1)!\,a^{\nu+1}}\frac{1}{(cx+d)^{\nu}}\right]+C,$$

Konvergenz für $\left|\dfrac{ad-bc}{a(cx+d)}\right| < 1$;

3b) $$= \frac{ax+b}{a}\left(\frac{ax+b}{cx+d}\right)^{p/n}+\frac{p(ad-bc)}{ac}\left(\frac{a}{c}\right)^{p/n}\int\frac{y^{n+p-1}}{y^n-1}dy \quad \text{mit } y = \sqrt[n]{\frac{c(ax+b)}{a(cx+d)}}, \text{ siehe 16.12.}$$

4a) $$\int x^m\left(\frac{ax+b}{cx+d}\right)^{p/n}dx = \frac{(ax+b)(cx+d)x^{m-1}}{(m+1)ac}\left(\frac{ax+b}{cx+d}\right)^{p/n}-\frac{(ad-bc)p+mn(ad+bc)}{(m+1)nac}\int x^{m-1}\left(\frac{ax+b}{cx+d}\right)^{p/n}dx$$

$$-\frac{(m-1)bd}{(m+1)ac}\int x^{m-2}\left(\frac{ax+b}{cx+d}\right)^{p/n}dx;$$

4b) $$\int x\left(\frac{ax+b}{cx+d}\right)^{p/n}dx = \frac{(ax+b)(cx+d)}{2ac}\left(\frac{ax+b}{cx+d}\right)^{p/n}-\frac{(ad-bc)p+(ad+bc)n}{2nac}\int\left(\frac{ax+b}{cx+d}\right)^{p/n}dx,$$

siehe 213.3a und 3b.

5a) $$\int\frac{1}{(x-\alpha)^{k+1}}\left(\frac{ax+b}{cx+d}\right)^{p/n}dx = A\frac{(ax+b)(cx+d)}{(x-\alpha)^k}\left(\frac{ax+b}{cx+d}\right)^{p/n}+B\int\frac{1}{(x-\alpha)^k}\left(\frac{ax+b}{cx+d}\right)^{p/n}dx$$

$$+D\int\frac{1}{(x-\alpha)^{k-1}}\left(\frac{ax+b}{cx+d}\right)^{p/n}dx,$$

mit $A = \dfrac{-1}{k(a\alpha+b)(c\alpha+d)}$, $B = \dfrac{-n(k-1)(ad+bc+2ac\alpha)+p(ad-bc)}{kn(a\alpha+b)(c\alpha+d)}$, $D = \dfrac{-(k-2)ac}{k(a\alpha+b)(c\alpha+d)}$;

5b) $$\int\frac{1}{x-\alpha}\left(\frac{ax+b}{cx+d}\right)^{p/n}dx = n\left(\frac{a\alpha+b}{c\alpha+d}\right)^{p/n}\int\frac{t^{p-1}}{t^n-1}dt-n\left(\frac{a}{c}\right)^{p/n}\int\frac{z^{p-1}}{z^n-1}dz,$$

mit $t = \sqrt[n]{\dfrac{c\alpha+d}{a\alpha+b}}\cdot\sqrt[n]{\dfrac{ax+b}{cx+d}}$ und $z = \sqrt[n]{\dfrac{c}{a}}\sqrt[n]{\dfrac{ax+b}{cx+d}}$, siehe 16.12.

221. Rationale Funktionen von x, $\sqrt{ax+b}$, $\sqrt{cx+d}$.

1) Ein Integral $\int R(x,\sqrt{ax+b},\sqrt{cx+d})\,dx$, wo $R(x,y,z)$ eine rationale Funktion der Argumente x, $y=\sqrt{ax+b}$, $z=\sqrt{cx+d}$ bedeutet, kann durch Substitution

$$x=\alpha-\frac{4\beta\gamma t}{ct^2-a}+\frac{4(2\alpha ac+ad+bc)t^2-8\beta\gamma at}{(ct^2-a)^2},$$

$$y=\sqrt{ax+b}=\frac{-\beta ct^2+2\gamma at-\beta a}{ct^2-a},\qquad z=\sqrt{cx+d}=\frac{\gamma ct^2-2\beta ct+\gamma a}{ct^2-a},$$

$$dx=\frac{4\beta\gamma c^2t^4-8(2\alpha ac+ad+bc)ct^3+24\beta\gamma act^2-8(2\alpha ac+ad+bc)at+4\beta\gamma a^2}{(ct^2-a)^3}\,dt$$

in das Integral $\int\phi(t)\,dt$ verwandelt werden, wo $\phi(t)$ eine rationale Funktion von t ist. Hier bedeutet α eine beliebige Zahl, die zweckmäßig reell und so gewählt wird, daß auch die Zahlen $\beta=\sqrt{a\alpha+b}$ und $\gamma=\sqrt{c\alpha+d}$ reell sind.

Es ist umgekehrt
$$t=\frac{y-\beta}{z-\gamma}=\frac{\sqrt{ax+b}-\sqrt{a\alpha+b}}{\sqrt{cx+d}-\sqrt{c\alpha+d}},$$

z. B. (mit $\alpha=0$)

$$\int R(x,\sqrt{x},\sqrt{x+\gamma^2})\,dx=\int R\left[\frac{4\gamma^2t^2}{(t^2-1)^2},\frac{2\gamma t}{t^2-1},\frac{\gamma(t^2+1)}{t^2-1}\right]\frac{-8\gamma^2(t^2+1)t}{(t^2-1)^3}\,dt,$$

wobei $t=\dfrac{\sqrt{x}}{\sqrt{x+\gamma^2}-\gamma}$ bedeutet.

2) Eine rationale Funktion von x, $\sqrt{ax+b}$ und $\sqrt{cx+d}$ läßt sich immer in folgender Form schreiben:

$$R(x,\sqrt{ax+b},\sqrt{cx+d})=\varphi_0(x)+\varphi_1(x)\sqrt{ax+b}+\varphi_2(x)\sqrt{cx+d}+\varphi_3(x)\sqrt{(ax+b)(cx+d)},$$

daher kann das Integral dieser Funktion auf die in 11, 212 und 231 behandelten Integrale zurückgeführt werden. Ansätze mit unbestimmten Koeffizienten siehe ebenfalls dort.

3a) $$\int(ax+b)^{k+1/2}(cx+d)^{n+1/2}\,dx=\frac{(ax+b)^{k+1/2}(cx+d)^{n+3/2}}{(k+n+2)c}-\frac{(2k+1)(ad-bc)}{2(k+n+2)c}\int(ax+b)^{k-1/2}(cx+d)^{n+1/2}\,dx;$$

3b) $$=(cx+d)^{n+3/2}\sum_{\nu=0}^{k}\frac{(-1)^\nu(2k+1;-2;\nu)(ad-bc)^\nu}{2^\nu(k+n+2;-1;\nu+1)c^{\nu+1}}(ax+b)^{k-\nu+1/2}$$

$$+\frac{(1;2;k+1)}{(-2c)^{k+1}}\sqrt{ax+b}\sum_{\nu=0}^{n}\frac{(2n+1;-2;\nu)(ad-bc)^{k+\nu+1}}{2^\nu(k+n+2;-1;k+\nu+2)a^{\nu+1}}(cx+d)^{n-\nu+1/2}$$

$$+\frac{(1;2;k+1)(1;2;n+1)(ad-bc)^{k+n+2}}{(k+n+2)!\,(-2c)^{k+1}(2a)^{n+1}}\int\frac{dx}{\sqrt{(ax+b)(cx+d)}}$$

221.

4a) $\int \frac{(ax+b)^{k+1/2}}{(cx+d)^{n+1/2}} dx = \frac{1}{(k-n+1)c} \frac{(ax+b)^{k+1/2}}{(cx+d)^{n-1/2}} - \frac{(2k+1)(ad-bc)}{2(k-n+1)c} \int \frac{(ax+b)^{k-1/2}}{(cx+d)^{n+1/2}} dx\;;$

4b) $\phantom{\int \frac{(ax+b)^{k+1/2}}{(cx+d)^{n+1/2}} dx} = \frac{2}{(2n-1)(ad-bc)} \frac{(ax+b)^{k+3/2}}{(cx+d)^{n-1/2}} + \frac{2(n-k-2)a}{(2n-1)(ad-bc)} \int \frac{(ax+b)^{k+1/2}}{(cx+d)^{n-1/2}} dx\;;$

4c) $\phantom{\int \frac{(ax+b)^{k+1/2}}{(cx+d)^{n+1/2}} dx} = (ax+b)^{k+3/2} \sum_{\nu=0}^{n-k-2} \frac{2^{\nu+1}(n-k-2;-1;\nu)a^\nu}{(2n-1;-2;\nu+1)(ad-bc)^{\nu+1}} \frac{1}{(cx+d)^{n-\nu-1/2}} + C,\; \begin{cases} \text{für} \\ n \geqq k+2 \end{cases};$

4d) $\phantom{\int \frac{(ax+b)^{k+1/2}}{(cx+d)^{n+1/2}} dx} = (ax+b)^{k+3/2} \sum_{\nu=0}^{n-1} \frac{2^{\nu+1}(k-n+2;1;\nu)(-a)^\nu}{(2n-1;-2;\nu+1)(ad-bc)^{\nu+1}} \frac{1}{(cx+d)^{n-\nu-1/2}}$

$ + \frac{(k+1;-1;n)(2a)^n}{(1;2;n)} \sqrt{cx+d} \sum_{\nu=0}^{k} \frac{(-1)^{n+\nu}(2k+1;-2;\nu)}{2^\nu(k+1;-1;\nu+1)(ad-bc)^{n-\nu}c^{\nu+1}} (ax+b)^{k-\nu+1/2}$

$ + (-1)^{k-n+1} \binom{k+1/2}{k-n+1} \frac{a^n(ad-bc)^{k-n+1}}{c^{k+1}} \int \frac{dx}{\sqrt{(ax+b)(cx+d)}},\; 0 \leqq n \leqq k+1,$

dabei ist für $n=0$ die erste Summe zu unterdrücken.

5a) $\int \frac{dx}{(ax+b)^{k+1/2}(cx+d)^{n+1/2}} = \frac{-2}{(2k-1)(ad-bc)} \frac{1}{(ax+b)^{k-1/2}(cx+d)^{n-1/2}} - \frac{2(k+n-1)c}{(2k-1)(ad-bc)} \int \frac{dx}{(ax+b)^{k-1/2}(cx+d)^{n+1/2}};$

5b) $\phantom{\int \frac{dx}{(ax+b)^{k+1/2}(cx+d)^{n+1/2}}} = \frac{1}{(cx+d)^{n-1/2}} \sum_{\nu=0}^{k-1} \frac{(-2)^{\nu+1}(k+n-1;-1;\nu)c^\nu}{(2k-1;-2;\nu+1)(ad-bc)^{\nu+1}} \frac{1}{(ax+b)^{k-\nu-1/2}}$

$ + \frac{(-2c)^k}{(1;2;k)} \sqrt{ax+b} \sum_{\nu=0}^{n-1} \frac{2^{\nu+1}(k+n-1;-1;k+\nu)a^\nu}{(2n-1;-2;\nu+1)(ad-bc)^{k+\nu+1}} \frac{1}{(cx+d)^{n-\nu-1/2}} + C\;.$

Wenn $k=0$ ($n=0$) ist, so fällt die erste (zweite) Summe weg; der Fall $k=n=0$ ist ausgeschlossen; siehe folgende Formel.

6a) $\int \frac{dx}{\sqrt{(ax+b)(cx+d)}} = \frac{2}{\sqrt{ac}} \log C_1 \left(\sqrt{c(ax+b)} + \sqrt{a(cx+d)} \right),\; \text{für } ac > 0 \text{ und } x > \begin{cases} -\frac{d}{c} \\ -\frac{b}{a} \end{cases};$

6b) $\phantom{\int \frac{dx}{\sqrt{(ax+b)(cx+d)}}} = \frac{-2}{\sqrt{ac}} \log C_2 \left(\sqrt{-c(ax+b)} + \sqrt{-a(cx+d)} \right),\; \text{für } ac > 0 \text{ und } x < \begin{cases} -\frac{d}{c} \\ -\frac{b}{a} \end{cases};$

6c) $\phantom{\int \frac{dx}{\sqrt{(ax+b)(cx+d)}}} = \frac{-1}{\sqrt{-ac}} \arcsin \frac{c(ax+b)+a(cx+d)}{|ad-bc|} + C_3,\; \text{für } ac < 0,\; \text{vgl. 231.8}.$

221.

7a) $$\int\frac{dx}{(x-\alpha)\sqrt{(ax+b)(cx+d)}}=\frac{1}{\sqrt{(a\alpha+b)(c\alpha+d)}}\log C_1\frac{\left[\sqrt{(c\alpha+d)(ax+b)}-\sqrt{(a\alpha+b)(cx+d)}\right]^2}{x-\alpha},$$

für $(a\alpha+b)(c\alpha+d)>0$, $(c\alpha+d)(ax+b)>0$, $(a\alpha+b)(cx+d)>0$;

7b) $$=\frac{1}{\sqrt{(a\alpha+b)(c\alpha+d)}}\log C_2\frac{\left[\sqrt{-(c\alpha+d)(ax+b)}-\sqrt{-(a\alpha+b)(cx+d)}\right]^2}{x-\alpha},$$

für $(a\alpha+b)(c\alpha+d)>0$, $(c\alpha+d)(ax+b)<0$, $(a\alpha+b)(cx+d)<0$;

7c) $$=\frac{1}{\sqrt{-(a\alpha+b)(c\alpha+d)}}\arcsin\frac{(c\alpha+d)(ax+b)+(a\alpha+b)(cx+d)}{|ad-bc||x-\alpha|}+C_3,$$

wenn $(a\alpha+b)(c\alpha+d)<0$, vgl. 231.10.

8a) $$\int\frac{x^n}{A\sqrt{ax+b}+B\sqrt{cx+d}}\,dx=\frac{A}{aA^2-cB^2}\left(\alpha^n\int\frac{\sqrt{ax+b}}{x-\alpha}\,dx+\sum_{\nu=1}^{n}\alpha^{n-\nu}\int x^{\nu-1}\sqrt{ax+b}\,dx\right)$$

$$-\frac{B}{aA^2-cB^2}\left(\alpha^n\int\frac{\sqrt{cx+d}}{x-\alpha}\,dx+\sum_{\nu=1}^{n}\alpha^{n-\nu}\int x^{\nu-1}\sqrt{cx+d}\,dx\right),$$

mit $\alpha=\dfrac{-bA^2+dB^2}{aA^2-cB^2}$, siehe 212.2 und 212.4;

8b) $$=\frac{A}{bA^2-dB^2}\int x^n\sqrt{ax+b}\,dx-\frac{B}{bA^2-dB^2}\int x^n\sqrt{cx+d}\,dx,$$

wenn $aA^2-cB^2=0$ ist.

9) $$\int\frac{\alpha\sqrt{ax+b}+\beta\sqrt{cx+d}}{\gamma\sqrt{ax+b}+\delta\sqrt{cx+d}}\,dx=\frac{\alpha\gamma a-\beta\delta c}{\gamma^2a-\delta^2c}x-\frac{\alpha\delta-\beta\gamma}{\gamma^2a-\delta^2c}\sqrt{(ax+b)(cx+d)}$$

$$+\frac{2\gamma\delta(\alpha\delta-\beta\gamma)(ad-bc)}{(\gamma^2a-\delta^2c)^2}\log(\gamma\sqrt{ax+b}+\delta\sqrt{cx+d})$$

$$-\frac{(\gamma^2a+\delta^2c)(\alpha\delta-\beta\gamma)(ad-bc)}{2(\gamma^2a-\delta^2c)^2}\int\frac{dx}{\sqrt{(ax+b)(cx+d)}},$$ siehe 221.6.

231. Rationale Funktionen von x und $\sqrt{ax^2+2bx+c}$.

Rationalisierungen durch Substitutionen.

1a) Das Integral
$$\int R(x,\sqrt{ax^2+2bx+c})\,dx\ ,$$
in dem $R(x,y)$ eine rationale Funktion ihrer Argumente x und $y=\sqrt{ax^2+2bx+c}$ bedeutet, kann mittels folgender Substitution
$$x=\frac{-(a\alpha+2b)t^2+2\beta t-\alpha}{at^2-1}\ ,\quad y=\sqrt{ax^2+2bx+c}=\frac{a\beta t^2-2(a\alpha+b)t+\beta}{at^2-1}\ ,$$
$$dx=\frac{-2a\beta t^2+4(a\alpha+b)t-2\beta}{(at^2-1)^2}\,dt\ ,\qquad t=\frac{x-\alpha}{y-\beta}\ ,$$
wo α eine willkürliche Zahl darstellt, die zweckmäßig reell und so gewählt wird, daß auch die Zahl $\beta=\sqrt{a\alpha^2+2b\alpha+c}$ reell ist, in ein rationales Integral umgeformt werden:
$$\int R(x,\sqrt{ax^2+2bx+c})\,dx=\int R\left[\frac{-(a\alpha+2b)t^2+2\beta t-\alpha}{at^2-1}\,,\ \frac{a\beta t^2-2(a\alpha+b)t+\beta}{at^2-1}\right]\frac{-2a\beta t^2+4(a\alpha+b)t-2\beta}{(at^2-1)^2}\,dt\ .$$

Insbesondere ist (mit $\alpha=0$):

1b) $$\int R(x,\sqrt{x^2+a^2})\,dx=-\int R\left(\frac{2at}{t^2-1},\frac{a(t^2+1)}{t^2-1}\right)\frac{2a(t^2+1)}{(t^2-1)^2}\,dt\ ,$$
$$x=\frac{2at}{t^2-1}\ ,\quad \sqrt{x^2+a^2}=\frac{a(t^2+1)}{t^2-1}\ ,\quad dx=\frac{-2a(t^2+1)}{(t^2-1)^2}\,dt\ ,\quad t=\frac{x}{\sqrt{x^2+a^2}-a}=\frac{\sqrt{x^2+a^2}+a}{x}\ ;$$

ebenso mit $\alpha=0$:

1c) $$\int R(x,\sqrt{a^2-x^2})\,dx=-\int R\left(\frac{2at}{t^2+1},\frac{a(t^2-1)}{t^2+1}\right)\frac{2a(t^2-1)}{(t^2+1)^2}\,dt\ ,$$
$$x=\frac{2at}{t^2+1}\ ,\quad \sqrt{a^2-x^2}=\frac{a(t^2-1)}{t^2+1}\ ,\quad dx=\frac{-2a(t^2-1)}{(t^2+1)^2}\,dt\ ,\quad t=\frac{-x}{\sqrt{a^2-x^2}-a}=\frac{\sqrt{a^2-x^2}+a}{x}\ ;$$

ferner mit $\alpha=a$:

1d) $$\int R(x,\sqrt{x^2-a^2})\,dx=\int R\left(\frac{-a(t^2+1)}{t^2-1},\frac{-2at}{t^2-1}\right)\frac{4at}{(t^2-1)^2}\,dt\ ,$$
$$x=-\frac{a(t^2+1)}{t^2-1}\ ,\quad \sqrt{x^2-a^2}=\frac{-2at}{t^2-1}\ ,\quad dx=\frac{4at}{(t^2-1)^2}\,dt\ ,\quad t=\frac{x-a}{\sqrt{x^2-a^2}}=\sqrt{\frac{x-a}{x+a}}\ .$$

Manchmal ist es vorteilhaft, quadratische Substitutionen anzuwenden:

1e) $$\int f(x^2)\sqrt{ax^2+c}\,dx=\int f\left(\frac{ct^2}{1-at^2}\right)\frac{c}{(1-at^2)^2}\,dt\ ,\quad \int\frac{g(x^2)}{\sqrt{ax^2+c}}\,dx=\int g\left(\frac{ct^2}{1-at^2}\right)\frac{dt}{1-at^2}\ ,$$
mit $x^2=\dfrac{ct^2}{1-at^2}\ ,\quad ax^2+c=\dfrac{c}{1-at^2}\ ,\quad dx=\dfrac{\sqrt{c}}{(1-at^2)^{3/2}}\,dt\ ,\quad t=\dfrac{x}{\sqrt{ax^2+c}}$;

1f) $$\int f(x^2)\sqrt{x^2+a^2}\,dx=\int f\left(\frac{a^2t^2}{1-t^2}\right)\frac{a^2}{(1-t^2)^2}\,dt\ ,\quad \int\frac{g(x^2)}{\sqrt{x^2+a^2}}\,dx=\int g\left(\frac{a^2t^2}{1-t^2}\right)\frac{dt}{1-t^2}\ ,$$
mit $x^2=\dfrac{a^2t^2}{1-t^2}\ ,\quad x^2+a^2=\dfrac{a^2}{1-t^2}\ ,\quad dx=\dfrac{a}{(1-t^2)^{3/2}}\,dt\ ,\quad t=\dfrac{x}{\sqrt{x^2+a^2}}$.

231.

2a) Andererseits läßt sich eine rationale Funktion von x und $\sqrt{ax^2+2bx+c}$ stets in der Form schreiben:

$$R(x,\sqrt{ax^2+2bx+c}) = \varphi_0(x) + \varphi_1(x)\sqrt{ax^2+2bx+c} \quad ,$$

$$= \psi_0(x) + \psi_1(x)\frac{1}{\sqrt{ax^2+2bx+c}}$$

mit rationalen Funktionen $\varphi_0(x)$, $\varphi_1(x)$ bzw. $\psi_0(x)$, $\psi_1(x)$. Nach Zerlegung derselben in Partialbrüche kann die Integration mit Hilfe der Formeln 11.1-8 und 231.3-10 ausgeführt werden.

2b) Ansatz mit unbestimmten Koeffizienten:

Es seien $f(x)$ und $g(x)$ Polynome der Grade μ und σ,

$ax^2+2bx+c = a(x-\alpha_1)(x-\alpha_2)$, $\alpha_1 \neq \alpha_2$,

$g(x) = (x-\alpha_1)^{a_1}(x-\alpha_2)^{a_2}(x-\beta_1)^{b_1}(x-\beta_2)^{b_2}\ldots(x-\beta_k)^{b_k}$,

($a_1, a_2 \geqq 0$; $b_\nu \geqq 1$, β_ν untereinander und von α_1, α_2 verschieden),

$g_1(x) = (x-\beta_1)(x-\beta_2)\ldots(x-\beta_k)$, $g_2(x) = \frac{g(x)}{g_1(x)}$.

Dann kann die Berechnung eines Integrals $\int \frac{f(x)}{g(x)\sqrt{ax^2+2bx+c}}\,dx$ mit Hilfe des folgenden Ansatzes durchgeführt werden:

$$\int \frac{f(x)}{g(x)\sqrt{ax^2+2bx+c}}\,dx = \frac{h(x)}{g_2(x)}\sqrt{ax^2+2bx+c} + A\int\frac{dx}{\sqrt{ax^2+2bx+c}} + \sum_{\nu=1}^{k} B_\nu \int \frac{dx}{(x-\beta_\nu)\sqrt{ax^2+2bx+c}} ,$$

wo $h(x)$ ein mit unbestimmten Koeffizienten anzusetzendes Polynom des Grades $\tau = \max(\mu,\sigma)-k-1$ ist; diese und die Koeffizienten $A, B_1, B_2, \ldots, B_k$ können aus der identisch geltenden Gleichung

$$f(x) = h(x)\,g_1(x)(ax+b) + h'(x)\,g_1(x)(ax^2+2bx+c) - h(x)\,g_1(x)(ax^2+2bx+c)\Big(\frac{a_1}{x-\alpha_1} + \frac{a_2}{x-\alpha_2}$$
$$+ \sum_{\nu=1}^{k}\frac{b_\nu - 1}{x-\beta_\nu}\Big) + g(x)\Big(A + \sum_{\nu=1}^{k}\frac{B_\nu}{x-\beta_\nu}\Big)$$

ermittelt werden.

231. $ax^2+2bx+c=\mathfrak{X}$

3) $$\int x^m\sqrt{\mathfrak{X}}\,dx=\frac{x^{m-1}}{(m+2)a}\mathfrak{X}^{3/2}-\frac{(2m+1)b}{(m+2)a}\int x^{m-1}\sqrt{\mathfrak{X}}\,dx-\frac{(m-1)c}{(m+2)a}\int x^{m-2}\sqrt{\mathfrak{X}}\,dx\;;$$

4a) $$\int\sqrt{\mathfrak{X}}\,dx=\left(\frac{x}{2}+\frac{b}{2a}\right)\sqrt{\mathfrak{X}}+\frac{ac-b^2}{2a\sqrt{a}}\log C_1\left(\frac{ax+b}{\sqrt{a}}+\sqrt{\mathfrak{X}}\right),\quad \text{für } a>0\;;$$

4b) $$=\left(\frac{x}{2}+\frac{b}{2a}\right)\sqrt{\mathfrak{X}}+\frac{b^2-ac}{2a\sqrt{-a}}\arcsin\frac{ax+b}{\sqrt{b^2-ac}}+C_2,\quad \text{für } a<0,\ \text{vgl. 11.9b}.$$

5a) $$\int\frac{\sqrt{\mathfrak{X}}}{(x-\alpha)^k}dx=\frac{-1}{(k-1)(a\alpha^2+2b\alpha+c)}\left[\frac{\mathfrak{X}^{3/2}}{(x-\alpha)^{k-1}}+(2k-5)(a\alpha+b)\int\frac{\sqrt{\mathfrak{X}}}{(x-\alpha)^{k-1}}dx+(k-4)a\int\frac{\sqrt{\mathfrak{X}}}{(x-\alpha)^{k-2}}dx\right];$$

5b) $$=\frac{-1}{(2k-3)(a\alpha+b)}\left[\frac{\mathfrak{X}^{3/2}}{(x-\alpha)^k}+(k-3)a\int\frac{\sqrt{\mathfrak{X}}}{(x-\alpha)^{k-1}}dx\right]\quad \text{für}\begin{cases}a\alpha^2+2b\alpha+c=0,\\ a\alpha+b\neq 0.\end{cases}$$

6) $$\int\frac{\sqrt{\mathfrak{X}}}{x-\alpha}dx=\sqrt{\mathfrak{X}}+(a\alpha+b)\int\frac{dx}{\sqrt{\mathfrak{X}}}+(a\alpha^2+2b\alpha+c)\int\frac{dx}{(x-\alpha)\sqrt{\mathfrak{X}}}\;.$$

7a) $$\int\frac{x^m}{\sqrt{\mathfrak{X}}}dx=\frac{1}{ma}x^{m-1}\sqrt{\mathfrak{X}}-\frac{(2m-1)b}{ma}\int\frac{x^{m-1}}{\sqrt{\mathfrak{X}}}dx-\frac{(m-1)c}{ma}\int\frac{x^{m-2}}{\sqrt{\mathfrak{X}}}dx\;;$$

7b) $$\int\frac{x}{\sqrt{\mathfrak{X}}}dx=\frac{1}{a}\sqrt{\mathfrak{X}}-\frac{b}{a}\int\frac{dx}{\sqrt{\mathfrak{X}}}\;.$$

8a) $$\int\frac{dx}{\sqrt{\mathfrak{X}}}=\frac{1}{\sqrt{a}}\log C_1\left(\frac{ax+b}{\sqrt{a}}+\sqrt{\mathfrak{X}}\right),\quad \text{für } a>0\;;$$

8b) $$=\frac{-1}{\sqrt{-a}}\arcsin\frac{ax+b}{\sqrt{b^2-ac}}+C_2,\quad \text{für } a<0,\ \text{vgl. auch 11.9b und 221.6}\;;$$

8c) $$=\frac{1}{\sqrt{a}}\log C_3(ax+b),\quad \text{für } b^2-ac=0\;.$$

9a) $$\int\frac{dx}{(x-\alpha)^k\sqrt{\mathfrak{X}}}=\frac{-1}{(k-1)(a\alpha^2+2b\alpha+c)}\left[\frac{\sqrt{\mathfrak{X}}}{(x-\alpha)^{k-1}}+(2k-3)(a\alpha+b)\int\frac{dx}{(x-\alpha)^{k-1}\sqrt{\mathfrak{X}}}+(k-2)a\int\frac{dx}{(x-\alpha)^{k-2}\sqrt{\mathfrak{X}}}\right],$$
für $a\alpha^2+2b\alpha+c\neq 0$;

9b) $$=\frac{-1}{(2k-1)(a\alpha+b)}\left[\frac{\sqrt{\mathfrak{X}}}{(x-\alpha)^k}+(k-1)a\int\frac{dx}{(x-\alpha)^{k-1}\sqrt{\mathfrak{X}}}\right]\quad \text{für}\begin{cases}a\alpha^2+2b\alpha+c=0,\\ a\alpha+b\neq 0\;;\end{cases}$$

9c) $$=\sqrt{\mathfrak{X}}\sum_{\nu=0}^{k-1}(-1)^{\nu-1}\frac{(k-1;-1;\nu)\,a^\nu}{(2k-1;-2;\nu+1)(a\alpha+b)^{\nu+1}}\,\frac{1}{(x-\alpha)^{k-\nu}}+C,\quad \text{für}\begin{cases}a\alpha^2+2b\alpha+c=0,\\ a\alpha+b\neq 0\;.\end{cases}$$

231.

$$ax^2+2bx+c=\mathfrak{X}$$

10a) $$\int\frac{dx}{(x-\alpha)\sqrt{\mathfrak{X}}}=\frac{-1}{\beta}\log C_1\frac{\gamma x+\delta+\sqrt{\mathfrak{X}}}{x-\alpha}=\frac{1}{\beta}\log C_2\frac{\gamma x+\delta-\sqrt{\mathfrak{X}}}{x-\alpha}\,,\quad \textit{mit}\begin{cases}\beta=\sqrt{a\alpha^2+2b\alpha+c}\,,\ \gamma=\dfrac{a\alpha+b}{\beta}\,,\\ \delta=\dfrac{b\alpha+c}{\beta}=\beta-\alpha\gamma\,,\ C_1C_2=\dfrac{\beta^2}{b^2-ac}\,;\end{cases}$$

10b) $$=\frac{1}{\beta_1}\arcsin\frac{(a\alpha+b)(x-\alpha)-\beta_1^2}{\sqrt{b^2-ac}\,|x-\alpha|}+C_3\,,\quad \textit{mit}\quad \beta_1=\sqrt{-(a\alpha^2+2b\alpha+c)}\ ;^{*)}$$

10c) $$=\frac{-\sqrt{\mathfrak{X}}}{(a\alpha+b)(x-\alpha)}+C_4\,,\quad \textit{wenn}\ a\alpha^2+2b\alpha+c=0\ \textit{und}\ a\alpha+b\neq 0\ \textit{ist};$$

10d) $$=\frac{\sqrt{a}}{a\alpha+b}\log C_5\frac{x-\alpha}{ax+b}\,,\quad \textit{wenn}\ b^2-ac=0,\ \textit{also}\ ax^2+2bx+c=\frac{1}{a}(ax+b)^2\ \textit{ist},$$

vgl. auch 221.7.

11) $$\int x^m\mathfrak{X}^{k+1/2}dx=\frac{1}{(m+2k+2)a}x^{m-1}\mathfrak{X}^{k+3/2}-\frac{(2m+2k+1)b}{(m+2k+2)a}\int x^{m-1}\mathfrak{X}^{k+1/2}dx-\frac{(m-1)c}{(m+2k+2)a}\int x^{m-2}\mathfrak{X}^{k+1/2}dx.$$

12) $$\int x\,\mathfrak{X}^{k+1/2}dx=\frac{1}{(2k+3)a}\mathfrak{X}^{k+3/2}-\frac{b}{a}\int\mathfrak{X}^{k+1/2}dx\ .$$

13a) $$\int\mathfrak{X}^{k+1/2}dx=\frac{ax+b}{(k+1)2a}\mathfrak{X}^{k+1/2}+\frac{(2k+1)(ac-b^2)}{(k+1)2a}\int\mathfrak{X}^{k-1/2}dx\ ;$$

13b) $$=(ax+b)\sum_{\nu=0}^{k}\frac{(2k+1;-2;\nu)(ac-b^2)^\nu}{(k+1;-1;\nu+1)(2a)^{\nu+1}}\mathfrak{X}^{k-\nu+1/2}+\frac{(1;2;k+1)}{(k+1)!}\left(\frac{ac-b^2}{2a}\right)^{k+1}\int\frac{dx}{\sqrt{\mathfrak{X}}}\ .$$

14a) $$\int\frac{\mathfrak{X}^{k+1/2}}{(x-\alpha)^m}dx=\frac{-1}{(m-1)(a\alpha^2+2b\alpha+c)}\frac{\mathfrak{X}^{k+3/2}}{(x-\alpha)^{m-1}}+\frac{(2k-2m+5)(a\alpha+b)}{(m-1)(a\alpha^2+2b\alpha+c)}\int\frac{\mathfrak{X}^{k+1/2}}{(x-\alpha)^{m-1}}dx$$

$$+\frac{(2k-m+4)a}{(m-1)(a\alpha^2+2b\alpha+c)}\int\frac{\mathfrak{X}^{k+1/2}}{(x-\alpha)^{m-2}}dx\,,\quad \textit{für}\ m\neq 1\ \textit{und}\ a\alpha^2+2b\alpha+c\neq 0\ ;$$

14b) $$=\frac{1}{(2k-2m+3)(a\alpha+b)}\frac{\mathfrak{X}^{k+3/2}}{(x-\alpha)^m}-\frac{(2k-m+3)a}{(2k-2m+3)(a\alpha+b)}\int\frac{\mathfrak{X}^{k+1/2}}{(x-\alpha)^{m-1}}dx,\begin{cases}a\alpha^2+2b\alpha+c=0,\\ a\alpha+b\neq 0\ ;\end{cases}$$

14c) $$=\mathfrak{X}^{k+3/2}\sum_{\nu=0}^{m-2}\frac{(2k-m+3;1;\nu)(-a)^\nu}{(2k-2m+3;2;\nu+1)(a\alpha+b)^{\nu+1}}\frac{1}{(x-\alpha)^{m-\nu}}$$

$$+\frac{(2k+1;-1;m-1)}{(2k-1;-2;m-1)}\left(\frac{-a}{a\alpha+b}\right)^{m-1}\int\frac{\mathfrak{X}^{k+1/2}}{x-\alpha}dx\,,\quad \textit{für}\begin{cases}a\alpha^2+2b\alpha+c=0\,,\\ a\alpha+b\neq 0\ .\end{cases}$$

---

*) *Selbstverständlich gilt die Formel nur für reelle Werte der vorkommenden Größen, wobei alle Quadratwurzeln positiv zu ziehen sind.*

231.

$$ax^2+2bx+c=\mathfrak{X}$$

15) $$\int\frac{\mathfrak{X}^{k+1/2}}{x-\alpha}dx=\frac{1}{2k+1}\mathfrak{X}^{k+1/2}+(a\alpha+b)\int\mathfrak{X}^{k-1/2}dx+(a\alpha^2+2b\alpha+c)\int\frac{\mathfrak{X}^{k-1/2}}{x-\alpha}dx,$$ vgl. 231.13a–13b;

16a) $$\int\frac{x^m}{\mathfrak{X}^{k+1/2}}dx=A\frac{x^{m-1}}{\mathfrak{X}^{k-1/2}}+B\int\frac{x^{m-1}}{\mathfrak{X}^{k+1/2}}dx+D\int\frac{x^{m-2}}{\mathfrak{X}^{k+1/2}}dx,$$

mit $A=\frac{1}{(m-2k)a}$, $B=-\frac{(2m-2k-1)b}{(m-2k)a}$, $D=-\frac{(m-1)c}{(m-2k)a}$, $m\neq 2k$;

16b) $$=\frac{1}{(2k-1)b}\frac{x^m}{\mathfrak{X}^{k-1/2}}+\frac{2k-m-1}{(2k-1)b}\int\frac{x^{m-1}}{\mathfrak{X}^{k-1/2}}dx-\frac{c}{b}\int\frac{x^{m-1}}{\mathfrak{X}^{k+1/2}}dx.$$

17a) $$\int\frac{x^{2k}}{\mathfrak{X}^{k+1/2}}dx=\frac{1}{a}\int\frac{x^{2k-2}}{\mathfrak{X}^{k-1/2}}dx-\frac{2b}{a}\int\frac{x^{2k-1}}{\mathfrak{X}^{k+1/2}}dx-\frac{c}{a}\int\frac{x^{2k-2}}{\mathfrak{X}^{k+1/2}}dx;$$

17b) $$=-\sum_{\nu=1}^{k}\frac{1}{a^\nu}\int\frac{(2bx+c)x^{2k-2\nu}}{\mathfrak{X}^{k-\nu+3/2}}dx+\frac{1}{a^k}\int\frac{dx}{\sqrt{\mathfrak{X}}};$$

17c) $$\int\frac{x^2}{\mathfrak{X}^{3/2}}dx=\frac{1}{a}\int\frac{dx}{\sqrt{\mathfrak{X}}}+\frac{1}{a(ac-b^2)}\frac{(2b^2-ac)x+bc}{\sqrt{\mathfrak{X}}}.$$

18) $$\int\frac{Ax+B}{\mathfrak{X}^{k+1/2}}dx=\frac{-A}{(2k-1)a}\frac{1}{\mathfrak{X}^{k-1/2}}+\frac{aB-bA}{a}\int\frac{dx}{\mathfrak{X}^{k+1/2}}.$$

19a) $$\int\frac{dx}{\mathfrak{X}^{k+1/2}}=\frac{1}{(2k-1)(ac-b^2)}\frac{ax+b}{\mathfrak{X}^{k-1/2}}+\frac{2(k-1)a}{(2k-1)(ac-b^2)}\int\frac{dx}{\mathfrak{X}^{k-1/2}};$$

19b) $$=(ax+b)\sum_{\nu=0}^{k-1}\frac{(k-1;-1;\nu)(2a)^\nu}{(2k-1;-2;\nu+1)(ac-b^2)^{\nu+1}}\frac{1}{\mathfrak{X}^{k-\nu-1/2}}+C.$$

20a) $$\int\frac{x}{\mathfrak{X}^{3/2}}dx=\frac{-1}{ac-b^2}\frac{bx+c}{\sqrt{\mathfrak{X}}}+C;$$

20b) $$\int\frac{dx}{\mathfrak{X}^{3/2}}=\frac{1}{ac-b^2}\frac{ax+b}{\sqrt{\mathfrak{X}}}+C.$$

$$ax^2+2bx+c=\mathfrak{X}$$

231.

21a) $$\int\frac{dx}{(x-\alpha)^m\mathfrak{X}^{k+1/2}}=\frac{A}{(x-\alpha)^{m-1}\mathfrak{X}^{k-1/2}}+B\int\frac{dx}{(x-\alpha)^{m-1}\mathfrak{X}^{k+1/2}}+D\int\frac{dx}{(x-\alpha)^{m-2}\mathfrak{X}^{k+1/2}},$$

mit $A=\frac{-1}{(m-1)(a\alpha^2+2b\alpha+c)}$, $B=-\frac{(2k+2m-3)(a\alpha+b)}{(m-1)(a\alpha^2+2b\alpha+c)}$,

$D=\frac{-(m+2k-2)a}{(m-1)(a\alpha^2+2b\alpha+c)}$, wenn $m\neq1$ und $a\alpha^2+2b\alpha+c\neq0$;

21b) $$=\frac{-1}{(2k+2m-1)(a\alpha+b)}\frac{1}{(x-\alpha)^m\mathfrak{X}^{k-1/2}}-\frac{(2k+m-1)a}{(2k+2m-1)(a\alpha+b)}\int\frac{dx}{(x-\alpha)^{m-1}\mathfrak{X}^{k+1/2}},$$

wenn $a\alpha^2+2b\alpha+c=0$ und $a\alpha+b\neq0$ ist;

21c) $$=\frac{1}{\mathfrak{X}^{k-1/2}}\sum_{\nu=0}^{m-1}(-1)^{\nu+1}\frac{(2k+m-1;-1;\nu)\,a^\nu}{(2k+2m-1;-2;\nu+1)(a\alpha+b)^{\nu+1}}\frac{1}{(x-\alpha)^{m-\nu}}$$

$$+\frac{(2k;1;m)}{(2k+1;2;m)}\left(\frac{-a}{a\alpha+b}\right)^m\int\frac{dx}{\mathfrak{X}^{k+1/2}},$$ wenn $a\alpha^2+2b\alpha+c=0$ und $a\alpha+b\neq0$ ist;

21d) $$=\frac{-1}{(m+2k)a^{k+1/2}}\frac{1}{(x-\alpha)^{m+2k}}+C,$$ für $a\alpha^2+2b\alpha+c=0$, $a\alpha+b=0$, d.h. für $ax^2+2bx+c=a(x-\alpha)^2$.

22a) $$\int\frac{dx}{(x-\alpha)\mathfrak{X}^{k+1/2}}=\frac{A}{\mathfrak{X}^{k-1/2}}+B\int\frac{dx}{(x-\alpha)\mathfrak{X}^{k-1/2}}+D\int\frac{dx}{\mathfrak{X}^{k+1/2}}$$ für $a\alpha^2+2b\alpha+c\neq0$,

mit $A=\frac{1}{(2k-1)(a\alpha^2+2b\alpha+c)}$, $B=\frac{1}{a\alpha^2+2b\alpha+c}$, $D=\frac{-(a\alpha+b)}{a\alpha^2+2b\alpha+c}$;

22b) $$=\frac{-1}{(2k+1)\mathfrak{X}^{k+1/2}}+(a\alpha+b)\int\frac{dx}{\mathfrak{X}^{k+3/2}},$$ für $a\alpha^2+2b\alpha+c=0$.

23a) $$\int\frac{dx}{(x^2+\alpha^2)\sqrt{\mathfrak{X}}}=\frac{\beta_2}{2\alpha\rho^2}\log\frac{x^2+\alpha^2}{(\gamma_1x+\delta_1-\sqrt{\mathfrak{X}})^2+(\gamma_2x+\delta_2)^2}+\frac{\beta_1}{\alpha\rho^2}\left(\operatorname{arctg}\frac{\alpha}{x}+\operatorname{arctg}\frac{\gamma_2x+\delta_2}{\gamma_1x+\delta_1-\sqrt{\mathfrak{X}}}\right)+C,$$

mit $\beta_1=\pm\sqrt{\frac12\rho^2+\frac12(c-a\alpha^2)}$, $\beta_2=\pm\sqrt{\frac12\rho^2-\frac12(c-a\alpha^2)}$, $\rho^2=\beta_1^2+\beta_2^2=\sqrt{(c-a\alpha^2)^2+4b^2\alpha^2}$;

die Vorzeichen von β_1, β_2 müssen so gewählt sein, daß $\beta_1\beta_2=b\alpha$ erfüllt ist.

$\gamma_1=\frac{1}{\rho^2}(a\alpha\beta_2+b\beta_1)$, $\delta_1=\frac{1}{\rho^2}(b\alpha\beta_2+c\beta_1)$,

$\gamma_2=\frac{1}{\rho^2}(a\alpha\beta_1-b\beta_2)$, $\delta_2=\frac{1}{\rho^2}(b\alpha\beta_1-c\beta_2)$;

23b) $$\int\frac{x}{(x^2+\alpha^2)\sqrt{\mathfrak{X}}}\,dx=\frac{\beta_1}{2\rho^2}\log\frac{(\gamma_1x+\delta_1-\sqrt{\mathfrak{X}})^2+(\gamma_2x+\delta_2)^2}{x^2+\alpha^2}+\frac{\beta_2}{\rho^2}\left(\operatorname{arctg}\frac{\alpha}{x}+\operatorname{arctg}\frac{\gamma_2x+\delta_2}{\gamma_1x+\delta_1-\sqrt{\mathfrak{X}}}\right)+C,$$

mit denselben Bezeichnungen wie 23a.

232. Spezialfall: Rationale Funktionen von x und $\sqrt{ax^2+2bx}$.

1) Rationalisierung eines Integrals $\int R(x,\sqrt{ax^2+2bx})\,dx$ durch Substitution siehe 231.1a; Ansatz mit unbestimmten Koeffizienten siehe 231.2b.

2a) $$\int x^m (ax^2+2bx)^{k+1/2}dx = \frac{1}{(2k+m+2)a}x^{m-1}(ax^2+2bx)^{k+3/2} - \frac{(2k+2m+1)b}{(2k+m+2)a}\int x^{m-1}(ax^2+2bx)^{k+1/2}dx;$$

2b) $$= (ax^2+2bx)^{k+3/2}\sum_{\nu=0}^{m-1}(-1)^\nu \frac{(2k+2m+1;-2;\nu)b^\nu}{(2k+m+2;-1;\nu+1)a^{\nu+1}}x^{m-\nu-1}$$

$$+(-1)^m\frac{(2k+3;2;m)}{(2k+3;1;m)}\left(\frac{b}{a}\right)^m\int(ax^2+2bx)^{k+1/2}dx;$$

2c) $$\int x(ax^2+2bx)^{k+1/2}dx = \frac{1}{(2k+3)a}(ax^2+2bx)^{k+3/2} - \frac{b}{a}\int(ax^2+2bx)^{k+1/2}dx.$$

3a) $$\int x^m\sqrt{ax^2+2bx}\,dx = \frac{1}{(m+2)a}x^{m-1}(ax^2+2bx)^{3/2} - \frac{(2m+1)b}{(m+2)a}\int x^{m-1}\sqrt{ax^2+2bx}\,dx;$$

3b) $$= (ax^2+2bx)^{3/2}\sum_{\nu=1}^{m}(-1)^{\nu-1}\frac{(2m+1;-2;\nu-1)b^{\nu-1}}{(m+2;-1;\nu)a^\nu}x^{m-\nu} + (-1)^m\frac{(3;2;m)}{(3;1;m)}\left(\frac{b}{a}\right)^m\int\sqrt{ax^2+2bx}\,dx.$$

4a) $$\int\frac{x^m}{(ax^2+2bx)^{k+1/2}}dx = \frac{-1}{(2k-m)a}\,\frac{x^{m-1}}{(ax^2+2bx)^{k-1/2}} - \frac{(2k-2m+1)b}{(2k-m)a}\int\frac{x^{m-1}}{(ax^2+2bx)^{k+1/2}}dx,\quad 2k\neq m;$$

4b) $$= \frac{1}{(ax^2+2bx)^{k-1/2}}\sum_{\nu=1}^{m}(-1)^\nu\frac{(2k-2m+1;2;\nu-1)b^{\nu-1}}{(2k-m;1;\nu)a^\nu}x^{m-\nu}$$

$$+(-1)^m\frac{(2k-1;-2;m)}{(2k-1;-1;m)}\left(\frac{b}{a}\right)^m\int\frac{dx}{(ax^2+2bx)^{k+1/2}},\quad k\neq 1,2,\ldots,\left[\frac{m}{2}\right];$$

4c) $$= \frac{1}{(m-2k)!}\sum_{\nu=0}^{k-1}(-1)^\nu\frac{(m-2k+\nu)!}{(2k-1;-2;\nu+1)b^{\nu+1}}\,\frac{x^{m-\nu}}{(ax^2+2bx)^{k-\nu-1/2}}$$

$$+\frac{(-1)^k(m-k)!}{(m-2k)!\,(1;2;k)b^k}\int\frac{x^{m-k}}{\sqrt{ax^2+2bx}}dx \qquad \text{für } m\geqq 2k;$$

4d) $$= \sum_{\nu=0}^{2k-m-1}\frac{(2k-m-1;-1;\nu)}{(2k-1;-2;\nu+1)b^{\nu+1}}\,\frac{x^{m-\nu}}{(ax^2+2bx)^{k-\nu-1/2}} + C,\quad \text{für } k\leqq m\leqq 2k-1;$$

4e) $$= \sum_{\nu=0}^{m-1}\frac{(2k-m-1;-1;\nu)}{(2k-1;-2;\nu+1)b^{\nu+1}}\,\frac{x^{m-\nu}}{(ax^2+2bx)^{k-\nu-1/2}} + \frac{(2k-2m;1;m)}{(2k-1;-2;m)b^m}\int\frac{dx}{(ax^2+2bx)^{k-m+1/2}},$$

für $1\leqq m<k$.

5) $\int\frac{dx}{(ax^2+2bx)^{k+1/2}}$ siehe 231.19.

6a) $$\int\frac{x^m}{\sqrt{ax^2+2bx}}dx = \frac{1}{ma}x^{m-1}\sqrt{ax^2+2bx} - \frac{(2m-1)b}{ma}\int\frac{x^{m-1}}{\sqrt{ax^2+2bx}}dx;$$

6b) $$= \sqrt{ax^2+2bx}\sum_{\nu=1}^{m}(-1)^{\nu+1}\frac{(2m-1;-2;\nu-1)b^{\nu-1}}{(m;-1;\nu)a^\nu}x^{m-\nu} + (-1)^m\frac{(1;2;m)}{m!}\left(\frac{b}{a}\right)^m\int\frac{dx}{\sqrt{ax^2+2bx}};$$

6c) $\int\frac{dx}{(x-\alpha)^k\sqrt{ax^2+2bx}}$ siehe 231.9–10.

233. Spezialfall. Rationale Funktionen von x und $\sqrt{ax^2+c}$.

1) Rationalisierung eines Integrals $\int R(x,\sqrt{ax^2+c})\,dx$ durch Substitution siehe 231.1a und 1e; Ansatz mit unbestimmten Koeffizienten siehe 231.2b.

2a) $$\int x^{2m}(ax^2+c)^{k+1/2}dx = \frac{1}{(2k+2m+2)a}x^{2m-1}(ax^2+c)^{k+3/2} - \frac{(2m-1)c}{(2k+2m+2)a}\int x^{2m-2}(ax^2+c)^{k+1/2}dx\,;$$

2b) $$= (ax^2+c)^{k+3/2}\sum_{\nu=0}^{m-1}\frac{(2m-1;-2;\nu)(-c)^{\nu}}{(k+m+1;-1;\nu+1)(2a)^{\nu+1}}x^{2m-2\nu-1}$$

$$+\frac{(1;2;m)}{(k+2;1;m)}\left(\frac{-c}{2a}\right)^{m}\int(ax^2+c)^{k+1/2}dx\,.$$

3a) $$\int(ax^2+c)^{k+1/2}dx = \frac{1}{2(k+1)}x(ax^2+c)^{k+1/2} + \frac{(2k+1)c}{2(k+1)}\int(ax^2+c)^{k-1/2}dx\,;$$

3b) $$= x\sum_{\nu=0}^{k}\frac{(2k+1;-2;\nu)\,c^{\nu}}{2^{\nu+1}(k+1;-1;\nu+1)}(ax^2+c)^{k-\nu+1/2} + \frac{(1;2;k+1)}{(k+1)!}\left(\frac{c}{2}\right)^{k+1}\int\frac{dx}{\sqrt{ax^2+c}}\,,$$

vgl. 231.8;

3c) $\int\sqrt{ax^2+c}\,dx$ siehe 231.4;

4a) $$\int x^{2m+1}(ax^2+c)^{k+1/2}dx = \frac{1}{(2k+2m+3)a}x^{2m}(ax^2+c)^{k+3/2} - \frac{2mc}{(2k+2m+3)a}\int x^{2m-1}(ax^2+c)^{k+1/2}dx\,;$$

4b) $$= (ax^2+c)^{k+3/2}\sum_{\nu=0}^{m}\frac{(m;-1;\nu)(-2c)^{\nu}}{(2k+2m+3;-2;\nu+1)a^{\nu+1}}x^{2m-2\nu} + C_1\,;$$

4c) $$= \frac{1}{a^{m+1}}\sum_{\nu=0}^{m}\binom{m}{\nu}\frac{(-c)^{m-\nu}}{2k+2\nu+3}(ax^2+c)^{k+\nu+3/2} + C_2\,;$$

4d) $$\int x(ax^2+c)^{k+1/2}dx = \frac{1}{(2k+3)a}(ax^2+c)^{k+3/2} + C\,.$$

5a) $$\int\frac{(ax^2+c)^{k+1/2}}{x^m}dx = \frac{-1}{(m-1)c}\,\frac{(ax^2+c)^{k+3/2}}{x^{m-1}} + \frac{(2k-m+4)a}{(m-1)c}\int\frac{(ax^2+c)^{k+1/2}}{x^{m-2}}dx\,,\quad m\neq 1\,;$$

5b) $$= \frac{-1}{m-1}\,\frac{(ax^2+c)^{k+1/2}}{x^{m-1}} + \frac{(2k+1)a}{m-1}\int\frac{(ax^2+c)^{k-1/2}}{x^{m-2}}dx\,,\quad m\neq 1\,;$$

6a) $$\int\frac{(ax^2+c)^{k+1/2}}{x^{2m}}dx = -(ax^2+c)^{k+3/2}\sum_{\nu=1}^{m}\frac{(k-m+2;1;\nu-1)(2a)^{\nu-1}}{(2m-1;-2;\nu)\,c^{\nu}}\,\frac{1}{x^{2m-2\nu+1}}$$

$$+\frac{(k+1;-1;m)(2a)^m}{(1;2;m)c^m}\int(ax^2+c)^{k+1/2}dx\,;$$

6b) $$= -\sum_{\nu=0}^{m-1}\frac{(2k+1;-2;\nu)a^{\nu}}{(2m-1;-2;\nu+1)}\,\frac{(ax^2+c)^{k-\nu+1/2}}{x^{2m-2\nu-1}} + \frac{(2k+1;-2;m)a^m}{(1;2;m)}\int(ax^2+c)^{k-m+1/2}dx\,;$$

6c) $$= -\sum_{\nu=0}^{k}\frac{(2k+1;-2;\nu)a^{\nu}}{(2m-1;-2;\nu+1)}\,\frac{(ax^2+c)^{k-\nu+1/2}}{x^{2m-2\nu-1}} + \frac{(1;2;k+1)a^{k+1}}{(2m-1;-2;k+1)}\int\frac{dx}{x^{2m-2k-2}\sqrt{ax^2+c}}\,;$$

6d) $$\int\frac{(ax^2+c)^{k+1/2}}{x^{2k}}\,dx=-\sum_{\nu=0}^{k-1}\frac{(2k+1)a^{\nu}}{(2k-2\nu+1)(2k-2\nu-1)}\,\frac{(ax^2+c)^{k-\nu+1/2}}{x^{2k-2\nu-1}}+(2k+1)a^k\int\sqrt{ax^2+c}\,dx\,.$$

7a) $$\int\frac{(ax^2+c)^{k+1/2}}{x^{2m+1}}\,dx=-(ax^2+c)^{k+3/2}\sum_{\nu=0}^{m-1}\frac{(2k-2m+3;2;\nu)a^{\nu}}{(2m;-2;\nu+1)c^{\nu+1}}\,\frac{1}{x^{2m-2\nu}}+\frac{(2k+1;-2;m)a^m}{(2;2;m)c^m}\int\frac{(ax^2+c)^{k+1/2}}{x}\,dx\,;$$

7b) $$=-\sum_{\nu=0}^{m-1}\frac{(2k+1;-2;\nu)a^{\nu}}{(2m;-2;\nu+1)}\,\frac{(ax^2+c)^{k-\nu+1/2}}{x^{2m-2\nu}}+\frac{(2k+1;-2;m)a^m}{(2;2;m)}\int\frac{(ax^2+c)^{k-m+1/2}}{x}\,dx\,;$$

7c) $$=-\sum_{\nu=0}^{k}\frac{(2k+1;-2;\nu)a^{\nu}}{(2m;-2;\nu+1)}\,\frac{(ax^2+c)^{k-\nu+1/2}}{x^{2m-2\nu}}+\frac{(1;2;k+1)a^{k+1}}{(2m;-2;k+1)}\int\frac{dx}{x^{2m-2k-1}\sqrt{ax^2+c}}\,.$$

8a) $$\int\frac{(ax^2+c)^{k+1/2}}{x}\,dx=\frac{(ax^2+c)^{k+1/2}}{2k+1}+c\int\frac{(ax^2+c)^{k-1/2}}{x}\,dx\,;$$

8b) $$=\sum_{\nu=0}^{k}\frac{c^{\nu}}{2k-2\nu+1}(ax^2+c)^{k-\nu+1/2}+c^{k+1}\int\frac{dx}{x\sqrt{ax^2+c}}\,;$$

8c) $$\int\frac{\sqrt{ax^2+c}}{x}\,dx=\sqrt{ax^2+c}+c\int\frac{dx}{x\sqrt{ax^2+c}}\,,$$

9a) $$\int\frac{x^m}{(ax^2+c)^{k+1/2}}\,dx=\frac{1}{(2k-1)c}\,\frac{x^{m+1}}{(ax^2+c)^{k-1/2}}+\frac{2k-m-2}{(2k-1)c}\int\frac{x^m}{(ax^2+c)^{k-1/2}}\,dx\,;$$

9b) $$=x^{m+1}\sum_{\nu=1}^{k}\frac{(2k-m-2;-2;\nu-1)}{(2k-1;-2;\nu)\,c^{\nu}}\,\frac{1}{(ax^2+c)^{k-\nu+1/2}}+\frac{(m;-2;k)}{(1;2;k)(-c)^k}\int\frac{x^m}{\sqrt{ax^2+c}}\,dx\,;$$

9c) $$=\frac{1}{(m-2k)a}\,\frac{x^{m-1}}{(ax^2+c)^{k-1/2}}-\frac{(m-1)c}{(m-2k)a}\int\frac{x^{m-2}}{(ax^2+c)^{k+1/2}}\,dx\,,\qquad m\neq 2k\,;$$

9d) $$\int\frac{x^{2k}}{(ax^2+c)^{k+1/2}}\,dx=\frac{-1}{a^k}\int\frac{(ax^2+c)^k-(ax^2)^k}{(ax^2+c)^{k+1/2}}\,dx+\frac{1}{a^k}\int\frac{dx}{\sqrt{ax^2+c}}\,.$$

10a) $$\int\frac{x^{2m}}{(ax^2+c)^{k+1/2}}\,dx=\frac{-1}{(ax^2+c)^{k-1/2}}\sum_{\nu=0}^{m-1}\frac{(2m-1;-2;\nu)\,c^{\nu}}{(2k-2m;2;\nu+1)a^{\nu+1}}\,x^{2m-2\nu-1}+\frac{(1;2;m)}{(2k-2;-2;m)}\left(\frac{c}{a}\right)^m\int\frac{dx}{(ax^2+c)^{k+1/2}}\,;$$
$m<k$;

10b) $$\int\frac{x^{2m+1}}{(ax^2+c)^{k+1/2}}\,dx=\frac{-1}{(ax^2+c)^{k-1/2}}\sum_{\nu=0}^{m}\frac{(2m;-2;\nu)\,c^{\nu}}{(2k-2m-1;2;\nu+1)a^{\nu+1}}\,x^{2m-2\nu}+C_1\,,$$

10c) $$=\frac{1}{a^{m+1}(ax^2+c)^{k-1/2}}\sum_{\nu=0}^{m}\binom{m}{\nu}\frac{(-c)^{m-\nu}}{2\nu-2k+1}(ax^2+c)^{\nu}+C_2\,.$$

11a) $$\int\frac{dx}{(ax^2+c)^{k+1/2}}=\frac{1}{(2k-1)c}\,\frac{x}{(ax^2+c)^{k-1/2}}+\frac{2k-2}{(2k-1)c}\int\frac{dx}{(ax^2+c)^{k-1/2}}\,;$$

11b) $$=x\sum_{\nu=1}^{k}\frac{(k-1;-1;\nu-1)\,2^{\nu-1}}{(2k-1;-2;\nu)\,c^{\nu}}\,\frac{1}{(ax^2+c)^{k-\nu+1/2}}+C\,,\qquad k\geq 1\,;$$ für $k=0$ siehe 231.8a – 8c.

233.

12a) $$\int \frac{dx}{x^{2m}(ax^2+c)^{k+1/2}} = \frac{1}{(ax^2+c)^{k-1/2}} \sum_{\nu=1}^{m} (-1)^\nu \frac{(2k+2m-2;-2;\nu-1)a^{\nu-1}}{(2m-1;-2;\nu)c^\nu} \frac{1}{x^{2m-2\nu+1}}$$

$$+(-1)^m \frac{(2k;2;m)}{(1;2;m)}\left(\frac{a}{c}\right)^m \int \frac{dx}{(ax^2+c)^{k+1/2}}, \quad m \geq 1 \;;$$

12b) $$\int \frac{dx}{x^{2m+1}(ax^2+c)^{k+1/2}} = \frac{1}{(ax^2+c)^{k-1/2}} \sum_{\nu=1}^{m} (-1)^\nu \frac{(2k+2m-1;-2;\nu-1)a^{\nu-1}}{(2m;-2;\nu)\,c^\nu} \frac{1}{x^{2m-2\nu+2}}$$

$$+(-1)^m \frac{(2k+1;2;m)}{(2;2;m)}\left(\frac{a}{c}\right)^m \int \frac{dx}{x(ax^2+c)^{k+1/2}}, \quad m \geq 1 \;.$$

12c) $$\int \frac{dx}{x^m(ax^2+c)^{k+1/2}} = \frac{1}{(2k-1)c} \frac{1}{x^{m-1}(ax^2+c)^{k-1/2}} + \frac{2k+m-2}{(2k-1)c} \int \frac{dx}{x^m(ax^2+c)^{k-1/2}} \;;$$

12d) $$= \frac{1}{x^{m-1}} \sum_{\nu=1}^{k} \frac{(2k+m-2;-2;\nu-1)}{(2k-1;-2;\nu)\,c^\nu} \frac{1}{(ax^2+c)^{k-\nu+1/2}} + \frac{(m;2;k)}{(1;2;k)c^k} \int \frac{dx}{x^m\sqrt{ax^2+c}} \;.$$

13a) $$\int \frac{dx}{x^m\sqrt{ax^2+c}} = \frac{-1}{(m-1)c} \frac{\sqrt{ax^2+c}}{x^{m-1}} - \frac{(m-2)a}{(m-1)c} \int \frac{dx}{x^{m-2}\sqrt{ax^2+c}} \;;$$

13b) $$\int \frac{dx}{x^{2m}\sqrt{ax^2+c}} = \sqrt{ax^2+c} \sum_{\nu=1}^{m} (-1)^\nu \frac{(2m-2;-2;\nu-1)\,a^{\nu-1}}{(2m-1;-2;\nu)\,c^\nu} \frac{1}{x^{2m-2\nu+1}} + C \;;$$

13c) $$\int \frac{dx}{x^{2m+1}\sqrt{ax^2+c}} = \sqrt{ax^2+c} \sum_{\nu=0}^{m-1} (-1)^{\nu+1} \frac{(2m-1;-2;\nu)a^\nu}{(2m;-2;\nu+1)c^{\nu+1}} \frac{1}{x^{2m-2\nu}} + (-1)^m \frac{(1;2;m)}{(2;2;m)}\left(\frac{a}{c}\right)^m \int \frac{dx}{x\sqrt{ax^2+c}} \;.$$

14a) $$\int \frac{dx}{x\sqrt{ax^2+c}} = \frac{-1}{\sqrt{c}} \log C_1 \frac{\sqrt{c}+\sqrt{ax^2+c}}{x} = \frac{1}{\sqrt{c}} \log \frac{-1}{C_1} \frac{\sqrt{c}-\sqrt{ax^2+c}}{ax}, \quad \text{für } c>0 \;;$$

14b) $$= \frac{-1}{\sqrt{-c}} \arcsin \sqrt{\frac{-c}{a}} \frac{1}{|x|} + C_2, \quad \text{für } c<0 \text{ und } |x| \geq \sqrt{\frac{-c}{a}} \;.$$

15a) $$\int \frac{dx}{\sqrt{ax^2+c}} = \frac{1}{\sqrt{a}} \log C_1(\sqrt{a}\cdot x + \sqrt{ax^2+c}), \quad \text{für } a>0 \;;$$

15b) $$= \frac{1}{\sqrt{-a}} \arcsin \sqrt{\frac{-a}{c}} \cdot x + C_2, \quad \text{für } a<0 \text{ und } |x| \leq \sqrt{\frac{c}{-a}} \;.$$

16a) $$\int \frac{dx}{(x^2+\alpha^2)\sqrt{ax^2+c}} = \frac{1}{2\alpha\beta} \log C \frac{x^2+\alpha^2}{(a\alpha x-\beta\sqrt{ax^2+c})^2+c^2} \quad \text{mit } \beta=\sqrt{a\alpha^2-c} \text{ für } a\alpha^2>c \;;$$

16b) $$= \frac{1}{\alpha\beta}\left(\operatorname{arctg}\frac{\alpha}{x} + \operatorname{arctg}\frac{a\alpha x}{c-\beta\sqrt{ax^2+c}}\right) + C, \text{ mit } \beta=\sqrt{c-a\alpha^2} \text{ für } c>a\alpha^2;$$

16c) $$= \frac{1}{\alpha^2} \frac{x}{\sqrt{ax^2+c}} + C, \quad \text{für } c=a\alpha^2 \;.$$

233.

17a) $$\int \frac{x}{(x^2+\alpha^2)\sqrt{ax^2+c}}\,dx = \frac{1}{\beta}\left(\operatorname{arctg}\frac{\alpha}{x} - \operatorname{arctg}\frac{c}{a\alpha x - \beta\sqrt{ax^2+c}}\right) + C \;, \quad \text{mit } \beta = \sqrt{a\alpha^2 - c} \text{ für } a\alpha^2 > c \;;$$

17b) $$= \frac{1}{2\beta}\log C\,\frac{a^2\alpha^2x^2 + (c-\beta\sqrt{ax^2+c})^2}{x^2+\alpha^2} \quad \text{mit } \beta = \sqrt{c - a\alpha^2} \text{ für } c > a\alpha^2 \;;$$

17c) $$= \frac{-1}{\sqrt{ax^2+c}} + C \;, \quad \text{für } c = a\alpha^2 \;.$$

234. Spezialfall: Rationale Funktionen von x und $\sqrt{x^2+a^2}$.

1) Rationalisierung eines Integrals $\int R(x,\sqrt{x^2+a^2})\,dx$ durch Substitution siehe 231.1a–1b und 1f; Ansatz mit unbestimmten Koeffizienten siehe 231.2b .

2a) $$\int \frac{x^m}{\sqrt{x^2+a^2}}\,dx = \frac{1}{m}x^{m-1}\sqrt{x^2+a^2} - \frac{m-1}{m}a^2\int\frac{x^{m-2}}{\sqrt{x^2+a^2}}\,dx \;;$$

2b) $$= \sqrt{x^2+a^2}\sum_{\nu=0}^{\frac{m}{2}-1}(-1)^\nu\frac{(m-1;-2;\nu)}{(m;-2;\nu+1)}a^{2\nu}x^{m-2\nu-1} + (-1)^{\frac{m}{2}}\frac{(1;2;\frac{m}{2})}{(2;2;\frac{m}{2})}a^m\log(x+\sqrt{x^2+a^2}) + C_1 \,,$$
wenn m gerade ist;

2c) $$= \sqrt{x^2+a^2}\sum_{\nu=0}^{\frac{m-1}{2}}(-1)^\nu\frac{(m-1;-2;\nu)}{(m;-2;\nu+1)}a^{2\nu}x^{m-2\nu-1} + C_2 \,, \quad \text{wenn } m \text{ ungerade ist .}$$

3a) $$\int\frac{dx}{(x-\alpha)^k\sqrt{x^2+a^2}} = \frac{-1}{(k-1)(a^2+\alpha^2)}\left[\frac{\sqrt{x^2+a^2}}{(x-\alpha)^{k-1}} + (2k-3)\alpha\int\frac{dx}{(x-\alpha)^{k-1}\sqrt{x^2+a^2}} + (k-2)\int\frac{dx}{(x-\alpha)^{k-2}\sqrt{x^2+a^2}}\right];$$

3b) $$\int\frac{dx}{(x-\alpha)\sqrt{x^2+a^2}} = \frac{-1}{\sqrt{a^2+\alpha^2}}\log C\,\frac{\alpha x + a^2 + \sqrt{(a^2+\alpha^2)(x^2+a^2)}}{x-\alpha} \;.$$

4a) $$\int\frac{dx}{x^m\sqrt{x^2+a^2}} = \frac{-1}{(m-1)a^2}\,\frac{\sqrt{x^2+a^2}}{x^{m-1}} - \frac{m-2}{(m-1)a^2}\int\frac{dx}{x^{m-2}\sqrt{x^2+a^2}} \,, \quad m \neq 1 \;;$$

4b) $$= \sqrt{x^2+a^2}\sum_{\nu=0}^{\kappa-1}(-1)^{\nu+1}\frac{(m-2;-2;\nu)}{(m-1;-2;\nu+1)a^{2\nu+2}}\,\frac{1}{x^{m-2\nu-1}} + (-1)^{\kappa+1}\frac{s(1;2;\kappa)}{(2;2;\kappa)a^m}\log\frac{\sqrt{x^2+a^2}+a}{x} + C \,,$$
mit $m = 2\kappa+s$, $s = 0$ oder 1 ; $m \neq 1$;

4c) $$\int\frac{dx}{x^{2m}\sqrt{x^2+a^2}} = \frac{1}{a^{2m}}\sum_{\nu=0}^{m-1}(-1)^{\nu+1}\binom{m-1}{\nu}\frac{1}{2m-2\nu-1}\left(\frac{x^2+a^2}{x^2}\right)^{m-\nu-\frac{1}{2}} + C \;.$$

5a) $$\int\frac{dx}{\sqrt{x^2+a^2}} = \log C(x+\sqrt{x^2+a^2}) = \log\frac{C}{a^2(-x+\sqrt{x^2+a^2})} \;;$$

5b) $$\int\frac{x}{\sqrt{x^2+a^2}}\,dx = \sqrt{x^2+a^2} + C \;;$$

234.

5c) $$\int \frac{x^2}{\sqrt{x^2+a^2}}dx = \frac{x}{2}\sqrt{x^2+a^2} - \frac{a^2}{2}\log C(x+\sqrt{x^2+a^2})\ ;$$

5d) $$\int \frac{dx}{x\sqrt{x^2+a^2}} = \frac{1}{a}\log C\frac{x}{\sqrt{x^2+a^2}+a} = \frac{1}{a}\log C\frac{\sqrt{x^2+a^2}-a}{x} = \frac{1}{2a}\log C^2\frac{\sqrt{x^2+a^2}-a}{\sqrt{x^2+a^2}+a}\ ;$$

5e) $$\int \frac{dx}{x^2\sqrt{x^2+a^2}} = -\frac{1}{a^2}\frac{\sqrt{x^2+a^2}}{x} + C\ ;$$

5f) $$\int \sqrt{x^2+a^2}\,dx = \frac{x}{2}\sqrt{x^2+a^2} + \frac{a^2}{2}\log C(x+\sqrt{x^2+a^2})\ ;$$

5g) $$\int x\sqrt{x^2+a^2}\,dx = \frac{1}{3}(x^2+a^2)^{3/2} + C\ ;$$

5h) $$\int x^2\sqrt{x^2+a^2}\,dx = \frac{x}{8}(2x^2+a^2)\sqrt{x^2+a^2} - \frac{a^4}{8}\log C(x+\sqrt{x^2+a^2})\ ;$$

5k) $$\int \frac{\sqrt{x^2+a^2}}{x}dx = \sqrt{x^2+a^2} + \frac{a}{2}\log C\frac{\sqrt{x^2+a^2}-a}{\sqrt{x^2+a^2}+a}\ ;$$

5l) $$\int \frac{\sqrt{x^2+a^2}}{x^2}dx = -\frac{\sqrt{x^2+a^2}}{x} + \log C(x+\sqrt{x^2+a^2})\ .$$

6a) $$\int x^m(x^2+a^2)^{k+1/2}dx = \frac{x^{m-1}}{m+2k+2}(x^2+a^2)^{k+3/2} - \frac{(m-1)a^2}{m+2k+2}\int x^{m-2}(x^2+a^2)^{k+1/2}dx\ ;$$

6b) $$= (x^2+a^2)^{k+3/2}\sum_{\nu=0}^{r-1}(-1)^\nu\frac{(m-1;-2;\nu)a^{2\nu}}{(m+2k+2;-2;\nu+1)}x^{m-2\nu-1} + sC$$

$$+(1-s)(-1)^r\frac{(1;2;r)a^m}{(2k+4;2;r)}\int(x^2+a^2)^{k+1/2}dx,\ \textit{mit}\ m=2r-s,\ s=0\ \textit{oder}\ 1;$$

6c) $$= \sum_{\nu=0}^{r}\binom{r}{\nu}\frac{(-a^2)^{r-\nu}}{2k+2\nu+3}(x^2+a^2)^{k+\nu+3/2} + C_2,$$ *wenn* m *ungerade ist und* $r=\frac{m-1}{2}$ *bedeutet;*

6d) $$= \frac{1}{m+2k+2}x^{m+1}(x^2+a^2)^{k+1/2} + \frac{(2k+1)a^2}{m+2k+2}\int x^m(x^2+a^2)^{k-1/2}dx\ ;$$

6e) $$= x^{m+1}\sum_{\nu=0}^{k}\frac{(2k+1;-2;\nu)a^{2\nu}}{(m+2k+2;-2;\nu+1)}(x^2+a^2)^{k-\nu+1/2} + \frac{(1;2;k+1)a^{2k+2}}{(m+2;2;k+1)}\int\frac{x^m}{\sqrt{x^2+a^2}}dx,$$

für $m \neq -2,-4,\ldots,-2k-2$;

6f) $$\int x(x^2+a^2)^{k+1/2}dx = \frac{1}{2k+3}(x^2+a^2)^{k+3/2} + C\ ,\ \textit{für}\ k=0,\pm1,\pm2,\ldots\ ;$$

234.

7a) $$\int (x^2+a^2)^{k+1/2}\,dx = \frac{1}{2k+2}\,x(x^2+a^2)^{k+1/2} + \frac{(2k+1)a^2}{2k+2}\int (x^2+a^2)^{k-1/2}\,dx\,, \quad k \neq -1\,;$$

7b) $$= x\sum_{\nu=0}^{k} \frac{(2k+1;-2;\nu)\,a^{2\nu}}{(2k+2;-2;\nu+1)}(x^2+a^2)^{k-\nu+1/2} + \frac{(1;2;k+1)}{(k+1)!}\left(\frac{a^2}{2}\right)^{k+1}\log C(x+\sqrt{x^2+a^2})\,.$$

8a) $$\int \frac{(x^2+a^2)^{k+1/2}}{x^m}\,dx = \frac{-1}{(m-1)a^2}\,\frac{(x^2+a^2)^{k+3/2}}{x^{m-1}} + \frac{2k-m+4}{(m-1)a^2}\int\frac{(x^2+a^2)^{k+1/2}}{x^{m-2}}\,dx\,, \quad m\neq 1\,;$$

8b) $$= \frac{-1}{m-1}\,\frac{(x^2+a^2)^{k+1/2}}{x^{m-1}} + \frac{2k+1}{m-1}\int \frac{(x^2+a^2)^{k-1/2}}{x^{m-2}}\,dx\,, \quad m\neq 1\,;$$

8c) $$= -(x^2+a^2)^{k+3/2}\sum_{\nu=1}^{\varkappa}\frac{(2k-m+4;2;\nu-1)}{(m-1;-2;\nu)\,a^{2\nu}}\,\frac{1}{x^{m-2\nu+1}} + \frac{(2k-m+4;2;\varkappa)}{(s+1;2;\varkappa)a^{2\varkappa}}\int\frac{(x^2+a^2)^{k+1/2}}{x^s}\,dx\,,$$

mit $m=2\varkappa+s$, $s=0$ *oder* 1; *siehe* 234.7 *und* 234.10;

8d) $$= -\sum_{\nu=1}^{\varkappa}\frac{(2k+1;-2;\nu-1)}{(m-1;-2;\nu)}\,\frac{(x^2+a^2)^{k-\nu+3/2}}{x^{m-2\nu+1}} + \frac{(2k+1;-2;\varkappa)}{(1+s;2;\varkappa)}\int\frac{(x^2+a^2)^{k+1/2-\varkappa}}{x^s}\,dx\,,$$

mit $m=2\varkappa+s$, $s=0$ *oder* 1;

8e) $$= -\sum_{\nu=0}^{k}\frac{(2k+1;-2;\nu)}{(m-1;-2;\nu+1)}\,\frac{(x^2+a^2)^{k-\nu+1/2}}{x^{m-2\nu-1}} + \frac{(1;2;k+1)}{(m-1;-2;k+1)}\int\frac{dx}{x^{m-2k-2}\sqrt{x^2+a^2}}\,,$$

wenn $m \neq 1, 3, \ldots, 2k+1$ *ist*;

9a) $$\int\frac{(x^2+a^2)^{k+1/2}}{x^{2k+2}}\,dx = -\sum_{\nu=0}^{k}\frac{1}{2k-2\nu+1}\left(\frac{x^2+a^2}{x^2}\right)^{k-\nu+1/2} + \log C(x+\sqrt{x^2+a^2})\,;$$

9b) $$\int\frac{(x^2+a^2)^{k+1/2}}{x^{2k+4}}\,dx = \frac{-1}{(2k+3)a^2}\,\frac{(x^2+a^2)^{k+3/2}}{x^{2k+3}} + C\,, \quad \text{vgl. 8c}\,;$$

9c) $$\int\frac{\sqrt{x^2+a^2}}{x^4}\,dx = \frac{-1}{3a^2}\,\frac{(x^2+a^2)^{3/2}}{x^3} + C\,.$$

10) $$\int\frac{(x^2+a^2)^{k+1/2}}{x}\,dx = \sum_{\nu=0}^{k}\frac{a^{2\nu}}{2k-2\nu+1}(x^2+a^2)^{k-\nu+1/2} + \frac{a^{2k+1}}{2}\log C\,\frac{\sqrt{x^2+a^2}-a}{\sqrt{x^2+a^2}+a}\,.$$

11a) $$\int\frac{x^m}{(x^2+a^2)^{k+1/2}}\,dx = \frac{-1}{2k-1}\,\frac{x^{m-1}}{(x^2+a^2)^{k-1/2}} + \frac{m-1}{2k-1}\int\frac{x^{m-2}}{(x^2+a^2)^{k-1/2}}\,dx\,;$$

11b) $$= -\sum_{\nu=0}^{k-1}\frac{(m-1;-2;\nu)}{(2k-1;-2;\nu+1)}\,\frac{x^{m-2\nu-1}}{(x^2+a^2)^{k-\nu-1/2}} + \frac{(m-1;-2;k)}{(1;2;k)}\int\frac{x^{m-2k}}{\sqrt{x^2+a^2}}\,dx\,,$$

vgl. die auch für negative Werte von k gültigen Formeln 234.6;

12a) $$\int\frac{x^{2m}}{(x^2+a^2)^{k+1/2}}\,dx = \frac{1}{a^{2k-2m}}\sum_{\nu=0}^{k-m-1}(-1)^{\nu}\frac{1}{2m+2\nu+1}\binom{k-m-1}{\nu}\left(\frac{x^2}{x^2+a^2}\right)^{m+\nu+1/2} + C\,, \quad k\geq m+1\,;$$

234.

12b) $$\int \frac{x^{2k-2}}{(x^2+a^2)^{k+1/2}}\,dx = \frac{1}{(2k-1)a^2}\,\frac{x^{2k-1}}{(x^2+a^2)^{k-1/2}} + C\ ;$$

12c) $$\int \frac{dx}{(x^2+a^2)^{3/2}} = \frac{1}{a^2}\,\frac{x}{\sqrt{x^2+a^2}} + C\ .$$

13) $$\int \frac{dx}{(x^2+a^2)^{k+1/2}} = \frac{1}{a^{2k}}\sum_{\nu=0}^{k-1}(-1)^\nu \frac{1}{2\nu+1}\binom{k-1}{\nu}\left(\frac{x^2}{x^2+a^2}\right)^{\nu+1/2} + C,\quad k>1,\ \text{vgl. } 234.12a\ .$$

14a) $$\int \frac{x^{2m+1}}{(x^2+a^2)^{k+1/2}}\,dx = \sum_{\nu=0}^{m}(-1)^{m+\nu+1}\frac{1}{2k-2\nu-1}\binom{m}{\nu}a^{2m-2\nu}\frac{1}{(x^2+a^2)^{k-\nu-1/2}} + C,\quad m \geqq 0\ ;$$

14b) $$\int \frac{x}{(x^2+a^2)^{k+1/2}}\,dx = \frac{-1}{2k-1}\,\frac{1}{(x^2+a^2)^{k-1/2}} + C\ .$$

15a) $$\int \frac{dx}{x^m(x^2+a^2)^{k+1/2}} = \frac{1}{(2k-1)a^2}\,\frac{1}{x^{m-1}(x^2+a^2)^{k-1/2}} + \frac{m+2k-2}{(2k-1)a^2}\int \frac{dx}{x^m(x^2+a^2)^{k-1/2}}\ ;$$

15b) $$= \frac{1}{x^{m-1}}\sum_{\nu=0}^{k-1}\frac{(m+2k-2;-2;\nu)}{(2k-1;-2;\nu+1)a^{2\nu+2}}\,\frac{1}{(x^2+a^2)^{k-\nu-1/2}} + \frac{(m;2;k)}{(1;2;k)a^{2k}}\int \frac{dx}{x^m\sqrt{x^2+a^2}}\ ;$$

15c) $$= \frac{-1}{(m-1)a^2x^{m-1}(x^2+a^2)^{k-1/2}} - \frac{m+2k-2}{(m-1)a^2}\int \frac{dx}{x^{m-2}(x^2+a^2)^{k+1/2}}\ ;$$

15d) $$= \frac{-1}{(x^2+a^2)^{k-1/2}}\sum_{\nu=0}^{\varkappa-1}(-1)^\nu \frac{(m+2k-2;-2;\nu)}{(m-1;-2;\nu+1)a^{2\nu+2}}\,\frac{1}{x^{m-2\nu-1}}$$

$$+(-1)^\varkappa\frac{(2k+s;2;\varkappa)}{(s+1;2;\varkappa)a^{2\varkappa}}\int \frac{dx}{x^s(x^2+a^2)^{k+1/2}} \quad \text{mit } m=2\varkappa+s,\ s=0 \text{ oder } 1\ ;$$

15e) $$= \frac{-1}{2k-1}\,\frac{1}{x^{m+1}(x^2+a^2)^{k-1/2}} - \frac{m+1}{2k-1}\int \frac{dx}{x^{m+2}(x^2+a^2)^{k-1/2}}\ ;$$

15f) $$= \frac{-1}{m-1}\,\frac{1}{x^{m-1}(x^2+a^2)^{k+1/2}} - \frac{2k+1}{m-1}\int \frac{dx}{x^{m-2}(x^2+a^2)^{k+3/2}}\ ;$$

15g) $$\int \frac{dx}{x^{2m}(x^2+a^2)^{k+1/2}} = \frac{-1}{a^{2k+2m}}\sum_{\nu=0}^{k+m-1}(-1)^\nu\frac{1}{2m-2\nu-1}\binom{k+m-1}{\nu}\left(\frac{x^2+a^2}{x^2}\right)^{m-\nu-1/2} + C\ .$$

16a) $$\int \frac{dx}{x(x^2+a^2)^{k+1/2}} = \frac{1}{(2k-1)a^2}\,\frac{1}{(x^2+a^2)^{k-1/2}} + \frac{1}{a^2}\int \frac{dx}{x(x^2+a^2)^{k-1/2}}\ ;$$

16b) $$= \sum_{\nu=0}^{k-1}\frac{1}{(2k-2\nu-1)a^{2\nu+2}}\,\frac{1}{(x^2+a^2)^{k-\nu-1/2}} + \frac{1}{a^{2k+1}}\log C\,\frac{\sqrt{x^2+a^2}-a}{x}\ ;$$

16c) $$\int \frac{dx}{x(x^2+a^2)^{3/2}} = \frac{1}{a^2}\,\frac{1}{\sqrt{x^2+a^2}} + \frac{1}{a^3}\log C\,\frac{\sqrt{x^2+a^2}-a}{x}\ .$$

234.

17a) $$\int\frac{dx}{(x^2+a^2)^{k+1/2}}=x\sum_{\nu=0}^{k-1}\frac{(2k-2;-2;\nu)}{(2k-1;-2;\nu+1)a^{2\nu+2}}\,\frac{1}{(x^2+a^2)^{k-\nu-1/2}}+C_1$$

17b) $$=\frac{1}{a^{2k}}\sum_{\nu=0}^{k-1}(-1)^\nu\frac{1}{2\nu+1}\binom{k-1}{\nu}\left(\frac{x^2}{x^2+a^2}\right)^{\nu+1/2}+C_2\,;$$

17c) $$\int\frac{dx}{(x^2+a^2)^{3/2}}=\frac{1}{a^2}\,\frac{x}{\sqrt{x^2+a^2}}+C\,.$$

18a) $$\int\frac{dx}{(x^2+c^2)^m(x^2+a^2)^{k+1/2}}=\frac{Ax}{(x^2+c^2)^{m-1}(x^2+a^2)^{k-1/2}}+B\int\frac{dx}{(x^2+c^2)^{m-1}(x^2+a^2)^{k+1/2}}+D\int\frac{dx}{(x^2+c^2)^{m-2}(x^2+a^2)^{k+1/2}}$$

mit $A=\dfrac{1}{2(m-1)(a^2-c^2)c^2}$, $B=\dfrac{(2m-3)a^2-(2k+4m-6)c^2}{2(m-1)(a^2-c^2)c^2}$, $D=\dfrac{2k+2m-4}{2(m-1)(a^2-c^2)c^2}$, $m\neq 1$, $a^2\neq c^2$;

18b) $$\int\frac{dx}{(x^2+c^2)(x^2+a^2)^{k+1/2}}=\frac{Ax}{(x^2+a^2)^{k-1/2}}+B\int\frac{dx}{(x^2+c^2)(x^2+a^2)^{k-1/2}}+D\int\frac{dx}{(x^2+c^2)(x^2+a^2)^{k-3/2}}$$

mit $A=\dfrac{-1}{(2k-1)(a^2-c^2)a^2}$, $B=\dfrac{(4k-3)a^2-(2k-2)c^2}{(2k-1)(a^2-c^2)a^2}$, $D=\dfrac{-2k+2}{(2k-1)(a^2-c^2)a^2}$.

19a) $$\int\frac{dx}{(x^2+c^2)\sqrt{x^2+a^2}}=\frac{1}{c\sqrt{a^2-c^2}}\operatorname{arctg}\frac{\sqrt{a^2-c^2}\cdot x}{c\sqrt{x^2+a^2}}+C\,,\quad a^2>c^2\,;$$

19b) $$=\frac{1}{2c\sqrt{c^2-a^2}}\log C\,\frac{c\sqrt{x^2+a^2}+x\sqrt{c^2-a^2}}{c\sqrt{x^2+a^2}-x\sqrt{c^2-a^2}}\,,\quad c^2>a^2\,.$$

20a) $$\int\frac{dx}{[(x-\varkappa)^2+s^2]\sqrt{x^2+a^2}}=\frac{\beta_2}{2s\rho^2}\log\frac{(x-\varkappa)^2+s^2}{(\gamma_1x+\delta_1-\sqrt{x^2+a^2})^2+(\gamma_2x+\delta_2)^2}+\frac{\beta_1}{s\rho^2}\left(\operatorname{arctg}\frac{s}{x-\varkappa}+\operatorname{arctg}\frac{\gamma_2x+\delta_2}{\gamma_1x+\delta_1-\sqrt{x^2+a^2}}\right)+C\,,$$

mit $\rho^2=\beta_1^2+\beta_2^2=\sqrt{(\varkappa^2+a^2-s^2)^2+4\varkappa^2s^2}$, $\beta_1=\sqrt{\frac{1}{2}\rho^2+\frac{1}{2}(\varkappa^2+a^2-s^2)}$, $\beta_2=\dfrac{\varkappa s}{\beta_1}$,

$\gamma_1=\dfrac{1}{\rho^2}(\beta_1\varkappa+\beta_2 s)$, $\gamma_2=\dfrac{1}{\rho^2}(\beta_1 s-\beta_2\varkappa)$,

$\delta_1=\dfrac{a^2\beta_1}{\rho^2}$, $\delta_2=-\dfrac{a^2\beta_2}{\rho^2}$;

20b) $$\int\frac{x}{[(x-\varkappa)^2+s^2]\sqrt{x^2+a^2}}\,dx=\frac{\gamma_2}{2s}\log\frac{(\gamma_1x+\delta_1-\sqrt{x^2+a^2})^2+(\gamma_2x+\delta_2)^2}{(x-\varkappa)^2+s^2}$$

$$+\frac{\gamma_1}{s}\left(\operatorname{arctg}\frac{s}{x-\varkappa}+\operatorname{arctg}\frac{\gamma_2x+\delta_2}{\gamma_1x+\delta_1-\sqrt{x^2+a^2}}\right)+C\,,$$

mit denselben Bezeichnungen wie 20a).

235. Spezialfall: Rationale Funktionen von x und $\sqrt{x^2-a^2}$.

1) Rationalisierung eines Integrals $\int R(x,\sqrt{x^2-a^2})dx$ durch Substitution siehe 231.1a, 1d und 1e; Ansatz mit unbestimmten Koeffizienten siehe 231.2b.

2) Die im vorliegenden Fall geltenden Formeln erhält man einfach, wenn man in den Formeln des Abschnittes 234 a^2 durch $-a^2$ ersetzt; nur die Formeln 234.4b, 5d, 5k, 10, 16b, 16c und 19b sind der Reihe nach durch die folgenden zu ersetzen:

3c) $$\int\frac{dx}{(x-a)\sqrt{x^2-a^2}} = \frac{-1}{a}\sqrt{\frac{x+a}{x-a}} + C\ ;$$

3d) $$\int\frac{dx}{(x+a)\sqrt{x^2-a^2}} = \frac{1}{a}\sqrt{\frac{x-a}{x+a}} + C\ .$$

4b) $$\int\frac{dx}{x^m\sqrt{x^2-a^2}} = \sqrt{x^2-a^2}\sum_{\nu=0}^{\frac{m-3}{2}}\frac{(m-2;-2;\nu)}{(m-1;-2;\nu+1)a^{2\nu+2}}\,\frac{1}{x^{m-2\nu-1}} - \frac{(1;2;\frac{m-1}{2})}{(2;2;\frac{m-1}{2})a^m}\arcsin\frac{a}{|x|} + C\ ,$$

wenn m ungerade ist $(0<a\leqq|x|)$;

5d) $$\int\frac{dx}{x\sqrt{x^2-a^2}} = \frac{-1}{a}\arcsin\frac{a}{|x|} + C\ ,\quad |x|\geqq a>0\ ;$$

5k) $$\int\frac{\sqrt{x^2-a^2}}{x}dx = \sqrt{x^2-a^2} + a\arcsin\frac{a}{|x|} + C\ ,\quad |x|\geqq a>0\ .$$

10) $$\int\frac{(x^2-a^2)^{k+1/2}}{x}dx = \sum_{\nu=0}^{k}\frac{(-a^2)^\nu}{2k-2\nu+1}(x^2-a^2)^{k-\nu+1/2} + (-1)^k a^{2k+1}\arcsin\frac{a}{|x|} + C\ ,\quad |x|\geqq a>0\ .$$

16b) $$\int\frac{dx}{x(x^2-a^2)^{k+1/2}} = \sum_{\nu=0}^{k-1}\frac{1}{(2k-2\nu-1)(-a^2)^{\nu+1}}\,\frac{1}{(x^2-a^2)^{k-\nu-1/2}} + \frac{(-1)^{k+1}}{a^{2k+1}}\arcsin\frac{a}{|x|} + C,\quad |x|\geqq a>0\ ;$$

16c) $$\int\frac{dx}{x(x^2-a^2)^{3/2}} = \frac{-1}{a^2}\,\frac{1}{\sqrt{x^2-a^2}} + \frac{1}{a^3}\arcsin\frac{a}{|x|} + C\ ,\quad |x|\geqq a>0\ .$$

19b) $$\int\frac{dx}{(x^2+c^2)\sqrt{x^2-a^2}} = \frac{1}{2c\sqrt{a^2+c^2}}\log\frac{x\sqrt{a^2+c^2}+c\sqrt{x^2-a^2}}{x\sqrt{a^2+c^2}-c\sqrt{x^2-a^2}} + C\ .$$

236. Spezialfall: Rationale Funktionen von x und $\sqrt{a^2-x^2}$.

1) Rationalisierung eines Integrals $\int R(x,\sqrt{a^2-x^2})dx$ durch Substitution siehe 231.1a, 1c und 1e; Ansatz mit unbestimmten Koeffizienten siehe 231.2b.

2a) $$\int\frac{x^m}{\sqrt{a^2-x^2}}dx=\frac{-1}{m}x^{m-1}\sqrt{a^2-x^2}+\frac{m-1}{m}a^2\int\frac{x^{m-2}}{\sqrt{a^2-x^2}}dx\ ;$$

2b) $$=-\sqrt{a^2-x^2}\sum_{\nu=0}^{n-1}\frac{(m-1;-2;\nu)}{(m;-2;\nu+1)}a^{2\nu}x^{m-2\nu-1}+(1-s)\frac{(1;2;n)}{(2;2;n)}a^m\arcsin\frac{x}{|a|}+C\,,$$
mit $m=2n-s$, $s=0$ oder 1.

3a) $$\int\frac{dx}{(x-\alpha)^k\sqrt{a^2-x^2}}=\frac{-1}{(k-1)(a^2-\alpha^2)}\left[\frac{\sqrt{a^2-x^2}}{(x-\alpha)^{k-1}}-(2k-3)\alpha\int\frac{dx}{(x-\alpha)^{k-1}\sqrt{a^2-x^2}}-(k-2)\int\frac{dx}{(x-\alpha)^{k-2}\sqrt{a^2-x^2}}\right]\ ;$$

3b) $$=\frac{1}{(2k-1)a}\left[\frac{\sqrt{a^2-x^2}}{(x-a)^k}-(k-1)\int\frac{dx}{(x-a)^{k-1}\sqrt{a^2-x^2}}\right]$$ für $\alpha=a$, vgl. auch 231.9c;

3c) $$\int\frac{dx}{(x-\alpha)\sqrt{a^2-x^2}}=\frac{-1}{\sqrt{a^2-\alpha^2}}\log C_1\frac{-\alpha x+a^2+\sqrt{(a^2-\alpha^2)(a^2-x^2)}}{x-\alpha}$$ für $|\alpha|<a$;

3d) $$=\frac{1}{\sqrt{\alpha^2-a^2}}\arcsin\frac{a^2-\alpha x}{a|x-\alpha|}+C_2\,,$$ für $|\alpha|>a>0$;

3e) $$=\frac{-1}{a}\sqrt{\frac{a+x}{a-x}}+C_3\,,$$ für $\alpha=a>0$;

3f) $$=\frac{-1}{a}\sqrt{\frac{a-x}{a+x}}+C_4\,,$$ für $\alpha=-a<0$.

4a) $$\int\frac{dx}{x^m\sqrt{a^2-x^2}}=\frac{-1}{(m-1)a^2}\frac{\sqrt{a^2-x^2}}{x^{m-1}}+\frac{m-2}{(m-1)a^2}\int\frac{dx}{x^{m-2}\sqrt{a^2-x^2}}\ ;$$

4b) $$=-\sqrt{a^2-x^2}\sum_{\nu=0}^{n-1}\frac{(m-2;-2;\nu)}{(m-1;-2;\nu+1)a^{2\nu+2}}\frac{1}{x^{m-2\nu-1}}+s\frac{(1;2;n)}{(2;2;n)a^m}\log\frac{a-\sqrt{a^2-x^2}}{x}+C,$$
mit $m=2n+s$, $s=0$ oder 1;

4c) $$\int\frac{dx}{x^{2m}\sqrt{a^2-x^2}}=\frac{-1}{a^{2m}}\sum_{\nu=0}^{m-1}\frac{1}{2m-2\nu-1}\binom{m-1}{\nu}\left(\frac{a^2-x^2}{x^2}\right)^{m-\nu-1/2}+C\,.$$

5a) $$\int\frac{dx}{\sqrt{a^2-x^2}}=\arcsin\frac{x}{|a|}+C=\operatorname{arc\,tg}\frac{x}{\sqrt{a^2-x^2}}+C\,,$$ vgl. 11.9b;

5b) $$\int\frac{x}{\sqrt{a^2-x^2}}dx=-\sqrt{a^2-x^2}+C\ ;$$

5c) $$\int\frac{x^2}{\sqrt{a^2-x^2}}dx=-\frac{x}{2}\sqrt{a^2-x^2}+\frac{a^2}{2}\arcsin\frac{x}{|a|}+C\ ;$$

236.

5d) $$\int\frac{dx}{x\sqrt{a^2-x^2}}=\frac{1}{a}\log C\frac{x}{a+\sqrt{a^2-x^2}}=\frac{1}{a}\log C\,\frac{a-\sqrt{a^2-x^2}}{x}=\frac{1}{2a}\log C^2\,\frac{a-\sqrt{a^2-x^2}}{a+\sqrt{a^2-x^2}}\quad;$$

5e) $$\int\frac{dx}{x^2\sqrt{a^2-x^2}}=\frac{-1}{a^2}\,\frac{\sqrt{a^2-x^2}}{x}+C\quad;$$

5f) $$\int\sqrt{a^2-x^2}\,dx=\frac{x}{2}\sqrt{a^2-x^2}+\frac{a^2}{2}\arcsin\frac{x}{|a|}+C\quad;$$

5g) $$\int x\sqrt{a^2-x^2}\,dx=\frac{-1}{3}(a^2-x^2)^{3/2}+C\quad;$$

5h) $$\int x^2\sqrt{a^2-x^2}\,dx=\frac{x}{8}(2x^2-a^2)\sqrt{a^2-x^2}+\frac{a^4}{8}\arcsin\frac{x}{|a|}+C\quad;$$

5k) $$\int\frac{\sqrt{a^2-x^2}}{x}\,dx=\sqrt{a^2-x^2}+a\log C\,\frac{a-\sqrt{a^2-x^2}}{x}=\sqrt{a^2-x^2}+\frac{a}{2}\log C^2\,\frac{a-\sqrt{a^2-x^2}}{a+\sqrt{a^2-x^2}}\quad;$$

5l) $$\int\frac{\sqrt{a^2-x^2}}{x^2}\,dx=-\frac{\sqrt{a^2-x^2}}{x}-\arcsin\frac{x}{|a|}+C\quad;$$

6a) $$\int x^m(a^2-x^2)^{k+1/2}dx=\frac{-1}{m+2k+2}\,x^{m-1}(a^2-x^2)^{k+3/2}+\frac{(m-1)a^2}{m+2k+2}\int x^{m-2}(a^2-x^2)^{k+1/2}dx\quad;$$

6b) $$=-(a^2-x^2)^{k+3/2}\sum_{\nu=0}^{n-1}\frac{(m-1;-2;\nu)\,a^{2\nu}}{(m+2k+2;-2;\nu+1)}\,x^{m-2\nu-1}+(1-s)\frac{(1;2;n)a^m}{(2k+4;2;n)}\int(a^2-x^2)^{k+1/2}dx+sC$$

mit $m=2n-s$, $s=0$ *oder* 1 ;

6c) $$=\sum_{\nu=0}^{n}(-1)^{\nu+1}\binom{n}{\nu}\frac{a^{2n-2\nu}}{2k+2\nu+3}(a^2-x^2)^{k+\nu+3/2}+C\,,$$ *wenn* m *ungerade ist und* $n=\frac{m-1}{2}$ *bedeutet*;

6d) $$=\frac{1}{m+2k+2}\,x^{m+1}(a^2-x^2)^{k+1/2}+\frac{(2k+1)a^2}{m+2k+2}\int x^m(a^2-x^2)^{k-1/2}dx\quad;$$

6e) $$=x^{m+1}\sum_{\nu=0}^{k}\frac{(2k+1;-2;\nu)\,a^{2\nu}}{(m+2k+2;-2;\nu+1)}(a^2-x^2)^{k-\nu+1/2}+\frac{(1;2;k+1)a^{2k+2}}{(m+2;2;k+1)}\int\frac{x^m}{\sqrt{a^2-x^2}}\,dx\,,$$

$m\neq-2,-4,\ldots,-2k-2$;

6f) $$\int x(a^2-x^2)^{k+1/2}dx=\frac{-1}{2k+3}(a^2-x^2)^{k+3/2}+C\,,$$ *für* $k=0,\pm1,\pm2,\ldots$.

7a) $$\int(a^2-x^2)^{k+1/2}dx=\frac{1}{2k+2}\,x(a^2-x^2)^{k+1/2}+\frac{(2k+1)a^2}{2k+2}\int(a^2-x^2)^{k-1/2}dx\quad;$$

7b) $$=x\sum_{\nu=0}^{k}\frac{(2k+1;-2;\nu)a^{2\nu}}{(2k+2;-2;\nu+1)}(a^2-x^2)^{k-\nu+1/2}+\frac{(1;2;k+1)}{(k+1)!}\left(\frac{a^2}{2}\right)^{k+1}\arcsin\frac{x}{|a|}+C\,.$$

236.

8a) $$\int \frac{(a^2-x^2)^{k+1/2}}{x^m}\,dx = \frac{-1}{(m-1)a^2}\cdot\frac{(a^2-x^2)^{k+3/2}}{x^{m-1}} - \frac{2k-m+4}{(m-1)a^2}\int\frac{(a^2-x^2)^{k+1/2}}{x^{m-2}}\,dx\ ;$$

8b) $$= \frac{-1}{m-1}\,\frac{(a^2-x^2)^{k+1/2}}{x^{m-1}} - \frac{2k+1}{m-1}\int\frac{(a^2-x^2)^{k-1/2}}{x^{m-2}}\,dx\ ;$$

8c) $$= (a^2-x^2)^{k+3/2}\sum_{\nu=1}^{\varkappa}(-1)^\nu\frac{(2k-m+4;2;\nu-1)}{(m-1;-2;\nu)a^{2\nu}}\,\frac{1}{x^{m-2\nu+1}} + (-1)^\varkappa\frac{(2k-m+4;2;\varkappa)}{(1+s;2;\varkappa)a^{2\varkappa}}\int\frac{(a^2-x^2)^{k+1/2}}{x^s}\,dx,$$

mit $m=2\varkappa+s$, $s=0$ oder 1, siehe 236.10; für $m=2k+2$ siehe 236.9a ;

8d) $$= \sum_{\nu=1}^{\varkappa}(-1)^\nu\frac{(2k+1;-2;\nu-1)}{(m-1;-2;\nu)}\,\frac{(a^2-x^2)^{k-\nu+3/2}}{x^{m-2\nu+1}} + (-1)^\varkappa\frac{(2k+1;-2;\varkappa)}{(1+s;2;\varkappa)}\int\frac{(a^2-x^2)^{k+\frac12-\varkappa}}{x^s}\,dx,$$

mit $m=2\varkappa+s$, $s=0$ oder 1; siehe 236.7 und 236.10 ;

8e) $$= \sum_{\nu=0}^{k}(-1)^{\nu+1}\frac{(2k+1;-2;\nu)}{(m-1;-2;\nu+1)}\,\frac{(a^2-x^2)^{k-\nu+1/2}}{x^{m-2\nu-1}} + (-1)^{k+1}\frac{(1;2;k+1)}{(m-1;-2;k+1)}\int\frac{dx}{x^{m-2k-2}\sqrt{a^2-x^2}},$$

für $m \neq 1, 3, \ldots, 2k+1$.

9a) $$\int\frac{(a^2-x^2)^{k+1/2}}{x^{2k+2}}\,dx = \sum_{\nu=0}^{k}\frac{(-1)^{\nu+1}}{2k-2\nu+1}\left(\frac{a^2-x^2}{x^2}\right)^{k-\nu+1/2} + (-1)^{k+1}\arcsin\frac{x}{|a|} + C\ ;$$

9b) $$\int\frac{(a^2-x^2)^{k+1/2}}{x^{2k+4}}\,dx = \frac{-1}{(2k+3)a^2}\,\frac{(a^2-x^2)^{k+3/2}}{x^{2k+3}} + C\ ,$$

9c) $$\int\frac{\sqrt{a^2-x^2}}{x^4}\,dx = \frac{-1}{3a^2}\,\frac{(a^2-x^2)^{3/2}}{x^3} + C\ .$$

10) $$\int\frac{(a^2-x^2)^{k+1/2}}{x}\,dx = \sum_{\nu=0}^{k}\frac{a^{2\nu}}{2k-2\nu+1}(a^2-x^2)^{k-\nu+1/2} + \frac{a^{2k+1}}{2}\log C\,\frac{a-\sqrt{a^2-x^2}}{a+\sqrt{a^2-x^2}}\ .$$

11a) $$\int\frac{x^m}{(a^2-x^2)^{k+1/2}}\,dx = \frac{1}{2k-1}\,\frac{x^{m-1}}{(a^2-x^2)^{k-1/2}} - \frac{m-1}{2k-1}\int\frac{x^{m-2}}{(a^2-x^2)^{k-1/2}}\,dx\ ;$$

11b) $$= \sum_{\nu=0}^{k-1}(-1)^\nu\frac{(m-1;-2;\nu)}{(2k-1;-2;\nu+1)}\,\frac{x^{m-2\nu-1}}{(a^2-x^2)^{k-\nu-1/2}} + (-1)^k\frac{(m-1;-2;k)}{(1;2;k)}\int\frac{x^{m-2k}}{\sqrt{a^2-x^2}}\,dx,$$

vgl. die auch für negative Werte von k gültigen Formeln 236.6.

12a) $$\int\frac{x^{2m}}{(a^2-x^2)^{k+1/2}}\,dx = \frac{1}{a^{2k-2m}}\sum_{\nu=0}^{k-m-1}\frac{1}{2m+2\nu+1}\binom{k-m-1}{\nu}\left(\frac{x^2}{a^2-x^2}\right)^{m+\nu+1/2} + C,\quad k\geq m+1\ ;$$

12b) $$\int\frac{x^{2k-2}}{(a^2-x^2)^{k+1/2}}\,dx = \frac{1}{(2k-1)a^2}\,\frac{x^{2k-1}}{(a^2-x^2)^{k-1/2}} + C\ ,$$

12c) $$\int\frac{dx}{(a^2-x^2)^{3/2}} = \frac{1}{a^2}\,\frac{x}{\sqrt{a^2-x^2}} + C\ .$$

236.

13) $$\int\frac{dx}{(a^2-x^2)^{k+1/2}}=\frac{1}{a^{2k}}\sum_{\nu=0}^{k-1}\frac{1}{2\nu+1}\binom{k-1}{\nu}\left(\frac{x^2}{a^2-x^2}\right)^{\nu+1/2}+C\,,\quad k>1\,,\quad \text{vgl. } 236.12a\,.$$

14a) $$\int\frac{x^{2m+1}}{(a^2-x^2)^{k+1/2}}\,dx=\sum_{\nu=0}^{m}(-1)^{\nu}\frac{1}{2k-2\nu-1}\binom{m}{\nu}a^{2m-2\nu}\frac{1}{(a^2-x^2)^{k-\nu-1/2}}+C\,,\quad m\geqq 0\,;$$

14b) $$\int\frac{x}{(a^2-x^2)^{k+1/2}}\,dx=\frac{1}{2k-1}\,\frac{1}{(a^2-x^2)^{k-1/2}}+C\,.$$

15a) $$\int\frac{dx}{x^m(a^2-x^2)^{k+1/2}}=\frac{1}{(2k-1)a^2}\,\frac{1}{x^{m-1}(a^2-x^2)^{k-1/2}}+\frac{m+2k-2}{(2k-1)a^2}\int\frac{dx}{x^m(a^2-x^2)^{k-1/2}}\,;$$

15b) $$=\frac{1}{x^{m-1}}\sum_{\nu=0}^{k-1}\frac{(m+2k-2;-2;\nu)}{(2k-1;-2;\nu+1)a^{2\nu+2}}\,\frac{1}{(a^2-x^2)^{k-\nu-1/2}}+\frac{(m;2;k)}{(1;2;k)a^{2k}}\int\frac{dx}{x^m\sqrt{a^2-x^2}}\,;$$

15c) $$=\frac{-1}{(m-1)a^2}\,\frac{1}{x^{m-1}(a^2-x^2)^{k-1/2}}+\frac{m+2k-2}{(m-1)a^2}\int\frac{dx}{x^{m-2}(a^2-x^2)^{k+1/2}}\,;$$

15d) $$=\frac{-1}{(a^2-x^2)^{k-1/2}}\sum_{\nu=0}^{\varkappa-1}\frac{(m+2k-2;-2;\nu)}{(m-1;-2;\nu+1)a^{2\nu+2}}\,\frac{1}{x^{m-2\nu-1}}+\frac{(2k+s;2;\varkappa)}{(s+1;2;\varkappa)a^{2\varkappa}}\int\frac{dx}{x^s(a^2-x^2)^{k+1/2}}\,,$$

mit $m=2\varkappa+s$, $s=0$ oder 1;

15e) $$=\frac{1}{2k-1}\,\frac{1}{x^{m+1}(a^2-x^2)^{k-1/2}}+\frac{m+1}{2k-1}\int\frac{dx}{x^{m+2}(a^2-x^2)^{k-1/2}}\,;$$

15f) $$=\frac{-1}{m-1}\,\frac{1}{x^{m-1}(a^2-x^2)^{k+1/2}}+\frac{2k+1}{m-1}\int\frac{dx}{x^{m-2}(a^2-x^2)^{k+3/2}}\,;$$

15g) $$\int\frac{dx}{x^{2m}(a^2-x^2)^{k+1/2}}=\frac{-1}{a^{2k+2m}}\sum_{\nu=0}^{k+m-1}\frac{1}{2m-2\nu-1}\binom{k+m-1}{\nu}\left(\frac{a^2-x^2}{x^2}\right)^{m-\nu-1/2}+C\,.$$

16a) $$\int\frac{dx}{x(a^2-x^2)^{k+1/2}}=\frac{1}{(2k-1)a^2}\,\frac{1}{(a^2-x^2)^{k-1/2}}+\frac{1}{a^2}\int\frac{dx}{x(a^2-x^2)^{k-1/2}}\,;$$

16b) $$=\sum_{\nu=0}^{k-1}\frac{1}{(2k-2\nu-1)a^{2\nu+2}}\,\frac{1}{(a^2-x^2)^{k-\nu-1/2}}-\frac{1}{a^{2k+1}}\log C\frac{\sqrt{a^2-x^2}+a}{x}\,;$$

16c) $$\int\frac{dx}{x(a^2-x^2)^{3/2}}=\frac{1}{a^2}\,\frac{1}{\sqrt{a^2-x^2}}-\frac{1}{a^3}\log C\frac{\sqrt{a^2-x^2}+a}{x}\,.$$

236.

17a) $$\int\frac{dx}{(a^2-x^2)^{k+1/2}} = x\sum_{\nu=0}^{k-1}\frac{(2k-2;-2;\nu)}{(2k-1;-2;\nu+1)a^{2\nu+2}}\,\frac{1}{(a^2-x^2)^{k-\nu-1/2}} + C_1 \quad ;$$

17b) $$= \frac{1}{a^{2k}}\sum_{\nu=0}^{k-1}\frac{1}{2\nu+1}\binom{k-1}{\nu}\left(\frac{x^2}{a^2-x^2}\right)^{\nu+1/2} + C_2 \,.$$

17c) $$\int\frac{dx}{(a^2-x^2)^{3/2}} = \frac{1}{a^2}\,\frac{x}{\sqrt{a^2-x^2}} + C \,.$$

18a) $$\int\frac{dx}{(c^2-x^2)^m(a^2-x^2)^{k+1/2}} = \frac{Ax}{(c^2-x^2)^{m-1}(a^2-x^2)^{k-1/2}} + B\int\frac{dx}{(c^2-x^2)^{m-1}(a^2-x^2)^{k+1/2}} + D\int\frac{dx}{(c^2-x^2)^{m-2}(a^2-x^2)^{k+1/2}} \,,$$

$$\text{mit}\quad A = \frac{1}{2(m-1)(a^2-c^2)c^2}\,,\quad B = \frac{(2m-3)a^2-(2k+4m-6)c^2}{2(m-1)(a^2-c^2)c^2}\,,\quad D = \frac{2k+2m-4}{2(m-1)(a^2-c^2)c^2}\,;$$

18b) $$\int\frac{dx}{(c^2-x^2)(a^2-x^2)^{k+1/2}} = \frac{Ax}{(a^2-x^2)^{k-1/2}} + B\int\frac{dx}{(c^2-x^2)(a^2-x^2)^{k-1/2}} + D\int\frac{dx}{(c^2-x^2)(a^2-x^2)^{k-3/2}} \,,$$

$$\text{mit}\quad A = \frac{-1}{(2k-1)(a^2-c^2)a^2}\,,\quad B = \frac{(4k-3)a^2-(2k-2)c^2}{(2k-1)(a^2-c^2)a^2}\,,\quad D = \frac{-2k+2}{(2k-1)(a^2-c^2)a^2} \,.$$

19a) $$\int\frac{dx}{(c^2-x^2)\sqrt{a^2-x^2}} = \frac{1}{2c\sqrt{a^2-c^2}}\log C_1\frac{c\sqrt{a^2-x^2}+x\sqrt{a^2-c^2}}{c\sqrt{a^2-x^2}-x\sqrt{a^2-c^2}}\,,\quad \text{für}\ a^2>c^2 \,;$$

19b) $$= \frac{1}{c\sqrt{c^2-a^2}}\,\operatorname{arc\,tg}\frac{x\sqrt{c^2-a^2}}{c\sqrt{a^2-x^2}} + C_2\,,\quad \text{für}\ c^2>a^2 \,.$$

20) $$\int\frac{dx}{(c^2+x^2)\sqrt{a^2-x^2}} = \frac{1}{c\sqrt{a^2+c^2}}\,\operatorname{arc\,tg}\frac{x\sqrt{a^2+c^2}}{c\sqrt{a^2-x^2}} + C \,.$$

237. Irrationale Integranden, die sich auf rationale Integranden umformen lassen.

Aus der großen Anzahl derartiger Integrale seien folgende praktisch wichtige Typen hervorgehoben:

1) Alle Integrale $\int f(x,y)\,dx$, in denen y durch eine irreduzible Gleichung

$$P(x,y) = \sum_{i+k \leq n} a_{ik} x^i y^k = 0$$

vom Grade n und Geschlechte null als algebraische Funktion von x definiert ist, lassen sich durch passende Substitutionen auf Integrale mit rationalen Integranden zurückführen. In diesem Falle besitzt die algebraische Kurve $P(x,y) = 0$ genau $\frac{(n-1)(n-2)}{2}$ einfache Doppelpunkte (etwa auftretende höhere Singularitäten sind nach bekannten Regeln als zusammenfallende einfache Doppelpunkte zu behandeln).

1a) $\underline{n=2}$ (keine Doppelpunkte): Man setze $x = \frac{x-\alpha}{y-\beta}$, wo (α,β) ein beliebiger Punkt des Kegelschnittes

1a2) $$P(x,y) = a_{00} + a_{10}x + a_{01}y + a_{20}x^2 + a_{11}xy + a_{02}y^2 = 0,$$

also $P(\alpha,\beta) = 0$ ist; dann gilt

1a3) $$\begin{cases} x = \alpha - \dfrac{A\chi^2 + B\chi}{a_{20}\chi^2 + a_{11}\chi + a_{02}}, \quad y = \beta - \dfrac{A\chi + B}{a_{20}\chi^2 + a_{11}\chi + a_{02}}, \\ dx = \dfrac{(a_{20}B - a_{11}A)\chi^2 - 2a_{02}A\chi - a_{02}B}{(a_{20}\chi^2 + a_{11}\chi + a_{02})^2}\,d\chi \qquad \text{mit} \end{cases}$$

1a4) $$\begin{cases} A = a_{10} + 2a_{20}\alpha + a_{11}\beta, \\ B = a_{01} + a_{11}\alpha + 2a_{02}\beta; \end{cases}$$

durch diese Substitution wird das Integral $\int f(x,y)\,dx$ auf ein Integral $\int R(\chi)\,d\chi$ mit rationalem Integranden $R(\chi)$ umgeformt.

1b) $\underline{n=3}$ (1 Doppelpunkt): In diesem Falle haben

1b1) $$P(x,y) = a_{00} + a_{10}x + a_{01}y + a_{20}x^2 + a_{11}xy + a_{02}y^2 + a_{30}x^3 + a_{21}x^2y + a_{12}xy^2 + a_{03}y^3 = 0$$

und

1b2) $$\begin{cases} P_1 = \dfrac{\partial P}{\partial x} = a_{10} + 2a_{20}x + a_{11}y + 3a_{30}x^2 + 2a_{21}xy + a_{12}y^2 = 0 \\ P_2 = \dfrac{\partial P}{\partial y} = a_{01} + a_{11}x + 2a_{02}y + a_{21}x^2 + 2a_{12}xy + 3a_{03}y^2 = 0 \end{cases}$$

eine Lösung (α,β) gemeinsam:

1b3) $$P(\alpha,\beta) = P_1(\alpha,\beta) = P_2(\alpha,\beta) = 0.$$

(Falls der Doppelpunkt im Unendlichen liegt, empfiehlt es sich, eine passende linear gebrochene Transformation

$$x = \frac{\alpha_0 + \alpha_1\xi + \alpha_2\eta}{\gamma_0 + \gamma_1\xi + \gamma_2\eta}\;, \qquad y = \frac{\beta_0 + \beta_1\xi + \beta_2\eta}{\gamma_0 + \gamma_1\xi + \gamma_2\eta}$$

vorauszuschicken, die den Doppelpunkt in den endlichen Bereich der Ebene verlegt, oder, was dasselbe ist, die Formel 1b4 sinngemäß abzuändern.)

1b4) Man setzt wieder $\mathfrak{x} = \dfrac{x-\alpha}{y-\beta}$

und erhält die Substitutionsformeln

1b5)

$$x = \alpha - \frac{A_0\mathfrak{x}^3 + A_1\mathfrak{x}^2 + A_2\mathfrak{x}}{a_{30}\mathfrak{x}^3 + a_{21}\mathfrak{x}^2 + a_{12}\mathfrak{x} + a_{03}}\;,$$

$$y = \beta - \frac{A_0\mathfrak{x}^2 + A_1\mathfrak{x} + A_2}{a_{30}\mathfrak{x}^3 + a_{21}\mathfrak{x}^2 + a_{12}\mathfrak{x} + a_{03}}$$

$$A_0 = a_{20} + 3a_{30}\alpha + a_{21}\beta\,,$$

$$A_1 = a_{11} + 2a_{21}\alpha + 2a_{12}\beta\,,$$

$$A_2 = a_{02} + a_{12}\alpha + 3a_{03}\beta\;;$$

$$dx = \frac{(a_{30}A_1 - a_{21}A_0)\mathfrak{x}^4 + 2(a_{30}A_2 - a_{12}A_0)\mathfrak{x}^3 + (a_{21}A_2 - a_{12}A_1 - 3a_{03}A_0)\mathfrak{x}^2 - 2a_{03}A_1\mathfrak{x} - a_{03}A_2}{(a_{30}\mathfrak{x}^3 + a_{21}\mathfrak{x}^2 + a_{12}\mathfrak{x} + a_{03})^2}\,d\mathfrak{x}\;;$$

mit Hilfe dieser Substitutionsformeln wird das Integral $\int f(x,y)\,dx$ auf ein Integral $\int R(\mathfrak{x})\,d\mathfrak{x}$ mit rationalem Integranden umgeformt.

1c) $\underline{n > 3}$ $\left(\dfrac{(n-1)(n-2)}{2}\ \text{Doppelpunkte}\right)$:

Außer den Doppelpunkten wählt man noch $n-3$ beliebige Punkte auf der Kurve

1c1)
$$P(x,y) = \sum_{i+k \leqq n} a_{ik}x^i y^k = 0$$

und bestimmt zwei linear unabhängige Kurven $P_1(x,y) = 0$ und $P_2(x,y) = 0$ des Grades $n-2$, die durch sämtliche Doppelpunkte und durch die weiteren $n-3$ ausgewählten Punkte gehen. Dann setzt man

1c2)
$$\mathfrak{x} = \frac{P_1(x,y)}{P_2(x,y)}$$

und ermittelt durch Elimination von x bzw. y aus (1c1) und (1c2) die Substitutionsformeln

1c3)
$$x = \varphi_1(\mathfrak{x})\;, \quad y = \varphi_2(\mathfrak{x})\;,$$

mit deren Hilfe das Integral $\int f(x,y)\,dx$ auf ein Integral $\int R(\mathfrak{x})\,d\mathfrak{x}$ mit rationalem Integranden $R(\mathfrak{x})$ umgeformt wird.

1d)
$$\int f\!\left(x, \sqrt[n]{c + \sqrt[m]{ax+b}}\right)dx = \frac{mn}{a}\int f\!\left(\frac{(\mathfrak{x}^n - c)^m - b}{a}, \mathfrak{x}\right)(\mathfrak{x}^n - c)^{m-1}\mathfrak{x}^{n-1}\,d\mathfrak{x}$$

mit $\mathfrak{x} = \sqrt[n]{c + \sqrt[m]{ax+b}}$, $x = \dfrac{(\mathfrak{x}^n - c)^m - b}{a}$, $dx = \dfrac{mn}{a}(\mathfrak{x}^n - c)^{m-1}\mathfrak{x}^{n-1}\,d\mathfrak{x}$.

237.

2) Auch wenn die Gleichung (1c1), die y als algebraische Funktion von x definiert, höheres Geschlecht als Null hat, ist es manchmal möglich, ein Integral $\int f(x,y)\,dx$ in ein solches mit rationalem Integranden umzuformen, falls $f(x,y)$ spezielle Gestalt hat. Im folgenden einige Beispiele dafür:

3) $$\int f\left(x^n, \sqrt[m]{ax^n+b}\right)\frac{dx}{x} = \frac{m}{n}\int f\left(\frac{z^n-b}{a}, z\right)\frac{z^{m-1}}{z^m-b}\,dz$$

mit $z^m = ax^n+b$, $x^n = \dfrac{z^m-b}{a}$, $\dfrac{dx}{x} = \dfrac{mz^{m-1}}{n(z^m-b)}\,dz$.

4) $$\int f\left(x^n, \sqrt{\frac{a_1x^n+b_1}{a_2x^n+b_2}}\right)\frac{dx}{x} = \frac{2(a_1b_2-a_2b_1)}{n}\int f\left(\frac{b_2z^2-b_1}{-a_2z^2+a_1}, z\right)\frac{z}{(b_2z^2-b_1)(-a_2z^2+a_1)}\,dz$$

mit $z^2 = \dfrac{a_1x^n+b_1}{a_2x^n+b_2}$, $x^n = \dfrac{b_2z^2-b_1}{-a_2z^2+a_1}$, $\dfrac{dx}{x} = \dfrac{2(a_1b_2-a_2b_1)z}{n(b_2z^2-b_1)(-a_2z^2+a_1)}\,dz$.

5) $$\int\frac{1+x^2}{(1-x^2)\sqrt{1+x^4}}\,dx = \frac{1}{\sqrt{2}}\log C\,\frac{\sqrt{2}\,x+\sqrt{1+x^4}}{1-x^2}\ .$$

6) $$\int\frac{1-x^2}{(1+x^2)\sqrt{1+x^4}}\,dx = \frac{1}{\sqrt{2}}\operatorname{arc\,tg}\frac{\sqrt{2}\,x}{\sqrt{1+x^4}} + C\ .$$

7a) $$\int x^\alpha(ax^\beta+b)^\gamma dx = \frac{\rho\, b^{\frac{\alpha+1}{\beta}+\gamma}}{\beta\, a^{\frac{\alpha+1}{\beta}}}\int z^{\frac{\alpha+1}{\beta}\rho-1}(1+z^\rho)^\gamma dz\ ,$$

wenn α, β rational, γ ganz rational ist; ρ ist der Nenner des gekürzten Bruches $\frac{\alpha+1}{\beta}$; es ist: $ax^\beta+b = b(z^\rho+1)$, $x = \left(\frac{b}{a}z^\rho\right)^{1/\beta}$, $z = \left(\frac{a}{b}\right)^{1/\rho}x^{\beta/\rho}$;

7b) $$= \frac{-\rho\, b^{\frac{\alpha+1}{\beta}+\gamma}}{\beta\, a^{\frac{\alpha+1}{\beta}}}\int\frac{z^{\rho\gamma+\rho-1}}{(z^\rho-1)^{\frac{\alpha+1}{\beta}+\gamma+1}}\,dz\ ,$$

wenn $\frac{\alpha+1}{\beta}+\gamma$ ganz rational, γ eine rationale Zahl mit dem Nenner ρ ist; es ist: $ax^\beta+b = b\,\dfrac{z^\rho}{z^\rho-1}$, $x = \left(\dfrac{b}{a}\right)^{1/\beta}\dfrac{1}{(z^\rho-1)^{1/\beta}}$, $z = \left(\dfrac{ax^\beta+b}{ax^\beta}\right)^{1/\rho}$;

7c) $$= \frac{\rho\, b^{\frac{\alpha+1}{\beta}+\gamma}}{\beta\, a^{\frac{\alpha+1}{\beta}}}\int z^{\rho\gamma+\rho-1}(z^\rho-1)^{\frac{\alpha+1}{\beta}-1}dz\ ,$$

wenn $\frac{\alpha+1}{\beta}$ ganz rational, ρ der Nenner der rationalen Zahl γ ist; es gilt: $ax^\beta+b = bz^\rho$, $x = \left(\frac{b}{a}\right)^{1/\beta}(z^\rho-1)^{1/\beta}$, $z = \left(\dfrac{ax^\beta+b}{b}\right)^{1/\rho}$.

241. Elliptische Integrale in der LEGENDREschen kanonischen Form und damit zusammenhängende Integrale.

Es handelt sich hier um Integrale von der Form $\int R(\xi,\eta)d\xi$, wobei $R(\xi,\eta)$ eine rationale Funktion von ξ,η und $\eta=\sqrt{(1-\xi^2)(1-k^2\xi^2)}$ $(0<k^2<1)$ ist. Man kann diese Integrale auf die Berechnung von Integralen $\int\frac{f(\xi)}{\eta}d\xi$ mit einer rationalen Funktion $f(\xi)$ von ξ allein zurückführen. Gewöhnlich setzt man nach LEGENDRE $\xi=\sin\varphi$ ein. Im folgenden wird diese Schreibweise bevorzugt.

1) LEGENDREsche Normalintegrale:

1. Gattung: $$F(\varphi,k)=\int_0^{\varphi}\frac{d\psi}{\sqrt{1-k^2\sin^2\psi}}=\int_0^{\sin\varphi}\frac{d\xi}{\sqrt{(1-\xi^2)(1-k^2\xi^2)}};$$

2. Gattung: $$E(\varphi,k)=\int_0^{\varphi}\sqrt{1-k^2\sin^2\psi}\,d\psi=\int_0^{\sin\varphi}\sqrt{\frac{1-k^2\xi^2}{1-\xi^2}}\,d\xi;$$

3. Gattung: $$\Pi(\varphi,\rho,k)=\int_0^{\varphi}\frac{d\psi}{(1+\rho\sin^2\psi)\sqrt{1-k^2\sin^2\psi}}=\int_0^{\sin\varphi}\frac{d\xi}{(1+\rho\xi^2)\sqrt{(1-\xi^2)(1-k^2\xi^2)}}.$$

2) Berechnung der LEGENDREschen Normalintegrale:

Für die Normalintegrale 1. und 2. Gattung existieren Tafeln (vgl. JAHNKE-EMDE, Funktionentafeln), jetzt auch für die Integrale 3. Gattung. Für die direkte numerische Berechnung dieser Integrale können folgende Reihenentwicklungen empfohlen werden, die bei kleinen Werten des Moduls k sehr rasch konvergieren. Liegt k nahe bei 1, so kann man durch ein- oder mehrmalige Anwendung der LANDENschen oder Gaußschen Transformation (241.21-22) den Wert von k beliebig verkleinern.

2a) $$F(\varphi,k)=\int_0^{\varphi}\frac{d\psi}{\sqrt{1-k^2\sin^2\psi}}=\sum_{\nu=0}^{\infty}\binom{-\frac{1}{2}}{\nu}(-k^2)^{\nu}j_{2\nu}(\varphi);$$

2b) $$E(\varphi,k)=\int_0^{\varphi}\sqrt{1-k^2\sin^2\psi}\,d\psi=\sum_{\nu=0}^{\infty}\binom{\frac{1}{2}}{\nu}(-k^2)^{\nu}j_{2\nu}(\varphi);$$

dabei bedeutet

2c) $$j_{2\nu}(\varphi)=\int_0^{\varphi}\sin^{2\nu}\psi\,d\psi=\frac{2\nu-1}{2\nu}j_{2\nu-2}-\frac{1}{2\nu}\sin^{2\nu-1}\varphi\cos\varphi,$$

$$=\frac{(1;2;\nu)}{2^{\nu}\nu!}\varphi-\frac{1}{2}\sin\varphi\cos\varphi\sum_{\alpha=1}^{\nu}\frac{(2\nu-1;-2;\alpha-1)}{2^{\alpha-1}(\nu;-1;\alpha)}\sin^{2\nu-2\alpha}\varphi,$$

$$j_0(\varphi)=\varphi.$$

241.

Für das Integral 3. Gattung gilt mit denselben Bezeichnungen die für alle reellen Werte von φ, $0 \leqq k < 1$ und alle (auch komplexen) Werte von $\rho\,(\neq -k^2)$ konvergente Reihenentwicklung:

2d) $$\Pi(\varphi,\rho,k) = \int_0^\varphi \frac{d\psi}{(1+\rho\sin^2\psi)\sqrt{1-k^2\sin^2\psi}} = \sqrt{\frac{\rho}{\rho+k^2}}\int_0^\varphi \frac{d\psi}{1+\rho\sin^2\psi} - \sum_{\mu=0}^{\infty}(-\rho)^\mu j_{2\mu}(\varphi)\left[\sqrt{\frac{\rho}{\rho+k^2}} - \sum_{\nu=0}^{\mu}\binom{-1/2}{\nu}\left(\frac{k^2}{\rho}\right)^\nu\right],$$
für $|\rho| > k^2$;

2e) $$= \sum_{\mu=0}^{\infty}(-\rho)^\mu j_{2\mu}(\varphi)\sum_{\nu=0}^{\mu}\binom{-1/2}{\nu}\left(\frac{k^2}{\rho}\right)^\nu$$ für $|\rho| < 1$, besonders für $|\rho| < k^2$;

2f) $$\int_0^\varphi \frac{d\psi}{1+\rho\sin^2\psi} = \frac{1}{\sqrt{\rho+1}}\,\mathrm{arctg}(\sqrt{\rho+1}\,\mathrm{tg}\,\varphi)$$ für $\rho > -1$;

2g) $$= \frac{1}{2\sqrt{-\rho-1}}\log\frac{\cos\varphi+\sqrt{-\rho-1}\sin\varphi}{\cos\varphi-\sqrt{-\rho-1}\sin\varphi},$$ für $\rho < -1$.

Für $\rho = -1$ und $-k^2$ artet das Integral 3. Gattung aus und gestattet die Darstellungen:

2h) $$\Pi(\varphi,-1,k) = \frac{\sin\varphi\sqrt{1-k^2\sin^2\varphi}}{(1-k^2)\cos\varphi} + F(\varphi,k) - \frac{1}{1-k^2}E(\varphi,k);$$

2i) $$\Pi(\varphi,-k^2,k) = \frac{-k^2\sin\varphi\cos\varphi}{(1-k^2)\sqrt{1-k^2\sin^2\varphi}} + \frac{1}{1-k^2}E(\varphi,k).$$

Folgende (rationale) Integrale werden in diesem Zusammenhang oft gebraucht:

3a) $$D_1(\varphi,k) = \int_0^\varphi \frac{\sin\psi}{\sqrt{1-k^2\sin^2\psi}}\,d\psi = \int_0^{\sin\varphi}\frac{\xi}{\sqrt{(1-\xi^2)(1-k^2\xi^2)}}\,d\xi = \frac{1}{k}\log\frac{\sqrt{1-k^2\sin^2\varphi}-k\cos\varphi}{1-k};$$

3b) $$D_2(\varphi,k) = \int_{\pi/2}^\varphi \frac{d\psi}{\sin\psi\sqrt{1-k^2\sin^2\psi}} = \int_1^{\sin\varphi}\frac{d\xi}{\xi\sqrt{(1-\xi^2)(1-k^2\xi^2)}} = \log\frac{\sqrt{1-k^2}\sin\varphi}{\cos\varphi+\sqrt{1-k^2\sin^2\varphi}};$$

3c₁) $$D_3(\varphi,\rho,k) = \int_0^\varphi \frac{\sin\psi}{(1+\rho\sin^2\psi)\sqrt{1-k^2\sin^2\psi}}\,d\psi = \int_0^{\sin\varphi}\frac{\xi}{(1+\rho\xi^2)\sqrt{(1-\xi^2)(1-k^2\xi^2)}}\,d\xi;$$

3c₂) $$= \frac{1}{\sqrt{(1+\rho)(k^2+\rho)}}\log\frac{\sqrt{1+\rho}\sqrt{1-k^2\sin^2\varphi}-\sqrt{k^2+\rho}\cos\varphi}{(\sqrt{1+\rho}-\sqrt{k^2+\rho})\sqrt{1+\rho\sin^2\varphi}},$$ für $\rho > -k^2$;

3c₃) $$= \frac{1}{2\sqrt{-(1+\rho)(k^2+\rho)}}\left[\arcsin\frac{(1+\rho)(1-k^2\sin^2\varphi)+(k^2+\rho)\cos^2\varphi}{(1-k^2)(1+\rho\sin^2\varphi)} - \arcsin\frac{1+2\rho+k^2}{1-k^2}\right],$$
für $-1 < \rho < -k^2$;

3c₄) $$= \frac{-1}{\sqrt{(1+\rho)(k^2+\rho)}}\log\frac{\sqrt{-(k^2+\rho)}\cdot\cos\varphi-\sqrt{-(1+\rho)}\sqrt{1-k^2\sin^2\varphi}}{\left[\sqrt{-(k^2+\rho)}-\sqrt{-(1+\rho)}\right]\sqrt{1+\rho\sin^2\varphi}},$$ für $\rho < -1$ und $0 \leqq \sin^2\varphi < -\frac{1}{\rho}$.

241.

3a) $$D_3(\varphi,-1,k)=\frac{\sqrt{1-k^2\sin^2\varphi}}{(1-k^2)\cos\varphi}-\frac{1}{1-k^2}\ ;$$

3e) $$D_3(\varphi,-k^2,k)=\frac{-\cos\varphi}{(1-k^2)\sqrt{1-k^2\sin^2\varphi}}+\frac{1}{1-k^2}\ ;$$

4a) $$D_4(\varphi,\rho,k)=\int_0^\varphi\frac{\cos\psi}{(1+\rho\sin^2\psi)\sqrt{1-k^2\sin^2\psi}}\,d\psi=\frac{1}{\sqrt{k^2+\rho}}\operatorname{arctg}\frac{\sqrt{k^2+\rho}\,\sin\varphi}{\sqrt{1-k^2\sin^2\varphi}}\,,\quad \rho>-k^2;$$

4b) $$=\frac{1}{2\sqrt{-k^2-\rho}}\log\frac{\sqrt{1-k^2\sin^2\varphi}+\sqrt{-k^2-\rho}\,\sin\varphi}{\sqrt{1-k^2\sin^2\varphi}-\sqrt{-k^2-\rho}\,\sin\varphi}\,,\quad \rho<-k^2 \text{ und } 0\le\sin^2\varphi<\frac{-1}{\rho}\ ;$$

4c) $$=\frac{\sin\varphi}{\sqrt{1-k^2\sin^2\varphi}}\,,\quad \rho=-k^2.$$

5a) $$\int\frac{d\varphi}{(1+\rho\sin\varphi)^n\sqrt{1-k^2\sin^2\varphi}}=\frac{-\rho^3\cos\varphi\sqrt{1-k^2\sin^2\varphi}}{(n-1)(1-\rho^2)(k^2-\rho^2)(1+\rho\sin\varphi)^{n-1}}-\frac{(2n-3)(\rho^2+\rho^2k^2-2k^2)}{(n-1)(1-\rho^2)(k^2-\rho^2)}\times$$

$$\times\int\frac{d\varphi}{(1+\rho\sin\varphi)^{n-1}\sqrt{1-k^2\sin^2\varphi}}+\frac{(n-2)(\rho^2+\rho^2k^2-6k^2)}{(n-1)(1-\rho^2)(k^2-\rho^2)}\int\frac{d\varphi}{(1+\rho\sin\varphi)^{n-2}\sqrt{1-k^2\sin^2\varphi}}$$

$$+\frac{2(2n-5)k^2}{(n-1)(1-\rho^2)(k^2-\rho^2)}\int\frac{d\varphi}{(1+\rho\sin\varphi)^{n-3}\sqrt{1-k^2\sin^2\varphi}}-\frac{(n-3)k^2}{(n-1)(1-\rho^2)(k^2-\rho^2)}\int\frac{d\varphi}{(1+\rho\sin\varphi)^{n-4}\sqrt{1-k^2\sin^2\varphi}}\,,$$

für $n\neq1$, $\rho\neq\pm1,\pm k$; vgl. 241.6–7;

5b) $$\int\frac{d\varphi}{(1+\rho\sin\varphi)\sqrt{1-k^2\sin^2\varphi}}=\Pi(\varphi,-\rho^2,k)-\rho D_3(\varphi,-\rho^2,k)+C\ ;$$

5c) $$=-\Pi\left(\varphi,-\frac{k^2}{\rho^2},k\right)+F(\varphi,k)$$

$$+\frac{\rho}{\sqrt{(\rho^2-1)(\rho^2-k^2)}}\log\frac{\sqrt{\rho^2-k^2}\sqrt{1-k^2\sin^2\varphi}(\rho+\sin\varphi)-\sqrt{\rho^2-1}(\rho+k^2\sin\varphi)\cos\varphi}{(\sqrt{\rho^2-k^2}-\sqrt{\rho^2-1})(1+\rho\sin\varphi)\sqrt{\rho^2-k^2\sin^2\varphi}}+C$$

für $\rho>1$

5d) $$\int\frac{d\varphi}{(1+\rho\sin\varphi)^2\sqrt{1-k^2\sin^2\varphi}}=\frac{-\rho^3\cos\varphi\sqrt{1-k^2\sin^2\varphi}}{(1-\rho^2)(k^2-\rho^2)(1+\rho\sin\varphi)}+\frac{\rho(\rho^2+\rho^2k^2-2k^2)}{(1-\rho^2)(k^2-\rho^2)}D_3(\varphi,-\rho^2,k)+\frac{1}{\rho^2-1}F(\varphi,k)$$

$$-\frac{\rho^2}{(1-\rho^2)(k^2-\rho^2)}E(\varphi,k)-\frac{\rho^2+\rho^2k^2-2k^2}{(1-\rho^2)(k^2-\rho^2)}\Pi(\varphi,-\rho^2,k)+C\,.$$

6a) $$\int\frac{d\varphi}{(1\pm\sin\varphi)^n\sqrt{1-k^2\sin^2\varphi}}=\frac{\mp\cos\varphi\sqrt{1-k^2\sin^2\varphi}}{(2n-1)(1-k^2)(1\pm\sin\varphi)^n}+\frac{(n-1)(1-5k^2)}{(2n-1)(1-k^2)}\int\frac{d\varphi}{(1\pm\sin\varphi)^{n-1}\sqrt{1-k^2\sin^2\varphi}}$$

$$+\frac{2(2n-3)k^2}{(2n-1)(1-k^2)}\int\frac{d\varphi}{(1\pm\sin\varphi)^{n-2}\sqrt{1-k^2\sin^2\varphi}}-\frac{(n-2)k^2}{(2n-1)(1-k^2)}\int\frac{d\varphi}{(1\pm\sin\varphi)^{n-3}\sqrt{1-k^2\sin^2\varphi}}\,;$$

6b) $$\int\frac{d\varphi}{(1\pm\sin\varphi)\sqrt{1-k^2\sin^2\varphi}}=\frac{\mp\cos\varphi\sqrt{1-k^2\sin^2\varphi}}{(1-k^2)(1\pm\sin\varphi)}+F(\varphi,k)-\frac{1}{1-k^2}E(\varphi,k)+C\ ;$$

6c) $$\int\frac{d\varphi}{(1\pm\sin\varphi)^2\sqrt{1-k^2\sin^2\varphi}}=\frac{\mp\cos\varphi\sqrt{1-k^2\sin^2\varphi}}{3(1-k^2)(1\pm\sin\varphi)^2}+\frac{\mp(1-5k^2)\cos\varphi\sqrt{1-k^2\sin^2\varphi}}{3(1-k^2)^2(1\pm\sin\varphi)}+\frac{1-3k^2}{3(1-k^2)}F(\varphi,k)$$

$$-\frac{1-5k^2}{3(1-k^2)^2}E(\varphi,k)+C\,.$$

241.

7a) $$\int\frac{d\varphi}{(1\pm k\sin\varphi)^n\sqrt{1-k^2\sin^2\varphi}}=\frac{\pm k\cos\varphi\sqrt{1-k^2\sin^2\varphi}}{(2n-1)(1-k^2)(1\pm k\sin\varphi)^n}+\frac{(n-1)(5-k^2)}{(2n-1)(1-k^2)}\int\frac{d\varphi}{(1\pm k\sin\varphi)^{n-1}\sqrt{1-k^2\sin^2\varphi}}$$

$$-\frac{2(2n-3)}{(2n-1)(1-k^2)}\int\frac{d\varphi}{(1\pm k\sin\varphi)^{n-2}\sqrt{1-k^2\sin^2\varphi}}+\frac{n-2}{(2n-1)(1-k^2)}\int\frac{d\varphi}{(1\pm k\sin\varphi)^{n-3}\sqrt{1-k^2\sin^2\varphi}}\;;$$

7b) $$\int\frac{d\varphi}{(1\pm k\sin\varphi)\sqrt{1-k^2\sin^2\varphi}}=\frac{\pm k\cos\varphi\sqrt{1-k^2\sin^2\varphi}}{(1-k^2)(1\pm k\sin\varphi)}+\frac{1}{1-k^2}E(\varphi,k)+C\;;$$

7c) $$\int\frac{d\varphi}{(1\pm k\sin\varphi)^2\sqrt{1-k^2\sin^2\varphi}}=\frac{\pm k\cos\varphi\sqrt{1-k^2\sin^2\varphi}}{3(1-k^2)(1\pm k\sin\varphi)^2}+\frac{\pm k(5-k^2)\cos\varphi\sqrt{1-k^2\sin^2\varphi}}{3(1-k^2)^2(1\pm k\sin\varphi)}-\frac{2}{3(1-k^2)}F(\varphi,k)$$

$$+\frac{5-k^2}{3(1-k^2)^2}E(\varphi,k)+C\,.$$

8a) $$\int\frac{d\varphi}{(1+\rho\cos\varphi)^n\sqrt{1-k^2\sin^2\varphi}}=\frac{\rho^3}{(n-1)(\rho^2-1)(k^2+\rho^2-\rho^2k^2)}\,\frac{\sin\varphi\sqrt{1-k^2\sin^2\varphi}}{(1+\rho\cos\varphi)^{n-1}}-\frac{(2n-3)(2k^2+\rho^2-2k^2\rho^2)}{(n-1)(\rho^2-1)(k^2+\rho^2-\rho^2k^2)}\times$$

$$\times\int\frac{d\varphi}{(1+\rho\cos\varphi)^{n-1}\sqrt{1-k^2\sin^2\varphi}}+\frac{(n-2)(6k^2+\rho^2-2k^2\rho^2)}{(n-1)(\rho^2-1)(k^2+\rho^2-\rho^2k^2)}\int\frac{d\varphi}{(1+\rho\cos\varphi)^{n-2}\sqrt{1-k^2\sin^2\varphi}}$$

$$-\frac{2(2n-5)k^2}{(n-1)(\rho^2-1)(k^2+\rho^2-\rho^2k^2)}\int\frac{d\varphi}{(1+\rho\cos\varphi)^{n-3}\sqrt{1-k^2\sin^2\varphi}}+\frac{(n-3)k^2}{(n-1)(\rho^2-1)(k^2+\rho^2-\rho^2k^2)}\int\frac{d\varphi}{(1+\rho\cos\varphi)^{n-4}\sqrt{1-k^2\sin^2\varphi}}\,,$$

$$n\neq1;\;\rho\neq\pm1,\pm\frac{ki}{\sqrt{1-k^2}}\;;$$

8b) $$=\frac{\rho^3}{(2n-1)(2k^2+\rho^2-2k^2\rho^2)}\,\frac{\sin\varphi\sqrt{1-k^2\sin^2\varphi}}{(1+\rho\cos\varphi)^n}+\frac{(n-1)(6k^2+\rho^2-2k^2\rho^2)}{(2n-1)(2k^2+\rho^2-2k^2\rho^2)}\int\frac{d\varphi}{(1+\rho\cos\varphi)^{n-1}\sqrt{1-k^2\sin^2\varphi}}$$

$$-\frac{2(2n-3)k^2}{(2n-1)(2k^2+\rho^2-2k^2\rho^2)}\int\frac{d\varphi}{(1+\rho\cos\varphi)^{n-2}\sqrt{1-k^2\sin^2\varphi}}+\frac{(n-2)k^2}{(2n-1)(2k^2+\rho^2-2k^2\rho^2)}\int\frac{d\varphi}{(1+\rho\cos\varphi)^{n-3}\sqrt{1-k^2\sin^2\varphi}}\,,$$

$$\text{für }\rho=\pm1,\;\pm\frac{ki}{\sqrt{1-k^2}}\;;$$

8c) $$\int\frac{d\varphi}{(1+\rho\cos\varphi)\sqrt{1-k^2\sin^2\varphi}}=\frac{1}{1-\rho^2}\Pi\left(\varphi,\frac{\rho^2}{1-\rho^2},k\right)-\frac{\rho}{1-\rho^2}D_4\left(\varphi,\frac{\rho^2}{1-\rho^2},k\right)+C\,,\quad\rho\neq\pm1\;;$$

8d) $$=\frac{\rho-\cos\varphi}{\sin\varphi}\sqrt{1-k^2\sin^2\varphi}+F(\varphi,k)-E(\varphi,k)+C\,,\quad\text{für }\rho=\pm1\;;$$

8e) $$=\frac{-k^2\sin\varphi\cos\varphi(1-\rho\cos\varphi)}{\sqrt{1-k^2\sin^2\varphi}}-\rho\sin\varphi\sqrt{1-k^2\sin^2\varphi}+E(\varphi,k)+C\,,$$

$$\text{für }\rho=\pm\frac{ki}{\sqrt{1-k^2}}\,.$$

9a) $$\int\frac{d\varphi}{(1+\rho\sin^2\varphi)^n\sqrt{1-k^2\sin^2\varphi}}=\frac{\rho^2}{2(n-1)(1+\rho)(k^2+\rho)}\,\frac{\sin\varphi\cos\varphi\sqrt{1-k^2\sin^2\varphi}}{(1+\rho\sin^2\varphi)^{n-1}}+\frac{(2n-3)(\rho^2+2k^2\rho+2\rho+3k^2)}{2(n-1)(1+\rho)(k^2+\rho)}\times$$

$$\times\int\frac{d\varphi}{(1+\rho\sin^2\varphi)^{n-1}\sqrt{1-k^2\sin^2\varphi}}-\frac{(2n-4)(k^2\rho+\rho+3k^2)}{2(n-1)(1+\rho)(k^2+\rho)}\int\frac{d\varphi}{(1+\rho\sin^2\varphi)^{n-2}\sqrt{1-k^2\sin^2\varphi}}$$

$$+\frac{(2n-5)k^2}{2(n-1)(1+\rho)(k^2+\rho)}\int\frac{d\varphi}{(1+\rho\sin^2\varphi)^{n-3}\sqrt{1-k^2\sin^2\varphi}}\,,\quad n\neq1\,,\quad\rho\neq-1,\,-k^2\,;$$

9b) $$\int\frac{d\varphi}{(1+\varrho\sin^2\varphi)\sqrt{1-k^2\sin^2\varphi}}=\Pi(\varphi,\varrho,k)+C\ ;$$

9c) $$\int\frac{d\varphi}{(1+\varrho\sin^2\varphi)^2\sqrt{1-k^2\sin^2\varphi}}=\frac{1}{2(1+\varrho)(k^2+\varrho)}\Bigg[\frac{\varrho^2\sin\varphi\cos\varphi\sqrt{1-k^2\sin^2\varphi}}{1+\varrho\sin^2\varphi}-(\varrho+k^2)F(\varphi,k)+\varrho E(\varphi,k)$$
$$+(\varrho^2+2k^2\varrho+2\varrho+3k^2)\Pi(\varphi,\varrho,k)\Bigg]+C\,,\quad \varrho\neq-1,-k^2\,.$$

10a) $$\int\frac{d\varphi}{(1+\varrho\,\mathrm{tg}\,\varphi)^n\sqrt{1-k^2\sin^2\varphi}}=\frac{-\varrho^3}{(n-1)(1+\varrho^2)(1-k^2+\varrho^2)}\,\frac{\sqrt{1-k^2\sin^2\varphi}}{(1+\varrho\,\mathrm{tg}\,\varphi)^{n-1}\cos^2\varphi}+\frac{(2n-3)(2-2k^2+2\varrho^2-\varrho^2k^2)}{(n-1)(1+\varrho^2)(1-k^2+\varrho^2)}\times$$
$$\times\int\frac{d\varphi}{(1+\varrho\,\mathrm{tg}\,\varphi)^{n-1}\sqrt{1-k^2\sin^2\varphi}}-\frac{(n-2)(6-6k^2+2\varrho^2-\varrho^2k^2)}{(n-1)(1+\varrho^2)(1-k^2+\varrho^2)}\int\frac{d\varphi}{(1+\varrho\,\mathrm{tg}\,\varphi)^{n-2}\sqrt{1-k^2\sin^2\varphi}}$$
$$+\frac{2(2n-5)(1-k^2)}{(n-1)(1+\varrho^2)(1-k^2+\varrho^2)}\int\frac{d\varphi}{(1+\varrho\,\mathrm{tg}\,\varphi)^{n-3}\sqrt{1-k^2\sin^2\varphi}}-\frac{(n-3)(1-k^2)}{(n-1)(1+\varrho^2)(1-k^2+\varrho^2)}\int\frac{d\varphi}{(1+\varrho\,\mathrm{tg}\,\varphi)^{n-4}\sqrt{1-k^2\sin^2\varphi}}$$
für $n\neq1,\ \varrho\neq\pm i,\ \pm i\sqrt{1-k^2}$;

10b) $$\int\frac{d\varphi}{(1+\varrho\,\mathrm{tg}\,\varphi)\sqrt{1-k^2\sin^2\varphi}}=\frac{1}{\varrho^2+1}F(\varphi,k)+\frac{\varrho^2}{\varrho^2+1}\Pi(\varphi,-1-\varrho^2,k)-\frac{\varrho}{2\sqrt{(\varrho^2+1)(\varrho^2+1-k^2)}}\log\frac{\sqrt{\varrho^2+1}\sqrt{1-k^2\sin^2\varphi}+\sqrt{\varrho^2+1-k^2}}{\sqrt{\varrho^2+1}\sqrt{1-k^2\sin^2\varphi}-\sqrt{\varrho^2+1-k^2}}+C.$$

10c) $$\int\frac{d\varphi}{(1+\varrho\,\mathrm{ctg}\,\varphi)\sqrt{1-k^2\sin^2\varphi}}=\frac{1}{\varrho^2+1}\Pi\Big(\varphi,-\frac{\varrho^2k^2}{\varrho^2+1},k\Big)$$
$$-\frac{\varrho}{\sqrt{(\varrho^2+1)(\varrho^2k'^2+1)}}\log\frac{\varrho\sqrt{\varrho^2+1}\sqrt{1-k^2\sin^2\varphi}\cos\varphi+\sqrt{\varrho^2k'^2+1}\sin\varphi}{(\sqrt{\varrho^2+1}\sqrt{1-k^2\sin^2\varphi}+\sqrt{\varrho^2k'^2+1})\sqrt{\varrho^2+1-\varrho^2k^2\sin^2\varphi}}+C,$$
für $k'^2=1-k^2,\ \varrho>0$.

11a) $$\int\frac{\sin^r\varphi\cos^s\varphi}{(1-k^2\sin^2\varphi)^{n+1/2}}d\varphi=\frac{1}{(r+s-2n-1)k^2}\,\frac{\sin^{r-3}\varphi\cos^{s+1}\varphi}{(1-k^2\sin^2\varphi)^{n-1/2}}+\frac{r+s-2+(r-2n-2)k^2}{(r+s-2n-1)k^2}\int\frac{\sin^{r-2}\varphi\cos^s\varphi}{(1-k^2\sin^2\varphi)^{n+1/2}}d\varphi$$
$$-\frac{r-3}{(r+s-2n-1)k^2}\int\frac{\sin^{r-4}\varphi\cos^s\varphi}{(1-k^2\sin^2\varphi)^{n+1/2}}d\varphi\ ;$$

11b) $$=\frac{1}{(r+s-2n-1)k^2}\,\frac{\sin^{r+1}\varphi\cos^{s-3}\varphi}{(1-k^2\sin^2\varphi)^{n-1/2}}+\frac{(r+s-2)(2k^2-1)-(2n+r)k^2}{(r+s-2n-1)k^2}\int\frac{\sin^r\varphi\cos^{s-2}\varphi}{(1-k^2\sin^2\varphi)^{n+1/2}}d\varphi$$
$$+\frac{(s-3)(1-k^2)}{(r+s-2n-1)k^2}\int\frac{\sin^r\varphi\cos^{s-4}\varphi}{(1-k^2\sin^2\varphi)^{n+1/2}}d\varphi\ ;$$

11c) $$=\frac{-k^2}{(2n-1)(1-k^2)}\,\frac{\sin^{r+1}\varphi\cos^{s+1}\varphi}{(1-k^2\sin^2\varphi)^{n-1/2}}+\frac{r-s-(2-k^2)(r-2n+2)}{(2n-1)(1-k^2)}\int\frac{\sin^r\varphi\cos^s\varphi}{(1-k^2\sin^2\varphi)^{n-1/2}}d\varphi$$
$$+\frac{r+s-2n+3}{(2n-1)(1-k^2)}\int\frac{\sin^r\varphi\cos^s\varphi}{(1-k^2\sin^2\varphi)^{n-3/2}}d\varphi\,.$$ Siehe auch 241.14a–14b .

11d) $$\int\frac{\cos^s\varphi}{\sin^r\varphi(1-k^2\sin^2\varphi)^{n+1/2}}d\varphi=\frac{-\cos^{s+1}\varphi}{(r-1)\sin^{r-1}\varphi(1-k^2\sin^2\varphi)^{n-1/2}}+\frac{r-s-2+(r+2n-2)k^2}{r-1}\times$$
$$\times\int\frac{\cos^s\varphi}{\sin^{r-2}\varphi(1-k^2\sin^2\varphi)^{n+1/2}}d\varphi-\frac{(r-s+2n-3)k^2}{r-1}\int\frac{\cos^s\varphi}{\sin^{r-4}\varphi(1-k^2\sin^2\varphi)^{n+1/2}}d\varphi;$$

241.

11e) $$\int \frac{\sin^r\varphi}{\cos^s\varphi(1-k^2\sin^2\varphi)^{n+1/2}}\,d\varphi = \frac{\sin^{r+1}\varphi}{(1-k^2)(s-1)\cos^{s-1}\varphi(1-k^2\sin^2\varphi)^{n-1/2}} - \frac{r-s+2-(r-2s-2n+4)k^2}{(1-k^2)(s-1)} \times$$

$$\times \int \frac{\sin^r\varphi}{\cos^{s-2}\varphi(1-k^2\sin^2\varphi)^{n+1/2}}\,d\varphi - \frac{(r-s-2n+3)k^2}{(1-k^2)(s-1)} \int \frac{\sin^r\varphi}{\cos^{s-4}\varphi(1-k^2\sin^2\varphi)^{n+1/2}}\,d\varphi.$$

12a) $$\int \frac{d\varphi}{\sqrt{1-k^2\sin^2\varphi}} = F(\varphi,k) + C\,;$$

12b) $$\int \frac{\sin\varphi}{\sqrt{1-k^2\sin^2\varphi}}\,d\varphi = D_1(\varphi,k) + C\,;$$

12c) $$\int \frac{\cos\varphi}{\sqrt{1-k^2\sin^2\varphi}}\,d\varphi = \frac{1}{k}\arcsin(k\sin\varphi) + C\,;$$

12d) $$\int \frac{d\varphi}{\sin\varphi\sqrt{1-k^2\sin^2\varphi}} = D_2(\varphi,k) + C\,;$$

12e) $$\int \frac{d\varphi}{\cos\varphi\sqrt{1-k^2\sin^2\varphi}} = \frac{1}{\sqrt{1-k^2}}\log\frac{\sqrt{1-k^2\sin^2\varphi}+\sqrt{1-k^2}\sin\varphi}{\cos\varphi} + C\,;$$

12f) $$\int \frac{\sin\varphi\cos\varphi}{\sqrt{1-k^2\sin^2\varphi}}\,d\varphi = \frac{-1}{k^2}\sqrt{1-k^2\sin^2\varphi} + C\,;$$

12g) $$\int \frac{\sin\varphi}{\cos\varphi\sqrt{1-k^2\sin^2\varphi}}\,d\varphi = \frac{1}{2\sqrt{1-k^2}}\log\frac{\sqrt{1-k^2\sin^2\varphi}+\sqrt{1-k^2}}{\sqrt{1-k^2\sin^2\varphi}-\sqrt{1-k^2}} + C\,;$$

12h) $$\int \frac{\cos\varphi}{\sin\varphi\sqrt{1-k^2\sin^2\varphi}}\,d\varphi = \frac{1}{2}\log\frac{1-\sqrt{1-k^2\sin^2\varphi}}{1+\sqrt{1-k^2\sin^2\varphi}} + C\,;$$

12i) $$\int \frac{d\varphi}{\sin\varphi\cos\varphi\sqrt{1-k^2\sin^2\varphi}} = \frac{1}{2}\log\frac{1-\sqrt{1-k^2\sin^2\varphi}}{1+\sqrt{1-k^2\sin^2\varphi}} + \frac{1}{2\sqrt{1-k^2}}\log\frac{\sqrt{1-k^2\sin^2\varphi}+\sqrt{1-k^2}}{\sqrt{1-k^2\sin^2\varphi}-\sqrt{1-k^2}} + C\,;$$

12k) $$\int \frac{\sin^2\varphi}{\sqrt{1-k^2\sin^2\varphi}}\,d\varphi = \frac{1}{k^2}F(\varphi,k) - \frac{1}{k^2}E(\varphi,k) + C\,;$$

12l) $$\int \frac{\cos^2\varphi}{\sqrt{1-k^2\sin^2\varphi}}\,d\varphi = -\frac{1-k^2}{k^2}F(\varphi,k) + \frac{1}{k^2}E(\varphi,k) + C\,;$$

12m) $$\int \frac{\sin^2\varphi}{\cos\varphi\sqrt{1-k^2\sin^2\varphi}}\,d\varphi = \frac{-1}{k}\arcsin(k\sin\varphi) + \frac{1}{\sqrt{1-k^2}}\log\frac{\sqrt{1-k^2\sin^2\varphi}+\sqrt{1-k^2}\sin\varphi}{\cos\varphi} + C\,;$$

12n) $$\int \frac{\sin^2\varphi\cos\varphi}{\sqrt{1-k^2\sin^2\varphi}}\,d\varphi = \frac{-1}{2k^2}\sin\varphi\sqrt{1-k^2\sin^2\varphi} + \frac{1}{2k^3}\arcsin(k\sin\varphi) + C\,;$$

12o) $$\int \frac{\sin\varphi\cos^2\varphi}{\sqrt{1-k^2\sin^2\varphi}}\,d\varphi = \frac{-1}{2k^2}\cos\varphi\sqrt{1-k^2\sin^2\varphi} - \frac{1-k^2}{2k^2}D_1(\varphi,k) + C\,;$$

241.

12p) $$\int\frac{\cos^2\varphi}{\sin\varphi\sqrt{1-k^2\sin^2\varphi}}d\varphi = -D_1(\varphi,k)+D_2(\varphi,k)+C\,;$$

12q) $$\int\frac{\sin^2\varphi\cos^2\varphi}{\sqrt{1-k^2\sin^2\varphi}}d\varphi = \frac{-1}{3k^2}\sin\varphi\cos\varphi\sqrt{1-k^2\sin^2\varphi}-\frac{2(1-k^2)}{3k^4}F(\varphi,k)+\frac{2-k^2}{3k^4}E(\varphi,k)+C\,;$$

12r) $$\int\frac{d\varphi}{\sin^2\varphi\sqrt{1-k^2\sin^2\varphi}} = \frac{-\cos\varphi\sqrt{1-k^2\sin^2\varphi}}{\sin\varphi}+F(\varphi,k)-E(\varphi,k)+C\,;$$

12s) $$\int\frac{d\varphi}{\cos^2\varphi\sqrt{1-k^2\sin^2\varphi}} = \frac{\sin\varphi\sqrt{1-k^2\sin^2\varphi}}{(1-k^2)\cos\varphi}+F(\varphi,k)-\frac{1}{1-k^2}E(\varphi,k)+C\,;$$

12t) $$\int\frac{\sin^3\varphi}{\sqrt{1-k^2\sin^2\varphi}}d\varphi = \frac{1}{2k^2}\cos\varphi\sqrt{1-k^2\sin^2\varphi}+\frac{1+k^2}{2k^2}D_1(\varphi,k)+C\,;$$

12u) $$\int\frac{\cos^3\varphi}{\sqrt{1-k^2\sin^2\varphi}}d\varphi = \frac{1}{2k^2}\sin\varphi\sqrt{1-k^2\sin^2\varphi}+\frac{2k^2-1}{2k^3}\arcsin(k\sin\varphi)+C\,;$$

12v) $$\int\frac{d\varphi}{\sin^3\varphi\sqrt{1-k^2\sin^2\varphi}} = \frac{-\cos\varphi\sqrt{1-k^2\sin^2\varphi}}{2\sin^2\varphi}+\frac{1+k^2}{2}D_2(\varphi,k)+C\,;$$

12w) $$\int\frac{d\varphi}{\cos^3\varphi\sqrt{1-k^2\sin^2\varphi}} = \frac{1}{2(1-k^2)}\,\frac{\sin\varphi\sqrt{1-k^2\sin^2\varphi}}{\cos^2\varphi}-\frac{2k^2-1}{2(1-k^2)^{3/2}}\log\frac{\sqrt{1-k^2\sin^2\varphi}+\sqrt{1-k^2}\sin\varphi}{\cos\varphi}+C.$$

13a) $$\int\sqrt{1-k^2\sin^2\varphi}\,d\varphi = E(\varphi,k)+C\,;$$

13b) $$\int\sin\varphi\sqrt{1-k^2\sin^2\varphi}\,d\varphi = \frac{-1}{2}\cos\varphi\sqrt{1-k^2\sin^2\varphi}+\frac{1-k^2}{2}D_1(\varphi,k)+C\,;$$

13c) $$\int\cos\varphi\sqrt{1-k^2\sin^2\varphi}\,d\varphi = \frac{1}{2}\sin\varphi\sqrt{1-k^2\sin^2\varphi}+\frac{1}{2k}\arcsin(k\sin\varphi)+C\,;$$

13d) $$\int\frac{\sqrt{1-k^2\sin^2\varphi}}{\sin\varphi}d\varphi = -k^2D_1(\varphi,k)+D_2(\varphi,k)+C\,;$$

13e) $$\int\frac{\sqrt{1-k^2\sin^2\varphi}}{\cos\varphi}d\varphi = k\arcsin(k\sin\varphi)+\sqrt{1-k^2}\log\frac{\sqrt{1-k^2\sin^2\varphi}+\sqrt{1-k^2}\sin\varphi}{\cos\varphi}+C\,;$$

13f) $$\int\sin\varphi\cos\varphi\sqrt{1-k^2\sin^2\varphi}\,d\varphi = \frac{-1}{3k^2}(1-k^2\sin^2\varphi)^{3/2}+C\,;$$

13g) $$\int\operatorname{tg}\varphi\sqrt{1-k^2\sin^2\varphi}\,d\varphi = -\sqrt{1-k^2\sin^2\varphi}+\frac{\sqrt{1-k^2}}{2}\log\frac{\sqrt{1-k^2\sin^2\varphi}+\sqrt{1-k^2}}{\sqrt{1-k^2\sin^2\varphi}-\sqrt{1-k^2}}+C\,;$$

13h) $$\int\operatorname{ctg}\varphi\sqrt{1-k^2\sin^2\varphi}\,d\varphi = \sqrt{1-k^2\sin^2\varphi}+\frac{1}{2}\log\frac{1-\sqrt{1-k^2\sin^2\varphi}}{1+\sqrt{1-k^2\sin^2\varphi}}+C\,;$$

241.

13j) $$\int \frac{\sqrt{1-k^2\sin^2\varphi}}{\sin\varphi\cos\varphi}\,d\varphi = \frac{1}{2}\log\frac{1-\sqrt{1-k^2\sin^2\varphi}}{1+\sqrt{1-k^2\sin^2\varphi}} + \frac{\sqrt{1-k^2}}{2}\log\frac{\sqrt{1-k^2\sin^2\varphi}+\sqrt{1-k^2}}{\sqrt{1-k^2\sin^2\varphi}-\sqrt{1-k^2}} + C\;;$$

13k) $$\int \sin^2\varphi\sqrt{1-k^2\sin^2\varphi}\,d\varphi = \frac{-1}{3}\sin\varphi\cos\varphi\sqrt{1-k^2\sin^2\varphi} + \frac{1-k^2}{3k^2}F(\varphi,k) - \frac{1-2k^2}{3k^2}E(\varphi,k) + C\;;$$

13l) $$\int \cos^2\varphi\sqrt{1-k^2\sin^2\varphi}\,d\varphi = \frac{1}{3}\sin\varphi\cos\varphi\sqrt{1-k^2\sin^2\varphi} - \frac{1-k^2}{3k^2}F(\varphi,k) + \frac{1+k^2}{3k^2}E(\varphi,k) + C\;;$$

13m) $$\int \frac{\sin^2\varphi}{\cos\varphi}\sqrt{1-k^2\sin^2\varphi}\,d\varphi = \frac{-1}{2}\sin\varphi\sqrt{1-k^2\sin^2\varphi} + \frac{2k^2-1}{2k}\arcsin(k\sin\varphi) + \sqrt{1-k^2}\log\frac{\sqrt{1-k^2\sin^2\varphi}+\sqrt{1-k^2}\sin\varphi}{\cos\varphi} + C;$$

13n) $$\int \sin^2\varphi\cos\varphi\sqrt{1-k^2\sin^2\varphi}\,d\varphi = \frac{-1}{8k^2}\sin\varphi(1-2k^2\sin^2\varphi)\sqrt{1-k^2\sin^2\varphi} + \frac{1}{8k^3}\arcsin(k\sin\varphi) + C\;;$$

13o) $$\int \sin\varphi\cos^2\varphi\sqrt{1-k^2\sin^2\varphi}\,d\varphi = \left(-\frac{1+k^2}{8k^2} + \frac{1}{4}\sin^2\varphi\right)\cos\varphi\sqrt{1-k^2\sin^2\varphi} - \frac{(1-k^2)^2}{8k^2}D_1(\varphi,k) + C\;;$$

13p) $$\int \frac{\cos^2\varphi}{\sin\varphi}\sqrt{1-k^2\sin^2\varphi}\,d\varphi = \frac{1}{2}\cos\varphi\sqrt{1-k^2\sin^2\varphi} - \frac{1+k^2}{2}D_1(\varphi,k) + D_2(\varphi,k) + C\;;$$

13q) $$\int \sin^2\varphi\cos^2\varphi\sqrt{1-k^2\sin^2\varphi}\,d\varphi = \frac{1}{15}\left(-\frac{1+k^2}{k^2} + 3\sin^2\varphi\right)\sin\varphi\cos\varphi\sqrt{1-k^2\sin^2\varphi} - \frac{(1-k^2)(2-k^2)}{15k^4}F(\varphi,k)$$
$$+\frac{2(1-k^2+k^4)}{15k^4}E(\varphi,k) + C\;;$$

13r) $$\int \frac{\sqrt{1-k^2\sin^2\varphi}}{\sin^2\varphi}\,d\varphi = \frac{-\cos\varphi\sqrt{1-k^2\sin^2\varphi}}{\sin\varphi} + (1-k^2)F(\varphi,k) - E(\varphi,k) + C\;;$$

13s) $$\int \frac{\sqrt{1-k^2\sin^2\varphi}}{\cos^2\varphi}\,d\varphi = \frac{\sin\varphi\sqrt{1-k^2\sin^2\varphi}}{\cos\varphi} + F(\varphi,k) - E(\varphi,k) + C\;;$$

13t) $$\int \sin^3\varphi\sqrt{1-k^2\sin^2\varphi}\,d\varphi = \left(\frac{1-3k^2}{8k^2} - \frac{1}{4}\sin^2\varphi\right)\cos\varphi\sqrt{1-k^2\sin^2\varphi} + \frac{(1-k^2)(1+3k^2)}{8k^2}D_1(\varphi,k) + C\;;$$

13u) $$\int \cos^3\varphi\sqrt{1-k^2\sin^2\varphi}\,d\varphi = \left(\frac{1+2k^2}{8k^2} + \frac{1}{4}\cos^2\varphi\right)\sin\varphi\sqrt{1-k^2\sin^2\varphi} + \frac{4k^2-1}{8k^3}\arcsin(k\sin\varphi) + C\;;$$

13v) $$\int \frac{\sqrt{1-k^2\sin^2\varphi}}{\sin^3\varphi}\,d\varphi = \frac{-\cos\varphi\sqrt{1-k^2\sin^2\varphi}}{2\sin^2\varphi} + \frac{1-k^2}{2}D_2(\varphi,k) + C\;;$$

13w) $$\int \frac{\sqrt{1-k^2\sin^2\varphi}}{\cos^3\varphi}\,d\varphi = \frac{\sin\varphi\sqrt{1-k^2\sin^2\varphi}}{2\cos^2\varphi} + \frac{1}{2\sqrt{1-k^2}}\log\frac{\sqrt{1-k^2\sin^2\varphi}+\sqrt{1-k^2}\sin\varphi}{\cos\varphi} + C.$$

14a) $$\int\frac{\sin^r\varphi\cos^s\varphi}{(1-k^2\sin^2\varphi)^{n+1/2}}d\varphi=\frac{1}{k^2}\int\frac{\sin^{r-2}\varphi\cos^s\varphi}{(1-k^2\sin^2\varphi)^{n+1/2}}d\varphi-\frac{1}{k^2}\int\frac{\sin^{r-2}\varphi\cos^s\varphi}{(1-k^2\sin^2\varphi)^{n-1/2}}d\varphi\;;$$

14b) $$=\frac{-(1-k^2)}{k^2}\int\frac{\sin^r\varphi\cos^{s-2}\varphi}{(1-k^2\sin^2\varphi)^{n+1/2}}d\varphi+\frac{1}{k^2}\int\frac{\sin^r\varphi\cos^{s-2}\varphi}{(1-k^2\sin^2\varphi)^{n-1/2}}d\varphi\;;$$

14c) $$\int\frac{\sin^{2r+p}\varphi\cos^{2s+q}\varphi}{(1-k^2\sin^2\varphi)^{n+1/2}}d\varphi=\frac{1}{k^{2r+2s}}\sum_{\nu=0}^{r}\sum_{\mu=0}^{s}\binom{r}{\nu}\binom{s}{\mu}(-1)^{\nu+\mu+s}(1-k^2)^{s-\mu}\int\frac{\sin^p\varphi\cos^q\varphi}{(1-k^2\sin^2\varphi)^{n-\nu-\mu+1/2}}d\varphi\,,\quad(p,q=0,1).$$

15) $$\int\frac{\sin\varphi\cos\varphi}{(1-k^2\sin^2\varphi)^{n+1/2}}d\varphi=\frac{1}{(2n-1)k^2}\,\frac{1}{(1-k^2\sin^2\varphi)^{n-1/2}}+C\,.$$

16a) $$\int\frac{\sin^n\varphi}{\sqrt{1-k^2\sin^2\varphi}}d\varphi=\frac{1}{(n-1)k^2}\cos\varphi\sin^{n-3}\varphi\sqrt{1-k^2\sin^2\varphi}+\frac{(n-2)(1+k^2)}{(n-1)k^2}\int\frac{\sin^{n-2}\varphi}{\sqrt{1-k^2\sin^2\varphi}}d\varphi-\frac{n-3}{(n-1)k^2}\int\frac{\sin^{n-4}\varphi}{\sqrt{1-k^2\sin^2\varphi}}d\varphi,$$

$n\neq1$; für $n=1,2,3$ siehe 12b, 12k, 12t;

16b) $$\int\frac{d\varphi}{\sin^n\varphi\sqrt{1-k^2\sin^2\varphi}}=\frac{-\cos\varphi\sqrt{1-k^2\sin^2\varphi}}{(n-1)\sin^{n-1}\varphi}+\frac{(n-2)(1+k^2)}{n-1}\int\frac{d\varphi}{\sin^{n-2}\varphi\sqrt{1-k^2\sin^2\varphi}}-\frac{(n-3)k^2}{n-1}\int\frac{d\varphi}{\sin^{n-4}\varphi\sqrt{1-k^2\sin^2\varphi}}$$

$n\neq1$; für $n=1,2,3$ siehe 12d, 12r, 12v;

17a) $$\int\frac{\cos^n\varphi}{\sqrt{1-k^2\sin^2\varphi}}d\varphi=\frac{1}{(n-1)k^2}\sin\varphi\cos^{n-3}\varphi\sqrt{1-k^2\sin^2\varphi}+\frac{(n-2)(2k^2-1)}{(n-1)k^2}\int\frac{\cos^{n-2}\varphi}{\sqrt{1-k^2\sin^2\varphi}}d\varphi+\frac{(n-3)(1-k^2)}{(n-1)k^2}\int\frac{\cos^{n-4}\varphi}{\sqrt{1-k^2\sin^2\varphi}}d\varphi$$

$n\neq1$; für $n=1,2,3$ siehe 12c, 12l, 12u;

17b) $$\int\frac{d\varphi}{\cos^n\varphi\sqrt{1-k^2\sin^2\varphi}}=\frac{1}{(n-1)(1-k^2)}\,\frac{\sin\varphi\sqrt{1-k^2\sin^2\varphi}}{\cos^{n-1}\varphi}-\frac{(n-2)(2k^2-1)}{(n-1)(1-k^2)}\int\frac{d\varphi}{\cos^{n-2}\varphi\sqrt{1-k^2\sin^2\varphi}}$$

$$+\frac{(n-3)k^2}{(n-1)(1-k^2)}\int\frac{d\varphi}{\cos^{n-4}\varphi\sqrt{1-k^2\sin^2\varphi}}\,,$$ $n\neq1$; für $n=1,2,3$ siehe 12e, 12s, 12w;

18a) $$\int\frac{d\varphi}{(1-k^2\sin^2\varphi)^{n+1/2}}=\frac{-k^2}{(2n-1)(1-k^2)}\,\frac{\sin\varphi\cos\varphi}{(1-k^2\sin^2\varphi)^{n-1/2}}+\frac{2(n-1)(2-k^2)}{(2n-1)(1-k^2)}\int\frac{d\varphi}{(1-k^2\sin^2\varphi)^{n-1/2}}$$

$$-\frac{2n-3}{(2n-1)(1-k^2)}\int\frac{d\varphi}{(1-k^2\sin^2\varphi)^{n-3/2}}\;;$$

18b) $$\int\frac{d\varphi}{(1-k^2\sin^2\varphi)^{3/2}}=\frac{-k^2}{1-k^2}\,\frac{\sin\varphi\cos\varphi}{\sqrt{1-k^2\sin^2\varphi}}+\frac{1}{1-k^2}E(\varphi,k)+C\;;$$

18c) $$\int\frac{d\varphi}{(1-k^2\sin^2\varphi)^{5/2}}=\frac{-k^2}{3(1-k^2)}\,\frac{\sin\varphi\cos\varphi}{(1-k^2\sin^2\varphi)^{3/2}}-\frac{2k^2(2-k^2)}{3(1-k^2)^2}\,\frac{\sin\varphi\cos\varphi}{\sqrt{1-k^2\sin^2\varphi}}-\frac{1}{3(1-k^2)}F(\varphi,k)+\frac{2(2-k^2)}{3(1-k^2)^2}E(\varphi,k)+C.$$

19a) $$\int\frac{\sin\varphi}{(1-k^2\sin^2\varphi)^{n+1/2}}d\varphi=\frac{-1}{(2n-1)(1-k^2)}\,\frac{\cos\varphi}{(1-k^2\sin^2\varphi)^{n-1/2}}+\frac{2n-2}{(2n-1)(1-k^2)}\int\frac{\sin\varphi}{(1-k^2\sin^2\varphi)^{n-1/2}}d\varphi\;;$$

19b) $$=-\cos\varphi\sum_{\nu=0}^{n-1}\frac{2^\nu(n-1;-1;\nu)}{(2n-1;-2;\nu+1)(1-k^2)^{\nu+1}}\,\frac{1}{(1-k^2\sin^2\varphi)^{n-\nu-1/2}}+C_1\;;$$

19c) $$=\frac{-1}{(1-k^2)^n}\sum_{\nu=0}^{n-1}\binom{n-1}{\nu}\frac{(-k^2)^\nu}{2\nu+1}\left(\frac{\cos^2\varphi}{1-k^2\sin^2\varphi}\right)^{\nu+1/2}+C_2\,.$$

241.

20a) $$\int \frac{\cos\varphi}{(1-k^2\sin^2\varphi)^{n+1/2}}\,d\varphi = \frac{1}{(2n-1)}\,\frac{\sin\varphi}{(1-k^2\sin^2\varphi)^{n-1/2}} + \frac{2n-2}{2n-1}\int\frac{\cos\varphi}{(1-k^2\sin^2\varphi)^{n-1/2}}\,d\varphi\ ;$$

20b) $$= \sin\varphi \sum_{\nu=0}^{n-1} \frac{2^{\nu}(n-1;-1;\nu)}{(2n-1;-2;\nu+1)}\,\frac{1}{(1-k^2\sin^2\varphi)^{n-\nu-1/2}} + C_1\ ;$$

20c) $$= \sum_{\nu=0}^{n-1}\binom{n-1}{\nu}\frac{k^{2\nu}}{2\nu+1}\left(\frac{\sin^2\varphi}{1-k^2\sin^2\varphi}\right)^{\nu+1/2} + C_2\ .$$

21) $$\int\frac{\sin\varphi}{\cos^{2m}\varphi(1-k^2\sin^2\varphi)^{n+1/2}}\,d\varphi = (-1)^{m+n}\frac{k^{2(m+n-1)}}{(1-k^2)^{m+n}}\sum_{\nu=0}^{m+n-1}\binom{m+n-1}{\nu}\frac{(-1)^{\nu}}{(2n-2\nu-1)k^{2\nu}}\left(\frac{\cos^2\varphi}{1-k^2\sin^2\varphi}\right)^{n-\nu-1/2} + C,$$

für $m+n-1 \geqq 0$.

22) $$\int\frac{\cos\varphi}{\sin^{2m}\varphi(1-k^2\sin^2\varphi)^{n+1/2}}\,d\varphi = \sum_{\nu=0}^{m+n-1}\binom{m+n-1}{\nu}\frac{k^{2(m+n-\nu-1)}}{2n-2\nu-1}\left(\frac{\sin^2\varphi}{1-k^2\sin^2\varphi}\right)^{n-\nu-1/2} + C,\quad m+n-1\geqq 0\ .$$

23a) $$\int\frac{\sin^{2\nu}\varphi}{(1-k^2\sin^2\varphi)^{\nu+3/2}}\,d\varphi = \frac{-1}{(2\nu+1)k^2(1-k^2)}\,\frac{\sin^{2\nu-3}\varphi\cos\varphi}{(1-k^2\sin^2\varphi)^{\nu+1/2}} + \frac{2(2\nu-1)k^2-(2\nu-2)}{(2\nu+1)k^2(1-k^2)}\int\frac{\sin^{2\nu-2}\varphi}{(1-k^2\sin^2\varphi)^{\nu+1/2}}\,d\varphi$$

$$+\frac{2\nu-3}{(2\nu+1)k^2(1-k^2)}\int\frac{\sin^{2\nu-4}\varphi}{(1-k^2\sin^2\varphi)^{\nu-1/2}}\,d\varphi\ .$$

23b) $$\int\frac{d\varphi}{(1-k^2\sin^2\varphi)^{3/2}} = \frac{-k^2}{1-k^2}\,\frac{\sin\varphi\cos\varphi}{\sqrt{1-k^2\sin^2\varphi}} + \frac{1}{1-k^2}E(\varphi,k) + C\ ;$$ siehe 18 b ;

23c) $$\int\frac{\sin^2\varphi}{(1-k^2\sin^2\varphi)^{5/2}}\,d\varphi = \frac{-1}{3(1-k^2)}\,\frac{\sin\varphi\cos\varphi}{(1-k^2\sin^2\varphi)^{3/2}} - \frac{1+k^2}{3(1-k^2)^2}\,\frac{\sin\varphi\cos\varphi}{\sqrt{1-k^2\sin^2\varphi}} - \frac{1}{3k^2(1-k^2)}F(\varphi,k) + \frac{1+k^2}{3k^2(1-k^2)^2}E(\varphi,k) + C$$

241.24. LANDENsche Transformation.

Setzt man

24a) $$k_1 = \frac{1-k'}{1+k'}\ ,\quad k' = \sqrt{1-k^2}\quad \text{und}\quad \sin\varphi_1 = (1+k')\frac{\sin\varphi\cos\varphi}{\sqrt{1-k^2\sin^2\varphi}}\quad \text{oder}\quad \operatorname{tg}(\varphi_1-\varphi) = k'\operatorname{tg}\varphi,$$

so folgt

24b) $$\cos\varphi_1 = \frac{1-(1+k')\sin^2\varphi}{\sqrt{1-k^2\sin^2\varphi}}\ ,\quad \sqrt{1-k_1^2\sin^2\varphi_1} = \frac{1-(1-k')\sin^2\varphi}{\sqrt{1-k^2\sin^2\varphi}}\ ,\quad \frac{d\varphi_1}{d\varphi} = \frac{(1+k')\left[1-(1-k')\sin^2\varphi\right]}{1-k^2\sin^2\varphi}\ \text{*)}.$$

Die Normalintegrale werden folgendermaßen transformiert:

24c) $$F(\varphi_1,k_1) = (1+k')F(\varphi,k)\qquad \text{oder}\qquad F(\varphi,k) = \frac{1+k_1}{2}F(\varphi_1,k_1)\ ;$$

24d) $$E(\varphi_1,k_1) = -k_1\sin\varphi_1 + \frac{2k'}{1+k'}F(\varphi,k) + \frac{2}{1+k'}E(\varphi,k)\qquad \text{oder}\ .$$

$$E(\varphi,k) = \frac{1-k'}{2}\sin\varphi_1 - \frac{k'}{1+k'}F(\varphi_1,k_1) + \frac{1+k'}{2}E(\varphi_1,k_1)\ ;$$

---

*) Siehe die graphischen Darstellungen auf S. 70 und 71 .

241.

24e) $\Pi(\varphi_1,\rho_1,k_1) = A_1\Pi(\varphi,\rho_{11},k) - A_2\Pi(\varphi,\rho_{12},k)$

mit $\rho_{11}=\frac{1}{2}(1+k')^2\left[\rho_1-k_1+\sqrt{(\rho_1+1)(\rho_1+k_1^2)}\right]$, $\quad A_1=\frac{(1+k')(\rho_{11}+k^2)}{\rho_{11}-\rho_{12}}$,

$\rho_{12}=\frac{1}{2}(1+k')^2\left[\rho_1-k_1-\sqrt{(\rho_1+1)(\rho_1+k_1^2)}\right]$, $\quad A_2=\frac{(1+k')(\rho_{12}+k^2)}{\rho_{11}-\rho_{12}}$;

oder

$\Pi(\varphi,\rho,k) = A_1(\varphi_1) + A_2F(\varphi_1,k_1) + A_3\Pi(\varphi_1,\rho_1,k_1)$ mit

$$\rho_1=\frac{\rho(\rho+k^2)}{(\rho+1)(1+k')^2},\quad A_1(\varphi_1)=\frac{(1+k_1)\rho}{4(1+\rho)}\int_0^{\varphi_1}\frac{\cos\varphi}{1+\rho_1\sin^2\varphi}\,d\varphi=\frac{\rho}{2(1+k')(\rho+1)\sqrt{\rho_1}}\,\mathrm{arc\,tg}(\sqrt{\rho_1}\sin\varphi_1),$$

für $\rho_1>0$, d.h. $\rho>0$ oder $-1<\rho<-k^2$;

$$=\frac{\rho}{4(1+k')(\rho+1)\sqrt{-\rho_1}}\log\frac{1+\sqrt{-\rho_1}\sin\varphi_1}{1-\sqrt{-\rho_1}\sin\varphi_1},$$

für $\rho_1<0$, d.h. $\rho<-1$ oder $-k^2<\rho<0$;

$$A_2=\frac{1-k'}{2(\rho+k^2)},\quad A_3=\frac{\rho^2+2\rho+k^2}{2(1+k')(\rho+1)(\rho+k^2)}.$$

241.25. Gaußsche Transformation.

Setzt man

25a) $k_1=\frac{1-k'}{1+k'}$, $\quad k'=\sqrt{1-k^2}$ und $\sin\varphi=\frac{(1+k_1)\sin\varphi_1}{1+k_1\sin^2\varphi_1}$ oder $\sin\varphi_1=\frac{1-\sqrt{1-k^2\sin^2\varphi}}{(1-k')\sin\varphi}$,

so folgt

25b) $\cos\varphi=\frac{\cos\varphi_1\sqrt{1-k_1^2\sin^2\varphi_1}}{1+k_1\sin^2\varphi_1}$, $\quad \sqrt{1-k^2\sin^2\varphi}=\frac{1-k_1\sin^2\varphi_1}{1+k_1\sin^2\varphi_1}$, $\quad \frac{d\varphi}{d\varphi_1}=\frac{(1+k_1)(1-k_1\sin^2\varphi_1)}{(1+k_1\sin^2\varphi_1)\sqrt{1-k_1^2\sin^2\varphi_1}}$ *).

Die Normalintegrale werden folgendermaßen transformiert:

25c) $F(\varphi_1,k_1)=\frac{1+k'}{2}F(\varphi,k)$ oder $F(\varphi,k)=(1+k_1)F(\varphi_1,k_1)$,

25d) $E(\varphi_1,k_1)=\frac{-1}{1+k'}\,\frac{\cos\varphi(1-\sqrt{1-k^2\sin^2\varphi})}{\sin\varphi}+\frac{k'}{1+k'}F(\varphi,k)+\frac{1}{1+k'}E(\varphi,k)$

oder

$$E(\varphi,k)=\frac{2k_1}{1+k_1}\,\frac{\sin\varphi_1\cos\varphi_1\sqrt{1-k_1^2\sin^2\varphi_1}}{1+k_1\sin^2\varphi_1}-(1-k_1)F(\varphi_1,k_1)+\frac{2}{1+k_1}E(\varphi_1,k_1);$$

25e) $\Pi(\varphi_1,\rho_1,k_1)=\frac{1-k'}{2(k_1-\rho_1)}F(\varphi,k)-\frac{(1+k')(k_1+\rho_1)}{4(k_1-\rho_1)}\Pi(\varphi,\rho,k)+\frac{1+k'}{4}\int_0^{\varphi}\frac{d\psi}{1+\rho\sin^2\psi}$

mit $\rho=\frac{(1+k')^2(k_1-\rho_1)^2}{4\rho_1}$, vgl. 241.2f,

oder

$$\Pi(\varphi,\rho,k)=(1+k_1)F(\varphi_1,k_1)+(1+k_1)\sqrt{\frac{\rho}{\rho+k^2}}\left[\Pi(\varphi_1,\rho_{11},k_1)-\Pi(\varphi_1,\rho_{12},k_1)\right]$$

mit

$$\rho_{11}=\left[\frac{1+k_1}{2}(\sqrt{\rho}+\sqrt{\rho+k^2})\right]^2,\quad \rho_{12}=\left[\frac{1+k_1}{2}(\sqrt{\rho}-\sqrt{\rho+k^2})\right]^2.$$

---

*) Siehe die graphischen Darstellungen auf S. 70 u. 71.

Landensche u. Gaußsche Transformation des Moduls k

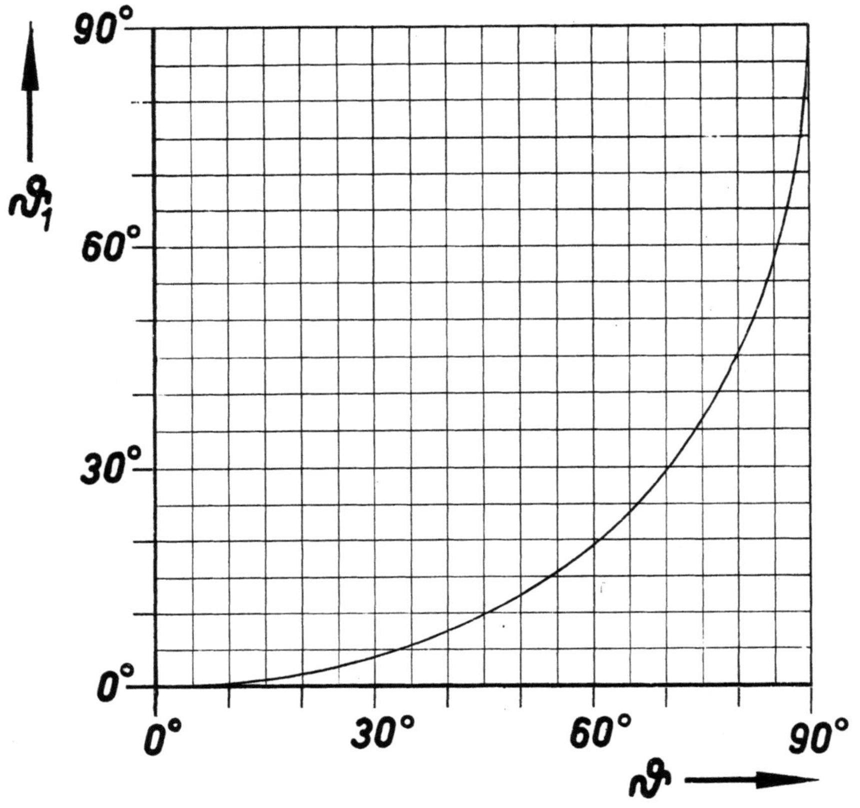

$$k_1 = \frac{1-\sqrt{1-k^2}}{1+\sqrt{1-k^2}}$$

$$k = \sin\vartheta$$

$$k_1 = \sin\vartheta_1$$

$$\sin\vartheta_1 = \mathrm{tg}^2\,\frac{\vartheta}{2}$$

Gaußsche Transformation des Winkels φ

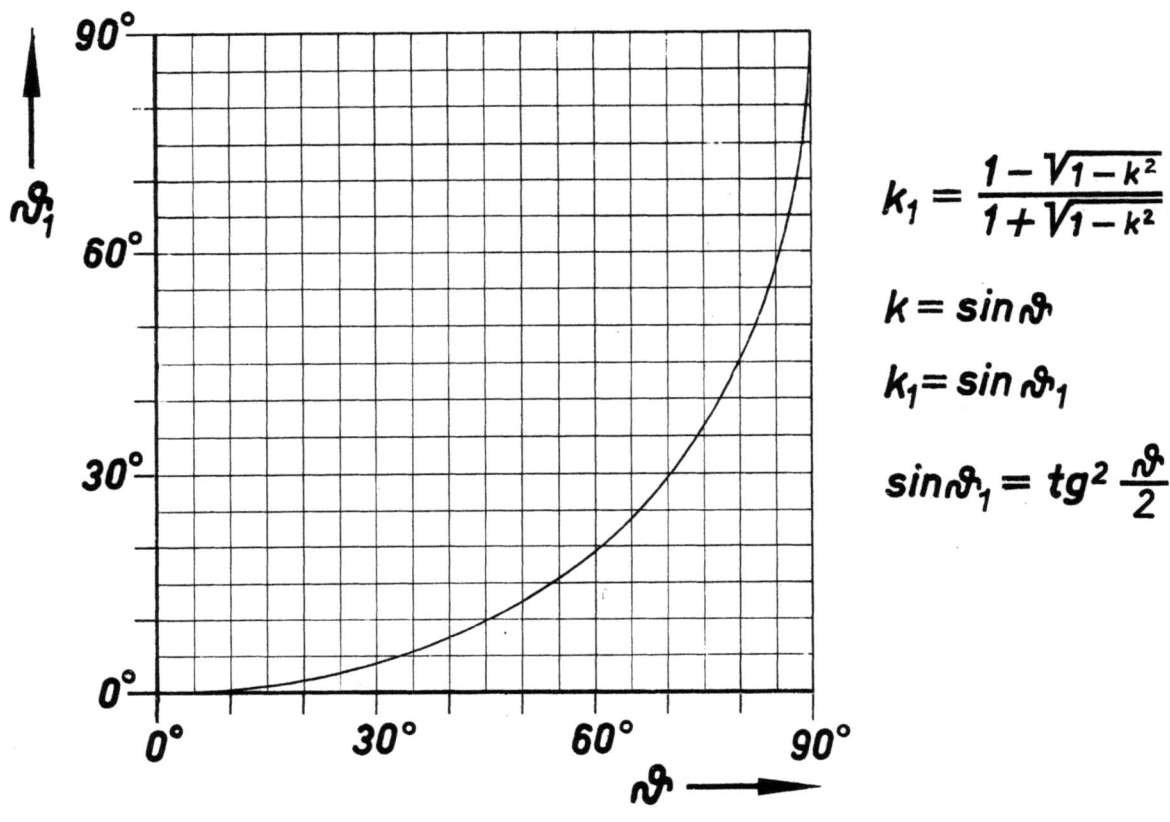

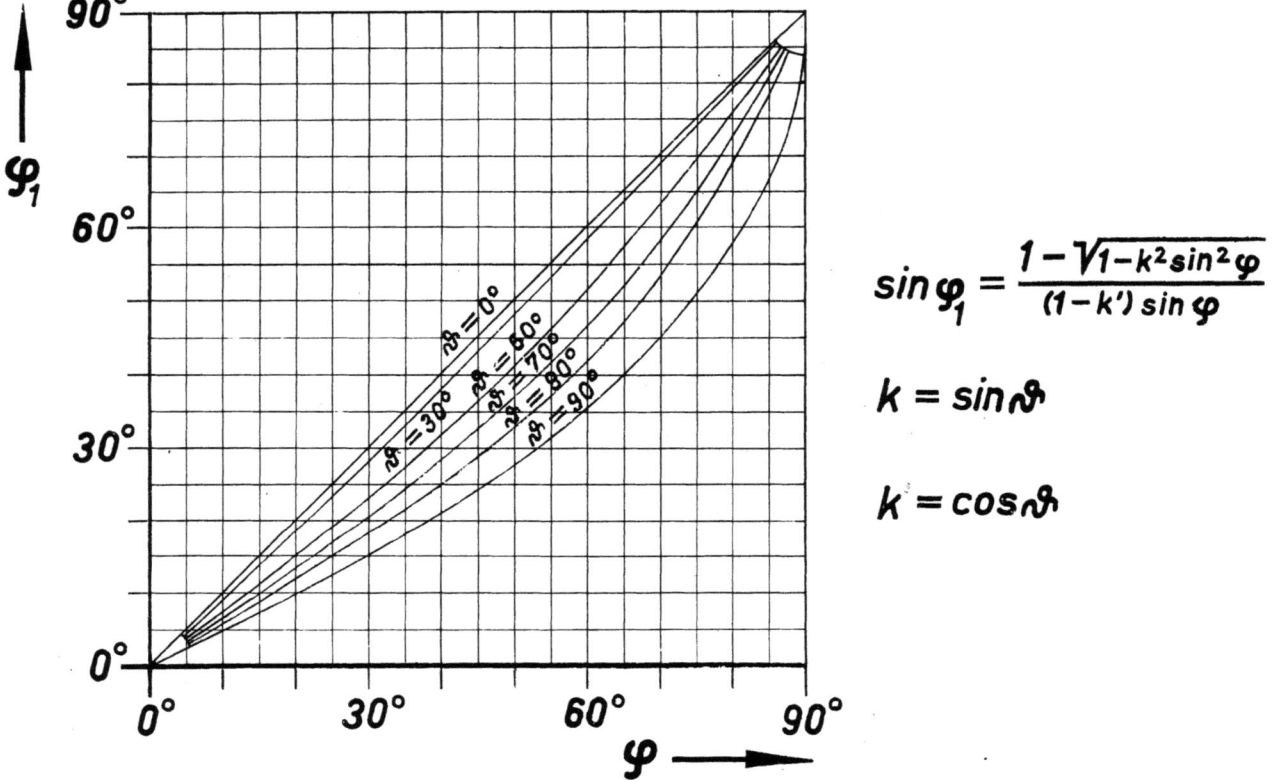

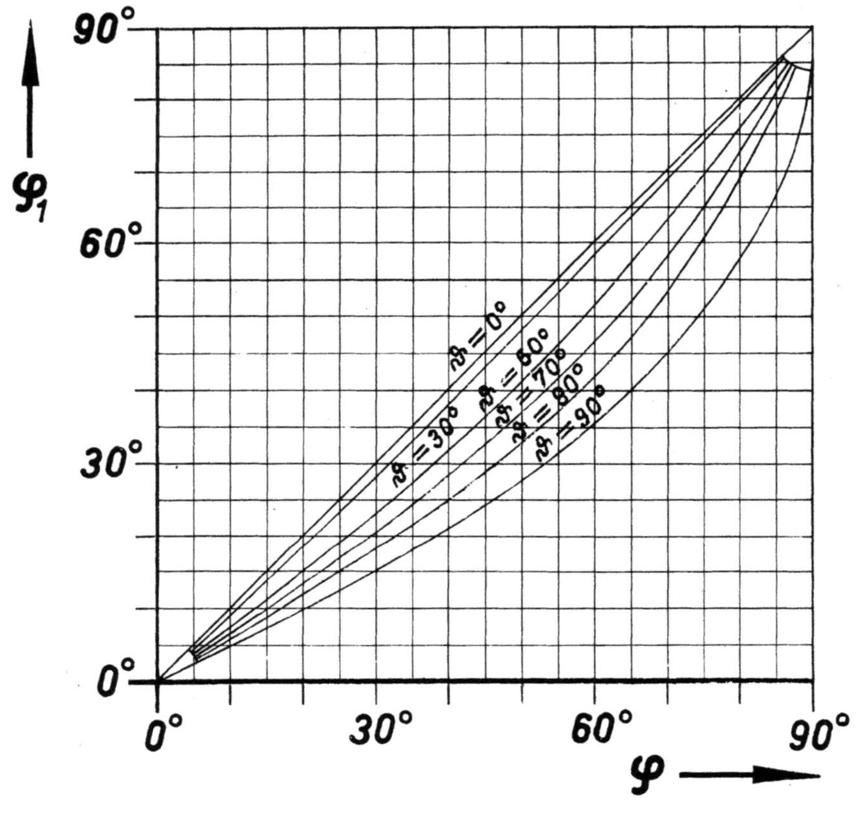

$$\sin\varphi_1 = \frac{1-\sqrt{1-k^2\sin^2\varphi}}{(1-k')\sin\varphi}$$

$$k = \sin\vartheta$$

$$k' = \cos\vartheta$$

Landensche Transformation des Winkels φ

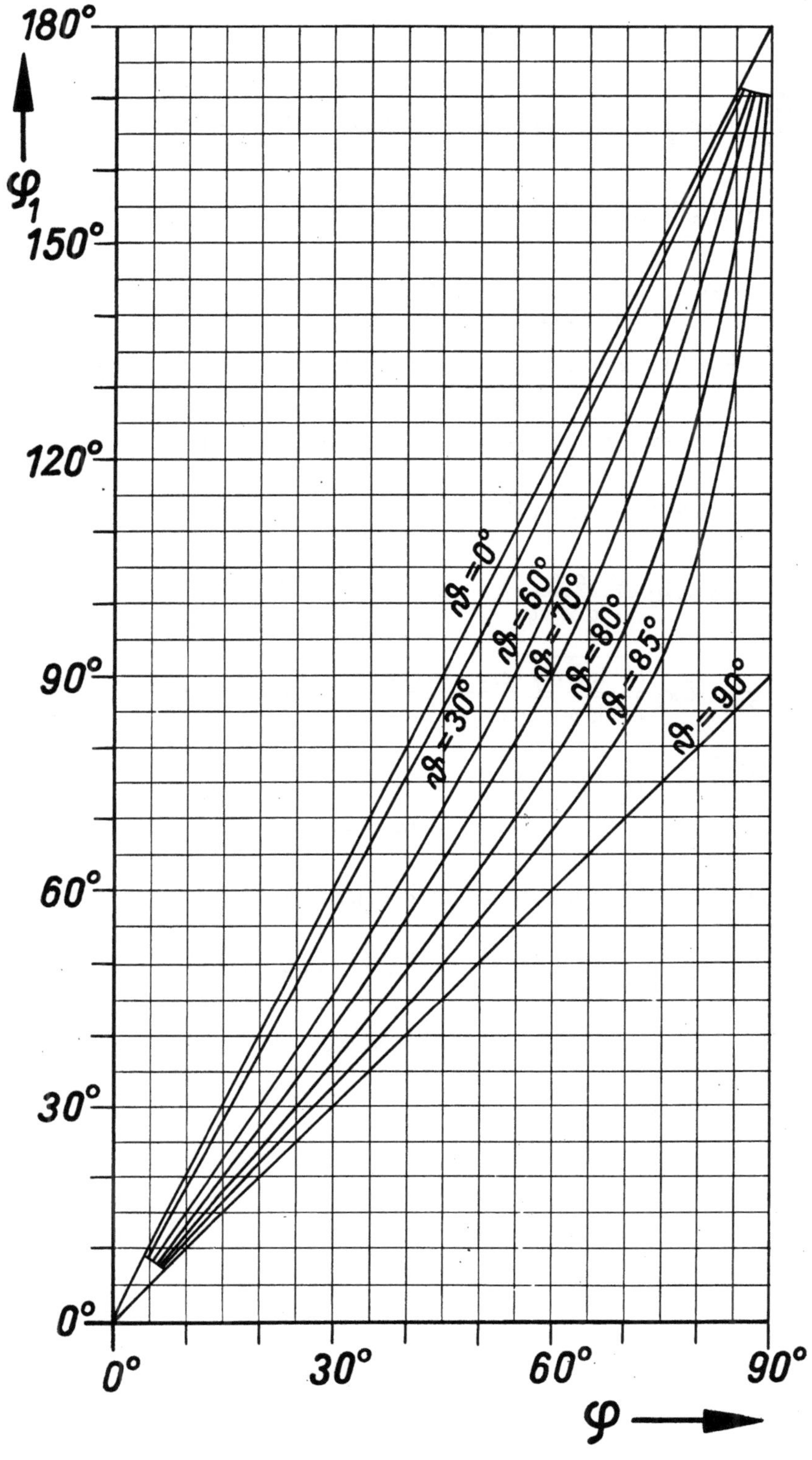

$$\sin\varphi_1 = (1+\sqrt{1-k^2})\,\frac{\sin\varphi\,\cos\varphi}{\sqrt{1-k^2\sin^2\varphi}}$$

$$k = \sin\vartheta$$

241.26. LEGENDREsche Formeln für das Integral 3. Gattung.

Durch Integration der Differentialgleichung

26a) $$\frac{\partial}{\partial\varrho}\left[\sqrt{\alpha}\,\Pi(\varphi,\varrho,k)\right]=\frac{\sin\varphi\cos\varphi\sqrt{1-k^2\sin^2\varphi}}{2\sqrt{\alpha}(1+\varrho\sin^2\varphi)}-\frac{k^2}{2\varrho^2\sqrt{\alpha}}F(\varphi,k)-\frac{1}{2\varrho\sqrt{\alpha}}\left[F(\varphi,k)-E(\varphi,k)\right]$$

mit $\alpha=\frac{(1+\varrho)(k^2+\varrho)}{\varrho}$ gewinnt LEGENDRE[1] die Ausdrücke:

26b) $$\frac{\sqrt{1-k'^2\sin^2\vartheta}}{\sin\vartheta\cos\vartheta}\Pi(\varphi,\operatorname{ctg}^2\vartheta,k)+\frac{\sqrt{1-k^2\sin^2\varphi}}{\sin\varphi\cos\varphi}\Pi(\vartheta,\operatorname{ctg}^2\varphi,k')=\operatorname{tg}\varphi\sqrt{1-k^2\sin^2\varphi}\,F(\vartheta,k')+\operatorname{tg}\vartheta\sqrt{1-k'^2\sin^2\vartheta}\,F(\varphi,k)$$
$$+F(\varphi,k)F(\vartheta,k')-F(\varphi,k)E(\vartheta,k')-F(\vartheta,k')E(\varphi,k)+\frac{\pi}{2},\quad k'=\sqrt{1-k^2},\quad \varrho=\operatorname{ctg}^2\vartheta>0,\ 0\leqq\vartheta\leqq\frac{\pi}{2};$$

26c) $$\frac{k'^2\sin\vartheta\cos\vartheta}{\sqrt{1-k'^2\sin^2\vartheta}}\left[\Pi(\varphi,-1+k'^2\sin^2\vartheta,k)-F(\varphi,k)\right]-\frac{\sqrt{1-k^2\sin^2\varphi}}{\sin\varphi\cos\varphi}\left[\Pi(\vartheta,k'^2\operatorname{tg}^2\varphi,k')-\cos^2\varphi\,F(\vartheta,k')\right]$$
$$=F(\varphi,k)F(\vartheta,k')-F(\varphi,k)E(\vartheta,k')-F(\vartheta,k')E(\varphi,k),\quad k'=\sqrt{1-k^2},\ \varrho=-1+k'^2\sin^2\vartheta,\ -1\leqq\varrho\leqq-k^2,\ 0\leqq\vartheta\leqq\frac{\pi}{2};$$

26d) $$\operatorname{ctg}\vartheta\sqrt{1-k^2\sin^2\vartheta}\left[\Pi(\varphi,-k^2\sin^2\vartheta,k)-F(\varphi,k)\right]-\operatorname{ctg}\varphi\sqrt{1-k^2\sin^2\varphi}\left[\Pi(\vartheta,-k^2\sin^2\varphi,k)-F(\vartheta,k)\right]$$
$$=F(\varphi,k)E(\vartheta,k)-F(\vartheta,k)E(\varphi,k),\quad \varrho=-k^2\sin^2\vartheta,\ -k^2\leqq\varrho\leqq0,\ 0\leqq\vartheta\leqq\frac{\pi}{2};$$

26e) $$\Pi(\varphi,\varrho,k)+\Pi\left(\varphi,\frac{k^2}{\varrho},k\right)=F(\varphi,k)+\frac{1}{\sqrt{\alpha}}\operatorname{arc\,tg}\frac{\sqrt{\alpha}\operatorname{tg}\varphi}{\sqrt{1-k^2\sin^2\varphi}},\quad \alpha=\frac{(1+\varrho)(k^2+\varrho)}{\varrho}>0\ ^{2)};$$

26f) $$=F(\varphi,k)+\frac{1}{2\sqrt{\alpha_1}}\log\frac{\sqrt{1-k^2\sin^2\varphi}\cos\varphi+\sqrt{\alpha_1}\sin\varphi}{\sqrt{1-k^2\sin^2\varphi}\cos\varphi-\sqrt{\alpha_1}\sin\varphi},\quad \text{für } \alpha_1=-\alpha>0;$$

26g) $$\Pi\left(\frac{\pi}{2},\varrho,k\right)=\sin^2\vartheta\,K(k)+\frac{\sin\vartheta\cos\vartheta}{\sqrt{1-k'^2\sin^2\vartheta}}\left[F(\vartheta,k')K(k)-E(\vartheta,k')K(k)-F(\vartheta,k')E(k)+\frac{\pi}{2}\right],$$
$$\varrho=\operatorname{ctg}^2\vartheta\geqq0,\ 0<\vartheta\leqq\frac{\pi}{2}\ ^{3)};$$

26h) $$=K(k)+\frac{\sqrt{1-k'^2\sin^2\vartheta}}{k'^2\sin\vartheta\cos\vartheta}\left[F(\vartheta,k')K(k)-E(\vartheta,k')K(k)-F(\vartheta,k')E(k)+\frac{\pi}{2}\right],$$
$$\varrho=-1+k'^2\sin^2\vartheta,\ -1\leqq\varrho\leqq-k^2,\ 0\leqq\vartheta\leqq\frac{\pi}{2}\ ^{3)};$$

26i) $$=K(k)+\frac{\operatorname{tg}\vartheta}{\sqrt{1-k^2\sin^2\vartheta}}\left[E(\vartheta,k)K(k)-F(\vartheta,k)E(k)\right],\quad \varrho=-k^2\sin^2\vartheta,\ -k^2\leqq\varrho\leqq0,\ 0\leqq\vartheta\leqq\frac{\pi}{2}\ ^{3)}.$$

---

[1] LEGENDRE, *Traité des fonctions elliptiques*, Chap. XXIII, p. 132 ss.

[2] L.c. p. 68 ss.

[3] $k'=\sqrt{1-k^2}$, $K(k)=F(\frac{\pi}{2},k)$, $E(k)=E(\frac{\pi}{2},k)$.

242. Elliptische Integrale in der Weierstraßschen kanonischen Form.

1) Es handelt sich um Integrale $\int R(x,y)dx$, wobei $R(x,y)$ eine rationale Funktion von x, y mit

$$y = \sqrt{4x^3 - g_2 x - g_3} = \sqrt{4(x-e_1)(x-e_2)(x-e_3)}$$

ist. Jedes Integral dieser Art läßt sich in der Gestalt schreiben:

$$\int R(x,y)\,dx = \int f(x)\,dx + \int \frac{g(x)}{y}\,dx ,$$

wobei $f(x)$ und $g(x)$ rationale Funktionen von x bedeuten. Das erste Integral der rechten Seite wird im Kapitel 1 behandelt; im zweiten Integral muß $g(x)$ in ein Polynom und in Partialbrüche aufgespaltet werden, sodann kann dieses Integral mit Hilfe der nachfolgenden Rekursionsformeln auf die Weierstraßschen Normalintegrale 1., 2. und 3. Gattung zurückgeführt werden. Definition und Formeln für die Weierstraßschen Funktionen $\wp$, ζ, σ siehe etwa bei JAHNKE-EMDE, Funktionentafeln.
Die Zurückführung eines Integrals $\int \frac{f(x)}{g(x)\,y}\,dx$ auf die Normalintegrale mit Hilfe eines Ansatzes mit unbestimmten Koeffizienten siehe 243.2.

2) Weierstraßsche Normalintegrale:

1. Gattung: $$\mathfrak{I}_0(x) = \int \frac{dx}{\sqrt{4x^3 - g_2 x - g_3}} = \wp_{(-1)}(x) + C ,$$ ($\wp_{(-1)}$ bedeutet die inverse Funktion zu $\wp$);

2. Gattung: $$\mathfrak{I}_1(x) = \int \frac{x}{\sqrt{4x^3 - g_2 x - g_3}}\,dx = -\zeta\left[\wp_{(-1)}(x)\right] + C ;$$

3. Gattung: $$\mathfrak{I}_{-1}(x,\varrho) = \int \frac{dx}{(x-\varrho)\sqrt{4x^3 - g_2 x - g_3}}$$

$$= \frac{2}{\sqrt{4\varrho^3 - g_2\varrho - g_3}} \left\{ \log \frac{\sigma\left[\wp_{(-1)}(x) - \wp_{(-1)}(\varrho)\right]}{\sqrt{x-\varrho}\;\sigma\left[\wp_{(-1)}(x)\right]} + \zeta\left[\wp_{(-1)}(\varrho)\right]\wp_{(-1)}(x) \right\} + C .$$

3a) $$\int \frac{x^n}{\sqrt{4x^3 - g_2 x - g_3}}\,dx = \mathfrak{I}_n(x) = \frac{x^{n-2}}{2(2n-1)}\sqrt{4x^3 - g_2 x - g_3} + \frac{(2n-3)g_2}{4(2n-1)}\mathfrak{I}_{n-2}(x) + \frac{(n-2)g_3}{2(2n-1)}\mathfrak{I}_{n-3}(x) ;$$

3b) $$\int \frac{dx}{x^n\sqrt{4x^3 - g_2 x - g_3}} = \mathfrak{I}_{-n}(x) = \frac{\sqrt{4x^3 - g_2 x - g_3}}{(n-1)g_3 x^{n-1}} - \frac{(2n-3)g_2}{2(n-1)g_3}\mathfrak{I}_{-n+1}(x) + \frac{2(2n-5)}{(n-1)g_3}\mathfrak{I}_{-n+3}(x) ,$$

$n \neq 1$, $g_3 \neq 0$;

für $g_3 = 0$ siehe 76;

242.

4a) $$\int\frac{dx}{(x-\varrho)^n\sqrt{4x^3-g_2x-g_3}}=y_{-n}(x;\varrho)=\frac{-\sqrt{4x^3-g_2x-g_3}}{(n-1)b_3(x-\varrho)^{n-1}}-\frac{3(2n-3)b_2}{2(n-1)b_3}y_{-n+1}(x;\varrho)$$
$$-\frac{6(2n-4)\varrho}{(n-1)b_3}y_{-n+2}(x;\varrho)-\frac{2(2n-5)}{(n-1)b_3}y_{-n+3}(x;\varrho),\quad n\neq 1,$$
mit $b_2=4\varrho^2-\frac{1}{3}g_2$, $b_3=4\varrho^3-\varrho g_2-g_3\neq 0$;

4b) $$\int\frac{dx}{(x-e)^n\sqrt{4x^3-g_2x-g_3}}=y_{-n}(x;e)=\frac{-2}{3(2n-1)b_2}\frac{\sqrt{4x^3-g_2x-g_3}}{(x-e)^n}-\frac{8(n-1)e}{(2n-1)b_2}y_{-n+1}(x;e)-\frac{4(2n-3)}{3(2n-1)b_2}y_{-n+2}(x;e)$$
für $4e^3-g_2e-g_3=0$, $b_2=4e^2-\frac{1}{3}g_2$;

5a) $$\int\frac{x^2}{\sqrt{4x^3-g_2x-g_3}}dx=y_2(x)=\frac{1}{6}\sqrt{4x^3-g_2x-g_3}+\frac{g_2}{12}y_0(x);$$

5b) $$\int\frac{x^3}{\sqrt{4x^3-g_2x-g_3}}dx=y_3(x)=\frac{x}{10}\sqrt{4x^3-g_2x-g_3}+\frac{3g_2}{20}y_1(x)+\frac{g_3}{10}y_0(x);$$

5c) $$\int\frac{x^4}{\sqrt{4x^3-g_2x-g_3}}dx=y_4(x)=\frac{12x^2+5g_2}{168}\sqrt{4x^3-g_2x-g_3}+\frac{g_3}{7}y_1(x)+\frac{5g_2^2}{336}y_0(x);$$

5d) $$\int\frac{x^5}{\sqrt{4x^3-g_2x-g_3}}dx=y_5(x)=\frac{1}{360}(20x^3+7g_2x+10g_3)\sqrt{4x^3-g_2x-g_3}+\frac{7g_2^2}{240}y_1(x)+\frac{g_2g_3}{30}y_0(x);$$

5e) $$\int\frac{dx}{x^2\sqrt{4x^3-g_2x-g_3}}=y_{-2}(x)=\frac{\sqrt{4x^3-g_2x-g_3}}{g_3x}-\frac{g_2}{2g_3}y_{-1}(x)-\frac{2}{g_3}y_1(x);$$

5f) $$\int\frac{dx}{x^3\sqrt{4x^3-g_2x-g_3}}=y_{-3}(x)=\frac{2g_3-3g_2x}{4g_3^2x^2}\sqrt{4x^3-g_2x-g_3}+\frac{3g_2^2}{8g_3^2}y_{-1}(x)+\frac{1}{g_3}y_0(x)+\frac{3g_2}{2g_3^2}y_1(x);$$

5g) $$\int\frac{dx}{x^4\sqrt{4x^3-g_2x-g_3}}=y_{-4}(x)=\frac{8g_3^2-10g_2g_3x+15g_2^2x^2}{24g_3^3x^3}\sqrt{4x^3-g_2x-g_3}+\frac{32g_3^2-5g_2^3}{16g_3^3}y_{-1}(x)$$
$$-\frac{5g_2}{6g_3^2}y_0(x)-\frac{5g_2^2}{4g_3^3}y_1(x);$$

5h) $$\int\frac{dx}{(x-\varrho)^2\sqrt{4x^3-g_2x-g_3}}=y_{-2}(x;\varrho)=\frac{-\sqrt{4x^3-g_2x-g_3}}{b_3(x-\varrho)}-\frac{3b_2}{2b_3}y_{-1}(x;\varrho)-\frac{2\varrho}{b_3}y_0(x)+\frac{2}{b_3}y_1(x),$$
b_2 und b_3 siehe unter 4a;

5k) $$\int\frac{dx}{(x-\varrho)^3\sqrt{4x^3-g_2x-g_3}}=y_{-3}(x;\varrho)=\frac{9b_2(x-\varrho)-2b_3}{4b_3^2(x-\varrho)^2}\sqrt{4x^3-g_2x-g_3}+\frac{3(9b_2^2-16b_3\varrho)}{8b_3^2}y_{-1}(x;\varrho)$$
$$+\frac{9b_2\varrho-2b_3}{2b_3^2}y_0(x)-\frac{9b_2}{2b_3^2}y_1(x),$$ b_2 und b_3 siehe unter 4a;

242.

6) Äquianharmonischer Fall : $g_2 = 0$.

6a) $$\int \frac{x^n}{\sqrt{4x^3-g_3}}\,dx = \frac{\sqrt{4x^3-g_3}}{2}\sum_{\nu=0}^{\varkappa-1}\frac{(n-2;-3;\nu)}{(2n-1;-6;\nu+1)}\left(\frac{g_3}{2}\right)^{\nu} x^{n-3\nu-2} + \frac{(s+1;3;\varkappa)}{(2s+5;6;\varkappa)}\left(\frac{g_3}{2}\right)^{\varkappa}\int\frac{x^s}{\sqrt{4x^3-g_3}}\,dx,$$

wobei $n = 3\varkappa+s$ ist (für $s=-1$ fällt das Integral rechts weg);

6b) $$\int \frac{dx}{x^n\sqrt{4x^3-g_3}} = \frac{\sqrt{4x^3-g_3}}{g_3}\sum_{\nu=0}^{\varkappa-1}\frac{(2n-5;-6;\nu)}{(n-1;-3;\nu+1)}\left(\frac{2}{g_3}\right)^{\nu}\frac{1}{x^{n-3\nu-1}} + \frac{(2s+1;6;\varkappa)}{(s+2;3;\varkappa)}\left(\frac{2}{g_3}\right)^{\varkappa}\int\frac{dx}{x^s\sqrt{4x^3-g_3}},$$

für $n = 3\varkappa+s$, $s = 0, +1$ oder -1.

7) Fall $g_3 = 0$:

7a) $$\int \frac{x^n}{\sqrt{4x^3-g_2x}}\,dx \overset{*)}{=} \frac{\sqrt{4x^3-g_2x}}{2}\sum_{\nu=0}^{\varkappa-1}\frac{(2n-3;-4;\nu)}{(2n-1;-4;\nu+1)}\left(\frac{g_2}{4}\right)^{\nu} x^{n-2\nu-2} + \frac{(2s+1;4;\varkappa)}{(2s+3;4;\varkappa)}\left(\frac{g_2}{4}\right)^{\varkappa}\mathfrak{I}_s(x),$$

für $n = 2\varkappa+s$, $s = 0$ oder 1;

7b) $$\int \frac{dx}{x^n\sqrt{4x^3-g_2x}} \overset{**)}{=} \frac{2}{g_2}\sqrt{4x^3-g_2x}\sum_{\nu=0}^{\varkappa-1}\frac{(2n-3;-4;\nu)}{(2n-1;-4;\nu+1)}\left(\frac{4}{g_2}\right)^{\nu}\frac{1}{x^{n-2\nu}} + \frac{(2s+1;4;\varkappa)}{(2s+3;4;\varkappa)}\left(\frac{4}{g_2}\right)^{\varkappa}\mathfrak{I}_{-s}(x),$$

für $n = 2\varkappa+s$, $s = 0$ oder 1.

8) Transformation auf die LEGENDRE sche kanonische Form siehe 243.8.

243. Integrale rationaler Funktionen von x und $y = \sqrt{a_0x^3+3a_1x^2+3a_2x+a_3}$; Umrechnung auf die LEGENDRE sche kanonische Form.

1) Es handelt sich um Integrale $\int R(x,y)\,dx$, wobei $R(x,y)$ eine rationale Funktion von x, y ist und

$$y = \sqrt{a_0x^3+3a_1x^2+3a_2x+a_3} = \sqrt{a_0(x-\alpha_1)(x-\alpha_2)(x-\alpha_3)}$$

bezeichnet. Jedes Integral dieser Art läßt sich in der Gestalt

$$\int R(x,y)\,dx = \int f(x)\,dx + \int\frac{g(x)}{y}\,dx$$

mit rationalen Funktionen $f(x)$, $g(x)$ ansetzen; von diesen beiden ist das erste als Integral einer rationalen Funktion nach den Regeln von Abschnitt 1 zu berechnen, das zweite durch Partialbruchzerlegung und mit Hilfe der nachfolgenden Rekursionsformeln (243.4) auf die Normalintegrale (243.3) zurückzuführen. Diese Zurückführung gelingt auch durch den folgenden Ansatz mit unbestimmten Koeffizienten.

---

*) $= \mathfrak{I}_n(x)$

**) $= \mathfrak{I}_{-n}(x)$

2) **Zurückführung eines Integrals $\int \frac{f(x)}{g(x)\,y}\,dx$ auf die Normalintegrale mit Hilfe eines Ansatzes mit unbestimmten Koeffizienten.**

Es seien $f(x)$ und $g(x)$ zwei teilerfremde Polynome der Grade μ und σ, und zwar

$$g(x) = (x-\alpha_1)^{n_1}(x-\alpha_2)^{n_2}(x-\alpha_3)^{n_3}(x-\gamma_1)^{m_1}(x-\gamma_2)^{m_2}\cdot\,\cdot\,\cdot\,(x-\gamma_\varkappa)^{m_\varkappa}$$

($n_1, n_2, n_3 \geqq 0$, $m_\nu \geqq 1$, γ_ν untereinander und von $\alpha_1, \alpha_2, \alpha_3$, den Wurzeln von $y^2 = 0$, verschieden). Ferner sei

$$g_1(x) = (x-\gamma_1)(x-\gamma_2)\,.\,.\,.\,(x-\gamma_\varkappa) \quad \text{und} \quad g_2(x) = \frac{g(x)}{g_1(x)}\,;$$

dann gilt für das angegebene Integral der folgende Ansatz:

$$\int \frac{f(x)}{g(x)\,y}\,dx = \frac{h(x)}{g_2(x)}\,y + A\int\frac{dx}{y} + B\int\frac{x}{y}\,dx + \sum_{\nu=1}^{\varkappa} D_\nu \int \frac{dx}{(x-\gamma_\nu)\,y}\,,$$

wobei $h(x)$ ein mit unbestimmten Koeffizienten angesetztes Polynom des Grades

$$\tau = \max(\mu-1,\sigma) - \varkappa - 1 \;{}^{*)}$$

ist; diese und die Koeffizienten $A, B, D_1, D_2, \ldots, D_\varkappa$ können aus der identisch geltenden Gleichung

$$f(x) = h'(x)g_1(x)y^2 + \frac{3}{2}h(x)g_1(x)(a_0x^2+2a_1x+a_2) - h(x)g_1(x)y^2\Big(\sum_{i=1}^{3}\frac{n_i}{x-\alpha_i} + \sum_{j=1}^{\varkappa}\frac{m_j-1}{x-\gamma_j}\Big)$$
$$+\, g(x)\Big(A + Bx + \sum_{j=1}^{\varkappa}\frac{D_j}{x-\gamma_j}\Big)$$

ermittelt werden.

3) **Normalintegrale:**

Integral 1. Gattung: $\displaystyle \mathcal{Y}_0(x) = \int \frac{dx}{\sqrt{a_0x^3+3a_1x^2+3a_2x+a_3}}$;

Integral 2. Gattung: $\displaystyle \mathcal{Y}_1(x) = \int \frac{x}{\sqrt{a_0x^3+3a_1x^2+3a_2x+a_3}}\,dx$;

Integral 3. Gattung: $\displaystyle \mathcal{Y}_{-1}(x;\varrho) = \int \frac{dx}{(x-\varrho)\sqrt{a_0x^3+3a_1x^2+3a_2x+a_3}}$;

4) **Rekursionsformeln:** $y = \sqrt{a_0x^3+3a_1x^2+3a_2x+a_3} = \sqrt{a_0(x-\alpha_1)(x-\alpha_2)(x-\alpha_3)}$.

4a) $$\int\frac{x^n}{y}\,dx = \mathcal{Y}_n(x) = \frac{2x^{n-2}y}{(2n-1)a_0} - \frac{3(2n-2)a_1}{(2n-1)a_0}\mathcal{Y}_{n-1}(x) - \frac{3(2n-3)a_2}{(2n-1)a_0}\mathcal{Y}_{n-2}(x) - \frac{(2n-4)a_3}{(2n-1)a_0}\mathcal{Y}_{n-3}(x)\,;$$

4b) $$\int\frac{dx}{x^n y} = \mathcal{Y}_{-n}(x) = \frac{-2y}{(2n-2)a_3x^{n-1}} - \frac{3(2n-3)a_2}{(2n-2)a_3}\mathcal{Y}_{-n+1}(x) - \frac{3(2n-4)a_1}{(2n-2)a_3}\mathcal{Y}_{-n+2}(x) - \frac{(2n-5)a_0}{(2n-2)a_3}\mathcal{Y}_{-n+3}(x)\,,$$

für $a_3 \neq 0$;

4c) $$= \frac{-2y}{3(2n-1)a_2x^n} - \frac{(2n-2)a_1}{(2n-1)a_2}\mathcal{Y}_{-n+1}(x) - \frac{(2n-3)a_0}{3(2n-1)a_2}\mathcal{Y}_{-n+2}(x) \quad \text{für } a_3 = 0 \text{ und } a_2 \neq 0.$$

---

*) Für $\tau = -1$ ist $h(x)$ identisch Null zu setzen.

243.

5a) $$\int\frac{dx}{(x-\varrho)^n y}=\mathcal{Y}_{-n}(x;\varrho)=\frac{-1}{(n-1)b_3}\,\frac{y}{(x-\varrho)^{n-1}}-\frac{3(2n-3)b_2}{2(n-1)b_3}\mathcal{Y}_{-n+1}(x;\varrho)-\frac{3(2n-4)b_1}{2(n-1)b_3}\mathcal{Y}_{-n+2}(x;\varrho)$$
$$-\frac{(2n-5)b_0}{2(n-1)b_3}\mathcal{Y}_{-n+3}(x;\varrho),\qquad b_3\neq 0,\ n\neq 1,$$
mit $b_0=a_0$, $b_2=a_0\varrho^2+2a_1\varrho+a_2$,
$b_1=a_0\varrho+a_1$, $b_3=a_0\varrho^3+3a_1\varrho^2+3a_2\varrho+a_3$

5b) $$\int\frac{dx}{(x-\alpha)^n y}=\mathcal{Y}_{-n}(x;\alpha)=\frac{-2}{3(2n-1)b_2}\,\frac{y}{(x-\alpha)^n}-\frac{(2n-2)b_1}{(2n-1)b_2}\mathcal{Y}_{-n+1}(x;\alpha)-\frac{(2n-3)b_0}{3(2n-1)b_2}\mathcal{Y}_{-n+2}(x;\alpha)$$
für $b_3=0$ und $\varrho=\alpha$.

6a) $$\int\frac{x^2}{y}dx=\mathcal{Y}_2(x)=\frac{2}{3a_0}y-\frac{2a_1}{a_0}\mathcal{Y}_1(x)-\frac{a_2}{a_0}\mathcal{Y}_0(x);$$

6b) $$\int\frac{x^3}{y}dx=\mathcal{Y}_3(x)=\frac{2(a_0x-4a_1)}{5a_0^2}y+\frac{3(8a_1^2-3a_0a_2)}{5a_0^2}\mathcal{Y}_1(x)+\frac{2(6a_1a_2-a_0a_3)}{5a_0^2}\mathcal{Y}_0(x);$$

6c) $$\int\frac{x^4}{y}dx=\mathcal{Y}_4(x)=\frac{1}{35a_0^3}(10a_0^2x^2-36a_0a_1x-50a_0a_2+144a_1^2)y+\frac{1}{35a_0^3}(-20a_0^2a_3+312a_0a_1a_2$$
$$-432a_1^3)\mathcal{Y}_1(x)+\frac{1}{35a_0^3}(36a_0a_1a_3+75a_0a_2^2-216a_1^2a_2)\mathcal{Y}_0(x);$$

6d) $$\int\frac{dx}{x^2y}=\mathcal{Y}_{-2}(x)=\frac{-1}{a_3}\,\frac{y}{x}-\frac{3a_2}{2a_3}\mathcal{Y}_{-1}(x)+\frac{a_0}{2a_3}\mathcal{Y}_1(x);$$

6e) $$\int\frac{dx}{x^3y}=\mathcal{Y}_{-3}(x)=\frac{9a_2x-2a_3}{4a_3^2x^2}y-\frac{9a_0a_2}{8a_3^2}\mathcal{Y}_1(x)-\frac{a_0}{4a_3}\mathcal{Y}_0(x)-\frac{12a_1a_3-27a_2^2}{8a_3^2}\mathcal{Y}_{-1}(x);$$

6f) $$\int\frac{dx}{x^4y}=\mathcal{Y}_{-4}(x)=\frac{y}{24a_3^3x^3}\left[(48a_1a_3-135a_2^2)x^2+30a_2a_3x-8a_3^2\right]+\frac{-16a_0a_1a_3+45a_0a_2^2}{16a_3^3}\mathcal{Y}_1(x)$$
$$+\frac{5a_0a_2}{8a_3^2}\mathcal{Y}_0(x)+\frac{-8a_0a_3^2+108a_1a_2a_3-135a_2^3}{16a_3^3}\mathcal{Y}_{-1}(x).$$

7a) $$\int\frac{dx}{(x-\varrho)^2y}=\mathcal{Y}_{-2}(x;\varrho)=\frac{-1}{b_3}\,\frac{y}{x-\varrho}-\frac{3b_2}{2b_3}\mathcal{Y}_{-1}(x;\varrho)-\frac{b_0\varrho}{2b_3}\mathcal{Y}_0(x)+\frac{b_0}{2b_3}\mathcal{Y}_1(x);$$

7b) $$\int\frac{dx}{(x-\varrho)^3y}=\mathcal{Y}_{-3}(x;\varrho)=\frac{9b_2x-9b_2\varrho-2b_3}{4b_3^2(x-\varrho)^2}y-\frac{12b_1b_3-27b_2^2}{8b_3^2}\mathcal{Y}_{-1}(x;\varrho)+\frac{9b_0b_2\varrho-2b_0b_3}{8b_3^2}\mathcal{Y}_0(x)$$
$$-\frac{9b_0b_2}{8b_3^2}\mathcal{Y}_1(x).$$

8) ## Transformation auf die LEGENDREsche kanonische Form.

Die Berechnung dieser Integrale gelingt am leichtesten, wenn man zur LEGENDREschen kanonischen Form übergeht. Sollen dabei die Realitätsverhältnisse gewahrt bleiben, so sind die folgenden Fälle zu unterscheiden:

8a) $y^2 = 0$ hat drei reelle Wurzeln: $y = \sqrt{a_0(x-\alpha_1)(x-\alpha_2)(x-\alpha_3)}$, $\alpha_1 > \alpha_2 > \alpha_3$.

Man setzt („quadratische" Transformation)

8a1) $$x = \frac{a\sin^2\varphi + b}{c\sin^2\varphi + d} \qquad \left(0 \leqq \varphi \leqq \frac{\pi}{2}\right),^{*)}$$

woraus

8a2) $$dx = \frac{2\delta \sin\varphi\cos\varphi}{(c\sin^2\varphi + d)^2}\,d\varphi \qquad \text{und} \qquad y = \gamma\,\frac{\sin\varphi\cos\varphi\sqrt{1-k^2\sin^2\varphi}}{(c\sin^2\varphi + d)^2}$$

folgt. Die Werte von $a, b, c, d, k, \delta = ad - bc$ und γ sind in Abhängigkeit vom Integrationsintervall in der folgenden Tabelle angegeben:

8a3)

Integrationsintervall	k, $k' = \sqrt{1-k^2}$	a, b, c, d	δ	γ	$\frac{\delta}{\gamma}$
$x \geqq \alpha_1$ $(a_0 > 0)$	$k^2 = \frac{\alpha_2-\alpha_3}{\alpha_1-\alpha_3}$	$a = -\alpha_2$, $b = \alpha_1$, $c = -1$, $d = 1$	$\alpha_1 - \alpha_2$	$(\alpha_1-\alpha_2)\sqrt{a_0(\alpha_1-\alpha_3)}$	$\frac{1}{\sqrt{a_0(\alpha_1-\alpha_3)}}$
$\alpha_2 \geqq x \geqq \alpha_3$ $(a_0 > 0)$	$k'^2 = \frac{\alpha_1-\alpha_2}{\alpha_1-\alpha_3}$	$a = \alpha_2 - \alpha_3$, $b = \alpha_3$, $c = 0$, $d = 1$	$\alpha_2 - \alpha_3$	$(\alpha_2-\alpha_3)\sqrt{a_0(\alpha_1-\alpha_3)}$	
$\alpha_1 \geqq x \geqq \alpha_2$ $(a_0 < 0)$	$k^2 = \frac{\alpha_1-\alpha_2}{\alpha_1-\alpha_3}$	$a = -\alpha_3 k^2$, $b = \alpha_2$, $c = -k^2$, $d = 1$	$(\alpha_2-\alpha_3)k^2$	$(\alpha_2-\alpha_3)k^2\sqrt{-a_0(\alpha_1-\alpha_3)}$	
$\alpha_3 \geqq x$ $(a_0 < 0)$	$k'^2 = \frac{\alpha_2-\alpha_3}{\alpha_1-\alpha_3}$	$a = \alpha_1$, $b = -\alpha_1 + \alpha_3$, $c = 1$, $d = 0$	$\alpha_1 - \alpha_3$	$(\alpha_1-\alpha_3)\sqrt{-a_0(\alpha_1-\alpha_3)}$	

Die drei Normalintegrale $\mathcal{J}_0(x)$, $\mathcal{J}_1(x)$, $\mathcal{J}_{-1}(x;\varrho)$ transformieren sich dabei wie folgt:

8a4) $$\int\frac{dx}{y} = \mathcal{J}_0(x) = \frac{2\delta}{\gamma}F(\varphi,k) + C\,;$$

8a5) $$\int\frac{x}{y}\,dx = \mathcal{J}_1(x) = \frac{2\delta}{\gamma}\left\{\alpha_1 F(\varphi,k) - (\alpha_1-\alpha_3)E(\varphi,k) + (\alpha_1-\alpha_3)\,\mathrm{tg}\,\varphi\sqrt{1-k^2\sin^2\varphi}\right\} + C, \quad \text{für } x \geqq \alpha_1\,;$$

8a6) $$= \frac{2\delta}{\gamma}\left\{\alpha_1 F(\varphi,k) - (\alpha_1-\alpha_3)E(\varphi,k)\right\} + C, \quad \text{für } \alpha_2 \geqq x \geqq \alpha_3\,;$$

8a7) $$= \frac{2\delta}{\gamma}\left\{\alpha_3 F(\varphi,k) + (\alpha_1-\alpha_3)E(\varphi,k) - \frac{(\alpha_1-\alpha_2)\sin\varphi\cos\varphi}{\sqrt{1-k^2\sin^2\varphi}}\right\} + C, \quad \text{für } \alpha_1 \geqq x \geqq \alpha_2\,;$$

8a8) $$= \frac{2\delta}{\gamma}\left\{\alpha_3 F(\varphi,k) + (\alpha_1-\alpha_3)E(\varphi,k) + (\alpha_1-\alpha_3)\,\mathrm{ctg}\,\varphi\sqrt{1-k^2\sin^2\varphi}\right\} + C, \quad \text{für } \alpha_3 \geqq x\,;$$

*) In manchen Fällen führt eine „lineare" Transformation $x = \frac{a\sin\varphi + b}{c\sin\varphi + d}$ zu einfacheren Formeln.

243.

8a9) $$\int\frac{dx}{(x-\varrho)y}=\mathcal{Y}_{-1}(x;\varrho)=\frac{2\delta}{\gamma(a-\varrho c)}\left\{cF(\varphi,k)+\frac{\delta}{b-\varrho d}\Pi\left(\varphi,\frac{a-\varrho c}{b-\varrho d},k\right)\right\}+C\ ;$$

8a10) $$=-\frac{2c}{\gamma}\left\{\left(d+\frac{c}{k^2}\right)F(\varphi,k)-\frac{c}{k^2}E(\varphi,k)\right\}+C\ ,\quad \text{für } \varrho=\frac{a}{c}\ ;$$

8a11) $$=\frac{2d}{\gamma}\left\{(c+d)F(\varphi,k)-d\,E(\varphi,k)-d\operatorname{ctg}\varphi\sqrt{1-k^2\sin^2\varphi}\right\}+C,\quad \text{für } \varrho=\frac{b}{d}\ .$$

8b) <u>$y^2=0$ *hat eine reelle und zwei komplexe Wurzeln*:</u>

$$y=\sqrt{a_0(x-\alpha_1)[(x-\kappa)^2+s^2]}\ ,\quad (\alpha_1,\kappa \text{ reell};\ s>0)\ .$$

Man setzt

8b1) $$x=\frac{a\cos\varphi+b}{c\cos\varphi+d}\qquad (0\leqq\varphi\leqq\pi)\ ;$$

daraus folgt

8b2) $$dx=-(ad-bc)\frac{\sin\varphi}{(c\cos\varphi+d)^2}d\varphi\quad \text{und}\quad y=\gamma\frac{\sin\varphi\sqrt{1-k^2\sin^2\varphi}}{(c\cos\varphi+d)^2}\ .$$

Wird der Winkel ϑ *aus*

8b3) $$\operatorname{tg}2\vartheta=\frac{s}{\alpha_1-\kappa}\ ,\ \begin{cases}0<2\vartheta<\pi\ , & \text{für } x\geqq\alpha_1\ (a_0>0)\ ,\\ -\pi<2\vartheta<0 & \text{für } x\leqq\alpha_1\ (a_0<0)\ ,\end{cases}$$

bestimmt, so gilt:

8b4) $$\begin{matrix}a=-\kappa+s\operatorname{tg}\vartheta\ , & c=-1\ ,\\ b=+\kappa+s\operatorname{ctg}\vartheta\ , & d=+1\ ,\end{matrix}\qquad k=|\sin\vartheta|\ ,\quad \gamma=\sqrt{\frac{4a_0s^3}{\sin^3 2\vartheta}}\ .$$

Die Normalintegrale werden dadurch folgendermaßen transformiert:

8b5) $$\int\frac{dx}{y}=\mathcal{Y}_0(x)=\frac{-(a+b)}{\gamma}F(\varphi,k)+C\ ;$$

8b6) $$\int\frac{x}{y}dx=\mathcal{Y}_1(x)=\frac{(a+b)^2}{\gamma}\,\frac{1+\cos\varphi}{\sin\varphi}\sqrt{1-k^2\sin^2\varphi}-\frac{(a+b)b}{\gamma}F(\varphi,k)+\frac{(a+b)^2}{\gamma}E(\varphi,k)+C\ ;$$

8b7) $$\int\frac{dx}{(x-\varrho)y}=\mathcal{Y}_{-1}(x;\varrho)=\frac{a+b}{\gamma(a+\varrho)}F(\varphi,k)-\frac{(a+b)^2}{\gamma(a+\varrho)(b-\varrho)}\int\frac{d\varphi}{\left(1+\frac{a+\varrho}{b-\varrho}\cos\varphi\right)\sqrt{1-k^2\sin^2\varphi}}+C_1\ ,$$

vgl. 241.8;

8b8) $$=\frac{-1}{\gamma}F(\varphi,k)+\frac{1}{k\gamma}\arcsin(k\sin\varphi)+C_2\ ,\quad \text{für } \varrho=-a\ ;$$

8b9) $$=\frac{1}{\gamma}F(\varphi,k)-\frac{1}{\gamma\sqrt{1-k^2}}\log\frac{\sqrt{1-k^2\sin^2\varphi}+\sqrt{1-k^2}\sin\varphi}{\cos\varphi}+C_3\ ,\quad \text{für } \varrho=b.$$

243.

8b10) Speziell für $y=\sqrt{x^3+1}$ und $-1 \leqq x \leqq +\infty$ [+)] folgt:

$$a_0=1,\ \alpha_1=-1,\ r=\frac{1}{2},\ s=\frac{\sqrt{3}}{2},\ \vartheta=\frac{5\pi}{12}=75^\circ,\ k^2=\sin^2\vartheta=\frac{2+\sqrt{3}}{4};$$

$$x=\frac{\sqrt{3}-1+(\sqrt{3}+1)\cos\varphi}{1-\cos\varphi},\quad dx=\frac{-2\sqrt{3}\sin\varphi}{(1-\cos\varphi)^2}d\varphi,\quad y=\frac{6\sin\varphi\sqrt{1-k^2\sin^2\varphi}}{\sqrt[4]{3}(1-\cos\varphi)^2};$$

8b10a) $$\int\frac{dx}{\sqrt{x^3+1}}=\frac{-1}{\sqrt[4]{3}}F(\varphi,k)+C;^{*)}$$

8b10b) $$\int\frac{x}{\sqrt{x^3+1}}dx=\frac{2\sqrt{x^3+1}}{x+1+\sqrt{3}}-\frac{\sqrt{3}-1}{\sqrt[4]{3}}F(\varphi,k)+2\sqrt[4]{3}\,E(\varphi,k)+C;^{*)}$$

8b10c) $$\int\frac{x^2}{\sqrt{x^3+1}}dx=\frac{2}{3}\sqrt{x^3+1}+C;$$

8b10d) $$\int\frac{x^n}{\sqrt{x^3+1}}dx=\frac{2}{2n-1}x^{n-2}\sqrt{x^3+1}-\frac{2n-4}{2n-1}\int\frac{x^{n-3}}{\sqrt{x^3+1}}dx;$$

8b10e) $$\int\frac{dx}{(x-\varrho)\sqrt{x^3+1}}=\frac{1}{\sqrt[4]{3}(\varrho+1+\sqrt{3})}F(\varphi,k)-\frac{1}{2\sqrt[4]{3}(\varrho+1)}\left\{\frac{\varrho+1-\sqrt{3}}{\varrho+1+\sqrt{3}}\Pi(\varphi,\varrho_1,k)+D_4(\varphi,\varrho_1,k)\right\}+C,$$

mit $\varrho_1=\dfrac{-(\varrho+1+\sqrt{3})^2}{4\sqrt{3}(\varrho+1)}$, $\varrho\neq-1,-1-\sqrt{3}$; vgl. 241.4; [*)]

8b10f) $$=\frac{-\sqrt[4]{3}}{6}F(\varphi,k)+\frac{\sqrt[4]{3}}{6k}\arcsin(k\sin\varphi)+C,\quad \text{für } \varrho=-1-\sqrt{3};^{*)}$$

8b10g) $$=\frac{-2\sqrt{x^3+1}}{\sqrt{3}(x+1)(x+1+\sqrt{3})}-\frac{\sqrt[4]{3}}{3}\left[F(\varphi,k)-2E(\varphi,k)\right],\quad \text{für } \varrho=-1;^{*)}$$

8b10h) $$=\frac{\sqrt{3}-1}{2\sqrt[4]{3}}F(\varphi,k)+\frac{2-\sqrt{3}}{2\sqrt[4]{3}}\Pi\left(\varphi,-\frac{3+2\sqrt{3}}{6},k\right)-\frac{1}{4}\log\frac{x^2+2+2\sqrt{x^3+1}}{x^2+2-2\sqrt{x^3+1}}+C,$$

für $\varrho=0$. [*)]

8b11) Speziell für $y=\sqrt{1-x^3}$ und $x\leqq 1$ [+)] folgt:

$$a_0=-1,\ \alpha_1=1,\ r=-\frac{1}{2},\ s=\frac{\sqrt{3}}{2},\ \vartheta=-\frac{5\pi}{12},\ k^2=\sin^2\vartheta=\frac{2+\sqrt{3}}{4};$$

$$x=\frac{1-\sqrt{3}-(1+\sqrt{3})\cos\varphi}{1-\cos\varphi},\quad dx=\frac{2\sqrt{3}\sin\varphi}{(1-\cos\varphi)^2}d\varphi,\quad y=\frac{6\sin\varphi\sqrt{1-k^2\sin^2\varphi}}{\sqrt[4]{3}(1-\cos\varphi)^2};$$

8b11a) $$\int\frac{dx}{\sqrt{1-x^3}}=\frac{1}{\sqrt[4]{3}}F(\varphi,k)+C;^{**)}$$

8b11b) $$\int\frac{x}{\sqrt{1-x^3}}dx=\frac{-2\sqrt{1-x^3}}{x-1-\sqrt{3}}-\frac{\sqrt{3}-1}{\sqrt[4]{3}}F(\varphi,k)+2\sqrt[4]{3}\,E(\varphi,k)+C;^{**)}$$

+) Das = Zeichen soll andeuten, daß das uneigentliche bestimmte Integral existiert.

*) $\cos\varphi=\dfrac{x+1-\sqrt{3}}{x+1+\sqrt{3}}$ $(0\leqq\varphi\leqq\pi)$, $k^2=\sin^2\dfrac{5\pi}{12}=\dfrac{2+\sqrt{3}}{4}$, $-1\leqq x\leqq+\infty$.

**) $\cos\varphi=\dfrac{x-1+\sqrt{3}}{x-1-\sqrt{3}}$ $(0\leqq\varphi\leqq\pi)$, $k^2=\sin^2\dfrac{5\pi}{12}=\dfrac{2+\sqrt{3}}{4}$, $x\leqq 1$.

243.

8b11c) $$\int \frac{x^2}{\sqrt{1-x^3}}\,dx = -\frac{2}{3}\sqrt{1-x^3} + C\ ;$$

8b11d) $$\int \frac{x^n}{\sqrt{1-x^3}}\,dx = \frac{-2}{2n-1}x^{n-2}\sqrt{1-x^3} + \frac{2n-4}{2n-1}\int \frac{x^{n-3}}{\sqrt{1-x^3}}\,dx\ ;$$

8b11e) $$\int \frac{dx}{(x-\varrho)\sqrt{1-x^3}} = \frac{-1}{\sqrt[4]{3}(\varrho-1-\sqrt{3})}F(\varphi,k) + \frac{1}{2\sqrt[4]{3}(\varrho-1)}\left\{\frac{\varrho-1+\sqrt{3}}{\varrho-1-\sqrt{3}}\Pi(\varphi,\varrho_1,k) + D_4(\varphi,\varrho_1,k)\right\} + C,$$

mit $\varrho_1 = \frac{(\varrho-1-\sqrt{3})^2}{4\sqrt{3}(\varrho-1)}$; $\varrho \neq 1,\ 1+\sqrt{3}$; vgl. 241.4;*)

8b11f) $$= \frac{-\sqrt[4]{3}}{6}F(\varphi,k) + \frac{\sqrt[4]{3}}{6k}\arcsin(k\sin\varphi) + C, \quad \text{für } \varrho = 1+\sqrt{3}\ ;^{*)}$$

8b11g) $$= \frac{2}{\sqrt{3}}\frac{\sqrt{1-x^3}}{(1-x)(x-1-\sqrt{3})} - \frac{\sqrt[4]{3}}{3}\left[F(\varphi,k) - 2E(\varphi,k)\right] + C, \quad \text{für } \varrho = 1\ ;^{*)}$$

8b11h) $$= \frac{\sqrt{3}-1}{2\sqrt[4]{3}}F(\varphi,k) + \frac{2-\sqrt{3}}{2\sqrt[4]{3}}\Pi\left(\varphi,-\frac{3+2\sqrt{3}}{6},k\right) + \frac{1}{4}\log\frac{x^2+2-2\sqrt{1-x^3}}{x^2+2+2\sqrt{1-x^3}} + C,$$

für $\varrho = 0$;*)

244. Integrale rationaler Funktionen von x und $y = \sqrt{a_0x^4+4a_1x^3+6a_2x^2+4a_3x+a_4}$; Umrechnung auf die LEGENDREsche kanonische Form.

1) Jedes hierher gehörige Integral $\int R(x,y)\,dx$, wobei $R(x,y)$ eine rationale Funktion von x, y mit

$$y = \sqrt{a_0x^4+4a_1x^3+6a_2x^2+4a_3x+a_4} = \sqrt{a_0(x-\alpha_1)(x-\alpha_2)(x-\alpha_3)(x-\alpha_4)}$$

bedeutet, läßt sich in der Gestalt

$$\int R(x,y)\,dx = \int f(x)\,dx + \int \frac{g(x)}{y}\,dx$$

mit rationalen Funktionen $f(x)$ und $g(x)$ ansetzen. Daher kann man sich auf die Berechnung der Integrale $\int \frac{g(x)}{y}dx$ beschränken. Durch Partialbruchzerlegung und mit Hilfe der Rekursionsformeln (244.4) lassen sich diese Integrale immer auf die drei Normalformen (244.3) zurückführen; dasselbe gelingt auch mit Hilfe des folgenden Ansatzes mit unbestimmten Koeffizienten.

2) Zurückführung eines Integrals $\int \frac{f(x)}{g(x)\,y}\,dx$ auf die Normalintegrale mit Hilfe eines Ansatzes mit unbestimmten Koeffizienten.

Es seien $f(x)$ und $g(x)$ zwei teilerfremde Polynome der Grade μ und σ, und zwar
$g(x) = (x-\alpha_1)^{n_1}(x-\alpha_2)^{n_2}(x-\alpha_3)^{n_3}(x-\alpha_4)^{n_4}(x-\gamma_1)^{m_1}(x-\gamma_2)^{m_2}\ldots(x-\gamma_\varkappa)^{m_\varkappa}$
($n_1, n_2, n_3, n_4 \geqq 0$, $m_\nu \geqq 1$, γ_ν untereinander und von den $\alpha_\varkappa$, den Wurzeln von $y^2 = 0$, verschieden).

---

*) $\cos\varphi = \frac{x-1+\sqrt{3}}{x-1-\sqrt{3}}$ $(0 \leqq \varphi \leqq \pi)$, $k^2 = \sin^2\frac{5\pi}{12} = \frac{2+\sqrt{3}}{4}$, $x \leqq 1$.

Ferner sei

$$g_1(x) = (x-\gamma_1)(x-\gamma_2)\ldots(x-\gamma_n) \quad \text{und} \quad g_2(x) = \frac{g(x)}{g_1(x)} \quad ;$$

dann gilt für das angegebene Integral der Ansatz:

$$\int \frac{f(x)}{g(x)\,y}\,dx = \frac{h(x)}{g_2(x)}\,y + A_0\int\frac{dx}{y} + A_1\int\frac{x}{y}\,dx + A_2\int\frac{x^2}{y}\,dx + \sum_{\nu=1}^{n} B_\nu \int\frac{dx}{(x-\gamma_\nu)\,y} \quad ,$$

wobei $h(x)$ ein mit unbestimmten Koeffizienten angesetztes Polynom des Grades

$$\tau = \max(\mu-2,\sigma) - n - 1 \quad ^{*)}$$

ist; diese und die Koeffizienten $A_0, A_1, A_2, B_1, B_2, \ldots, B_n$ können aus der identisch geltenden Gleichung

$$f(x) = h'(x)g_1(x)y^2 + 2h(x)g_1(x)(a_0x^3+3a_1x^2+3a_2x+a_3) - h(x)g_1(x)y^2\Big(\sum_{i=1}^{4}\frac{n_i}{x-\alpha_i} + \sum_{j=1}^{n}\frac{m_j-1}{x-\gamma_j}\Big) + g(x)\Big(A_0 + A_1x + A_2x^2 + \sum_{j=1}^{n}\frac{B_j}{x-\gamma_j}\Big)$$

ermittelt werden.

3) Normalintegrale:

Integral 1. Gattung: $\mathcal{Y}_0(x) = \int\frac{dx}{\sqrt{a_0x^4+4a_1x^3+6a_2x^2+4a_3x+a_4}}$;

Integral 2. Gattung: $\mathcal{Z}(x) = 2a_1\mathcal{Y}_1(x) + a_0\mathcal{Y}_2(x) = \int\frac{a_0x^2+2a_1x}{\sqrt{a_0x^4+4a_1x^3+6a_2x^2+4a_3x+a_4}}\,dx$;

Integral 3. Gattung: $\mathcal{Y}_{-1}(x;\varrho) = \int\frac{dx}{(x-\varrho)\sqrt{a_0x^4+4a_1x^3+6a_2x^2+4a_3x+a_4}}$.

Zu den Integralen 3. Gattung zählt auch $\mathcal{Y}_1(x) = \int\frac{x}{y}\,dx$, dessen logarithmische Unstetigkeitspunkte im Unendlichen liegen.

4) Rekursionsformeln: $y = \sqrt{a_0x^4+4a_1x^3+6a_2x^2+4a_3x+a_4} = \sqrt{a_0(x-\alpha_1)(x-\alpha_2)(x-\alpha_3)(x-\alpha_4)}$.

4a)
$$\int\frac{x^n}{y}\,dx = \mathcal{Y}_n(x) = \frac{x^{n-3}y}{(n-1)a_0} - \frac{2(2n-3)a_1}{(n-1)a_0}\mathcal{Y}_{n-1}(x) - \frac{6(n-2)a_2}{(n-1)a_0}\mathcal{Y}_{n-2}(x) - \frac{2(2n-5)a_3}{(n-1)a_0}\mathcal{Y}_{n-3}(x) - \frac{(n-3)a_4}{(n-1)a_0}\mathcal{Y}_{n-4}(x), \quad n \neq 1 \;;$$

4b)
$$\int\frac{dx}{x^n y} = \mathcal{Y}_{-n}(x) = \frac{-y}{(n-1)a_4x^{n-1}} - \frac{2(2n-3)a_3}{(n-1)a_4}\mathcal{Y}_{-n+1}(x) - \frac{6(n-2)a_2}{(n-1)a_4}\mathcal{Y}_{-n+2}(x) - \frac{2(2n-5)a_1}{(n-1)a_4}\mathcal{Y}_{-n+3}(x) - \frac{(n-3)a_0}{(n-1)a_4}\mathcal{Y}_{-n+4}(x), \quad n \neq 1, \; a_4 \neq 0 \;;$$

4c)
$$= \frac{-y}{2(2n-1)a_3x^n} - \frac{3(n-1)a_2}{(2n-1)a_3}\mathcal{Y}_{-n+1}(x) - \frac{(2n-3)a_1}{(2n-1)a_3}\mathcal{Y}_{-n+2}(x) - \frac{(n-2)a_0}{2(2n-1)a_3}\mathcal{Y}_{-n+3}(x),$$

für $a_4 = 0$.

---

*) Für $\tau = -1$ ist $h(x)$ identisch Null zu setzen.

244.

5a) $$\int\frac{dx}{(x-\varrho)^n y}=\mathcal{J}_{-n}(x;\varrho)=\frac{-1}{(n-1)b_4}\,\frac{y}{(x-\varrho)^{n-1}}-\frac{2(2n-3)b_3}{(n-1)b_4}\,\mathcal{J}_{-n+1}(x;\varrho)-\frac{6(n-2)b_2}{(n-1)b_4}\,\mathcal{J}_{-n+2}(x;\varrho)$$

$$-\frac{2(2n-5)b_1}{(n-1)b_4}\,\mathcal{J}_{-n+3}(x;\varrho)-\frac{(n-3)b_0}{(n-1)b_4}\,\mathcal{J}_{-n+4}(x;\varrho),\qquad n\neq 1,\ b_4\neq 0,$$

mit $b_0=a_0$, $b_1=a_0\varrho+a_1$, $b_2=a_0\varrho^2+2a_1\varrho+a_2$, $b_3=a_0\varrho^3+3a_1\varrho^2+3a_2\varrho+a_3$, $b_4=a_0\varrho^4+4a_1\varrho^3+6a_2\varrho^2+4a_3\varrho+a_4$;

5b) $$\int\frac{dx}{(x-\alpha)^n y}=\mathcal{J}_{-n}(x;\alpha)=\frac{-1}{2(2n-1)b_3}\,\frac{y}{(x-\alpha)^n}-\frac{3(n-1)b_2}{(2n-1)b_3}\,\mathcal{J}_{-n+1}(x;\alpha)-\frac{(2n-3)b_1}{(2n-1)b_3}\,\mathcal{J}_{-n+2}(x;\alpha)$$

$$-\frac{(n-2)b_0}{2(2n-1)b_3}\,\mathcal{J}_{-n+3}(x;\alpha),$$ wenn $b_4=0$, d.h. ϱ eine der Wurzeln $\alpha_1,\alpha_2,\alpha_3,\alpha_4$ von $y^2=0$ ist.

6a) $$\mathcal{J}_2(x)=\frac{y}{a_0x}-\frac{2a_1}{a_0}\mathcal{J}_1(x)+\frac{2a_3}{a_0}\mathcal{J}_{-1}(x)+\frac{a_4}{a_0}\mathcal{J}_{-2}(x);$$

6b) $$\mathcal{J}_3(x)=\frac{y}{2a_0}-\frac{3a_1}{a_0}\mathcal{J}_2(x)-\frac{3a_2}{a_0}\mathcal{J}_1(x)-\frac{a_3}{a_0}\mathcal{J}_0(x);$$

6c) $$\mathcal{J}_4(x)=\frac{a_0x-5a_1}{3a_0^2}y-\frac{4a_0a_2-10a_1^2}{a_0^2}\mathcal{J}_2(x)-\frac{2a_0a_3-10a_1a_2}{a_0^2}\mathcal{J}_1(x)-\frac{a_0a_4-10a_1a_3}{3a_0^2}\mathcal{J}_0(x);$$

6d) $$\mathcal{J}_{-2}(x)=\frac{-y}{a_4x}-\frac{2a_3}{a_4}\mathcal{J}_{-1}(x)+\frac{2a_1}{a_4}\mathcal{J}_1(x)+\frac{a_0}{a_4}\mathcal{J}_2(x),\qquad a_4\neq 0;$$

6e) $$=\frac{-y}{6a_3x^2}-\frac{a_2}{a_3}\mathcal{J}_{-1}(x)-\frac{a_1}{3a_3}\mathcal{J}_0(x),$$ für $a_4=0$;

6f) $$\mathcal{J}_{-3}(x)=\frac{6a_3x-a_4}{2a_4^2x^2}y-\frac{3a_2a_4-6a_3^2}{a_4^2}\mathcal{J}_{-1}(x)-\frac{a_1}{a_4}\mathcal{J}_0(x)-\frac{6a_1a_3}{a_4^2}\mathcal{J}_1(x)-\frac{3a_0a_3}{a_4^2}\mathcal{J}_2(x),\quad a_4\neq 0;$$

6g) $$=\frac{2a_2x-a_3}{10a_3^2x^3}y-\frac{3a_1a_3-6a_2^2}{5a_3^2}\mathcal{J}_{-1}(x)-\frac{a_0a_3-4a_1a_2}{10a_3^2}\mathcal{J}_0(x),$$ für $a_4=0$.

7a) $$\mathcal{J}_{-2}(x;\varrho)=\frac{-y}{b_4(x-\varrho)}-\frac{2b_3}{b_4}\mathcal{J}_{-1}(x;\varrho)+\frac{2b_1}{b_4}\mathcal{J}_1(x;\varrho)+\frac{b_0}{b_4}\mathcal{J}_2(x;\varrho),$$ $b_4\neq 0$, vgl. 244.5a;

7b) $$\mathcal{J}_{-2}(x;\alpha)=\frac{-y}{6b_3(x-\alpha)^2}-\frac{b_2}{b_3}\mathcal{J}_{-1}(x;\alpha)-\frac{b_1}{3b_3}\mathcal{J}_0(x),$$ für $b_4=0$, vgl. 244.5b.

8) <u>Transformation auf die LEGENDREsche kanonische Form.</u>

Zur numerischen Berechnung dieser Integrale empfiehlt es sich oft, zur LEGENDREschen kanonischen Form überzugehen. Sollen dabei die Realitätsverhältnisse gewahrt bleiben, so sind je nach der Realität der Wurzeln $\alpha_1, \alpha_2, \alpha_3, \alpha_4$ von $y^2 = 0$ und je nach dem vorliegenden Integrationsintervall folgende Fälle zu unterscheiden:

8a) <u>$y^2 = 0$ hat vier reelle Wurzeln</u>: $y = \sqrt{a_0(x-\alpha_1)(x-\alpha_2)(x-\alpha_3)(x-\alpha_4)}$ in der Anordnung $\alpha_1 > \alpha_2 > \alpha_3 > \alpha_4$. Man setzt:

8a1) $$x = \frac{a\sin^2\varphi + b}{c\sin^2\varphi + d} \qquad \left(0 \leqq \varphi \leqq \frac{\pi}{2}\right)\;;^{*)}$$

daraus folgt

8a2) $$dx = \frac{2\delta\sin\varphi\cos\varphi}{(c\sin^2\varphi + d)^2}\,d\varphi\,, \qquad y = \gamma\,\frac{\sin\varphi\cos\varphi\sqrt{1-k^2\sin^2\varphi}}{(c\sin^2\varphi + d)^2}\,.$$

Die Werte von $a, b, c, d, k, \delta = ad - bc$ und γ sind in Abhängigkeit vom Integrationsintervall in der folgenden Tabelle angegeben:

8a3)

Integrationsintervall	$k,\ k' = \sqrt{1-k^2}$	a, b, c, d	δ	$\frac{\delta}{\gamma}$
$x \geqq \alpha_1$ und $x \leqq \alpha_4$ $(a_0 > 0)$	$k^2 = \frac{(\alpha_1-\alpha_4)(\alpha_2-\alpha_3)}{(\alpha_1-\alpha_3)(\alpha_2-\alpha_4)}$	$a = \alpha_2(\alpha_1-\alpha_4)$, $b = -\alpha_1(\alpha_2-\alpha_4)$, $c = \alpha_1-\alpha_4$, $d = -(\alpha_2-\alpha_4)$	$(\alpha_1-\alpha_2)(\alpha_1-\alpha_4)(\alpha_2-\alpha_4)$	$\frac{1}{\sqrt{\lvert a_0\rvert(\alpha_1-\alpha_3)(\alpha_2-\alpha_4)}}$
$\alpha_2 \geqq x \geqq \alpha_3$ $(a_0 > 0)$	$k'^2 = \frac{(\alpha_1-\alpha_2)(\alpha_3-\alpha_4)}{(\alpha_1-\alpha_3)(\alpha_2-\alpha_4)}$	$a = \alpha_4(\alpha_2-\alpha_3)$, $b = -\alpha_3(\alpha_2-\alpha_4)$, $c = \alpha_2-\alpha_3$, $d = -(\alpha_2-\alpha_4)$	$(\alpha_2-\alpha_3)(\alpha_2-\alpha_4)(\alpha_3-\alpha_4)$	
$\alpha_1 \geqq x \geqq \alpha_2$ $(a_0 < 0)$	$k^2 = \frac{(\alpha_1-\alpha_2)(\alpha_3-\alpha_4)}{(\alpha_1-\alpha_3)(\alpha_2-\alpha_4)}$	$a = \alpha_3(\alpha_1-\alpha_2)$, $b = -\alpha_2(\alpha_1-\alpha_3)$, $c = \alpha_1-\alpha_2$, $d = -(\alpha_1-\alpha_3)$	$(\alpha_1-\alpha_2)(\alpha_1-\alpha_3)(\alpha_2-\alpha_3)$	
$\alpha_3 \geqq x \geqq \alpha_4$ $(a_0 < 0)$	$k'^2 = \frac{(\alpha_1-\alpha_4)(\alpha_2-\alpha_3)}{(\alpha_1-\alpha_3)(\alpha_2-\alpha_4)}$	$a = \alpha_1(\alpha_3-\alpha_4)$, $b = \alpha_4(\alpha_1-\alpha_3)$, $c = \alpha_3-\alpha_4$, $d = \alpha_1-\alpha_3$	$(\alpha_1-\alpha_3)(\alpha_1-\alpha_4)(\alpha_3-\alpha_4)$	

Die Normalintegrale $\mathfrak{J}_0(x)$, $\mathfrak{J}_1(x)$, $\mathfrak{Z}(x)$, $\mathfrak{J}_{-1}(x;\varrho)$ transformieren sich dabei wie folgt:

8a4) $$\int\frac{dx}{y} = \mathfrak{J}_0(x) = \frac{2\delta}{\gamma}F(\varphi,k) + C\;;$$

8a5) $$\int\frac{x}{y}\,dx = \mathfrak{J}_1(x) = \frac{2\delta}{\gamma}\left\{\frac{a}{c}F(\varphi,k) - \frac{\delta}{cd}\Pi\left(\varphi,\frac{c}{d},k\right)\right\} + C\;;$$

*) In manchen Fällen führt eine „lineare" Transformation $x = \frac{a\sin\varphi + b}{c\sin\varphi + d}$, bzw. die zusätzliche Ausführung einer passenden LANDENschen oder Gaußschen Transformation zu einfacheren Formeln.

244.

8a6) $$\int\frac{2a_1x+a_0x^2}{y}\,dx=\mathfrak{Z}(x)=\frac{a_0\delta}{cd\gamma}\left[\left(-2ab+\frac{b\delta}{c+d}-\frac{a\delta}{c+k^2d}\right)F(\varphi,k)\right.$$
$$\left.+\frac{\delta^2}{(c+d)(c+k^2d)}\left(E(\varphi,k)+\frac{c\sin\varphi\cos\varphi\sqrt{1-k^2\sin^2\varphi}}{c\sin^2\varphi+d}\right)\right]+C\,;$$ [1)]

8a7) $$\int\frac{dx}{(x-\rho)y}=\mathfrak{Y}_{-1}(x;\rho)=\frac{2\delta}{(a-\rho c)\gamma}\left\{cF(\varphi,k)+\frac{\delta}{b-\rho d}\Pi\left(\varphi,\frac{a-\rho c}{b-\rho d},k\right)\right\}+C\,;$$

8a8) $$=\frac{-2c}{k^2\gamma}\left\{(c+k^2d)F(\varphi,k)-cE(\varphi,k)\right\}+C\,,\quad \text{für } \rho=\frac{a}{c}\,;$$

8a9) $$=\frac{2d}{\gamma}\left\{(c+d)F(\varphi,k)-dE(\varphi,k)-d\,\mathrm{ctg}\,\varphi\sqrt{1-k^2\sin^2\varphi}\right\}+C\,,\quad \text{für } \rho=\frac{b}{d}\,.$$

8a10) Speziell für $y=\sqrt{(1-p^2x^2)(p^2-x^2)}$, $0<p<1$, $-p\leqq x\leqq p$[+)] folgt:
$a_0=p^2$, $\alpha_1=-\alpha_4=\frac{1}{p}$, $\alpha_2=-\alpha_3=p$, $k=p^2$;
$x=p\sin\varphi$, $dx=p\cos\varphi\,d\varphi$, $y=p\cos\varphi\sqrt{1-p^4\sin^2\varphi}$;

8a10a) $$\int\frac{dx}{\sqrt{(1-p^2x^2)(p^2-x^2)}}=F(\varphi,p^2)+C\,;$$ [2)]

8a10b) $$\int\frac{x}{\sqrt{(1-p^2x^2)(p^2-x^2)}}\,dx=\frac{1}{p}\log\left(\sqrt{1-p^2x^2}-p\sqrt{p^2-x^2}\right)+C\,;$$

8a10c) $$\int\frac{x^2}{\sqrt{(1-p^2x^2)(p^2-x^2)}}\,dx=\frac{1}{p^2}F(\varphi,p^2)-\frac{1}{p^2}E(\varphi,p^2)+C\,;$$ [2)]

8a10d) $$\int\frac{x^3}{\sqrt{(1-p^2x^2)(p^2-x^2)}}\,dx=\frac{1}{2p^2}\sqrt{(1-p^2x^2)(p^2-x^2)}+\frac{1+p^4}{2p^3}\log\left(\sqrt{1-p^2x^2}-p\sqrt{p^2-x^2}\right)+C\,;$$

8a10e) $$\int\frac{dx}{(x-\rho)\sqrt{(1-p^2x^2)(p^2-x^2)}}=-\frac{1}{\rho}\Pi\left(\varphi,-\frac{p^2}{\rho^2},p^2\right)-\frac{p}{\rho^2}D_3\left(\varphi,-\frac{p^2}{\rho^2},p^2\right)+C\,,$$
für $\rho\neq0$, vgl. 241.3c ; [2)]

8a10f) $$=\frac{1}{p}\log\frac{p\sqrt{1-p^2x^2}-\sqrt{p^2-x^2}}{x}+C\,,\quad \text{für } \rho=0\,.$$

---

1) $-\frac{4a_1}{a_0}=\alpha_1+\alpha_2+\alpha_3+\alpha_4=\frac{4a}{c}-\frac{\delta}{cd}\left(2+\frac{d}{c+d}-\frac{c}{c+k^2d}\right)$.

2) $\sin\varphi=\frac{x}{p}$ $\left(-\frac{\pi}{2}\leqq\varphi\leqq\frac{\pi}{2}\right)$, $-p\leqq x\leqq p<1$.

+) Siehe Anmerkung +) auf S. 80.

8a11) Speziell für $y=\sqrt{(1-p^2x^2)(x^2-p^2)}$, $0<p<1$, $p \leqq \pm x \leqq \frac{1}{p}$, folgt:

$$a_0=-p^2,\quad \alpha_1=-\alpha_4=\frac{1}{p},\quad \alpha_2=-\alpha_3=p,\quad k=p_1^2,\quad p_1=\frac{1-p}{1+p};$$

$$x=\frac{p_1\sin\varphi\pm1}{1\mp p_1\sin\varphi},\quad dx=\frac{2p_1\cos\varphi}{(1\mp p_1\sin\varphi)^2}d\varphi,\quad y=(1-p^2)\frac{\cos\varphi\sqrt{1-k^2\sin^2\varphi}}{(1\mp p_1\sin\varphi)^2};\ ^{*)}$$

8a11a) $$\int\frac{dx}{\sqrt{(1-p^2x^2)(x^2-p^2)}}=\frac{2}{(1+p)^2}F(\varphi,k)+C;\ ^{*)}$$

8a11b) $$\int\frac{x}{\sqrt{(1-p^2x^2)(x^2-p^2)}}dx=\frac{1}{2p}\arcsin\frac{p(1+x^2)}{(1+p^2)(\pm x)}\mp\frac{2}{(1+p)^2}\left\{F(\varphi,k)-2\Pi(\varphi,-k,k)\right\}+C;\ ^{*)}$$

8a11c) $$\int\frac{x^2}{\sqrt{(1-p^2x^2)(x^2-p^2)}}dx=\mp\frac{\sqrt{(1-p^2x^2)(x^2-p^2)}}{p^2(1\pm x)}-\frac{k+3}{2p}F(\varphi,k)+\frac{(1+p)^2}{2p^2}E(\varphi,k)+C;\ ^{*)}$$

8a11d) $$\int\frac{x^3}{\sqrt{(1-p^2x^2)(x^2-p^2)}}dx=\frac{-1}{2p^2}\sqrt{(1-p^2x^2)(x^2-p^2)}+\frac{1+p^4}{4p^3}\arcsin\frac{p(1+x^2)}{(1+p^2)(\pm x)}$$

$$\mp\frac{1+p^4}{p^2(1+p)^2}\left\{F(\varphi,k)-2\Pi(\varphi,-k,k)\right\}+C;\ ^{*)}$$

8a11e) $$\int\frac{dx}{(x-\varrho)\sqrt{(1-p^2x^2)(x^2-p^2)}}=\frac{2}{(1+p)^3}\left\{\mp\frac{1+p}{1\pm\varrho}F(\varphi,k)\pm\frac{2(1+p)}{1-\varrho^2}\Pi(\varphi,\varrho_1,k)\right.$$

$$\left.-\frac{2(1-p)}{(1\mp\varrho)^2}D_3(\varphi,\varrho_1,k)\right\}+C,\quad \text{mit } \varrho_1=-\left[\frac{(1-p)(1\pm\varrho)}{(1+p)(1\mp\varrho)}\right]^2,$$

$\varrho \neq +1,-1$; vgl. 241.3c; *)

8a11f) $$=\frac{\mp1}{(1+p)^2}F(\varphi,k)+\frac{1}{1-p^2}\log\frac{x\mp1}{(1-p)\sqrt{(1\pm px)(\pm x+p)}+(1+p)\sqrt{(1\mp px)(\pm x-p)}}$$

$+C$, für $\varrho=\pm1$; *)

8a11g) $$=\frac{\pm1}{(1+p)^2}F(\varphi,k)-\frac{1}{1-p^2}\log\frac{(1+p)\sqrt{(1\pm px)(\pm x+p)}-(1-p)\sqrt{(1\mp px)(\pm x-p)}}{1\pm x}$$

$+C$, für $\varrho=\mp1$; *)

8a11h) $$=\frac{-1}{2p}\arcsin\frac{p(1+x^2)}{(1+p^2)(\pm x)}\mp\frac{2}{(1+p)^2}F(\varphi,k)\pm\frac{4}{(1+p)^2}\Pi(\varphi,-k,k)+C,\ ^{*)}$$

für $\varrho=0$

---

*) $\sin\varphi=\frac{(1+p)(x\mp1)}{(1-p)(1\pm x)}$ $\left(-\frac{\pi}{2}\leqq\varphi\leqq\frac{\pi}{2}\right)$, $k=\left(\frac{1-p}{1+p}\right)^2$, $0<p\leqq\pm x\leqq\frac{1}{p}$; in allen Formeln gilt entweder das obere oder das untere Zeichen, je nachdem ob x positiv oder negativ ist.

244.

8a12) Speziell für $y=\sqrt{(x^2-p^2)(p^2x^2-1)}$, $0<p<1$, $|x| \geqq \frac{1}{p}$ folgt:

$$a_0=p^2,\quad \alpha_1=-\alpha_4=\frac{1}{p},\quad \alpha_2=-\alpha_3=p,\quad k=p^2 \;;$$

$$x=\frac{-1}{p\sin\varphi},\quad dx=\frac{\cos\varphi}{p\sin^2\varphi}d\varphi,\quad y=\frac{\cos\varphi\sqrt{1-p^4\sin^2\varphi}}{p\sin^2\varphi} \;;$$

8a12a) $$\int\frac{dx}{\sqrt{(x^2-p^2)(p^2x^2-1)}}=F(\varphi,p^2)+C\;;^{*)}$$

8a12b) $$\int\frac{x}{\sqrt{(x^2-p^2)(p^2x^2-1)}}dx=\frac{1}{2p}\log\left\{2p^2x^2-1-p^4+2p\sqrt{(x^2-p^2)(p^2x^2-1)}\right\}+C\;;$$

8a12c) $$\int\frac{x^2}{\sqrt{(x^2-p^2)(p^2x^2-1)}}dx=\frac{1}{p^2x}\sqrt{(x^2-p^2)(p^2x^2-1)}+\frac{1}{p^2}F(\varphi,p^2)-\frac{1}{p^2}E(\varphi,p^2)+C,$$

für $x\geqq\frac{1}{p}>1\;;^{*)}$

8a12d) $$\int\frac{x^3}{\sqrt{(x^2-p^2)(p^2x^2-1)}}dx=\frac{1}{2p^2}\sqrt{(x^2-p^2)(p^2x^2-1)}+\frac{1+p^4}{2p^3}\log\left\{p\sqrt{x^2-p^2}+\sqrt{p^2x^2-1}\right\}+C\;;$$

8a12e) $$\int\frac{dx}{(x-\varrho)\sqrt{(x^2-p^2)(p^2x^2-1)}}=\frac{-1}{\varrho}F(\varphi,p^2)+\frac{1}{\varrho}\Pi(\varphi,-p^2\varrho^2,p^2)-p\,D_3(\varphi,-p^2\varrho^2,p^2)+C,$$

$\varrho\neq0$, vgl. 241.3c;$^{*)}$

8a12f) $$=\frac{-1}{p}\log C\frac{\sqrt{x^2-p^2}-p\sqrt{p^2x^2-1}}{x},\quad \text{für } \varrho=0\,.$$

8b) $y^2=0$ hat zwei reelle und zwei konjugiert komplexe Wurzeln:

$$y=\sqrt{a_0(x-\alpha_1)(x-\alpha_2)\left[(x-r)^2+s^2\right]}$$

in der Anordnung $\alpha_1>\alpha_2$, $s>0$. Man setzt

8b1) $$x=\frac{a\cos\varphi+b}{c\cos\varphi+d}\quad(0\leqq\varphi\leqq\pi),$$

hieraus folgt

8b2) $$dx=\frac{-\delta\sin\varphi}{(c\cos\varphi+d)^2}d\varphi,\quad y=\gamma\frac{\sin\varphi\sqrt{1-k^2\sin^2\varphi}}{(c\cos\varphi+d)^2}\,.$$

Man berechne

8b3) $$k_1=A\pm\sqrt{A^2+1}\quad\text{mit}\quad A=\frac{s^2+(\alpha_1-r)(\alpha_2-r)}{s(\alpha_1-\alpha_2)}$$

und wähle das Vorzeichen so, daß $a_0k_1<0$ ist.

8b4) $$a=\frac{1}{2}(\alpha_1+\alpha_2)c-\frac{1}{2}(\alpha_1-\alpha_2)d,\qquad c=\alpha_1-r-\frac{s}{k_1},$$

$$b=\frac{1}{2}(\alpha_1+\alpha_2)d-\frac{1}{2}(\alpha_1-\alpha_2)c,\qquad d=\alpha_1-r+sk_1\;;$$

---

*) $\sin\varphi=\frac{-1}{px}\quad(-\frac{\pi}{2}\leqq\varphi\leqq\frac{\pi}{2}),\quad 1<\frac{1}{p}\leqq|x|\,.$

244.

Es gilt dann noch

886) $k^2 = \frac{1}{1+k_1^2}$, $\delta = ad - bc = \frac{1}{2}(\alpha_1 - \alpha_2)(c^2 - d^2)$,

$\gamma = [(\alpha_1 - r)^2 + s^2] \sqrt{a_0(c^2 - d^2)[(\alpha_2 - r)^2 + s^2]}$, $\frac{\delta}{\gamma} = \frac{-2kk_1}{\sqrt{-2a_0 s k_1(\alpha_1 - \alpha_2)}}$;

Die Normalintegrale $\mathcal{Y}_0(x)$, $\mathcal{Y}_1(x)$, $\mathcal{Z}(x)$, $\mathcal{Y}_{-1}(x;\varrho)$ transformieren sich dabei wie folgt:

886) $$\int \frac{dx}{y} = \mathcal{Y}_0(x) = \frac{-\delta}{\gamma} F(\varphi, k) + C ;$$

887) $$\int \frac{x}{y} dx = \mathcal{Y}_1(x) = \frac{-a\delta}{c\gamma} F(\varphi,k) + \frac{\delta^2}{c\gamma(d^2-c^2)} \left[d\, \Pi(\varphi, \frac{c^2}{d^2-c^2}, k) - c D_4(\varphi, \frac{c^2}{d^2-c^2}, k) \right] + C_1,$$
für $cd \neq 0$, vgl. 241.4;

888) $$= \frac{-bk}{a\sqrt{-a_0}} F(\varphi,k) - \frac{1}{\sqrt{-a_0}} \arcsin(k \sin\varphi) + C_2,$$ für $c = 0$ $(\alpha_1 + \alpha_2 = 2r,\ a_0 < 0)$;

889) $$= \frac{a\sqrt{1-k^2}}{b\sqrt{a_0}} F(\varphi,k) + \frac{1}{\sqrt{a_0}} \log \frac{\sqrt{1-k^2\sin^2\varphi} + \sqrt{1-k^2}\sin\varphi}{\cos\varphi} + C_3,$$ für $d = 0$, $(\alpha_1 + \alpha_2 = 2r,\ a_0 > 0)$;

8810) $$\int \frac{x^2}{y} dx = \mathcal{Y}_2(x) = -\frac{\delta(a^2c + b^2c - 2abd)}{c\gamma(c^2-d^2)} F(\varphi,k) + \frac{\delta^3}{\gamma(c^2-d^2)(c^2-k^2c^2+k^2d^2)} \Big(E(\varphi,k) - \frac{c\sin\varphi\sqrt{1-k^2\sin^2\varphi}}{c\cos\varphi + d} \Big) + \Big(\frac{2a\delta^2}{c^2 d\gamma} + \frac{2\delta^3}{c^2\gamma(c^2-d^2)} - \frac{\delta^3}{\gamma(c^2-d^2)(c^2-k^2c^2+k^2d^2)} \Big) \times \left[\frac{d^2}{d^2-c^2} \Pi(\varphi, \frac{c^2}{d^2-c^2}, k) - \frac{cd}{d^2-c^2} D_4(\varphi, \frac{c^2}{d^2-c^2}, k) \right] + C ;$$

8811) $$\mathcal{Z}(x) = a_0 \mathcal{Y}_2(x) + 2a_1 \mathcal{Y}_1(x) = \frac{a_0\delta}{c\gamma} \left[\frac{b\delta}{c^2-d^2} + \frac{(1-k^2)a^2c + k^2abd}{c^2-k^2c^2+k^2d^2} \right] F(\varphi,k) + \frac{a_0\delta^3}{\gamma(c^2-d^2)(c^2-k^2c^2+k^2d^2)} \Big(E(\varphi,k) - \frac{c\sin\varphi\sqrt{1-k^2\sin^2\varphi}}{c\cos\varphi+d} \Big) ;$$

8812) $$\int \frac{dx}{(x-\varrho)y} = \mathcal{Y}_{-1}(x;\varrho) = \frac{-c\delta}{(a-c\varrho)\gamma} F(\varphi,k) - \frac{\delta^2}{(a-c\varrho)(b-d\varrho)\gamma} \int \frac{d\varphi}{(1 + \frac{a-c\varrho}{b-d\varrho}\cos\varphi)\sqrt{1-k^2\sin^2\varphi}} ,$$
für $\varrho \neq \frac{a}{c}, \frac{b}{d}$; vgl. 241.8c – 8e;

8813) $$= \frac{c^2}{k\gamma} \arcsin(k\sin\varphi) + \frac{cd}{\gamma} F(\varphi,k) + C_1 ,$$ für $\varrho = \frac{a}{c}$;

8814) $$= \frac{-d^2}{\gamma\sqrt{1-k^2}} \log \frac{\sqrt{1-k^2\sin^2\varphi} + \sqrt{1-k^2}\sin\varphi}{\cos\varphi} - \frac{cd}{\gamma} F(\varphi,k) + C_2 ,$$
für $\varrho = \frac{b}{d}$.

8b15) Speziell für $y=\sqrt{(p^2-x^2)(x^2+q^2)}$ und $-p \leqq x \leqq p$, $p>0$, $q>0$ folgt:

$a_0=-1$, $\alpha_1=-\alpha_2=p$, $r=0$, $s=q$, $k^2=\dfrac{p^2}{p^2+q^2}$;

$x=-p\cos\varphi$, $dx=p\sin\varphi\,d\varphi$; $y=p\sqrt{p^2+q^2}\sin\varphi\sqrt{1-k^2\sin^2\varphi}$;

8b15a) $$\int\frac{dx}{\sqrt{(p^2-x^2)(x^2+q^2)}}=\frac{k}{p}F(\varphi,k)+C\,;^{*)}$$

8b15b) $$\int\frac{x}{\sqrt{(p^2-x^2)(x^2+q^2)}}dx=-\arcsin(k\sin\varphi)+C\,;^{*)}$$

8b15c) $$\int\frac{x^2}{\sqrt{(p^2-x^2)(x^2+q^2)}}dx=\frac{-p(1-k^2)}{k}F(\varphi,k)+\frac{p}{k}E(\varphi,k)+C\,;^{*)}$$

8b15d) $$\int\frac{x^3}{\sqrt{(p^2-x^2)(x^2+q^2)}}dx=\frac{-1}{2}\sqrt{(p^2-x^2)(q^2+x^2)}-\frac{p^2-q^2}{2}\arcsin(k\sin\varphi)+C\,;^{*)}$$

8b15e) $$\int\frac{dx}{(x-\rho)\sqrt{(p^2-x^2)(x^2+q^2)}}=\frac{-k}{p(\rho^2-p^2)}\left[\rho\,\Pi(\varphi,\rho_1,k)-p\,D_4(\varphi,\rho_1,k)\right]+C\,,$$

mit $\rho_1=\dfrac{p^2}{\rho^2-p^2}$, $\rho\neq\pm p$, vgl. 241.4;*)

8b15f) $$=-\frac{k^2(\rho+x)}{p^2\rho}\sqrt{\frac{q^2+x^2}{p^2-x^2}}-\frac{k}{p\rho}\left[F(\varphi,k)-E(\varphi,k)\right]+C\,,\text{ für }\rho=\pm p\,;^{*)}$$

8b15g) $$=\frac{1}{pq}\log\frac{p\sqrt{q^2+x^2}-q\sqrt{p^2-x^2}}{x}+C\,,\text{ für }\rho=0\,.$$

8b16) Speziell für $y=\sqrt{x^4+x}$ und $0\leqq x$ oder $x\leqq -1$ folgt:

$a_0=1$, $\alpha_1=0$, $\alpha_2=-1$, $r=\frac{1}{2}$, $s=\frac{\sqrt{3}}{2}$, $k^2=\sin^2\frac{5\pi}{12}=\frac{2+\sqrt{3}}{4}$; $(\varphi\to\pi-\varphi)$

$x=\dfrac{1-\cos\varphi}{(1+\sqrt{3})\cos\varphi-1+\sqrt{3}}$, $dx=\dfrac{2\sqrt{3}\sin\varphi}{[(1+\sqrt{3})\cos\varphi-1+\sqrt{3}]^2}d\varphi$, $y=\dfrac{6\sin\varphi\sqrt{1-k^2\sin^2\varphi}}{\sqrt[4]{3}\,[(1+\sqrt{3})\cos\varphi-1+\sqrt{3}]^2}$;

8b16a) $$\int\frac{dx}{\sqrt{x^4+x}}=\frac{1}{\sqrt[4]{3}}F(\varphi,k)+C\,;^{**)}$$

8b16b) $$\int\frac{x}{\sqrt{x^4+x}}dx=\frac{1}{2}\log\frac{2x^2+1+2\sqrt{x^4+x}}{2x-1}+\frac{1-\sqrt{3}}{2\sqrt[4]{3}}F(\varphi,k)-\frac{2-\sqrt{3}}{2\sqrt[4]{3}}\Pi(\varphi,\rho_1,k)+C\,,$$

mit $\rho_1=\dfrac{-3-2\sqrt{3}}{6}$; **)

8b16c) $$\int\frac{x^2}{\sqrt{x^4+x}}dx=\frac{(1+\sqrt{3})\sqrt{x^4+x}}{x+1+\sqrt{3}\,x}+\frac{\sqrt{3}-1}{2\sqrt[4]{3}}F(\varphi,k)-\sqrt[4]{3}\,E(\varphi,k)+C\,;^{**)}$$

---

*) $\cos\varphi=\dfrac{-x}{p}$ $(0\leqq\varphi\leqq\pi)$, $-p\leqq x\leqq p$, $k^2=\dfrac{p^2}{p^2+q^2}$.

**) $\cos\varphi=\dfrac{(1-\sqrt{3})x+1}{(1+\sqrt{3})x+1}$ $(0\leqq\varphi\leqq\pi)$, $x\geqq 0$ oder $x\leqq -1$, $k^2=\sin^2\dfrac{5\pi}{12}=\dfrac{2+\sqrt{3}}{4}$.

244.

8b16d) $\displaystyle\int \frac{x^3}{\sqrt{x^4+x}}\,dx = \frac{1}{2}\sqrt{x^4+x} - \frac{1}{4\sqrt[4]{3}} F(\varphi,k) + C$; *)

8b16e) $\displaystyle\int \frac{dx}{(x-\rho)\sqrt{x^4+x}} = \frac{-1-\sqrt{3}}{\sqrt[4]{3}(1+\rho+\sqrt{3}\rho)} F(\varphi,k) - \frac{1}{2\sqrt[4]{3}(1+\rho)\rho}\left\{\frac{1+\rho-\sqrt{3}\rho}{1+\rho+\sqrt{3}\rho}\Pi(\varphi,\rho_1,k) + D_4(\varphi,\rho_1,k)\right\} + C,$

$\displaystyle\rho_1 = \frac{(1+\rho+\sqrt{3}\rho)^2}{-4\sqrt{3}\rho(1+\rho)}, \quad \rho \neq 0, -1, \frac{1-\sqrt{3}}{2}$; vgl. 241.4; *)

8b16f) $\displaystyle = \frac{-2\sqrt{x^4+x}}{\sqrt{3}(x+1+\sqrt{3}x)(x+1)} + \frac{2\sqrt[4]{3}}{3}\left\{\frac{\sqrt{3}-1}{2}F(\varphi,k) + E(\varphi,k)\right\} + C$, für $\rho=-1$; *)

8b16g) $\displaystyle = \frac{\sqrt[4]{3}}{3}\left\{F(\varphi,k) + \frac{2+\sqrt{3}}{k}\arcsin(k\sin\varphi)\right\} + C$, für $\rho = \frac{1-\sqrt{3}}{2}$; *)

8b16h) $\displaystyle = -2\frac{\sqrt{x^4+x}}{(x+1+\sqrt{3}x)x} + \frac{\sqrt{3}-1}{\sqrt[4]{3}}F(\varphi,k) - 2\sqrt[4]{3}E(\varphi,k) + C$, für $\rho = 0$. *)

8b17) *Speziell für* $y = \sqrt{x-x^4}$ *und* $0 \leqq x \leqq 1$ *folgt:*

$a_0 = -1,\ \alpha_1 = 1,\ \alpha_2 = 0,\ r = -\frac{1}{2},\ s = \frac{\sqrt{3}}{2};\quad k^2 = \sin^2\frac{\pi}{12} = \frac{2-\sqrt{3}}{4}$;

$\displaystyle x = \frac{-\cos\varphi+1}{(1+\sqrt{3})\cos\varphi+1+\sqrt{3}},\quad dx = \frac{2\sqrt{3}\sin\varphi}{[(1+\sqrt{3})\cos\varphi+1+\sqrt{3}]^2}d\varphi,\quad y = \frac{6\sin\varphi\sqrt{1-k^2\sin^2\varphi}}{\sqrt[4]{3}[(1+\sqrt{3})\cos\varphi+1+\sqrt{3}]^2}$;

8b17a) $\displaystyle\int\frac{dx}{\sqrt{x-x^4}} = \frac{1}{\sqrt[4]{3}}F(\varphi,k) + C$; **)

8b17b) $\displaystyle\int\frac{x}{\sqrt{x-x^4}}\,dx = -\operatorname{arctg}\frac{x-x^2}{\sqrt{x-x^4}} - \frac{1+\sqrt{3}}{2\sqrt[4]{3}}F(\varphi,k) + \frac{2+\sqrt{3}}{2\sqrt[4]{3}}\Pi\left(\varphi,\frac{-3+2\sqrt{3}}{6},k\right) + C$; **)

8b17c) $\displaystyle\int\frac{x^2}{\sqrt{x-x^4}}\,dx = \frac{(1-\sqrt{3})\sqrt{x-x^4}}{\sqrt{3}x-x+1} - \frac{1+\sqrt{3}}{2\sqrt[4]{3}}F(\varphi,k) + \sqrt[4]{3}E(\varphi,k) + C$; **)

8b17d) $\displaystyle\int\frac{dx}{(x-\rho)\sqrt{x-x^4}} = \frac{-\sqrt{3}+1}{\sqrt[4]{3}(1-\rho+\sqrt{3}\rho)}F(\varphi,k) - \frac{1}{2\sqrt[4]{3}\rho(1-\rho)}\left\{\frac{1-\rho-\sqrt{3}\rho}{1-\rho+\sqrt{3}\rho}\Pi(\varphi,\rho_1,k) + D_4(\varphi,\rho_1,k)\right\} + C,$

mit $\displaystyle\rho_1 = \frac{(1-\rho+\sqrt{3}\rho)^2}{-4\sqrt{3}\rho(1-\rho)},\quad \rho\neq 0, 1, -\frac{1+\sqrt{3}}{2}$; vgl. 241.4; **)

8b17e) $\displaystyle = \frac{2\sqrt{x-x^4}}{\sqrt{3}(x-1)(\sqrt{3}x-x+1)} - \frac{2\sqrt[4]{3}}{3}\left\{\frac{\sqrt{3}+1}{2}F(\varphi,k) - E(\varphi,k)\right\} + C$, **) für $\rho = 1$;

8b17f) $\displaystyle = \frac{\sqrt[4]{3}}{3}\left\{F(\varphi,k) + \frac{2-\sqrt{3}}{k}\arcsin(k\sin\varphi)\right\} + C$, **) für $\rho = -\frac{1+\sqrt{3}}{2}$;

---

*) $\displaystyle\cos\varphi = \frac{(1-\sqrt{3})x+1}{(1+\sqrt{3})x+1}$ $(0 \leqq \varphi \leqq \pi)$, $x \geqq 0$ oder $x \leqq -1$, $k^2 = \sin^2\frac{5\pi}{12} = \frac{2+\sqrt{3}}{4}$.

**) $\displaystyle\cos\varphi = \frac{-(\sqrt{3}+1)x+1}{(\sqrt{3}-1)x+1}$ $(0 \leqq \varphi \leqq \pi)$, $0 \leqq x \leqq 1$, $k^2 = \sin^2\frac{\pi}{12} = \frac{2-\sqrt{3}}{4}$.

244.

8b17g) $\displaystyle\int\frac{dx}{(x-\rho)\sqrt{x-x^4}}=\frac{-2\sqrt{x-x^4}}{x(\sqrt{3}x-x+1)}+\frac{1+\sqrt{3}}{\sqrt[4]{3}}F(\varphi,k)-2\sqrt[4]{3}E(\varphi,k)+C,$ *) für $\rho=0$.

8c) $y^2=0$ *hat zwei Paare konjugiert komplexer Wurzeln:*

$$y=\sqrt{a_0\left[(x-r_1)^2+s_1^2\right]\left[(x-r_2)^2+s_2^2\right]}$$

mit $s_1\geqq s_2>0$. *Man setzt*

8c1) $\displaystyle x=\frac{a\,\mathrm{tg}\varphi+b}{c\,\mathrm{tg}\varphi+d}$,

woraus

8c2) $\displaystyle dx=\frac{ad-bc}{(c\,\mathrm{tg}\varphi+d)^2\cos^2\varphi}\,d\varphi$ *und* $\displaystyle y=\gamma\frac{\sqrt{1-k^2\sin^2\varphi}}{(c\,\mathrm{tg}\varphi+d)^2\cos^2\varphi}$

folgt. Es gilt

8c3) $\displaystyle k^2=\frac{k_1^2-1}{k_1^2}$, $k_1=A+\sqrt{A^2-1}$, $\displaystyle A=\frac{(r_1-r_2)^2+s_1^2+s_2^2}{2s_1s_2}$,

8c4) $\begin{cases}a=r_1c+s_1d\,, & c=-s_1+\dfrac{1}{k_1}s_2\,,\\ b=-s_1c+r_1d\,, & d=r_1-r_2\,;\end{cases}$

8c5) $\delta=ad-bc=s_1(c^2+d^2)$, $\gamma=s_1s_2\sqrt{a_0(c^2+d^2)(k_1^2c^2+d^2)}$.

Die Normalintegrale $\mathcal{J}_0(x)$, $\mathcal{J}_1(x)$, $\mathcal{Z}(x)$ *und* $\mathcal{J}_{-1}(x;\rho)$ *transformieren sich dabei wie folgt:*

8c6) $\displaystyle\int\frac{dx}{y}=\mathcal{J}_0(x)=\frac{\delta}{\gamma}F(\varphi,k)+C$;

8c7) $\displaystyle\int\frac{x}{y}dx=\mathcal{J}_1(x)=\frac{\delta(ac+bd)}{\gamma(c^2+d^2)}F(\varphi,k)-\frac{c\delta^2}{\gamma d(c^2+d^2)}\Pi\left(\varphi,-\frac{c^2+d^2}{d^2},k\right)$

$$+\frac{\delta^2}{2\gamma\sqrt{(c^2+d^2)(c^2+d^2-k^2d^2)}}\log\frac{\sqrt{c^2+d^2}\sqrt{1-k^2\sin^2\varphi}+\sqrt{c^2+d^2-k^2d^2}}{\sqrt{c^2+d^2}\sqrt{1-k^2\sin^2\varphi}-\sqrt{c^2+d^2-k^2d^2}}+C;$$

8c8) $\displaystyle\int\frac{x^2}{y}dx=\mathcal{J}_2(x)=\frac{\delta}{\gamma}\left[\frac{a^2}{c^2}-\frac{(1-k^2)d^2\delta^2}{c^2(c^2+d^2)(c^2+d^2-k^2d^2)}\right]F(\varphi,k)$

$$-\frac{\delta^3}{\gamma(c^2+d^2)(c^2+d^2-k^2d^2)}\left[\frac{c-d\,\mathrm{tg}\varphi}{d+c\,\mathrm{tg}\varphi}\sqrt{1-k^2\sin^2\varphi}+E(\varphi,k)\right]$$

$$+\frac{\delta^2}{c^2\gamma}\left[\frac{-2a}{d}+\frac{\delta(2d^2+2c^2-k^2c^2-2k^2d^2)}{(c^2+d^2)(c^2+d^2-k^2d^2)}\right]\int\frac{d\varphi}{(1+\frac{c}{d}\mathrm{tg}\varphi)\sqrt{1-k^2\sin^2\varphi}}\;;$$

---

*) $\displaystyle\cos\varphi=\frac{-(\sqrt{3}+1)x+1}{(\sqrt{3}-1)x+1}$ $(0\leqq\varphi\leqq\pi)$, $\displaystyle k^2=\sin^2\frac{\pi}{12}=\frac{2-\sqrt{3}}{4}$, $0\leqq x\leqq 1$.

244.

8c9) $$\int\frac{a_0x^2+2a_1x}{y}dx=\mathfrak{z}(x)=\frac{a_0\delta(ac+bd)}{c\gamma(c^2+d^2)}\left[\frac{d\delta(1-k^2)}{c^2+d^2-k^2d^2}-a\right]F(\varphi,k)$$
$$-\frac{a_0\delta^3}{\gamma(c^2+d^2)(c^2+d^2-k^2d^2)}\left[\frac{c-d\,\mathrm{tg}\varphi}{d+c\,\mathrm{tg}\varphi}\sqrt{1-k^2\sin^2\varphi}+E(\varphi,k)\right]+C\;;$$

8c10) $$\int\frac{dx}{(x-\rho)y}=\mathfrak{Y}_{-1}(x;\rho)=\frac{c\delta}{(a-c\rho)\gamma}F(\varphi,k)+\frac{\delta^2}{(a-c\rho)(b-d\rho)\gamma}\int\frac{d\varphi}{(1+\frac{a-c\rho}{b-d\rho}\mathrm{tg}\varphi)\sqrt{1-k^2\sin^2\varphi}}\,,$$
für $\rho\neq\frac{a}{c},\frac{b}{d}$; vgl. 241.10b;

8c11) $$=\frac{-cd}{\gamma}F(\varphi,k)-\frac{c^2}{2\gamma\sqrt{1-k^2}}\log\frac{\sqrt{1-k^2\sin^2\varphi}+\sqrt{1-k^2}}{\sqrt{1-k^2\sin^2\varphi}-\sqrt{1-k^2}}+C_1\,,\quad\text{für } \rho=\frac{a}{c};$$

8c12) $$=\frac{cd}{\gamma}F(\varphi,k)+\frac{d^2}{2\gamma}\log\frac{1-\sqrt{1-k^2\sin^2\varphi}}{1+\sqrt{1-k^2\sin^2\varphi}}+C_2\,,\quad\text{für } \rho=\frac{b}{d}\,.$$

8c13) Speziell für $y=\sqrt{x^4+1}=\sqrt{(x^2+\sqrt{2}x+1)(x^2-\sqrt{2}x+1)}$ ergibt sich:

$a_0=1,\ r_2=-r_1=s_1=s_2=\frac{1}{\sqrt{2}},\quad k^2=4\sqrt{2}(\sqrt{2}-1)^2;$

$x=\frac{\mathrm{tg}\varphi-1-\sqrt{2}}{\mathrm{tg}\varphi+1+\sqrt{2}}\;;\quad \mathrm{tg}\varphi=(1+\sqrt{2})\frac{1+x}{1-x}\quad$ mit $0\leqq\varphi\leqq\pi$;

$dx=\frac{2(1+\sqrt{2})}{(\mathrm{tg}\varphi+1+\sqrt{2})^2\cos^2\varphi}d\varphi\,,\quad y=\frac{\sqrt{2}(\sqrt{2}+1)^2\sqrt{1-k^2\sin^2\varphi}}{(\mathrm{tg}\varphi+1+\sqrt{2})^2\cos^2\varphi}\,.$

In diesem Falle empfiehlt sich auch die quadratische Substitution $\frac{x^2+1}{x}=\mathfrak{x}$, mit deren Hilfe man die folgenden Formeln erhält:

$$x=\frac{\mathfrak{x}}{2}-\frac{\varepsilon}{2}\sqrt{\mathfrak{x}^2-4}\,,\quad \varepsilon=\begin{cases}+1\\-1\end{cases}\text{im Intervall}\quad\begin{matrix}0\leqq x\leqq 1\\1\leqq x\leqq\infty\end{matrix}\;;$$

$y=x\sqrt{\mathfrak{x}^2-2}\,,\quad R(x)=R(\frac{\mathfrak{x}}{2}-\frac{\varepsilon}{2}\sqrt{\mathfrak{x}^2-4})=R_1(\mathfrak{x})+\varepsilon R_2(\mathfrak{x})\sqrt{\mathfrak{x}^2-4}$ und damit:

8c13a) $$\int\frac{R(x)}{\sqrt{x^4+1}}dx=-\int\frac{R_2(\mathfrak{x})}{\sqrt{\mathfrak{x}^2-2}}d\mathfrak{x}-\varepsilon\int\frac{R_1(\mathfrak{x})}{\sqrt{(\mathfrak{x}^2-2)(\mathfrak{x}^2-4)}}d\mathfrak{x}\,,$$ vgl. 235 und 244.8a;

8c13b) $$\int\frac{dx}{\sqrt{x^4+1}}=\frac{\varepsilon}{2}F(\varphi,k)+C\;;^{*)}$$

8c13c) $$\int\frac{x}{\sqrt{x^4+1}}dx=\frac{1}{2}\log(x^2+\sqrt{x^4+1})+C\;;$$

8c13d) $$\int\frac{x^2}{\sqrt{x^4+1}}dx=\frac{x\sqrt{x^4+1}}{x^2+1}+\frac{\varepsilon}{2}F(\varphi,k)-\varepsilon E(\varphi,k)+C\;;^{*)}$$

---

*) $\varepsilon=\begin{cases}+1\\-1\end{cases}$ im Intervall $\begin{matrix}0\leqq x\leqq 1\\1\leqq x\leqq\infty\end{matrix}$; $k=\sin\frac{\pi}{4}=\frac{1}{\sqrt{2}}$; $\sin\varphi=\frac{2x}{x^2+1}\ (-\frac{\pi}{2}\leqq\varphi\leqq\frac{\pi}{2})$.

244.

8c13e) $$\int \frac{x^3}{\sqrt{x^4+1}}\,dx = \frac{1}{2}\sqrt{x^4+1} + C\;;$$

8c13f) $$\int \frac{x^n}{\sqrt{x^4+1}}\,dx = \frac{x^{n-3}}{n-1}\sqrt{x^4+1} - \frac{n-3}{n-1}\int\frac{x^{n-4}}{\sqrt{x^4+1}}\,dx\,, \qquad n \neq 1\;;$$

8c13g) $$\int \frac{dx}{(x-\rho)\sqrt{x^4+1}} = \frac{-1}{2\sqrt{\rho^4+1}}\log C\,\frac{(\rho x-1)^2+x^2+\rho^2+\sqrt{(\rho^4+1)(x^4+1)}}{(\rho x-1)(x-\rho)} - \frac{\varepsilon\rho}{2(1+\rho^2)}F(\varphi,k)$$
$$-\frac{\varepsilon(1-\rho^2)}{4\rho(1+\rho^2)}\left[\Pi(\varphi,-\rho_1^2,k)+\rho_1 D_3(\varphi,-\rho_1^2,k)\right]\,,\quad \rho_1=\frac{\rho^2+1}{2\rho}\,,\quad \rho\neq 0\,,$$
vgl. 241.3c ; *)

8c13h) $$= \frac{1}{2}\log C\,\frac{\sqrt{x^4+1}-1}{x^2}\,, \quad \text{für } \rho = 0\,.$$

245. Integrale rationaler Funktionen von x und $y=\sqrt[3]{a_0x^3+3a_1x^2+3a_2x+a_3}=\sqrt[3]{a_0(x-\alpha_1)(x-\alpha_2)(x-\alpha_3)}$; Umrechnung auf die Weierstraßsche und LEGENDREsche kanonische Form.

1) Sind zwei Wurzeln von $y^3=0$ einander gleich, etwa $\alpha_1=\alpha_2\neq\alpha_3$, so gelingt die Zurückführung des Integrals $\int R(x,y)\,dx$ auf ein Integral mit rationalem Integranden mit Hilfe der folgenden Substitution:

1a) $$x=\frac{\alpha_1 z^3-\alpha_3 a_0}{z^3-a_0}\,,\quad y=\frac{(\alpha_1-\alpha_3)a_0 z}{z^3-a_0}\,,\quad z=\frac{y}{x-\alpha_1}\;;$$

daraus folgt: $\quad y^3=a_0(x-\alpha_1)^2(x-\alpha_3)\quad$ und

1b) $$dx=\frac{-3(\alpha_1-\alpha_3)a_0z^2}{(z^3-a_0)^2}\,dz\;;$$

1c) $$\int R(x,y)\,dx=\int R\left(\frac{\alpha_1z^3-\alpha_3a_0}{z^3-a_0}\,,\,\frac{(\alpha_1-\alpha_3)a_0z}{z^3-a_0}\right)\frac{3(\alpha_3-\alpha_1)a_0z^2}{(z^3-a_0)^2}\,dz\,.$$

2) Transformation auf die Weierstraßsche kanonische Form ; vgl. 242.1;

Sind die drei Wurzeln von $y^3=0$ voneinander verschieden, also

2a) $$D=a_0\alpha_1^2+2a_1\alpha_1+a_2\neq 0\,,$$

so gelingt es, mit Hilfe der Substitution:

2b) $$x=\frac{2\alpha_1^2\eta-3a_2\alpha_1-3a_3}{2\alpha_1\eta-3a_0\alpha_1^2-3a_1\alpha_1}\,,\qquad \xi=\frac{y}{x-\alpha_1}\,,$$
$$y=\frac{6D\xi}{2\eta-3a_0\alpha_1-3a_1}\,,\qquad \eta=\frac{3(a_0\alpha_1^2+a_1\alpha_1)x-3(a_2\alpha_1+a_3)}{2\alpha_1(x-\alpha_1)}$$

---

*) $\varepsilon=\begin{cases}+1\\-1\end{cases}$ im Intervall $\begin{matrix}0\leq x\leq 1\\ 1\leq x\leq\infty\end{matrix}$; $k=\sin\frac{\pi}{4}=\frac{1}{\sqrt{2}}$; $\sin\varphi=\frac{2x}{x^2+1}\;\left(-\frac{\pi}{2}\leq\varphi\leq\frac{\pi}{2}\right)$.

ein beliebiges Integral

2c) $$\int R(x,y)\,dx = \int R_1(\xi,\eta)\,d\xi$$

zu transformieren, wobei

2d) $$R_1(\xi,\eta) = \frac{-54D^2\xi^2}{\eta(2\eta-3a_0\alpha_1-3a_1)^2}\,R\left(\frac{2\alpha_1^2\eta-3a_2\alpha_1-3a_3}{2\alpha_1\eta-3a_0\alpha_1^2-3a_1\alpha_1}\,,\;\frac{6D\xi}{2\eta-3a_0\alpha_1-3a_1}\right).$$

ist und

2e) $$\eta = \sqrt{3D}\,\sqrt{\xi^3-A}\quad,\qquad A=\frac{a_0D+3(a_0a_2-a_1^2)}{4D}$$

gilt.

3) <u>Umrechnung auf die LEGENDREsche kanonische Form</u>:

3a) Sind alle drei Wurzeln reell: $\alpha_1>\alpha_2>\alpha_3$, so wende man die Substitution an:

3a1) $$x = \frac{\alpha_1(\alpha_2-\alpha_3)\xi+\alpha_1\alpha_2+\alpha_1\alpha_3-2\alpha_2\alpha_3}{(\alpha_2-\alpha_3)\xi+2\alpha_1-\alpha_2-\alpha_3}\;;$$

dann gilt:

3a2) $$y=-\sqrt[3]{2a_0(\alpha_1-\alpha_2)^2(\alpha_1-\alpha_3)^2(\alpha_2-\alpha_3)^2}\;\frac{\sqrt[3]{\xi^2-1}}{(\alpha_2-\alpha_3)\xi+2\alpha_1-\alpha_2-\alpha_3}\;,$$

3a3) $$dx=\frac{2(\alpha_1-\alpha_2)(\alpha_1-\alpha_3)(\alpha_2-\alpha_3)}{\left[(\alpha_2-\alpha_3)\xi+2\alpha_1-\alpha_2-\alpha_3\right]^2}\,d\xi$$

und

3a4) $$\int R(x,y)\,dx=\int R(\xi,\eta)\,d\xi\qquad\text{mit}\quad \eta=\sqrt[3]{\xi^2-1}\;;$$

die weitere Berechnung siehe 246.

3b) Ist α_1 reell, $\alpha_2=r+is$, $\alpha_3=r-is$, $s>0$, so verwende man die Substitution:

3b1) $$x=\frac{\alpha_1 s\xi+\alpha_1 r-r^2-s^2}{s\xi+\alpha_1-r}\;,$$

dann gilt:

3b2) $$y=-\sqrt[3]{a_0 s^2\left[(\alpha_1-r)^2+s^2\right]^2}\;\frac{\sqrt[3]{\xi^2+1}}{s\xi+\alpha_1-r}\;,$$

3b3) $$dx=\frac{s\left[(\alpha_1-r)^2+s^2\right]}{(s\xi+\alpha_1-r)^2}\,d\xi$$

und

3b4) $$\int R(x,y)\,dx=\int R(\xi,\eta)\,d\xi\qquad\text{mit}\quad \eta=\sqrt[3]{\xi^2+1}\;;$$

die weitere Berechnung siehe 246.

246. Integrale rationaler Funktionen von x und $y=\sqrt[3]{x^2\pm 1}$; Umrechnung auf die LEGENDREsche kanonische Form.

1) Man verwende im Falle $y=\sqrt[3]{x^2+1}$ die Substitution:

1a)
$$x=2\sqrt{3\sqrt{3}}\,\frac{\sin\varphi\sqrt{1-k^2\sin^2\varphi}}{(1-\cos\varphi)^2}\qquad \begin{cases}\cos\varphi=\dfrac{\sqrt[3]{x^2+1}-1-\sqrt{3}}{\sqrt[3]{x^2+1}-1+\sqrt{3}}\\[2ex] \sin\varphi=\dfrac{2\sqrt[4]{3}\sqrt{\sqrt[3]{x^2+1}-1}}{\sqrt[3]{x^2+1}-1+\sqrt{3}}\end{cases},\quad 0\leqq\varphi\leqq\pi,$$

mit

1b)
$$k^2=\frac{2-\sqrt{3}}{4},$$

1c)
$$\frac{dx}{d\varphi}=-2\sqrt{3\sqrt{3}}\,\frac{2+\cos\varphi-2k^2\sin^2\varphi}{(1-\cos\varphi)^2\sqrt{1-k^2\sin^2\varphi}}\;;\quad \frac{d\varphi}{dx}=\frac{-2\sqrt[4]{3}\,x}{3(x^2+1)^{2/3}\sqrt{\sqrt[3]{x^2+1}-1}\,(\sqrt[3]{x^2+1}-1+\sqrt{3})}\;;$$

1d)
$$\sqrt[3]{x^2+1}=\frac{(-1+\sqrt{3})\cos\varphi+1+\sqrt{3}}{1-\cos\varphi},$$

dann gilt:

1e)
$$\int R(x,\sqrt[3]{x^2+1})\,dx=\int R_1(\sin\varphi,\cos\varphi,\sqrt{1-k^2\sin^2\varphi})\,d\varphi,$$ vgl. 241.

2) Im Falle $y=\sqrt[3]{x^2-1}$ verwende man die Substitution:

2a)
$$x=2\sqrt{3\sqrt{3}}\,\frac{\sin\varphi\sqrt{1-k^2\sin^2\varphi}}{(1-\cos\varphi)^2}\qquad \begin{cases}\cos\varphi=\dfrac{\sqrt[3]{x^2-1}+1-\sqrt{3}}{\sqrt[3]{x^2-1}+1+\sqrt{3}}\\[2ex] \sin\varphi=\dfrac{2\sqrt[4]{3}\sqrt{\sqrt[3]{x^2-1}+1}}{\sqrt[3]{x^2-1}+1+\sqrt{3}}\end{cases},\quad 0\leqq\varphi\leqq\pi,$$

mit

2b)
$$k^2=\frac{2+\sqrt{3}}{4},$$

2c)
$$\frac{dx}{d\varphi}=-2\sqrt{3\sqrt{3}}\,\frac{2+\cos\varphi-2k^2\sin^2\varphi}{(1-\cos\varphi)^2\sqrt{1-k^2\sin^2\varphi}}\;;\quad \frac{d\varphi}{dx}=\frac{-2\sqrt[4]{3}\,x}{3(x^2-1)^{2/3}\sqrt{\sqrt[3]{x^2-1}+1}\,(\sqrt[3]{x^2-1}+1+\sqrt{3})}\;;$$

2d)
$$\sqrt[3]{x^2-1}=\frac{(1+\sqrt{3})\cos\varphi-1+\sqrt{3}}{1-\cos\varphi}\qquad(0\leqq\varphi\leqq\pi),$$

dann gilt:

2e)
$$\int R(x,\sqrt[3]{x^2-1})\,dx=\int R_1(\sin\varphi,\cos\varphi,\sqrt{1-k^2\sin^2\varphi})\,d\varphi,$$ vgl. 241.

251. Hyperelliptische Integrale.

1) Integrale

1a) $$\int R(x, \sqrt{P(x)})\,dx\ ,$$

wobei P(x) ein Polynom eines Grades > 4 mit lauter getrennten Wurzeln bedeutet, heißen hyperelliptisch. Wir setzen voraus

1b) $$P(x) = a_0(x-\alpha_0)(x-\alpha_1)\ldots(x-\alpha_{2k}) = a_0x^{2k+1} + a_1x^{2k} + \ldots + a_{2k+1}\ .$$

(Ist der Grad von P(x) gerade und α eine beliebige Wurzel, so erreicht man durch die Substitution $x = \frac{1}{\xi} + \alpha$, daß der Grad um eins erniedrigt wird; der unendlich ferne Punkt der zweiblättrigen RIEMANNschen Fläche ist dann Verzweigungspunkt.)

Die rationale Funktion $R(x, \sqrt{P(x)})$ kann immer auf die Gestalt

1c) $$R(x, \sqrt{P(x)}) = f(x) + \frac{g(x)}{\sqrt{P(x)}}$$

umgerechnet werden; die rationale Funktion g(x) kann noch in Partialbrüche aufgelöst werden. Daher wird die Berechnung der Integrale 1a auf die Berechnung der Integrale

1d) $$\mathcal{J}_n(x) = \int \frac{x^n}{\sqrt{P(x)}}\,dx\ , \quad (n = 0, \pm 1, \pm 2, \ldots)\ ,$$

1e) $$\mathcal{J}_{-n}(x;\rho) = \int \frac{dx}{(x-\rho)^n\sqrt{P(x)}}\ , \quad (n = 1, 2, \ldots)\,.$$

zurückgeführt. Mit Hilfe der nachfolgenden Rekursionsformeln können diese noch weiter reduziert werden auf die

2) <u>Grundintegrale</u>:

2a) k Integrale 1. Gattung: $\mathcal{J}_j(x) = \int \frac{x^j}{\sqrt{P(x)}}\,dx\ , \quad j = 0, 1, \ldots, k-1\ ;$

2b) k Integrale 2. Gattung: $\mathcal{J}_j(x) = \int \frac{x^j}{\sqrt{P(x)}}\,dx\ , \quad j = k, k+1, \ldots, 2k-1\ ;$

2c) Integrale 3. Gattung: $\mathcal{J}_{-1}(x;\rho) = \int \frac{dx}{(x-\rho)\sqrt{P(x)}}\ , \quad (\rho \neq \alpha_0, \alpha_1, \ldots, \alpha_{2k})\,.$

(Die Grundintegrale 1. Gattung bilden ein vollständiges System von überall endlichen Integralen; die Grundintegrale 2. Gattung haben nur an der Stelle $x = \infty$ (Verzweigungspunkt) Pole der Ordnungen $1, 3, \ldots, 2k-1$; die Grundintegrale 3. Gattung besitzen logarithmische Unstetigkeitspunkte in den bei $x = \rho$ übereinanderliegenden Punkte der RIEMANNschen Fläche.)

3) $$\int\frac{x^n}{\sqrt{P(x)}}\,dx = \mathcal{Y}_n(x) = \frac{2}{(2n-2k+1)a_0}\,x^{n-2k}\sqrt{P(x)} - \frac{1}{(2n-2k+1)a_0}\sum_{j=1}^{2k+1}(2n-2k-j+1)a_j\,\mathcal{Y}_{n-j}(x)\,;$$

4a) $$\int\frac{dx}{x^n\sqrt{P(x)}} = \mathcal{Y}_{-n}(x) = \frac{-2}{(2n-2)a_{2k+1}}\,\frac{\sqrt{P(x)}}{x^{n-1}} - \frac{1}{(2n-2)a_{2k+1}}\sum_{j=1}^{2k+1}(2n-j-2)a_{2k-j+1}\,\mathcal{Y}_{-n+j}(x)\,,$$

für $n \neq 1$, $a_{2k+1} \neq 0$;

4b) $$= \frac{-2}{(2n-1)a_{2k}}\,\frac{\sqrt{P(x)}}{x^n} - \frac{1}{(2n-1)a_{2k}}\sum_{j=1}^{2k}(2n-j-1)a_{2k-j}\,\mathcal{Y}_{-n+j}(x),\quad \text{für } a_{2k+1}=0;$$

5a) $$\int\frac{dx}{(x-\varrho)^n\sqrt{P(x)}} = \mathcal{Y}_{-n}(x;\varrho) = \frac{-2}{(2n-2)P(\varrho)}\,\frac{\sqrt{P(x)}}{(x-\varrho)^{n-1}} - \frac{1}{(2n-2)P(\varrho)}\sum_{j=1}^{2k+1}\frac{(2n-j-2)P^{(j)}(\varrho)}{j!}\,\mathcal{Y}_{-n+j}(x;\varrho)\,,$$

für $n \neq 1$, $P^{(j)}(x) = \dfrac{d^j}{dx^j}P(x)$, $P(\varrho) \neq 0$;

5b) $$\int\frac{dx}{(x-\alpha)^n\sqrt{P(x)}} = \mathcal{Y}_{-n}(x;\alpha) = \frac{-2}{(2n-1)P'(\alpha)}\,\frac{\sqrt{P(x)}}{(x-\alpha)^n} - \frac{1}{(2n-1)P'(\alpha)}\sum_{j=1}^{2k}\frac{(2n-j-1)P^{(j+1)}(\alpha)}{(j+1)!}\,\mathcal{Y}_{-n+j}(x;\alpha),$$

für $P(\alpha)=0$, $P^{(j)}(x) = \dfrac{d^j}{dx^j}P(x)$.

In besonderen Fällen lassen sich hyperelliptische Integrale auf elliptische Integrale zurückführen; dafür folgende Beispiele: *)

6) $$\int\frac{R(x)}{\sqrt{a_0x^6+a_2x^4+a_4x^2+a_6}}\,dx = \frac{1}{2}\int\frac{R_1(y)}{\sqrt{a_0y^4+a_2y^3+a_4y^2+a_6y}}\,dy + \frac{1}{2}\int\frac{R_2(y)}{\sqrt{a_0y^3+a_2y^2+a_4y+a_6}}\,dy\,,$$

mit beliebiger rationaler Funktion $R(x) = R_1(x^2) + x\,R_2(x^2)$, $y = x^2$; *für die Berechnung der Integrale rechts vgl.* 244 *u.* 243.

6a) $$\int\frac{R(x)}{\sqrt{x^6+1}}\,dx = \frac{1}{2}\int\frac{R_1(y)}{\sqrt{y^4+y}}\,dy + \frac{1}{2}\int\frac{R_2(y)}{\sqrt{y^3+1}}\,dy\,,\quad y=x^2,\ R(x) = R_1(x^2)+x\,R_2(x^2),$$

vgl. 244.8b16 und 243.8b10.

6a1) $$\int\frac{dx}{\sqrt{x^6+1}} = \frac{1}{2\sqrt[4]{3}}F(\varphi,k) + C\,;^{**)}$$

6a2) $$\int\frac{x}{\sqrt{x^6+1}}\,dx = \frac{-1}{2\sqrt[4]{3}}F(\psi,k) + C\,;^{**)}$$

6a3) $$\int\frac{x^2}{\sqrt{x^6+1}}\,dx = \frac{1}{3}\log C\left(x^3+\sqrt{x^6+1}\right);$$

6a4) $$\int\frac{x^3}{\sqrt{x^6+1}}\,dx = \frac{\sqrt{x^6+1}}{x^2+1+\sqrt{3}} - \sqrt[4]{3}\left\{\frac{3-\sqrt{3}}{6}F(\psi,k) - E(\psi,k)\right\} + C\,;^{**)}$$

---

*) Vgl. LEGENDRE, Traité des fonctions elliptiques, Paris 1825, 1, p. 252 ss.

**) $\cos\varphi = \dfrac{(1-\sqrt{3})x^2+1}{(1+\sqrt{3})x^2+1}\quad (0 \leq \varphi \leq \pi)$, $k^2 = \dfrac{2+\sqrt{3}}{4} = \sin^2\dfrac{5\pi}{12}$,

$\cos\psi = \dfrac{x^2+1-\sqrt{3}}{x^2+1+\sqrt{3}}\quad (0 \leq \psi \leq \pi)$.

6a5) $\displaystyle\int\frac{x^4}{\sqrt{x^6+1}}dx=\frac{(1+\sqrt3)x\sqrt{x^6+1}}{2(1+\sqrt3)x^2+2}+\frac{\sqrt3-1}{4\sqrt[4]{3}}F(\varphi,k)-\frac{\sqrt[4]{3}}{2}E(\varphi,k)+C$; *)

6a6) $\displaystyle\int\frac{x^5}{\sqrt{x^6+1}}dx=\frac{1}{3}\sqrt{x^6+1}+C$;

6a7) $$\int\frac{dx}{(x-\varrho)\sqrt{x^6+1}}=\frac{1}{2\sqrt[4]{3}}\left\{\frac{1}{\varrho^2+1+\sqrt3}F(\psi,k)-\frac{\varrho^2+1-\sqrt3}{2(\varrho^2+1)(\varrho^2+1+\sqrt3)}\Pi(\psi,\varrho_1,k)-\frac{1}{2(\varrho^2+1)}D_4(\psi,\varrho_1,k)\right\}$$
$$+\frac{\varrho}{2\sqrt[4]{3}}\left\{\frac{-1-\sqrt3}{\varrho^2+1+\sqrt3\varrho^2}F(\varphi,k)-\frac{\varrho^2+1-\sqrt3\varrho^2}{2\varrho^2(\varrho^2+1)(\varrho^2+1+\sqrt3\varrho^2)}\Pi(\varphi,\varrho_2,k)\right.$$
$$\left.-\frac{1}{2\varrho^2(\varrho^2+1)}D_4(\varphi,\varrho_2,k)\right\}+C,\text{*)}\quad \textit{vgl. } 241.4,\ x>0,$$
$$\varrho\neq0,\quad \varrho_1=\frac{-(\varrho^2+1+\sqrt3)^2}{4\sqrt3(\varrho^2+1)},\quad \varrho_2=\frac{-(\varrho^2+1+\sqrt3\varrho^2)^2}{4\sqrt3\varrho^2(\varrho^2+1)};$$

6a8) $$=\frac{\sqrt3-1}{4\sqrt[4]{3}}F(\psi,k)+\frac{2-\sqrt3}{4\sqrt[4]{3}}\Pi\left(\psi,-\frac{3+2\sqrt3}{6},k\right)-\frac{1}{8}\log\frac{x^4+2+2\sqrt{x^6+1}}{x^4+2-2\sqrt{x^6+1}}+C,\text{*)}$$
vgl. 241.4, *für* $\varrho=0$.

6b) $\displaystyle\int\frac{R(x)}{\sqrt{1-x^6}}dx=\frac12\int\frac{R_1(y)}{\sqrt{y-y^4}}dy+\frac12\int\frac{R_2(y)}{\sqrt{1-y^3}}dy$ *mit* $y=x^2$, $R(x)=R_1(x^2)+xR_2(x^2)$,
vgl. 244.8b17 *und* 243.8b11;

6b1) $\displaystyle\int\frac{dx}{\sqrt{1-x^6}}=\frac{-1}{2\sqrt[4]{3}}F(\varphi,k_1)+C$; **)

6b2) $\displaystyle\int\frac{x}{\sqrt{1-x^6}}dx=\frac{1}{2\sqrt[4]{3}}F(\psi,k_2)+C$; **)

6b3) $\displaystyle\int\frac{x^2}{\sqrt{1-x^6}}dx=\frac13\arcsin x^3+C$;

6b4) $\displaystyle\int\frac{x^3}{\sqrt{1-x^6}}dx=\frac{-\sqrt{1-x^6}}{x^2-1-\sqrt3}-\frac{\sqrt3-1}{2\sqrt[4]{3}}F(\psi,k_2)+\sqrt[4]{3}E(\psi,k_2)+C$; **)

6b5) $\displaystyle\int\frac{x^4}{\sqrt{1-x^6}}dx=\frac{(1-\sqrt3)x\sqrt{1-x^6}}{2(\sqrt3x^2-x^2+1)}+\frac{1+\sqrt3}{4\sqrt[4]{3}}F(\varphi,k_1)-\frac{\sqrt[4]{3}}{2}E(\varphi,k_1)+C$; **)

6b6) $\displaystyle\int\frac{x^5}{\sqrt{1-x^6}}dx=\frac{-1}{3}\sqrt{1-x^6}+C$;

*) $\cos\varphi=\dfrac{(1-\sqrt3)x^2+1}{(1+\sqrt3)x^2+1}$ $(0\leq\varphi\leq\pi)$, $k^2=\dfrac{2+\sqrt3}{4}=\sin^2\dfrac{5\pi}{12}$,

$\cos\psi=\dfrac{x^2+1-\sqrt3}{x^2+1+\sqrt3}$ $(0\leq\psi\leq\pi)$.

**) $\cos\varphi=\dfrac{(1+\sqrt3)x^2-1}{(1+\sqrt3)x^2+1}$ $(0\leq\varphi\leq\pi)$, $k_1^2=\dfrac{2-\sqrt3}{4}=\sin^2\dfrac{\pi}{12}$,

$\cos\psi=\dfrac{x^2-1+\sqrt3}{x^2-1-\sqrt3}$ $(0\leq\psi\leq\pi)$, $k_2^2=\dfrac{2+\sqrt3}{4}=\sin^2\dfrac{5\pi}{12}$, $0\leq x\leq1$.

6b7) $$\int\frac{dx}{(x-\varrho)\sqrt{1-x^6}}=\frac{1}{2}\int\frac{dy}{(y-\varrho^2)\sqrt{1-y^3}}+\frac{\varrho}{2}\int\frac{dy}{(y-\varrho^2)\sqrt{y-y^4}},$$ mit $y=x^2$, vgl. 243.8b11e–h und 244.8b17d–g;

6b8) $$=\frac{\sqrt{3}-1}{4\sqrt[4]{3}}F(\psi,k)+\frac{2-\sqrt{3}}{4\sqrt[4]{3}}\Pi(\psi,-\frac{3+2\sqrt{3}}{6},k)+\frac{1}{8}\log\frac{x^4+2-2\sqrt{1-x^6}}{x^4+2+2\sqrt{1-x^6}}+C,^{*)}$$ für $\varrho=0$.

7) $$\int\frac{R(x)}{\sqrt{x(1-x^2)(1-\lambda^4x^2)}}dx=-\frac{1}{2}\int\frac{R_1(\chi)+(\chi+2\lambda)R_2(\chi)}{\sqrt{(\chi+2\lambda)[\chi^2-(1+\lambda^2)^2]}}d\chi-\frac{\varepsilon}{2}\int\frac{R_1(\chi)+(\chi-2\lambda)R_2(\chi)}{\sqrt{(\chi-2\lambda)[\chi^2-(1+\lambda^2)^2]}}d\chi,$$

für $x\geqq 0,\ \lambda>0,\ \chi=\frac{1+\lambda^2x^2}{x}$, also $(1\pm\lambda x)^2=x(\chi\pm 2\lambda)$,

$x=\frac{1}{2\lambda^2}(\chi-\varepsilon\sqrt{\chi^2-4\lambda^2}),\quad \varepsilon=\begin{cases}+1\\-1\end{cases}$ im Intervall $\begin{matrix}0\leqq x\leqq\frac{1}{\lambda}\\ \frac{1}{\lambda}\leqq x\leqq+\infty\end{matrix}$, ⁺⁾

$x^{-\frac{3}{2}}dx=-\frac{1}{2}\left(\frac{1}{\sqrt{\chi+2\lambda}}+\frac{\varepsilon}{\sqrt{\chi-2\lambda}}\right)d\chi,$

$(1-x^2)(1-\lambda^4x^2)=x^2[\chi^2-(1+\lambda^2)^2]$;

$R(x)$ ist eine beliebige rationale Funktion von x; $R_1(\chi)$ und $R_2(\chi)$ erhält man auf Grund der Beziehung:

$R(x)=R\left(\frac{\chi-\varepsilon\sqrt{\chi^2-4\lambda^2}}{2\lambda^2}\right)=R_1(\chi)+\varepsilon R_2(\chi)\sqrt{\chi^2-4\lambda^2}$;

die Berechnung der Integrale rechts erfolgt nach 243.8a.

7a) $$\int\frac{dx}{\sqrt{x(1-x^2)(1-\lambda^4x^2)}}=\frac{-1}{\sqrt{2(1+\lambda^2)}}\left[F(\varphi_1,k_1)+\varepsilon F(\varphi_2,k_2)\right]+C,$$

für $0<\lambda$, $\varepsilon=\begin{cases}+1\\-1\end{cases}$ im Intervall $\begin{cases}0\leqq x\leqq\min(1,\frac{1}{\lambda^2})\\ \max(1,\frac{1}{\lambda^2})\leqq x\leqq\infty\end{cases}$, ⁺⁾

$k_1=\frac{|1-\lambda|}{\sqrt{2(1+\lambda^2)}},\quad k_2=\frac{1+\lambda}{\sqrt{2(1+\lambda^2)}},$

$\sin\varphi_1=\frac{\sqrt{(1-x)(1-\lambda^2x)}}{1+\lambda x}$

$(0\leqq\varphi_1,\varphi_2\leqq\frac{\pi}{2})$;

$\sin\varphi_2=\frac{\sqrt{(1-x)(1-\lambda^2x)}}{|1-\lambda x|}$

7b) $$\int\frac{x}{\sqrt{x(1-x^2)(1-\lambda^4x^2)}}dx=\frac{1}{\lambda\sqrt{2(1+\lambda^2)}}\left[F(\varphi_1,k_1)-\varepsilon F(\varphi_2,k_2)\right]+C,$$

Zusätze wie 7a.

---

*) $\cos\psi=\frac{x^2-1+\sqrt{3}}{x^2-1-\sqrt{3}}$, $(0\leqq\psi\leqq\pi)$,

$k_2^2=\frac{2+\sqrt{3}}{4}=\sin^2\frac{5\pi}{12},\quad 0\leqq x\leqq 1.$

+) Siehe Anmerkung S. 80.

251.

8) $$\int \frac{R(x)}{\sqrt{x(1+x^2)(1+\lambda^4x^2)}}\,dx = -\frac{1}{2}\int \frac{R_1(z)+(z+2\lambda)R_2(z)}{\sqrt{(z+2\lambda)[z^2+(1-\lambda^2)^2]}}\,dz - \frac{\varepsilon}{2}\int \frac{R_1(z)+(z-2\lambda)R_2(z)}{\sqrt{(z-2\lambda)[z^2+(1-\lambda^2)^2]}}\,dz\,,$$

für $x \geqq 0\,,\ \lambda > 0\,,\ z = \frac{1+\lambda^2x^2}{x}$, *also* $(1 \pm \lambda x)^2 = x(z \pm 2\lambda)$,

$x = \frac{1}{2\lambda^2}\left(z - \varepsilon\sqrt{z^2-4\lambda^2}\right)$, $\varepsilon = \begin{cases} +1 \\ -1 \end{cases}$ *im Intervall* $\begin{matrix} 0 \leqq x \leqq \frac{1}{\lambda}\,, \\ \frac{1}{\lambda} \leqq x \leqq +\infty \end{matrix}$ [+)]

$x^{-3/2}dx = -\frac{1}{2}\left(\frac{1}{\sqrt{z+2\lambda}} + \frac{\varepsilon}{\sqrt{z-2\lambda}}\right)dz\,,$

$(1+x^2)(1+\lambda^4x^2) = x^2\left[z^2+(1-\lambda^2)^2\right]$,

$R(x)$ *ist eine beliebige rationale Funktion von* x;

$R_1(z)$ *und* $R_2(z)$ *gewinnt man auf Grund der Beziehung:*

$R(x) = R\left(\frac{z-\varepsilon\sqrt{z^2-4\lambda^2}}{2\lambda^2}\right) = R_1(z) + \varepsilon R_2(z)\sqrt{z^2-4\lambda^2}$;

die Berechnung der Integrale rechts erfolgt nach 243.8b;

8a) $$\int \frac{dx}{\sqrt{x(1+x^2)(1+\lambda^4x^2)}} = \frac{1}{2\sqrt{1+\lambda^2}}\left\{F(\varphi_1,k_1) + \varepsilon F(\varphi_2,k_2)\right\} + C\,,$$

für $x \geqq 0\,,\ \lambda > 0\,,\ \varepsilon = \begin{cases} +1 \\ -1 \end{cases}$ *im Intervall* $\begin{matrix} 0 \leqq x \leqq \frac{1}{\lambda} \\ \frac{1}{\lambda} \leqq x \leqq +\infty \end{matrix}$, [+)]

$k_1^2 = \frac{(1+\lambda)^2}{2(1+\lambda^2)}\,,\quad k_2^2 = \frac{(1-\lambda)^2}{2(1+\lambda^2)}\,,$

$\cos\varphi_1 = \frac{(1+\lambda x)^2-(1+\lambda^2)x}{(1+\lambda x)^2+(1+\lambda^2)x}\,,$

$0 \leqq \varphi_1\,,\ \varphi_2 \leqq \pi$;

$\cos\varphi_2 = \frac{(1-\lambda x)^2-(1+\lambda^2)x}{(1-\lambda x)^2+(1+\lambda^2)x}\,,$

8b) $$\int \frac{x}{\sqrt{x(1+x^2)(1+\lambda^4x^2)}}\,dx = \frac{-1}{2\lambda\sqrt{1+\lambda^2}}\left\{F(\varphi_1,k_1) - \varepsilon F(\varphi_2,k_2)\right\} + C\,,$$

erklärende Zusätze wie bei 251.8a.

+) *Siehe Anmerkung* +) *auf* S. 80.

9) $$\int \frac{R(x)}{\sqrt{P(x)}}\,dx = -\frac{1}{2}\int \frac{R_1(z)+(z+2)R_2(z)}{\sqrt{(z+2)Q(z)}}\,dz - \frac{\varepsilon}{2}\int \frac{R_1(z)+(z-2)R_2(z)}{\sqrt{(z-2)Q(z)}}\,dz\,,$$

mit $P(x) = a_0x^6 + a_1x^5 + a_2x^4 + a_3x^3 + a_2x^2 + a_1x + a_0$,

$Q(z) = a_0z^3 + a_1z^2 + (a_2 - 3a_0)z + (a_3 - 2a_1)$,

$$z = \frac{1+x^2}{x}\,,\quad \varepsilon = \begin{cases} +1 & \text{im Intervall } 0 \leqq x \leqq 1 \\ -1 & 1 \leqq x \leqq +\infty \end{cases}\,,$$

$$x = \frac{1}{2}(z - \varepsilon\sqrt{z^2-4})\,,\quad x^{-\frac{3}{2}}dx = -\frac{1}{2}\left(\frac{1}{\sqrt{z+2}} + \frac{\varepsilon}{\sqrt{z-2}}\right)dz\,,\quad P(x) = x^3Q(z);$$

die keinen Beschränkungen unterworfene rationale Funktion $R(x)$ liefert $R_1(z)$ und $R_2(z)$ auf Grund der Beziehung:

$$R(x) = R\left(\frac{z-\varepsilon\sqrt{z^2-4}}{2}\right) = R_1(z) + \varepsilon R_2(z)\sqrt{z^2-4}\;;$$

die Berechnung der Integrale rechts erfolgt nach 244.

10a) $$\int \frac{dx}{\sqrt{(x^3+ax+b)(x^3+px^2+q)}} = \varepsilon\sqrt{3}\int \frac{dz}{\sqrt{z[4(3z-a)^3 - 27(b+pz)^2]}}\,,$$

wenn $q = 4b + \frac{4}{3}ap$ ist, mit $z = \dfrac{x^3+ax+b}{3x-p}$,

$$\varepsilon = \begin{cases} +1 & \text{für } 2x^3 - px^2 - \frac{q}{4} > 0 \\ -1 & \qquad\qquad\qquad\qquad < 0 \end{cases}\;;\ \text{vgl. } 244.8\;; \text{*)}$$

10b) $$\int \frac{x}{\sqrt{(x^3+ax+b)(x^3+px^2+q)}}\,dx = \varepsilon\sqrt{3q}\int \frac{dz}{\sqrt{z[4(p+3bz)^3 + 27q(1-az)^2]}}\,,$$

wenn $q = 4b + \frac{4}{3}ap > 0$ ist, mit $z = \dfrac{x^3+px^2+q}{ax^3-3bx^2}$,

$$\varepsilon = \begin{cases} +1 & \text{für } x^3 + 4ax - 8b > 0 \\ -1 & \qquad\qquad\qquad < 0 \end{cases}\,,\ \text{vgl. } 244.8. \text{*)}$$

---

*) Vgl. BOLZA, Math. Ann. 50 (1898) und 51 (1899); es ist zu beachten, daß die angegebenen Substitutionen nur in der Richtung von x nach z eindeutig sind, nicht aber in der entgegengesetzten Richtung; daher müssen die einander entsprechenden Integrationswege besonders vorsichtig ermittelt werden.

11) $$\int \frac{R(x)}{\sqrt{P(x^2)}}\,dx = \frac{-1}{2}\int \frac{R_1(z)}{\sqrt{Q_1(z)}}\,dz + \frac{1}{2}\int \frac{R_2(z)}{\sqrt{Q_2(z)}}\,dz \;,$$

mit $P(x^2) = a_0 x^8 + a_2 x^6 + a_4 x^4 + a_2 x^2 + a_0 \;,$

$Q_1(z) = a_0 z^5 + a_2 z^4 + a_4 z^3 + a_2 z^2 + a_0 z \;,$

$Q_2(z) = a_0 z^4 + a_2 z^3 + a_3 z^2 + a_2 z + a_0 \;,$

$z = x^2 \;, \quad R(x) = R_1(x^2) + x R_2(x^2) \;;$

das erste Integral rechts kann nach 251.9, das zweite Integral rechts nach 244 berechnet werden.

12) $$\int \frac{R(x)}{\sqrt{x^8+1}}\,dx = -\frac{1}{4}\int \frac{R_2(z)+R_3(z)}{\sqrt{z^2-2}}\,dz - \frac{1}{4}\int \frac{R_1(z)+(z+2)R_4(z)}{\sqrt{(z+2)(z^2-2)}}\,dz$$

$$-\frac{\varepsilon}{4}\int \frac{R_1(z)+(z-2)R_4(z)}{\sqrt{(z-2)(z^2-2)}}\,dz - \frac{\varepsilon}{4}\int \frac{(z+2)R_2(z)+(z-2)R_3(z)}{\sqrt{(z^2-4)(z^2-2)}}\,dz \;,$$

mit $z = x^2 + \frac{1}{x^2} \;, \quad x = \frac{1}{2}\sqrt{z+2} - \frac{\varepsilon}{2}\sqrt{z-2} \;, \quad dx = \frac{1}{4}\left(\frac{1}{\sqrt{z+2}} - \frac{\varepsilon}{\sqrt{z-2}}\right)dz$

$\varepsilon = \begin{cases} +1 \\ -1 \end{cases}$ im Intervall $\begin{matrix} 0 \leq x \leq 1 \\ 1 \leq x \leq +\infty \end{matrix} \;, \quad \sqrt{x^8+1} = x^2\sqrt{z^2-2} \;,$

$R(x) = R\left(\frac{1}{2}\sqrt{z+2} - \frac{\varepsilon}{2}\sqrt{z-2}\right) = R_1(z) + R_2(z)\sqrt{z+2} + \varepsilon R_3(z)\sqrt{z-2} + \varepsilon R_4(z)\sqrt{z^2-4} \;;$

die Berechnung der Integrale rechts erfolgt nach 235, 243 und 244.

12a) $$\int \frac{dx}{\sqrt{x^8+1}} = -\frac{\sqrt{2-\sqrt{2}}}{4}\left[\frac{\sqrt{2}}{2}F(\varphi_1,k) + \varepsilon F(\varphi_2,k)\right] + C \;,$$

$k = \sqrt{2}-1 \;, \quad \sin\varphi_1 = \frac{x^8+1-2\sqrt{2}\,x^2(x^2+1)^2}{x^8+1+2\sqrt{2}\,x^2(x^2+1)^2} \;,$

$\sin\varphi_2 = \frac{(x^2-1)^2-\sqrt{2}\,x^2}{(x^2-1)^2+\sqrt{2}\,x^2} \;, \qquad -\frac{\pi}{2} \leq \varphi_1, \varphi_2 \leq \frac{\pi}{2} \;;$

12b) $$\int \frac{x}{\sqrt{x^8+1}}\,dx = \frac{\varepsilon}{4}F(\varphi,k) + C \;, \quad k = \sin\frac{\pi}{4} = \frac{1}{\sqrt{2}} \;, \quad \sin\varphi = \frac{2x^2}{x^4+1} \quad \left(-\frac{\pi}{2} \leq \varphi \leq \frac{\pi}{2}\right)$$

$\varepsilon = \begin{cases} +1 \\ -1 \end{cases}$ im Intervall $\begin{matrix} 0 \leq x \leq 1 \\ 1 \leq x \leq \infty \end{matrix} \;;$

12c) $\int \dfrac{x^2}{\sqrt{x^8+1}}\,dx = \dfrac{\sqrt{2-\sqrt{2}}}{4}\left[\dfrac{\sqrt{2}}{2}F(\varphi_1,k) - \varepsilon F(\varphi_2,k)\right] + C$, mit denselben erklärenden Zusätzen wie 251.12a;

12d) $\int \dfrac{x^3}{\sqrt{x^8+1}}\,dx = \dfrac{1}{4}\log\left(x^4+\sqrt{x^8+1}\right) + C$;

12e) $\int \dfrac{x^4}{\sqrt{x^8+1}}\,dx = \dfrac{(x^2+1)\sqrt{x^8+1}}{2x\left[x^4+(2\sqrt{1+\sqrt{2}}-\sqrt{2})x^2+1\right]} + \dfrac{(x^2-1)\sqrt{x^8+1}}{2x\left[x^4-(2-\sqrt{2})x^2+1\right]} + \dfrac{2+\sqrt{2}-\sqrt{1+\sqrt{2}}}{2\sqrt[4]{2}}F(\varphi_1,k_1)$

$\qquad - \dfrac{\sqrt[4]{2}}{4}\left(\sqrt{1+\sqrt{2}}+\sqrt{2}\right)E(\varphi_1,k_1) - \dfrac{\varepsilon}{4}\sqrt{2+\sqrt{2}}\,F(\varphi_2,k_2) + \dfrac{\varepsilon}{4}\sqrt{2(2+\sqrt{2})}\,E(\varphi_2,k_2) + C$,

mit $k_1 = \dfrac{\sqrt{1+\sqrt{2}}-\sqrt{2}}{\sqrt{1+\sqrt{2}}+\sqrt{2}}$ [*], $k_2 = \sqrt{2}-1$, $\varepsilon = \begin{cases} +1 \\ -1 \end{cases}$ im Intervall $\begin{array}{l} 0 \leq x \leq 1 \\ 1 \leq x \leq +\infty \end{array}$,

$\sin\varphi_1 = \dfrac{x^4 - (2\sqrt{1+\sqrt{2}}+\sqrt{2})x^2+1}{x^4 + (2\sqrt{1+\sqrt{2}}-\sqrt{2})x^2+1}$, $\quad -\dfrac{\pi}{2} \leq \varphi_1, \varphi_2 \leq \dfrac{\pi}{2}$;

$\sin\varphi_2 = \dfrac{x^4 - (2+\sqrt{2})x^2+1}{x^4 - (2-\sqrt{2})x^2+1}$,

12f) $\int \dfrac{x^5}{\sqrt{x^8+1}}\,dx = \dfrac{x^2\sqrt{x^8+1}}{2(x^4+1)} + \dfrac{\varepsilon}{4}F(\varphi,k) - \dfrac{\varepsilon}{2}E(\varphi,k) + C$,

$k = \sin\dfrac{\pi}{4} = \dfrac{1}{\sqrt{2}}$, $\sin\varphi = \dfrac{2x^2}{x^4+1}$ $\left(-\dfrac{\pi}{2} \leq \varphi \leq \dfrac{\pi}{2}\right)$,

$\varepsilon = \begin{cases} +1 \\ -1 \end{cases}$ im Intervall $\begin{array}{l} 0 \leq x \leq 1 \\ 1 \leq x \leq +\infty \end{array}$;

12g) $\int \dfrac{x^6}{\sqrt{x^8+1}}\,dx = \dfrac{\sqrt{x^8+1}}{3x} - \dfrac{(x^2+1)\sqrt{x^8+1}}{6x\left[x^4+(2\sqrt{1+\sqrt{2}}-\sqrt{2})x^2+1\right]} + \dfrac{(x^2-1)\sqrt{x^8+1}}{6x\left[x^4-(2-\sqrt{2})x^2+1\right]}$

$\qquad - \dfrac{1}{12}\sqrt{2+\sqrt{2}}\,(2\sqrt{1+\sqrt{2}}-\sqrt{2})F(\varphi_1,k_1) + \dfrac{\sqrt[4]{2}}{12}\left(\sqrt{1+\sqrt{2}}+\sqrt{2}\right)E(\varphi_1,k_1)$

$\qquad - \dfrac{\varepsilon\sqrt{2+\sqrt{2}}}{12}F(\varphi_2,k_2) + \dfrac{\varepsilon}{12}\sqrt{2}\sqrt{2+\sqrt{2}}\,E(\varphi_2,k_2) + C$,

mit denselben erklärenden Zusätzen wie 251.12e ;

12h) $\int \dfrac{x^7}{\sqrt{x^8+1}}\,dx = \dfrac{1}{4}\sqrt{x^8+1} + C$;

---

[*] Mit Hilfe der Gaußschen oder der LANDENschen Transformation (241.24-25) kann man diesen Modul k_1 auf den Modul k_2 transformieren.

12j) $$\int\frac{dx}{(x-\varrho)\sqrt{x^8+1}}=\frac{-1}{4\sqrt{\varrho^8+1}}\log\frac{(\varrho^4+1)(x^4+1)-2\varrho^2x^2+\sqrt{(\varrho^8+1)(x^8+1)}}{\varrho^2(x^4+1)-x^2(\varrho^4+1)}$$

$$+\frac{\varrho}{2(\sqrt{2+\sqrt{2}}+\sqrt{2\sqrt{2}})\left[\varrho^4+(2\sqrt{1+\sqrt{2}}-\sqrt{2})\varrho^2+1\right]}\Big\{(\varrho^2+2\sqrt{1+\sqrt{2}}-\sqrt{2}-1)F(\varphi_1,k_1)$$

$$-\frac{4\sqrt{1+\sqrt{2}}(\varrho^2+1)}{\varrho^4-(2\sqrt{1+\sqrt{2}}+\sqrt{2})\varrho^2+1}\left[\Pi(\varphi_1,-\varrho_1^2,k_1)-\varrho_1 D_3(\varphi_1,-\varrho_1^2,k_1)\right]\Big\}$$

$$+\frac{\varepsilon\sqrt{2-\sqrt{2}}\,\varrho}{\varrho^4-(2-\sqrt{2})\varrho^2+1}\Big\{\frac{\varrho^2-1+\sqrt{2}}{4}F(\varphi_2,k_2)+\frac{\varrho^2-1}{\sqrt{2}\left[\varrho^4-(2+\sqrt{2})\varrho^2+1\right]}\Big[\Pi(\varphi_2,-\varrho_2^2,k_2)$$

$$-\varrho_2 D_3(\varphi_2,-\varrho_2^2,k_2)\Big]\Big\}-\frac{\varepsilon\varrho^2}{4(1+\varrho^4)}F(\varphi_3,k_3)-\frac{\varepsilon(1-\varrho^4)}{8\varrho^2(1+\varrho^4)}\Big[\Pi(\varphi_3,-\varrho_3^2,k_3)$$

$$+\varrho_3 D_3(\varphi_3,-\varrho_3^2,k_3)\Big]+C\,,$$

$\varphi_1, \varphi_2, k_1, k_2, \varepsilon$ *sind wie in 251.12e erklärt;*

$$\sin\varphi_3=\frac{2x^2}{x^4+1}\,,\quad k_3=\frac{1}{\sqrt{2}}\,,\quad \varrho_1=-\frac{\varrho^4+(2\sqrt{1+\sqrt{2}}-\sqrt{2})\varrho^2+1}{\varrho^4-(2\sqrt{1+\sqrt{2}}+\sqrt{2})\varrho^2+1}$$

$$\varrho_2=-\frac{\varrho^4-(2-\sqrt{2})\varrho^2+1}{\varrho^4-(2+\sqrt{2})\varrho^2+1}\,,\qquad \varrho_3=\frac{1+\varrho^4}{2\varrho^2}\,.$$

13) $$\int\frac{R(x)}{\sqrt{(1-x^4)(1-\lambda^4x^4)}}dx=\frac{-1}{4\sqrt{\lambda}}\Big\{\int\frac{R_2(z)+R_3(z)}{\sqrt{z^2-\mu^2}}dz+\int\frac{R_1(z)+(z+2)R_4(z)}{\sqrt{(z+2)(z^2-\mu^2)}}dz$$

$$+\varepsilon\int\frac{R_1(z)+(z-2)R_4(z)}{\sqrt{(z-2)(z^2-\mu^2)}}dz+\varepsilon\int\frac{(z+2)R_2(z)+(z-2)R_3(z)}{\sqrt{(z^2-4)(z^2-\mu^2)}}dz\Big\}\,,$$

mit $z=\dfrac{1+\lambda^2x^4}{\lambda x^2}\,,\ x>0\,,\ \lambda>0\,,\ x=\dfrac{1}{2\sqrt{\lambda}}(\sqrt{z+2}-\varepsilon\sqrt{z-2})\,,$

$$R(x)=R\left(\frac{\sqrt{z+2}-\varepsilon\sqrt{z-2}}{2\sqrt{\lambda}}\right)=R_1(z)+R_2(z)\sqrt{z+2}+\varepsilon R_3(z)\sqrt{z-2}+\varepsilon R_4(z)\sqrt{z^2-4}\,,$$

$\mu=\dfrac{\lambda^2+1}{\lambda}\,,\ \varepsilon=\begin{cases}+1\\-1\end{cases}$ *im Intervall* $\begin{matrix}0\leq x\leq \min(1,\frac{1}{\lambda})\\ \max(1,\frac{1}{\lambda})\leq x\leq+\infty\end{matrix}\;;$

13a) $$\int\sqrt{\frac{1-\lambda^4x^4}{1-x^4}}\,dx = -\frac{\varepsilon\lambda(1+\lambda x^2)\sqrt{(1-x^4)(1-\lambda^4x^4)}}{2x\left[(1-x^2)(1-\lambda^2x^2)+(\lambda+1)\sqrt{2(\lambda^2+1)}\,x^2\right]}$$

$$+\frac{\varepsilon\lambda(1-\lambda x^2)\sqrt{(1-x^4)(1-\lambda^4x^4)}}{2x\left[(1-x^2)(1-\lambda^2x^2)+\xi(\lambda-1)\sqrt{2(\lambda^2+1)}\,x^2\right]}$$

$$-\frac{\varepsilon(\lambda+1)(\lambda^2+1-\sqrt{2(\lambda^2+1)})}{2(\lambda-1)}F(\varphi_1,k_1)+\frac{\xi(\lambda-1)(\lambda^2+1+\xi\sqrt{2(\lambda^2+1)})}{2(\lambda+1)}F(\varphi_2,k_2)$$

$$+\frac{\varepsilon\lambda}{4}(\lambda+1+\sqrt{2(\lambda^2+1)})E(\varphi_1,k_1)-\frac{\xi\lambda}{4}(\lambda-1+\xi\sqrt{2(\lambda^2+1)})E(\varphi_2,k_2)\,,$$

mit $k_1=\dfrac{\sqrt{2(\lambda^2+1)}-\lambda-1}{\sqrt{2(\lambda^2+1)}+\lambda+1}$, $k_2=\dfrac{\sqrt{2(\lambda^2+1)}-\xi(\lambda-1)}{\sqrt{2(\lambda^2+1)}+\xi(\lambda-1)}$,

$\varepsilon=\begin{cases}+1\\-1\end{cases}$ im Intervall $\begin{matrix}0\le x\le \min(1,\frac{1}{\lambda})\\ \max(1,\frac{1}{\lambda})\le x\le+\infty\end{matrix}$, $\xi=\begin{cases}+1\\-1\end{cases}$ für $\begin{matrix}\lambda>1\\0<\lambda<1\end{matrix}$,

$$\sin\varphi_1=\frac{(1-x^2)(1-\lambda^2x^2)-(\lambda+1)\sqrt{2(\lambda^2+1)}\,x^2}{(1-x^2)(1-\lambda^2x^2)+(\lambda+1)\sqrt{2(\lambda^2+1)}\,x^2}\,,$$

$$\sin\varphi_2=\frac{(1-x^2)(1-\lambda^2x^2)-\xi(\lambda-1)\sqrt{2(\lambda^2+1)}\,x^2}{(1-x^2)(1-\lambda^2x^2)+\xi(\lambda-1)\sqrt{2(\lambda^2+1)}\,x^2}\,,\qquad -\frac{\pi}{2}\le\varphi_1,\varphi_2\le\frac{\pi}{2}\,.$$

14) $$\int\frac{R(x)}{\sqrt{(1+x^4)(1+\lambda^4x^4)}}\,dx=\frac{-1}{4\sqrt{\lambda}}\left\{\int\frac{R_2(z)+R_3(z)}{\sqrt{z^2+\mu^2}}\,dz+\int\frac{R_1(z)+(z+2)R_4(z)}{\sqrt{(z+2)(z^2+\mu^2)}}\,dz\right.$$

$$\left.+\varepsilon\int\frac{R_1(z)+(z-2)R_4(z)}{\sqrt{(z-2)(z^2+\mu^2)}}\,dz+\varepsilon\int\frac{(z+2)R_2(z)+(z-2)R_3(z)}{\sqrt{(z^2-4)(z^2+\mu^2)}}\,dz\right\}\,,$$

mit $z=\dfrac{1+\lambda^2x^4}{\lambda x^2}$, $x>0$, $\lambda>0$, $x=\dfrac{1}{2\sqrt{\lambda}}(\sqrt{z+2}-\varepsilon\sqrt{z-2})$,

$$R(x)=R\left(\frac{\sqrt{z+2}-\varepsilon\sqrt{z-2}}{2\sqrt{\lambda}}\right)=R_1(z)+R_2(z)\sqrt{z+2}+\varepsilon R_3(z)\sqrt{z-2}+\varepsilon R_4(z)\sqrt{z^2-4}\,,$$

$\mu=\dfrac{\lambda^2-1}{\lambda}$, $\varepsilon=\begin{cases}+1\\-1\end{cases}$ im Intervall $\begin{matrix}0\le x\le\frac{1}{\sqrt{\lambda}}\\ \frac{1}{\sqrt{\lambda}}\le x\le+\infty\end{matrix}$.

251.

14a) $$\int\sqrt{\frac{1+\lambda^4x^4}{1+x^4}}\,dx = \frac{\lambda(1+\lambda x^2)\sqrt{(1+x^4)(1+\lambda^4x^4)}}{2x\left[(1+\lambda x^2)^2+(\lambda^2+1)x^2\right]} - \frac{\lambda(1-\lambda x^2)\sqrt{(1+x^4)(1+\lambda^4x^4)}}{2x\left[(1-\lambda x^2)^2+(\lambda^2+1)x^2\right]}$$

$$+\frac{1}{4}\sqrt{\lambda^2+1}\left\{-(\lambda-1)F(\varphi_1,k_1)+2\lambda E(\varphi_1,k_1)+\varepsilon(\lambda+1)F(\varphi_2,k_2)-2\varepsilon\lambda E(\varphi_2,k_2)\right\}+C,$$

mit $k_1^2=\frac{(\lambda+1)^2}{2(\lambda^2+1)}$, $k_2^2=\frac{(\lambda-1)^2}{2(\lambda^2+1)}$, $\varepsilon=\begin{cases}+1 \\ -1\end{cases}$ im Intervall $\begin{matrix}0\le x\le\frac{1}{\sqrt{\lambda}} \\ \frac{1}{\sqrt{\lambda}}\le x\le+\infty\end{matrix}$,

$$\cos\varphi_1=\frac{(1+\lambda x^2)^2-(\lambda^2+1)x^2}{(1+\lambda x^2)^2+(\lambda^2+1)x^2},\quad \cos\varphi_2=\frac{(1-\lambda x^2)^2-(\lambda^2+1)x^2}{(1-\lambda x^2)^2+(\lambda^2+1)x^2},\quad 0\le\varphi_1,\varphi_2\le\pi.$$

15a) $$\int\frac{R(x)}{\sqrt[4]{ax^4+2bx^2+c}}\,dx=-\int R_1\left(\frac{b+\sqrt{cy^4+d}}{y^4-a}\right)\frac{cy^4+2b^2-ac+2b\sqrt{cy^4+d}}{(y^4-a)(b+\sqrt{cy^4+d})\sqrt{cy^4+d}}\,y^2dy$$

$$+\int R_2\left(\frac{-b+\sqrt{a\mathfrak{x}^4+d}}{a}\right)\frac{\mathfrak{x}^2}{\sqrt{a\mathfrak{x}^4+d}}\,d\mathfrak{x},$$

mit $\sqrt[4]{ax^4+2bx^2+c}=xy=\mathfrak{x}$, $x^2=\frac{b+\sqrt{cy^4+d}}{y^4-a}=\frac{-b+\sqrt{a\mathfrak{x}^4+d}}{a}$,*)

$d=b^2-ac$, $R(x)=R_1(x^2)+xR_2(x^2)$;

15b) $$\int R(x)\sqrt[4]{ax^4+2bx^2+c}\,dx=-\int R_1\left(\frac{b+\sqrt{cy^4+d}}{y^4-a}\right)\frac{cy^4+2b^2-ac+2b\sqrt{cy^4+d}}{(y^4-a)^2\sqrt{cy^4+d}}\,y^4dy$$

$$+\int R_2\left(\frac{-b+\sqrt{a\mathfrak{x}^4+d}}{a}\right)\frac{\mathfrak{x}^4}{\sqrt{a\mathfrak{x}^4+d}}\,d\mathfrak{x},$$

mit denselben Erklärungen wie 251.15a;

15c) $$\int\frac{dx}{\sqrt[4]{x^4+1}}=\frac{1}{4}\log\frac{\sqrt[4]{x^4+1}+x}{\sqrt[4]{x^4+1}-x}-\frac{1}{2}\operatorname{arctg}\frac{\sqrt[4]{x^4+1}}{x}+C;$$

15d) $$\int x\sqrt[4]{x^4+1}\,dx=\frac{1}{3}x^2\sqrt[4]{x^4+1}+\frac{1}{3\sqrt{2}}F(\varphi,k)+C,\quad \text{mit } k=\frac{1}{\sqrt{2}},\ \cos\varphi=\frac{1}{\sqrt[4]{x^4+1}}\ (0\le\varphi\le\pi).$$

*) Die Vorzeichen der Wurzeln sind jeweils den besonderen Bedingungen entsprechend zu bestimmen.

3. Abschnitt. Transzendente Integranden.

311. Integrale der Form $\int R(e^{\lambda x})dx$.

1) Die allgemeine Exponentialfunktion a^x wird vermöge der Formel

$$a^x = e^{x \log a}$$

auf die Gestalt $e^{\lambda x}$ zurückgeführt, die im folgenden allein angeführt wird.

2) Substitution: Setzt man

2a) $$e^{\lambda x} = y\,,\quad \text{also}\quad x = \frac{1}{\lambda}\log y\,,\quad dx = \frac{1}{\lambda y}dy\,,$$

so gilt

2b) $$\int R(e^{\lambda x})dx = \int \frac{R(y)}{\lambda y}dy\;;$$

ist $R(y)$ eine rationale oder algebraisch irrationale Funktion, so kann dieses Integral nach den Methoden der Abschnitte 1 und 2 berechnet werden. Es folgen einige Beispiele dafür (vgl. auch 331 und 351).

3a) $$\int e^{\lambda x}dx = \frac{1}{\lambda}e^{\lambda x} + C\;;$$

3b) $$\int a^x dx = \frac{a^x}{\log a} + C\;;$$

4) $$\int \frac{dx}{ae^{\lambda x}+b} = \frac{x}{b} - \frac{1}{b\lambda}\log(ae^{\lambda x}+b) + C\,,\qquad b \neq 0\,.$$

5a) $$\int \frac{dx}{ae^{\lambda x}+be^{-\lambda x}} = \frac{1}{\lambda\sqrt{ab}}\operatorname{arc\,tg}\sqrt{\frac{a}{b}}\,e^{\lambda x} + C_1\,,\quad \text{für } ab>0\;;$$

5b) $$= \frac{1}{2\lambda\sqrt{-ab}}\log\frac{ae^{\lambda x}-\sqrt{-ab}}{ae^{\lambda x}+\sqrt{-ab}} + C_2\,,\quad \text{für } ab<0\,.$$

6) $$\int \frac{e^{2\lambda x}-1}{e^{2\lambda x}+1}dx = \int \mathfrak{Tg}(\lambda x)dx = \frac{1}{\lambda}\log(e^{\lambda x}+e^{-\lambda x}) + C_1 = \frac{1}{\lambda}\log(\mathfrak{Cof}\,\lambda x) + C_2\,.$$

312. Integrale der Form $\int f(x)e^{\lambda x}dx$.

1a) $$\int x^n e^{\lambda x}dx = \frac{1}{\lambda}x^n e^{\lambda x} - \frac{n}{\lambda}\int x^{n-1}e^{\lambda x}dx\;;$$

1b) $$= e^{\lambda x}\sum_{\nu=0}^{n}(-1)^{\nu}\frac{(n;-1;\nu)}{\lambda^{\nu+1}}x^{n-\nu} + C\,.$$

312.

2a) $$\int \frac{e^{\lambda x}}{x^n}\,dx = \frac{-1}{n-1}\,\frac{e^{\lambda x}}{x^{n-1}} + \frac{\lambda}{n-1}\int \frac{e^{\lambda x}}{x^{n-1}}\,dx\,, \quad n \neq 1\,;$$

2b) $$= -e^{\lambda x}\sum_{\nu=1}^{n-1}\frac{\lambda^{\nu-1}}{(n-1;-1;\nu)}\,\frac{1}{x^{n-\nu}} + \frac{\lambda^{n-1}}{(n-1)!}\,\mathrm{Ei}(\lambda x) + C\,, \quad n>1\,;$$

2c) $$\int \frac{e^{\lambda x}}{x}\,dx = \mathrm{Ei}(\lambda x) + C\,, \quad \lambda \neq 0 \quad \text{mit}$$

3a) $$\mathrm{Ei}(x) = \int_{-\infty}^{x}\frac{e^t}{t}\,dt\,,$$ vgl. JAHNKE-EMDE, *Funktionentafeln*, S. 1 ff. *Diese Funktion hängt mit dem Integrallogarithmus* (321.5) *durch die Gleichungen zusammen:*

3b) $\mathrm{Ei}(x) = \mathrm{li}(e^x)$ *für* $-\infty < x < 0$, $\quad \mathrm{li}(x) = \mathrm{Ei}(\log x)$ *für* $0 < x < 1$.

4a) $$\int \frac{e^{\lambda x}}{(x-\alpha)^n}\,dx = e^{\lambda\alpha}\int \frac{e^{\lambda y}}{y^n}\,dy$$ *vermöge der Substitution* $x = y+\alpha$, *vgl.* 312.2a – 2c;

4b) $$= -e^{\lambda x}\sum_{\nu=1}^{n-1}\frac{\lambda^{\nu-1}}{(n-1;-1;\nu)}\,\frac{1}{(x-\alpha)^{n-\nu}} + \frac{e^{\lambda\alpha}\lambda^{n-1}}{(n-1)!}\,\mathrm{Ei}[\lambda(x-\alpha)] + C\,, \quad n>1\,;$$

4c) $$\int \frac{e^{\lambda x}}{x-\alpha}\,dx = e^{\lambda\alpha}\,\mathrm{Ei}[\lambda(x-\alpha)] + C\,, \quad \lambda \neq 0\,.$$

5a) $$\int F(x)e^{\lambda x}\,dx = e^{\lambda x}\sum_{\nu=0}^{N}\frac{(-1)^\nu}{\lambda^{\nu+1}}F^{(\nu)}(x) + \frac{(-1)^{N+1}}{\lambda^{N+1}}\int F^{(N+1)}(x)e^{\lambda x}\,dx\,, \quad F^{(\nu)}(x) = \frac{d^\nu}{dx^\nu}F(x)\,,$$
$$F^{(0)}(x) = F(x)\,.$$

5b) $$= e^{\lambda x}\sum_{\nu=0}^{N}(-1)^\nu\lambda^\nu F_{\nu+1}(x) + (-1)^{N+1}\lambda^{N+1}\int F_{N+1}(x)e^{\lambda x}\,dx\,, \quad F_{\nu+1}(x) = \int F_\nu(x)\,dx\,,$$
$$F_0(x) = F(x)\,, \quad N = 0,1,2,\ldots$$

6a) $$\int \frac{e^{\lambda x}}{\sqrt{x}}\,dx = 2e^{\lambda x}\sqrt{x}\sum_{\nu=0}^{\infty}\frac{(-2\lambda x)^\nu}{(1;2;\nu+1)} + C_1$$ *für* $x>0$;

6b) $$= 2e^{\lambda x}\sqrt{x}\sum_{\nu=0}^{N}\frac{(1;2;\nu)}{(2\lambda x)^{\nu+1}} + \frac{(1;2;N+1)}{(2\lambda)^{N+1}}\int \frac{e^{\lambda x}}{x^{N+3/2}}\,dx\,,$$ *halbkonvergente Reihe, für große positive Werte von* x *geeignet;*

6c) $$= \frac{2}{\sqrt{-\lambda}}\int e^{-y^2}\,dy = \sqrt{\frac{\pi}{-\lambda}}\,\Phi(y) + C\,,$$ *für* $\lambda<0$, $x>0$, $y = \sqrt{-\lambda x} > 0$; *vgl.* 313.1.

7a) $$\int \frac{\lambda P(x) - P'(x)}{P^2(x)}\,e^{\lambda x}\,dx = \frac{e^{\lambda x}}{P(x)} + C\,;$$

7b) $$\int \frac{x e^{\lambda x}}{(1+\lambda x)^2}\,dx = \frac{e^{\lambda x}}{\lambda^2(1+\lambda x)} + C\,.$$

313. Integrale der Form $\int f(x)\,e^{ax^2+2bx+c}\,dx$.

1) $\int e^{-x^2}dx = \frac{\sqrt{\pi}}{2}\,\Phi(x) + C$, $\quad \Phi(x) = \frac{2}{\sqrt{\pi}}\int_0^x e^{-t^2}dt$ ist das „Fehlerintegral", vgl. JAHNKE-EMDE, Funktionentafeln, S. 23 ff.
Es ist $\Phi(0)=0$, $\Phi(\infty)=1$, $\Phi(-x)=-\Phi(x)$.

2) $\int R(x)\,e^{-(ax^2+2bx+c)}dx = \frac{1}{\sqrt{a}}\,e^{\frac{b^2-ac}{a}}\int R\left(\frac{\sqrt{a}\,y-b}{a}\right)e^{-y^2}dy$, mit $y=\sqrt{a}\left(x+\frac{b}{a}\right)$, $a>0$.

3a) $\int x^n e^{-x^2}dx = \frac{-1}{2}\,x^{n-1}e^{-x^2} + \frac{n-1}{2}\int x^{n-2}e^{-x^2}dx$;

3b) $\quad = -e^{-x^2}\sum_{\nu=0}^{\varkappa-1}\frac{(n-1;-2;\nu)}{2^{\nu+1}}\,x^{n-2\nu-1} + (1-s)\frac{(1;2;\varkappa)\sqrt{\pi}}{2^{\varkappa+1}}\,\Phi(x) + C$,
mit $n=2\varkappa-s$, $s=0$ oder 1;

3c) $\int x e^{-x^2}dx = \frac{-1}{2}\,e^{-x^2} + C$.

4) $\int (x-\alpha)^n e^{-h^2(x-\beta)^2}dx = \sum_{\nu=0}^{n}\binom{n}{\nu}\frac{(\beta-\alpha)^{n-\nu}}{h^{\nu+1}}\int y^\nu e^{-y^2}dy$, mit $y=h(x-\beta)$, $h\neq0$, vgl. 313.3a–3d.

5a) $\int \frac{e^{-x^2}}{x^n}dx = \frac{-1}{n-1}\,\frac{e^{-x^2}}{x^{n-1}} - \frac{2}{n-1}\int\frac{e^{-x^2}}{x^{n-2}}dx$, $\quad n\neq1$;

5b) $\quad = e^{-x^2}\sum_{\nu=1}^{\frac{n}{2}}\frac{(-1)^\nu 2^{\nu-1}}{(n-1;-2;\nu)}\,\frac{1}{x^{n-2\nu+1}} + \frac{(-1)^{\frac{n}{2}}\,2^{\frac{n}{2}-1}\sqrt{\pi}}{(1;2;\frac{n}{2})}\,\Phi(x) + C_1$, für gerades $n>0$;

5c) $\quad = e^{-x^2}\sum_{\nu=1}^{\frac{n-1}{2}}\frac{(-1)^\nu 2^{\nu-1}}{(n-1;-2;\nu)}\,\frac{1}{x^{n-2\nu+1}} + \frac{(-1)^{\frac{n-1}{2}}\,2^{\frac{n-3}{2}}}{(2;2;\frac{n-1}{2})}\,\mathrm{Ei}(-x^2) + C_2$, für ungerades $n\geq3$, vgl. 312.3a;

5d) $\int\frac{e^{-x^2}}{x}dx = \frac{1}{2}\,\mathrm{Ei}(-x^2) + C$, vgl. 312.3a.

6) $\int e^{-x^2}\cos\alpha x\,dx = \frac{\sqrt{\pi}}{4e^{\alpha^2/4}}\left[\Phi\left(x-\frac{i\alpha}{2}\right)+\Phi\left(x+\frac{i\alpha}{2}\right)\right] + C$, $\quad i=\sqrt{-1}$, vgl. 313.1;

7) $\int e^{-x^2}\sin\alpha x\,dx = \frac{\sqrt{\pi}}{4ie^{\alpha^2/4}}\left[\Phi\left(x-\frac{i\alpha}{2}\right)-\Phi\left(x+\frac{i\alpha}{2}\right)\right] + C$, $\quad i=\sqrt{-1}$, vgl. 313.1.

321. Integrale der Form $\int f(\log x)\,dx$.

1) $\log x$ bedeutet hier durchweg den natürlichen Logarithmus von x; der zu einer beliebigen Basis a gehörige Logarithmus wird vermöge der Formel

$$^{a}\log x = \frac{\log x}{\log a}$$

auf den natürlichen Logarithmus umgerechnet.

2) Substitution: Setzt man

2a) $$\log x = y\,, \quad \text{also} \quad x = e^{y}\,, \quad dx = e^{y}dy\,,$$

so wird

2b) $$\int f(x, \log x)\,dx = \int f(e^{y}, y)\,e^{y}dy\,;$$

das letzte Integral kann nach 311–312 berechnet werden.

3a) $$\int \log^{n} x\,dx = x\log^{n} x - n\int \log^{n-1} x\,dx\,;$$

3b) $$= x\sum_{\nu=0}^{n} (-1)^{\nu}(n;-1;\nu)\log^{n-\nu} x + C\,;$$

3c) $$\int \log x\,dx = x\log x - x + C\,.$$

4a) $$\int \frac{dx}{\log^{n} x} = \frac{-1}{n-1}\,\frac{x}{\log^{n-1} x} + \frac{1}{n-1}\int \frac{dx}{\log^{n-1} x}\,, \quad n \neq 1\,;$$

4b) $$= -x\sum_{\nu=1}^{n-1} \frac{1}{(n-1;-1;\nu)\log^{n-\nu} x} + \frac{1}{(n-1)!}\,li(x) + C\,, \quad n > 1\,;$$

4c) $$\int \frac{dx}{\log x} = li(x) + C \quad \text{mit}$$

5) $$li(x) = \int_{0}^{x} \frac{dt}{\log t}\,,$$ Integrallogarithmus, vgl. JAHNKE-EMDE, Funktionentafeln, S. 1 ff. Vgl. 312.3a – 3b.

6) $$\int \frac{dx}{\log x + a} = e^{-a}\,li(xe^{a}) + C\,.$$

7) $$\int \frac{dx}{(\log x + a)^{n}} = -x\sum_{\nu=1}^{n-1} \frac{1}{(n-1;-1;\nu)(\log x + a)^{n-\nu}} + \frac{e^{-a}}{(n-1)!}\,li(xe^{a}) + C\,, \quad n > 1\,.$$

8) $$\int \sin(\log x)\,dx = \frac{x}{2}\left[\sin(\log x) - \cos(\log x)\right] + C\,.$$

9) $$\int \cos(\log x)\,dx = \frac{x}{2}\left[\sin(\log x) + \cos(\log x)\right] + C\,.$$

322. Integrale der Form $\int R(x) \log^n x \, dx$.

1) Substitution: vgl. 321.2 .

2a) $$\int x^m \log^n x \, dx = \frac{1}{m+1} x^{m+1} \log^n x - \frac{n}{m+1} \int x^m \log^{n-1} x \, dx, \quad m \neq -1, \text{ vgl. } 322.3c;$$

2b) $$= x^{m+1} \sum_{\nu=0}^{n} (-1)^\nu \frac{(n;-1;\nu)}{(m+1)^{\nu+1}} \log^{n-\nu} x + C, \quad m \neq -1, \; n \geqq 0;$$

2c) $$\int x^m \log x \, dx = \frac{x^{m+1}}{m+1} \left(\log x - \frac{1}{m+1}\right) + C, \quad m \neq -1, \text{ vgl. } 322.3c.$$

3a) $$\int \frac{\log^n x}{x^m} dx = \frac{-1}{m-1} \frac{\log^n x}{x^{m-1}} + \frac{n}{m-1} \int \frac{\log^{n-1} x}{x^m} dx, \quad m \neq 1;$$

3b) $$= \frac{-1}{x^{m-1}} \sum_{\nu=0}^{n} \frac{(n;-1;\nu)}{(m-1)^{\nu+1}} \log^{n-\nu} x + C, \quad m \neq 1, \; n \geqq 0;$$

3c) $$\int \frac{\log^n x}{x} dx = \frac{1}{n+1} \log^{n+1} x + C, \quad n \neq -1, \text{ vgl. } 322.5c.$$

4a) $$\int \frac{x^m}{\log^n x} dx = \frac{-1}{n-1} \frac{x^{m+1}}{\log^{n-1} x} + \frac{m+1}{n-1} \int \frac{x^m}{\log^{n-1} x} dx, \quad n \neq 1;$$

4b) $$= -x^{m+1} \sum_{\nu=1}^{n-1} \frac{(m+1)^{\nu-1}}{(n-1;-1;\nu)} \frac{1}{\log^{n-\nu} x} + \frac{(m+1)^{n-1}}{(n-1)!} \operatorname{li}(x^{m+1}) + C, \quad n > 1;$$

4c) $$\int \frac{x^m}{\log x} dx = \operatorname{li}(x^{m+1}) + C, \quad m \neq -1, \text{ vgl. } 321.5 \text{ und } 322.5c.$$

5a) $$\int \frac{dx}{x^m \log^n x} = \frac{-1}{n-1} \frac{1}{x^{m-1} \log^{n-1} x} - \frac{m-1}{n-1} \int \frac{dx}{x^m \log^{n-1} x}, \quad n \neq 1;$$

5b) $$= \frac{1}{x^{m-1}} \sum_{\nu=1}^{n-1} (-1)^\nu \frac{(m-1)^{\nu-1}}{(n-1;-1;\nu)} \frac{1}{\log^{n-\nu} x} + (-1)^{n-1} \frac{(m-1)^{n-1}}{(n-1)!} \operatorname{li}\left(\frac{1}{x^{m-1}}\right) + C, \quad n > 1;$$

5c) $$\int \frac{dx}{x^m \log x} = \operatorname{li}\left(\frac{1}{x^{m-1}}\right) + C, \quad m \neq 1, \text{ vgl. } 321.5;$$

5d) $$\int \frac{dx}{x \log^n x} = \frac{-1}{n-1} \frac{1}{\log^{n-1} x} + C, \quad n \neq 1;$$

5e) $$\int \frac{dx}{x \log x} = \log_2 x + C, \quad \text{mit } \log_2 x = \log(\log x).$$

322.

6a) $\int \frac{\log^n x}{(x-\alpha)^k}dx = \frac{-1}{\alpha(k-1)}\frac{x\log^n x}{(x-\alpha)^{k-1}} + \frac{n}{\alpha(k-1)}\int\frac{\log^{n-1}x}{(x-\alpha)^{k-1}}dx - \frac{k-2}{\alpha(k-1)}\int\frac{\log^n x}{(x-\alpha)^{k-1}}dx$, $k\neq 1,\ \alpha\neq 0,\ n=\pm1,\pm2,\dots;$

6b) $\int\frac{\log x}{(x-\alpha)^k}dx = \frac{-1}{k-1}\frac{\log x}{(x-\alpha)^{k-1}} + \frac{(-1)^{k-1}}{(k-1)\alpha^{k-1}}\left[\log\frac{x}{x-\alpha} + \sum_{\nu=1}^{k-2}\frac{1}{\nu}\left(\frac{\alpha}{\alpha-x}\right)^{\nu}\right] + C$, $k\geq 2,\ \alpha\neq 0;$

6c) $\int\frac{\log x}{x-\alpha}dx = \log x.\log\frac{\alpha-x}{\alpha} + \mathfrak{L}_2\left(\frac{x}{\alpha}\right) + C$, $\alpha\neq 0$ mit

7a) $\mathfrak{L}_2(x) = -\int_0^x\frac{\log(1-t)}{t}dt = \int_0^1\frac{\log u}{u-\frac{1}{x}}du$, *Dilogarithmus;*

7b) $= \sum_{\nu=1}^{\infty}\frac{x^\nu}{\nu^2}$, für $|x|\leq 1$.

8) $\int\frac{\log x}{x^2-a^2}dx = \frac{1}{2a}\left[\log x.\log\frac{a-x}{a+x} + \mathfrak{L}_2\left(\frac{x}{a}\right) - \mathfrak{L}_2\left(\frac{-x}{a}\right)\right] + C$.

9) $\int\frac{\log x}{x^2+a^2}dx = \frac{1}{a}\log x.\operatorname{arctg}\frac{x}{a} + \frac{i}{2a}\left[\mathfrak{L}_2\left(\frac{ix}{a}\right) - \mathfrak{L}_2\left(\frac{-ix}{a}\right)\right] + C$, $i=\sqrt{-1}$.

10) $\int\frac{\log(x^2+1)}{x^2+1}dx = \frac{1}{2}\log 4(1+x^2).\operatorname{arctg}x + \frac{i}{2}\left[\mathfrak{L}_2\left(\frac{1+ix}{2}\right) - \mathfrak{L}_2\left(\frac{1-ix}{2}\right)\right] + C$, $i=\sqrt{-1}$.

323. Integrale der Form $\int f(x).\log^n g(x)\,dx$.*)

1) $\int f(x).\log g(x)\,dx = F(x).\log g(x) - \int\frac{F(x).g'(x)}{g(x)}dx$, mit $F(x) = \int f(x)\,dx$.

2) $\int\log g(x)\,dx = x\log g(x) - \int\frac{x\,g'(x)}{g(x)}dx$.

3) $\int f(x).\log^n x\,dx = F(x).\log^n x - n\int\frac{F(x)}{x}\log^{n-1}x\,dx$, mit $F(x) = \int f(x)\,dx$.

4a) $\int x^m\log_2 x\,dx = \frac{1}{m+1}x^{m+1}\log_2 x - \frac{1}{m+1}li(x^{m+1}) + C$, für $m\neq -1$ und $\log_2 x = \log(\log x)$;

4b) $\int\frac{\log_2 x}{x}dx = \log x.\log_2 x - \log x + C$, mit $\log_2 x = \log(\log x)$.

5a) $\int\frac{\log x}{\sqrt{ax+b}}dx = \frac{2}{a}\sqrt{ax+b}(\log x-2) + 2\frac{\sqrt{b}}{a}\log\frac{\sqrt{ax+b}+\sqrt{b}}{\sqrt{ax+b}-\sqrt{b}} + C_1$, für $b>0$ und $ax+b>0$;

5b) $= \frac{2}{a}\sqrt{ax+b}(\log x-2) + 4\frac{\sqrt{-b}}{a}\operatorname{arctg}\sqrt{\frac{ax+b}{-b}} + C_2$, für $b<0,\ ax+b>0$.

---

*) Vgl. auch 361 und 362.

323.

6) $$\int \frac{x \log x}{\sqrt{x^2+a^2}}\,dx = \sqrt{x^2+a^2}\,(\log x - 1) - \frac{a}{2}\log\frac{\sqrt{x^2+a^2}-a}{\sqrt{x^2+a^2}+a} + C\,, \quad x>0\,.$$

7) $$\int e^{\lambda x}\log x\,dx = \frac{1}{\lambda}e^{\lambda x}\log x - \frac{1}{\lambda}\,\mathrm{Ei}(\lambda x) + C\,, \quad \lambda \neq 0\,, \ \textit{vgl.}\ 312.3a\,.$$

8a) $$\int \log(\sin x)\,dx = -\frac{i}{2}\mathcal{L}_2(e^{-2ix}) - x\log 2 + \frac{i}{2}\left(\frac{\pi}{2}-x\right)^2 + C_1\,;$$

8b) $$= x\log x - x + \sum_{\nu=1}^{\infty}(-1)^{\nu}\frac{B_{2\nu}}{4\nu(2\nu+1)!}(2x)^{2\nu+1} + C_2\,, \quad \text{für } |x|<\pi\,.^{*)}$$

9a) $$\int \log(\cos x)\,dx = \frac{i}{2}\mathcal{L}_2(-e^{2ix}) - x\log 2 - \frac{i}{2}x^2 + C_1\,;$$

9b) $$= \sum_{\nu=1}^{\infty}(-1)^{\nu}\frac{(2^{2\nu}-1)B_{2\nu}}{4\nu(2\nu+1)!}(2x)^{2\nu+1} + C_2\,, \quad \text{für } |x|<\frac{\pi}{2}\,.^{*)}$$

10) $$\int R(x)\log^n(ax+b)\,dx = \frac{1}{a}\int R\left(\frac{y-b}{a}\right)\log^n y\,dy\,, \quad \text{mit } y=ax+b\,, \ a\neq 0\,, \ \textit{vgl.}\ 322.$$

11a) $$\int x^m\log(ax+b)\,dx = \frac{1}{m+1}\left[x^{m+1}-\left(\frac{-b}{a}\right)^{m+1}\right]\log(ax+b) - \frac{1}{m+1}\left(\frac{-b}{a}\right)^{m+1}\sum_{\nu=1}^{m+1}\frac{1}{\nu}\left(\frac{-ax}{b}\right)^{\nu} + C\,,$$
$$a\neq 0\,, \ m \geqq 0\,;$$

11b) $$\int \log(ax+b)\,dx = \frac{1}{a}(ax+b)\log(ax+b) - x + C\,, \quad a\neq 0\,.$$

12a) $$\int \frac{\log(ax+b)}{x^m}\,dx = \frac{-1}{m-1}\,\frac{\log(ax+b)}{x^{m-1}} + \frac{1}{m-1}\left(\frac{-a}{b}\right)^{m-1}\left[\log\frac{ax+b}{x} + \sum_{\nu=1}^{m-2}\frac{1}{\nu}\left(\frac{-b}{ax}\right)^{\nu}\right] + C\,,$$
$$b\neq 0\,, \ m>2\,;$$

12b) $$\int \frac{\log(ax+b)}{x}\,dx = \log b\,.\log x - \mathcal{L}_2\left(\frac{-ax}{b}\right) + C\,, \quad ab\neq 0\,, \ \textit{vgl.}\ 322.7a-7b\,;$$

12c) $$\int \frac{\log(ax+b)}{x^2}\,dx = \frac{a}{b}\log x - \left(\frac{1}{x}+\frac{a}{b}\right)\log(ax+b) + C\,.$$

13a) $$\int x^m\log\frac{x+a}{x-a}\,dx = \frac{1}{m+1}\left[x^{m+1}-(-a)^{m+1}\right]\log(x+a) - \frac{1}{m+1}(x^{m+1}-a^{m+1})\log(x-a)$$
$$+\frac{a^{m+1}}{m+1}\sum_{\nu=1}^{m+1}\frac{1-(-1)^{m-\nu+1}}{\nu}\left(\frac{x}{a}\right)^{\nu} + C\,, \quad m\geqq 0\,;$$

13b) $$\int \log\frac{x+a}{x-a}\,dx = (x+a)\log(x+a) - (x-a)\log(x-a) + C$$

---

*) B_ν bedeuten die BERNOULLIschen Zahlen:

$B_0=1$, $B_1=-\frac{1}{2}$, $B_2=\frac{1}{6}$, $B_4=-\frac{1}{30}$, $B_6=\frac{1}{42}$, $B_8=-\frac{1}{30}$, $B_{10}=\frac{5}{66}$,

$B_{12}=-\frac{691}{2730}$, $B_{14}=\frac{7}{6}$, $B_{16}=-\frac{3617}{510}$, . . .

323.

14a) $$\int \frac{1}{x^m}\log\frac{x+a}{x-a}\,dx = \frac{1}{(m-1)x^{m-1}}\log\frac{x-a}{x+a} + \frac{1}{(m-1)a^{m-1}}\left\{(-1)^{m-1}\log\frac{x+a}{x} - \log\frac{x-a}{x} - \sum_{\nu=1}^{m-2}\frac{1-(-1)^{m-\nu-1}}{\nu}\left(\frac{a}{x}\right)^{\nu}\right\} + C\,,\quad m>2,\ a\neq 0\ ;$$

14b) $$\int \frac{1}{x}\log\frac{a+x}{a-x}\,dx = \mathcal{L}_2\left(\frac{x}{a}\right) - \mathcal{L}_2\left(-\frac{x}{a}\right) + C\,,\quad a\neq 0\,,\quad \text{vgl. } 322.7a-7b\ ;$$

14c) $$\int \frac{1}{x^2}\log\frac{x+a}{x-a}\,dx = \frac{1}{x}\log\frac{x-a}{x+a} - \frac{1}{a}\log\frac{x^2-a^2}{x^2} + C\,,\quad a\neq 0\,.$$

15a) $$\int x^m\log(x^2-a^2)\,dx = \frac{1}{m+1}\left[x^{m+1}-(-a)^{m+1}\right]\log(x+a) + \frac{1}{m+1}(x^{m+1}-a^{m+1})\log(x-a) - \frac{a^{m+1}}{m+1}\sum_{\nu=1}^{m+1}\frac{1+(-1)^{m-\nu+1}}{\nu}\left(\frac{x}{a}\right)^{\nu} + C\,,\quad m\geq 0\ ;$$

15b) $$\int \log(x^2-a^2)\,dx = (x+a)\log(x+a) + (x-a)\log(x-a) - 2x + C\,.$$

16a) $$\int \frac{\log(x^2-a^2)}{x^m}\,dx = \frac{-1}{m-1}\,\frac{\log(x^2-a^2)}{x^{m-1}} + \frac{1}{(m-1)a^{m-1}}\left\{(-1)^{m-1}\log\frac{x+a}{x} + \log\frac{x-a}{x} + \sum_{\nu=1}^{m-2}\frac{1+(-1)^{m-\nu-1}}{\nu}\left(\frac{a}{x}\right)^{\nu}\right\} + C\,,\quad m>2,\ a\neq 0;$$

16b) $$\int \frac{\log(x^2-a^2)}{x}\,dx = \log^2 x + \frac{1}{2}\mathcal{L}_2\left(\frac{a^2}{x^2}\right) + C\,,\quad \text{vgl. } 322.7a-7b,\ x^2>a^2\ ;$$

16c) $$\int \frac{\log(a^2-x^2)}{x}\,dx = \log a^2\cdot\log x - \frac{1}{2}\mathcal{L}_2\left(\frac{x^2}{a^2}\right) + C\,,\quad \text{vgl. } 322.7a-7b,\ x^2<a^2\ ;$$

16d) $$\int \frac{\log(x^2-a^2)}{x^2}\,dx = \frac{x-a}{ax}\log(x-a) - \frac{x+a}{ax}\log(x+a)\,,\quad a\neq 0\,.$$

17a) $$\int x^m\log(x^2+a^2)\,dx = \frac{x^{m+1}}{m+1}\log(x^2+a^2) - \frac{(-1)^{\frac{m}{2}}2a^{m+1}}{m+1}\left\{\operatorname{arctg}\frac{a}{x} + \sum_{\nu=0}^{\frac{m}{2}}\frac{(-1)^{\nu}}{2\nu+1}\left(\frac{x}{a}\right)^{2\nu+1}\right\} + C_1\,,$$
für gerades $m\geq 0, a\neq 0$;

17b) $$= \frac{x^{m+1}-(-a^2)^{\frac{m+1}{2}}}{m+1}\log(x^2+a^2) - \frac{(-a^2)^{\frac{m+1}{2}}}{m+1}\sum_{\nu=1}^{\frac{m+1}{2}}\frac{(-1)^{\nu}}{\nu}\left(\frac{x}{a}\right)^{2\nu} + C_2\,,$$
für ungerades $m>0$, $a\neq 0$;

17c) $$\int \log(x^2+a^2)\,dx = x\log(x^2+a^2) + 2a\operatorname{arctg}\frac{x}{a} - 2x + C\,,\quad a\neq 0\,.$$

18a) $$\int \frac{\log(x^2+a^2)}{x^m}\,dx = \frac{-1}{m-1}\,\frac{\log(x^2+a^2)}{x^{m-1}} + \frac{(-1)^{\frac{m}{2}}\cdot 2}{(m-1)a^{m-1}}\left\{\operatorname{arctg}\frac{a}{x} - \sum_{\nu=0}^{\frac{m}{2}-2}\frac{(-1)^{\nu}}{2\nu+1}\left(\frac{a}{x}\right)^{2\nu+1}\right\} + C_1\,,$$
für gerades $m>2$, $a\neq 0$;

18b) $$= \frac{-1}{m-1}\,\frac{\log(x^2+a^2)}{x^{m-1}} + \frac{(-1)^{\frac{m-1}{2}}}{(m-1)a^{m-1}}\left\{\log\frac{x^2+a^2}{x^2} + \sum_{\nu=1}^{\frac{m-3}{2}}\frac{(-1)^{\nu}}{\nu}\left(\frac{a}{x}\right)^{2\nu}\right\} + C_2\,,$$
für ungerades $m>3$, $a\neq 0$.

323.

18c) $$\int \frac{\log(x^2+a^2)}{x}\,dx = \log^2 x + \frac{1}{2}\mathcal{L}_2\left(\frac{-a^2}{x^2}\right) + C_1 = \log a^2 \cdot \log x - \frac{1}{2}\mathcal{L}_2\left(\frac{-x^2}{a^2}\right) + C_2\,, \quad a \neq 0\,;$$

18d) $$\int \frac{\log(x^2+a^2)}{x^2}\,dx = \frac{-1}{x}\log(x^2+a^2) + \frac{2}{a}\operatorname{arctg}\frac{x}{a} + C\,, \quad a \neq 0\,;$$

18e) $$\int \frac{\log(x^2+a^2)}{x^3}\,dx = \frac{-1}{2a^2}\,\frac{x^2+a^2}{x^2}\log(x^2+a^2) + \frac{1}{a^2}\log x + C\,, \quad a \neq 0\,.$$

19) $$\int f(x)\log(x+\sqrt{x^2+a^2})\,dx = -2a\log a\int f\left(\frac{2at}{t^2-1}\right)\frac{t^2+1}{(t^2-1)^2}\,dt - 2a\int f\left(\frac{2a(y-1)}{y(y-2)}\right)\frac{y^2-2y+2}{y^2(y-2)^2}\log y\,dy$$
$$+2a\int f\left(\frac{2a(z+1)}{z(z+2)}\right)\frac{z^2+2z+2}{z^2(z+2)^2}\log z\,dz\,,$$
mit $x = \dfrac{2at}{t^2-1}$, $t = y-1 = z+1 = \dfrac{a+\sqrt{x^2+a^2}}{x}$, $a>0$, vgl. 323.1;

20a) $$\int x^m\log(x+\sqrt{x^2+a^2})\,dx = \left[\frac{x^{m+1}}{m+1} + \frac{(-1)^\kappa s\,(1;2;\kappa+1)\,a^{m+1}}{(m+1)(2;2;\kappa+1)}\right]\log(x+\sqrt{x^2+a^2})$$
$$-\frac{\sqrt{x^2+a^2}}{m+1}\sum_{\nu=0}^{\kappa}(-1)^\nu\frac{(m;-2;\nu)}{(m+1;-2;\nu+1)}\,a^{2\nu}x^{m-2\nu} + C\,,$$
mit $m = 2\kappa+s$, $s=0$ oder 1, $m \geq 0$;

20b) $$\int \log(x+\sqrt{x^2+a^2})\,dx = x\log(x+\sqrt{x^2+a^2}) - \sqrt{x^2+a^2} + C\,;$$

20c) $$\int x\log(x+\sqrt{x^2+a^2})\,dx = \left(\frac{x^2}{2}+\frac{a^2}{4}\right)\log(x+\sqrt{x^2+a^2}) - \frac{x}{4}\sqrt{x^2+a^2} + C\,.$$

21a) $$\int \frac{\log(x+\sqrt{x^2+a^2})}{x^m}\,dx = \frac{-1}{m-1}\,\frac{\log(x+\sqrt{x^2+a^2})}{x^{m-1}} + \frac{(1-s)(-1)^\kappa(1;2;\kappa-1)}{(m-1)(2;2;\kappa-1)a^{m-1}}\log\frac{a+\sqrt{x^2+a^2}}{x}$$
$$+\frac{\sqrt{x^2+a^2}}{m-1}\sum_{\nu=1}^{\kappa-1}(-1)^\nu\frac{(m-3;-2;\nu-1)}{(m-2;-2;\nu)a^{2\nu}}\,\frac{1}{x^{m-2\nu}} + C\,,$$
mit $m = 2\kappa-s$, $s=0$ oder 1, $m>1$;

21b) $$\int \frac{\log(x+\sqrt{x^2+a^2})}{x}\,dx = \log a\cdot\log x + \frac{1}{2}\log\frac{a}{2(a+\sqrt{x^2+a^2})}\cdot\log\frac{-x+\sqrt{x^2+a^2}}{a}$$
$$+\mathcal{L}_2\left(\frac{x+a+\sqrt{x^2+a^2}}{x}\right) - \mathcal{L}_2\left(\frac{x-a-\sqrt{x^2+a^2}}{x}\right) - \mathcal{L}_2\left(\frac{x+a+\sqrt{x^2+a^2}}{2x}\right) + \mathcal{L}_2\left(\frac{x-a-\sqrt{x^2+a^2}}{2x}\right) + C_1\,,$$

21c) $$= \log a\cdot\log x + \sum_{\nu=0}^{\infty}\binom{-1/2}{\nu}\frac{1}{(2\nu+1)^2}\left(\frac{x}{a}\right)^{2\nu+1} + C_2\,, \quad \text{für } 0 \leq x \leq a\,;$$

21d) $$= \log a\cdot\log x + \frac{1}{2}\log^2\frac{2x}{a} + \sum_{\nu=1}^{\infty}\binom{-1/2}{\nu}\frac{1}{(2\nu)^2}\left(\frac{a}{x}\right)^{2\nu} + C_3\,, \quad \text{für } x \geq a > 0\,;$$

21e) $$\int \frac{\log(x+\sqrt{x^2+a^2})}{x^2}\,dx = \frac{-\log(x+\sqrt{x^2+a^2})}{x} - \frac{1}{a}\log\frac{a+\sqrt{x^2+a^2}}{x} + C\,.$$

22) $$\int f(x)\log(x+\sqrt{x^2-a^2})\,dx = -4a\log a\int f\left(\frac{a(t^2+1)}{t^2-1}\right)\frac{t}{(t^2-1)^2}\,dt - 4a\int f\left(\frac{a(y^2-2y+2)}{y(y-2)}\right)\frac{y-1}{y^2(y-2)^2}\log y\,dy$$

$$+4a\int f\left(\frac{a(z^2+2z+2)}{z(z+2)}\right)\frac{z+1}{z^2(z+2)^2}\log z\,dz\,,$$

mit $x = a\frac{t^2+1}{t^2-1}$, $t = y-1 = z+1 = \sqrt{\frac{x+a}{x-a}}$, $a>0$,

vgl. auch 323.1 .

23a) $$\int x^m\log(x+\sqrt{x^2-a^2})\,dx = \left[\frac{x^{m+1}}{m+1} - \frac{s(1;2;n+1)a^{m+1}}{(m+1)(2;2;n+1)}\right]\log(x+\sqrt{x^2-a^2})$$

$$-\frac{\sqrt{x^2-a^2}}{m+1}\sum_{\nu=0}^{n}\frac{(m;-2;\nu)a^{2\nu}}{(m+1;-2;\nu+1)}x^{m-2\nu} + C\,,$$ mit $m = 2n+s$, $s = 0$ oder 1, $m \geqq 0$;

23b) $$\int \log(x+\sqrt{x^2-a^2})\,dx = x\log(x+\sqrt{x^2-a^2}) - \sqrt{x^2-a^2} + C\,.$$

24a) $$\int \frac{\log(x+\sqrt{x^2-a^2})}{x^m}\,dx = \frac{-1}{m-1}\,\frac{\log(x+\sqrt{x^2-a^2})}{x^{m-1}} + \frac{(s-1)(1;2;n-1)}{(m-1)(2;2;n-1)a^{m-1}}\arcsin\frac{a}{x}$$

$$+\frac{\sqrt{x^2-a^2}}{m-1}\sum_{\nu=1}^{n-1}\frac{(m-3;-2;\nu-1)}{(m-2;-2;\nu)a^{2\nu}}\,\frac{1}{x^{m-2\nu}} + C\,,$$ mit $m = 2n-s$, $s = 0$ oder 1, $m>2$, $x \geqq a > 0$;

24b) $$\int \frac{\log(x+\sqrt{x^2-a^2})}{x}\,dx = \log a\cdot\log x + \frac{1}{2}\log^2\frac{2x}{a} + \sum_{\nu=1}^{\infty}\binom{-1/2}{\nu}\frac{(-1)^\nu}{(2\nu)^2}\left(\frac{a}{x}\right)^{2\nu} + C\,,$$ für $x \geqq a > 0$;

24c) $$\int \frac{\log(x+\sqrt{x^2-a^2})}{x^2}\,dx = \frac{-\log(x+\sqrt{x^2-a^2})}{x} - \frac{1}{a}\arcsin\frac{a}{x} + C\,,$$ für $x \geqq a > 0$.

331. Integrale der Form $\int R(\sin x, \cos x)\,dx$.

1) Um eine bessere Übersicht und Einteilung zu erzielen, werden im folgenden die Kreisfunktionen $\operatorname{tg} x$, $\operatorname{ctg} x$, $\sec x$, $\operatorname{cosec} x$ im allgemeinen durch $\sin x$ und $\cos x$ ausgedrückt:

1a) $\operatorname{tg} x = \frac{\sin x}{\cos x}$, $\operatorname{ctg} x = \frac{\cos x}{\sin x}$, $\sec x = \frac{1}{\cos x}$, $\operatorname{cosec} x = \frac{1}{\sin x}$.

Es sei an die für die Integration derartiger Funktionen wichtigen Additionstheoreme erinnert:

1b) $\sin(x \pm y) = \sin x\cos y \pm \cos x\sin y$, $\cos(x \pm y) = \cos x\cos y \mp \sin x\sin y$;

1c) $\sin x + \sin y = 2\sin\frac{x+y}{2}\cos\frac{x-y}{2}$, $\sin x - \sin y = 2\cos\frac{x+y}{2}\sin\frac{x-y}{2}$;

1d) $\cos x + \cos y = 2\cos\frac{x+y}{2}\cos\frac{x-y}{2}$, $\cos x - \cos y = -2\sin\frac{x+y}{2}\sin\frac{x-y}{2}$.

2) <u>Substitution</u>: Man setzt

2a) $t = \operatorname{tg}\frac{x}{2} = \frac{\sin x}{1+\cos x} = \frac{1-\cos x}{\sin x}$, $\sin x = \frac{2t}{1+t^2}$, $\cos x = \frac{1-t^2}{1+t^2}$, $\operatorname{tg} x = \frac{2t}{1-t^2}$, $\operatorname{ctg} x = \frac{1-t^2}{2t}$,

$dx = \frac{2}{1+t^2}dt$,

dann geht das Integral

$$\int R(\sin x, \cos x, \operatorname{tg} x, \operatorname{ctg} x)\,dx$$

in ein Integral

$$\int R_1(t)\,dt$$

über mit rationalem Integranden $R_1(t)$; dieses Integral kann daher nach Abschnitt 1 berechnet werden.

In besonderen Fällen kommt man mit einfacheren Substitutionen aus:

2b) $\int R(\sin x, \cos^2 x)\cos x\,dx = \int R(t, 1-t^2)\,dt$, mit $t = \sin x$, $\cos^2 x = 1-t^2$, $\cos x\,dx = dt$;

2c) $\int R(\sin^2 x, \cos x)\sin x\,dx = -\int R(1-t^2, t)\,dt$, mit $t = \cos x$, $\sin^2 x = 1-t^2$, $\sin x\,dx = -dt$;

2d) $\int R(\sin^2 x, \cos^2 x, \sin x\cos x)\,dx = \int R\left(\frac{t^2}{t^2+1}, \frac{1}{t^2+1}, \frac{t}{t^2+1}\right)\frac{dt}{t^2+1}$,

mit $t = \operatorname{tg} x$, $\sin^2 x = \frac{t^2}{t^2+1}$, $\cos^2 x = \frac{1}{t^2+1}$, $\sin x\cos x = \frac{t}{t^2+1}$

$dx = \frac{dt}{t^2+1}$.

2e) $\int R(\operatorname{tg} x)\,dx = \int \frac{R(t)}{t^2+1}dt$, mit $t = \operatorname{tg} x$, $dx = \frac{dt}{t^2+1}$.

3) <u>Grundintegrale</u>:

3a) $\int \sin x\,dx = -\cos x + C$;

3b) $\int \cos x\,dx = \sin x + C$;

4a) $\int \sin^n x\,dx = \frac{-1}{n}\sin^{n-1}x\cos x + \frac{n-1}{n}\int \sin^{n-2}x\,dx$;

4b) $= -\cos x \sum_{\nu=1}^{\varkappa} \frac{(n-1;-2;\nu-1)}{(n;-2;\nu)}\sin^{n-2\nu+1}x + \frac{(1-s;2;\varkappa)}{(2-s;2;\varkappa)}x + C$, mit $n = 2\varkappa - s$,

$s = 0$ oder 1 ;

4c) $\int \sin^2 x\,dx = \frac{-1}{2}\sin x\cos x + \frac{x}{2} + C$.

5a) $$\int \sin^{2n} x\,dx = \frac{1}{2^{2n}}\binom{2n}{n}x + \frac{(-1)^n}{2^{2n-1}}\sum_{\nu=0}^{n-1}(-1)^\nu\binom{2n}{\nu}\frac{\sin(2n-2\nu)x}{2n-2\nu} + C\,;$$

5b) $$\int \sin^{2n+1} x\,dx = \frac{(-1)^{n+1}}{2^{2n}}\sum_{\nu=0}^{n}(-1)^\nu\binom{2n+1}{\nu}\frac{\cos(2n+1-2\nu)x}{2n+1-2\nu} + C_1\,;$$

5c) $$= \sum_{\nu=0}^{n}(-1)^{\nu+1}\binom{n}{\nu}\frac{\cos^{2\nu+1}x}{2\nu+1} + C_2\,.$$

6a) $$\int\frac{dx}{\sin^n x} = \frac{-1}{n-1}\,\frac{\cos x}{\sin^{n-1}x} + \frac{n-2}{n-1}\int\frac{dx}{\sin^{n-2}x}\,, \quad n\neq 1\,;$$

6b) $$= -\cos x\sum_{\nu=1}^{\varkappa}\frac{(n-2;-2;\nu-1)}{(n-1;-2;\nu)}\,\frac{1}{\sin^{n-2\nu+1}x} + \frac{(s;2;\varkappa)}{(s+1;2;\varkappa)}\log\operatorname{tg}\frac{x}{2} + C, \text{ mit } n=2\varkappa+s,\ s=0 \text{ oder } 1\,;$$

6c) $$\int\frac{dx}{\sin x} = \log\operatorname{tg}\frac{x}{2} + C = \log\frac{1-\cos x}{\sin x} + C = \log\frac{\sin x}{1+\cos x} + C = \frac{1}{2}\log\frac{1-\cos x}{1+\cos x} + C\,;$$

6d) $$\int\frac{dx}{\sin^2 x} = -\operatorname{ctg}x + C\,.$$

7a) $$\int\cos^n x\,dx = \frac{1}{n}\sin x\cos^{n-1}x + \frac{n-1}{n}\int\cos^{n-2}x\,dx\,;$$

7b) $$= \sin x\sum_{\nu=1}^{\varkappa}\frac{(n-1;-2;\nu-1)}{(n;-2;\nu)}\cos^{n-2\nu+1}x + \frac{(1-s;2;\varkappa)}{(2-s;2;\varkappa)}x + C, \text{ mit } n=2\varkappa-s,\ s=0 \text{ oder } 1\,;$$

7c) $$\int\cos^2 x\,dx = \frac{1}{2}\sin x\cos x + \frac{x}{2} + C\,.$$

8a) $$\int\cos^{2n}x\,dx = \frac{1}{2^{2n}}\binom{2n}{n}x + \frac{1}{2^{2n-1}}\sum_{\nu=0}^{n-1}\binom{2n}{\nu}\frac{\sin(2n-2\nu)x}{2n-2\nu} + C\,;$$

8b) $$\int\cos^{2n+1}x\,dx = \frac{1}{2^{2n}}\sum_{\nu=0}^{n}\binom{2n+1}{\nu}\frac{\sin(2n+1-2\nu)x}{2n+1-2\nu} + C_1\,;$$

8c) $$= \sum_{\nu=0}^{n}(-1)^\nu\binom{n}{\nu}\frac{\sin^{2\nu+1}x}{2\nu+1} + C_2\,;$$

9a) $$\int\frac{dx}{\cos^n x} = \frac{1}{n-1}\,\frac{\sin x}{\cos^{n-1}x} + \frac{n-2}{n-1}\int\frac{dx}{\cos^{n-2}x}\,, \quad n\neq 1\,;$$

9b) $$= \sin x\sum_{\nu=1}^{\varkappa}\frac{(n-2;-2;\nu-1)}{(n-1;-2;\nu)}\,\frac{1}{\cos^{n-2\nu+1}x} + \frac{(s;2;\varkappa)}{(s+1;2;\varkappa)}\log\frac{1+\sin x}{\cos x} + C, \text{ mit } n=2\varkappa+s,\ s=0 \text{ oder } 1\,;$$

9c) $$\int\frac{dx}{\cos x} = \log\frac{1+\sin x}{\cos x} + C = \log\frac{\cos x}{1-\sin x} + C = \frac{1}{2}\log\frac{1+\sin x}{1-\sin x} + C = \log\operatorname{tg}\left(\frac{\pi}{4}+\frac{x}{2}\right) + C\,;$$

9d) $$\int\frac{dx}{\cos^2 x} = \operatorname{tg}x + C\,.$$

331.

10a) $$\int \sin^m x \cos^n x \, dx = \frac{1}{m+n} \sin^{m+1} x \cos^{n-1} x + \frac{n-1}{m+n} \int \sin^m x \cos^{n-2} x \, dx \;;$$

10b) $$= \frac{-1}{m+n} \sin^{m-1} x \cos^{n+1} x + \frac{m-1}{m+n} \int \sin^{m-2} x \cos^n x \, dx \;;$$

10c) $$\int \sin^m x \cos^{2n} x \, dx = \sin^{m+1} x \sum_{\nu=1}^{n} \frac{(2n-1;-2;\nu-1)}{(m+2n;-2;\nu)} \cos^{2n-2\nu+1} x + \frac{(1;2;n)}{(m+2;2;n)} \int \sin^m x \, dx \,,$$
siehe 331.4–5 ;

10d) $$\int \sin^m x \cos^{2n+1} x \, dx = \sin^{m+1} x \sum_{\nu=0}^{n} \frac{(2n;-2;\nu)}{(m+2n+1;-2;\nu+1)} \cos^{2n-2\nu} x + C \;;$$

10e) $$\int \sin^{2m} x \cos^n x \, dx = -\cos^{n+1} x \sum_{\nu=1}^{m} \frac{(2m-1;-2;\nu-1)}{(2m+n;-2;\nu)} \sin^{2m-2\nu+1} x + \frac{(1;2;m)}{(2+n;2;m)} \int \cos^n x \, dx \,,$$
siehe 331.7–8 ;

10f) $$\int \sin^{2m+1} x \cos^n x \, dx = -\cos^{n+1} x \sum_{\nu=0}^{m} \frac{(2m;-2;\nu)}{(2m+n+1;-2;\nu+1)} \sin^{2m-2\nu} x + C \;;$$

10g) $$\int \sin^m x \cos x \, dx = \frac{1}{m+1} \sin^{m+1} x + C \;;$$

10h) $$\int \sin x \cos^n x \, dx = \frac{-1}{n+1} \cos^{n+1} x + C \,.$$

11a) $$\int \frac{\sin^m x}{\cos^n x} dx = \frac{-1}{m-n} \frac{\sin^{m-1} x}{\cos^{n-1} x} + \frac{m-1}{m-n} \int \frac{\sin^{m-2} x}{\cos^n x} dx \,, \quad m \neq n \;;$$

11b) $$= \frac{1}{n-1} \frac{\sin^{m+1} x}{\cos^{n-1} x} - \frac{m-n+2}{n-1} \int \frac{\sin^m x}{\cos^{n-2} x} dx \,, \quad n \neq 1 \;;$$

11c) $$= \frac{1}{n-1} \frac{\sin^{m-1} x}{\cos^{n-1} x} - \frac{m-1}{n-1} \int \frac{\sin^{m-2} x}{\cos^{n-2} x} dx \,, \quad n \neq 1 \;;$$

11d) $$\int \frac{\sin^{2m+1} x}{\cos^n x} dx = \sum_{\substack{\nu=0 \\ \nu \neq \frac{n-1}{2}}}^{m} (-1)^{\nu+1} \binom{m}{\nu} \frac{\cos^{2\nu-n+1} x}{2\nu-n+1} + s(-1)^{\frac{n+1}{2}} \binom{m}{\frac{n-1}{2}} \log \cos x + C \,,$$
mit $s=1$, wenn n ungerade und $\leq 2m+1$ ist, sonst $s=0$;

11e) $$\int \frac{\sin^m x}{\cos^{2n} x} dx = \sin^{m+1} x \sum_{\nu=0}^{n-1} (-1)^\nu \frac{(m-2n+2;2;\nu)}{(2n-1;-2;\nu+1)} \frac{1}{\cos^{2n-2\nu-1} x} + (-1)^n \frac{(m;-2;n)}{(1;2;n)} \int \sin^m x \, dx \,,$$
siehe 331.4–5;

11f) $$\int \frac{\sin^m x}{\cos^{2n+1} x} dx = \sin^{m+1} x \sum_{\nu=0}^{n-1} (-1)^\nu \frac{(m-2n+1;2;\nu)}{(2n;-2;\nu+1)} \frac{1}{\cos^{2n-2\nu} x} + (-1)^n \frac{(m-1;-2;n)}{(2;2;n)} \int \frac{\sin^m x}{\cos x} dx \,,$$
siehe 331.11g–11j ;

11g) $$\int \frac{\sin^{2m} x}{\cos x} dx = -\sum_{\nu=1}^{m} \frac{\sin^{2\nu-1} x}{2\nu-1} + \log \frac{1+\sin x}{\cos x} + C \,, \quad m \geq 1 \;;$$

11h) $$\int \frac{\sin^{2m+1} x}{\cos x} dx = -\sum_{\nu=1}^{m} \frac{\sin^{2\nu} x}{2\nu} - \log \cos x + C \,, \quad m \geq 1 \;;$$

11j) $$= \sum_{\nu=1}^{m} (-1)^{\nu+1} \binom{m}{\nu} \frac{\cos^{2\nu} x}{2\nu} - \log \cos x + C \,, \quad m \geq 1 \;;$$

11k) $$\int \frac{\sin x}{\cos^n x}\,dx = \frac{1}{n-1}\,\frac{1}{\cos^{n-1} x} + C\,;$$

11l) $$\int \frac{\sin^n x}{\cos^{n+2} x}\,dx = \frac{1}{n+1}\,\mathrm{tg}^{n+1} x + C\,.$$

12a) $$\int \mathrm{tg}^n x\,dx = \frac{1}{n-1}\,\mathrm{tg}^{n-1} x - \int \mathrm{tg}^{n-2} x\,dx\,, \quad n \neq 1\,;$$

12b) $$= \sum_{\nu=1}^{k} (-1)^{\nu-1}\,\frac{1}{n-2\nu+1}\,\mathrm{tg}^{n-2\nu+1} x + (-1)^{k} \int \mathrm{tg}^{s} x\,dx\,, \quad \text{mit } n = 2k+s,\ s = 0 \text{ oder } 1\,;$$

12c) $$\int \mathrm{tg}^{2n+1} x\,dx = \sum_{\nu=1}^{n} (-1)^{n+\nu} \binom{n}{\nu} \frac{1}{2\nu \cos^{2\nu} x} + (-1)^{n+1} \log\cos x + C\,, \quad n \geqq 1\,;$$

12d) $$\int \mathrm{tg}\,x\,dx = -\log\cos x + C\,;$$

12e) $$\int \mathrm{tg}^2 x\,dx = \mathrm{tg}\,x - x + C\,.$$

13a) $$\int \frac{\cos^n x}{\sin^m x}\,dx = \frac{1}{n-m}\,\frac{\cos^{n-1} x}{\sin^{m-1} x} + \frac{n-1}{n-m} \int \frac{\cos^{n-2} x}{\sin^m x}\,dx\,, \quad m \neq n\,;$$

13b) $$= \frac{-1}{m-1}\,\frac{\cos^{n+1} x}{\sin^{m-1} x} - \frac{n-m+2}{m-1} \int \frac{\cos^n x}{\sin^{m-2} x}\,dx\,, \quad m \neq 1\,;$$

13c) $$= \frac{-1}{m-1}\,\frac{\cos^{n-1} x}{\sin^{m-1} x} - \frac{n-1}{m-1} \int \frac{\cos^{n-2} x}{\sin^{m-2} x}\,dx\,, \quad m \neq 1\,;$$

13d) $$\int \frac{\cos^{2n+1} x}{\sin^m x}\,dx = \sum_{\substack{\nu=0 \\ \nu \neq \frac{m-1}{2}}}^{n} (-1)^{\nu} \binom{n}{\nu} \frac{\sin^{2\nu-m+1} x}{2\nu-m+1} + s(-1)^{\frac{m-1}{2}} \binom{n}{\frac{m-1}{2}} \log\sin x + C\,,$$
mit $s = 1$, wenn m ungerade und $\leqq 2n+1$ ist, sonst $s = 0$;

13e) $$\int \frac{\cos^n x}{\sin^{2m} x}\,dx = \cos^{n+1} x \sum_{\nu=0}^{m-1} (-1)^{\nu+1} \frac{(n-2m+2;2;\nu)}{(2m-1;-2;\nu+1)}\,\frac{1}{\sin^{2m-2\nu-1} x} + (-1)^m \frac{(n;-2;m)}{(1;2;m)} \int \cos^n x\,dx\,,$$
siehe 331.7a–8c ;

13f) $$\int \frac{\cos^n x}{\sin^{2m+1} x}\,dx = \cos^{n+1} x \sum_{\nu=0}^{m-1} (-1)^{\nu+1} \frac{(n-2m+1;2;\nu)}{(2m;-2;\nu+1)}\,\frac{1}{\sin^{2m-2\nu} x} + (-1)^m \frac{(n-1;-2;m)}{(2;2;m)} \int \frac{\cos^n x}{\sin x}\,dx\,,$$
siehe 331.13g–13j ;

13g) $$\int \frac{\cos^{2n} x}{\sin x}\,dx = \sum_{\nu=1}^{n} \frac{1}{2\nu-1}\,\cos^{2\nu-1} x + \log\mathrm{tg}\,\frac{x}{2} + C\,, \quad n \geqq 1\,;$$

13h) $$\int \frac{\cos^{2n+1} x}{\sin x}\,dx = \sum_{\nu=1}^{n} \frac{1}{2\nu}\,\cos^{2\nu} x + \log\sin x + C\,, \quad n \geqq 1\,;$$

13j) $$= \sum_{\nu=1}^{n} (-1)^{\nu} \binom{n}{\nu} \frac{\sin^{2\nu} x}{2\nu} + \log\sin x + C\,, \quad n \geqq 1\,;$$

13k) $$\int \frac{\cos x}{\sin^m x}\,dx = \frac{-1}{m-1}\,\frac{1}{\sin^{m-1}x} + C\,,\quad m \neq 1\,;$$

13l) $$\int \frac{\cos^n x}{\sin^{n+2}x}\,dx = \frac{-1}{n+1}\,\mathrm{ctg}^{n+1}x + C\,,\quad n \neq -1\,;$$

14a) $$\int \mathrm{ctg}^n x\,dx = \frac{-1}{n-1}\,\mathrm{ctg}^{n-1}x - \int \mathrm{ctg}^{n-2}x\,dx\,,\quad n \neq 1\,;$$

14b) $$= \sum_{\nu=1}^{\varkappa} (-1)^{\nu}\,\frac{1}{n-2\nu+1}\,\mathrm{ctg}^{n-2\nu+1}x + (-1)^{\varkappa}\int \mathrm{ctg}^s x\,dx\,,$$ mit $n = 2\varkappa+s$, $s = 0$ oder 1;

14c) $$\int \mathrm{ctg}^{2n+1}x\,dx = \sum_{\nu=1}^{n} (-1)^{n+\nu+1}\binom{n}{\nu}\frac{1}{2\nu\sin^{2\nu}x} + (-1)^n \log\sin x + C\,,\quad n \geqq 1\,;$$

14d) $$\int \mathrm{ctg}\,x\,dx = \log\sin x + C\,;$$

14e) $$\int \mathrm{ctg}^2 x\,dx = -\mathrm{ctg}\,x - x + C\,.$$

15a) $$\int \frac{dx}{\sin^m x\cos^n x} = \frac{-1}{(m-1)\sin^{m-1}x\cos^{n-1}x} + \frac{m+n-2}{m-1}\int \frac{dx}{\sin^{m-2}x\cos^n x}\,,\quad m \neq 1\,;$$

15b) $$= \frac{1}{(n-1)\sin^{m-1}x\cos^{n-1}x} + \frac{m+n-2}{n-1}\int \frac{dx}{\sin^m x\cos^{n-2}x}\,,\quad n \neq 1\,;$$

15c) $$= \frac{1}{\sin^{m-1}x}\sum_{\nu=1}^{\varkappa}\frac{(m+n-2;-2;\nu-1)}{(n-1;-2;\nu)}\,\frac{1}{\cos^{n-2\nu+1}x} + \frac{(m+s;2;\varkappa)}{(s+1;2;\varkappa)}\int \frac{dx}{\sin^m x\cos^s x}\,,$$ mit $n = 2\varkappa+s$, $s = 0$ oder 1; siehe 331.6a–6d und 331.15g;

15d) $$= \frac{-1}{\cos^{n-1}x}\sum_{\nu=1}^{\varkappa}\frac{(m+n-2;-2;\nu-1)}{(m-1;-2;\nu)}\,\frac{1}{\sin^{m-2\nu+1}x} + \frac{(n+s;2;\varkappa)}{(s+1;2;\varkappa)}\int \frac{dx}{\sin^s x\cos^n x}\,,$$ mit $m = 2\varkappa+s$, $s = 0$ oder 1; siehe 331.9a–9d und 331.15h;

15e) $$\int \frac{dx}{\sin^{2m}x\cos^{2n}x} = \sum_{\nu=0}^{m+n-1}\binom{m+n-1}{\nu}\frac{1}{2\nu-2m+1}\,\mathrm{tg}^{2\nu-2m+1}x + C\,;$$

15f) $$\int \frac{dx}{\sin^{2m+1}x\cos^{2n+1}x} = \sum_{\substack{\nu=0\\ \nu\neq m}}^{m+n}\binom{m+n}{\nu}\frac{1}{2\nu-2m}\,\mathrm{tg}^{2\nu-2m}x + \binom{m+n}{m}\log\mathrm{tg}\,x + C\,;$$

15g) $$\int \frac{dx}{\sin^m x\cos x} = -\sum_{\nu=1}^{\varkappa}\frac{1}{(m-2\nu+1)\sin^{m-2\nu+1}x} + s\log\mathrm{tg}\,x + (s-1)\log\mathrm{tg}\left(\frac{\pi}{4}-\frac{x}{2}\right) + C\,,$$ mit $m = 2\varkappa+s$, $s = 0$ oder 1;

15h) $$\int \frac{dx}{\sin x\cos^n x} = \sum_{\nu=1}^{\varkappa}\frac{1}{(n-2\nu+1)\cos^{n-2\nu+1}x} + \log\mathrm{tg}\frac{x}{2-s} + C\,,$$ mit $n = 2\varkappa+s$, $s = 0$ oder 1;

15k) $$\int \frac{dx}{\sin^n x\cos^n x} = 2^{n-1}\int \frac{dy}{\sin^n y}\,,$$ mit $y = 2x$, siehe 331.6a – 6d;

15l) $$\int \frac{dx}{\sin x\cos x} = \log\mathrm{tg}\,x + C\,;$$

331.

15m) $$\int\frac{dx}{\sin^2 x\cos x}=\frac{-1}{\sin x}-\log\operatorname{tg}\left(\frac{\pi}{4}-\frac{x}{2}\right)+C\,;$$

15n) $$\int\frac{dx}{\sin x\cos^2 x}=\frac{1}{\cos x}+\log\operatorname{tg}\frac{x}{2}+C\,;$$

15o) $$\int\frac{dx}{\sin^2 x\cos^2 x}=\operatorname{tg}x-\operatorname{ctg}x+C=-2\operatorname{ctg}2x+C\,.$$

16a) $$\int\frac{A+B\sin x}{(a+b\sin x)^n}dx=\frac{bA-aB}{(n-1)(a^2-b^2)}\frac{\cos x}{(a+b\sin x)^{n-1}}+\frac{1}{(n-1)(a^2-b^2)}\int\frac{(n-1)(aA-bB)+(n-2)(aB-bA)\sin x}{(a+b\sin x)^{n-1}}dx\,,$$
$n>1,\ a^2\neq b^2$;

16b) $$\int\frac{A+B\sin x}{a+b\sin x}dx=\frac{B}{b}x+\frac{bA-aB}{b}\int\frac{dx}{a+b\sin x}\,,\quad b\neq 0\,;$$

16c) $$\int\frac{dx}{a+b\sin x}=\frac{1}{\sqrt{b^2-a^2}}\log C_1\frac{a\operatorname{tg}\frac{x}{2}+b-\sqrt{b^2-a^2}}{a\operatorname{tg}\frac{x}{2}+b+\sqrt{b^2-a^2}}\,,\quad \text{für } b^2>a^2\,;$$

16d) $$=\frac{2}{\sqrt{a^2-b^2}}\operatorname{arctg}\frac{a\operatorname{tg}\frac{x}{2}+b}{\sqrt{a^2-b^2}}+C_2\,,\quad \text{für } b^2<a^2\,;$$

16e) $$\int\frac{A+B\sin x}{(1+\varepsilon\sin x)^n}dx=\frac{B}{n-1}\frac{\cos x}{(1+\varepsilon\sin x)^n}-\left(\varepsilon A+\frac{n}{n-1}B\right)\cos x\sum_{\nu=0}^{n-1}\frac{(n-1;-1;\nu)}{(2n-1;-2;\nu+1)}\frac{1}{(1+\varepsilon\sin x)^{n-\nu}}+C\,,$$
mit $\varepsilon=\pm1$, für $n>1$;

16f) $$\int\frac{A+B\sin x}{1+\varepsilon\sin x}dx=\varepsilon Bx-(A-\varepsilon B)\frac{\varepsilon-\sin x}{\cos x}+C\,,\quad \text{mit } \varepsilon=\pm1\,;$$

16g) $$\int\frac{A+B\sin x}{(a+b\sin x)\sin x}dx=\frac{A}{a}\log\operatorname{tg}\frac{x}{2}+\frac{aB-bA}{a}\int\frac{dx}{a+b\sin x}\,,\quad a\neq 0\,;$$

17a) $$\int\frac{A+B\cos x}{(a+b\cos x)^n}dx=\frac{aB-bA}{(n-1)(a^2-b^2)}\frac{\sin x}{(a+b\cos x)^{n-1}}+\frac{1}{(n-1)(a^2-b^2)}\int\frac{(n-1)(aA-bB)+(n-2)(aB-bA)\cos x}{(a+b\cos x)^{n-1}}dx\,,$$
für $n>1,\ a^2\neq b^2$;

17b) $$\int\frac{A+B\cos x}{a+b\cos x}dx=\frac{B}{b}x+\frac{bA-aB}{b}\int\frac{dx}{a+b\cos x}\,,\quad b\neq 0\,;$$

17c) $$\int\frac{dx}{a+b\cos x}=\frac{1}{\sqrt{b^2-a^2}}\log C_1\frac{b+a\cos x+\sqrt{b^2-a^2}\sin x}{a+b\cos x}\,,\quad \text{für } b^2>a^2\,;$$

17d) $$=\frac{2}{\sqrt{a^2-b^2}}\operatorname{arctg}\frac{\sqrt{a^2-b^2}\operatorname{tg}\frac{x}{2}}{a+b}+C_2\,,\quad \text{für } b^2<a^2\,;$$

17e) $$\int\frac{A+B\cos x}{(1+\varepsilon\cos x)^n}dx=\frac{-B}{n-1}\frac{\sin x}{(1+\varepsilon\cos x)^n}+\left(\varepsilon A+\frac{n}{n-1}B\right)\sin x\sum_{\nu=0}^{n-1}\frac{(n-1;-1;\nu)}{(2n-1;-2;\nu+1)}\frac{1}{(1+\varepsilon\cos x)^{n-\nu}}+C\,,$$
mit $\varepsilon=\pm1$, $n>1$;

17f) $$\int\frac{A+B\cos x}{1+\varepsilon\cos x}dx=\varepsilon Bx+(A-\varepsilon B)\frac{\varepsilon-\cos x}{\sin x}+C\,,\quad \text{für } \varepsilon=\pm1\,;$$

17g) $$\int\frac{A+B\cos x}{(a+b\cos x)\cos x}dx=\frac{A}{a}\log\frac{1+\sin x}{\cos x}+\frac{aB-bA}{a}\int\frac{dx}{a+b\cos x}\,,\quad a\neq 0\,.$$

331.

18a) $$\int\frac{\alpha+\beta\cos x+\gamma\sin x}{(a+b\cos x+c\sin x)^n}\,dx=\frac{1}{(n-1)(a^2-b^2-c^2)}\,\frac{(\beta c-\gamma b)+(\alpha c-\gamma a)\cos x-(\alpha b-\beta a)\sin x}{(a+b\cos x+c\sin x)^{n-1}}$$

$$+\frac{1}{(n-1)(a^2-b^2-c^2)}\int\frac{(n-1)(\alpha a-\beta b-\gamma c)-(n-2)(\alpha b-\beta a)\cos x-(n-2)(\alpha c-\gamma a)\sin x}{(a+b\cos x+c\sin x)^{n-1}}\,dx,$$

für $n>1$, $a^2\neq b^2+c^2$; vgl. 331.16a und 17a;

18b) $$=\frac{\gamma b-\beta c+\gamma a\cos x-\beta a\sin x}{(n-1)a(a+b\cos x+c\sin x)^n}+\left(\frac{\alpha}{a}+\frac{n(\beta b+\gamma c)}{(n-1)a^2}\right)(-c\cos x+b\sin x)\times$$

$$\times\sum_{\nu=0}^{n-1}\frac{(n-1;-1;\nu)}{(2n-1;-2;\nu+1)a^\nu}\,\frac{1}{(a+b\cos x+c\sin x)^{n-\nu}}+C\,,$$

für $n>1$, $a^2=b^2+c^2$; vgl. 331.16e und 17e;

18c) $$\int\frac{\alpha+\beta\cos x+\gamma\sin x}{a+b\cos x+c\sin x}\,dx=\frac{\beta c-\gamma b}{b^2+c^2}\log(a+b\cos x+c\sin x)+\frac{\beta b+\gamma c}{b^2+c^2}\,x$$

$$+\left(\alpha-\frac{\beta b+\gamma c}{b^2+c^2}\,a\right)\int\frac{dx}{a+b\cos x+c\sin x}\;;$$

18d) $$\int\frac{dx}{a+b\cos x+c\sin x}=\frac{1}{\sqrt{b^2+c^2-a^2}}\log C_1\frac{(a-b)\operatorname{tg}\frac{x}{2}+c-\sqrt{b^2+c^2-a^2}}{(a-b)\operatorname{tg}\frac{x}{2}+c+\sqrt{b^2+c^2-a^2}}$$ für $b^2+c^2>a^2$ und $a\neq b$;

18e) $$=\frac{2}{\sqrt{a^2-b^2-c^2}}\operatorname{arctg}\frac{(a-b)\operatorname{tg}\frac{x}{2}+c}{\sqrt{a^2-b^2-c^2}}+C_2\,,$$ für $b^2+c^2<a^2$;

18f) $$=\frac{1}{c}\log C_3\left(a+c\operatorname{tg}\frac{x}{2}\right),$$ für $a=b$ und $c\neq 0$;

18g) $$=\frac{-2}{(a-b)\operatorname{tg}\frac{x}{2}+c}+C_4\,,$$ für $a^2=b^2+c^2$, $c\neq 0$.

19) $$\int\frac{\alpha+\beta\cos x+\gamma\sin x}{(a_1+b_1\cos x+c_1\sin x)(a_2+b_2\cos x+c_2\sin x)}\,dx=A_0\log\frac{a_1+b_1\cos x+c_1\sin x}{a_2+b_2\cos x+c_2\sin x}$$

$$+A_1\int\frac{dx}{a_1+b_1\cos x+c_1\sin x}+A_2\int\frac{dx}{a_2+b_2\cos x+c_2\sin x}\,,$$

mit

$$A_0=\frac{\alpha\{bc\}+\beta\{ca\}+\gamma\{ab\}}{\{ab\}^2-\{bc\}^2+\{ca\}^2}\,,\qquad \{ab\}=a_1b_2-a_2b_1\,,$$

$$A_1=\frac{(\beta a_1-\alpha b_1)\{ab\}-(\gamma b_1-\beta c_1)\{bc\}+(\alpha c_1-\gamma a_1)\{ca\}}{\{ab\}^2-\{bc\}^2+\{ca\}^2}\,,\qquad \{bc\}=b_1c_2-b_2c_1\,,$$

$$A_2=\frac{-(\beta a_2-\alpha b_2)\{ab\}+(\gamma b_2-\beta c_2)\{bc\}-(\alpha c_2-\gamma a_2)\{ca\}}{\{ab\}^2-\{bc\}^2+\{ca\}^2}\,,\qquad \{ca\}=c_1a_2-c_2a_1\,,$$

für $\{ab\}^2+\{ca\}^2\neq\{bc\}^2$.

331.

20a) $$\int\frac{\cos x}{a\cos x+b\sin x}dx=\int\frac{dx}{a+b\,tg x}=\frac{1}{a^2+b^2}\left\{ax+b\log C(a\cos x+b\sin x)\right\}\quad;$$

20b) $$\int\frac{\sin x}{a\cos x+b\sin x}dx=\frac{1}{a^2+b^2}\left\{bx-a\log C(a\cos x+b\sin x)\right\}\quad;$$

20c) $$\int\frac{a\,tg x-b}{a\,tg x+b}dx=x\cos 2\alpha-\sin 2\alpha.\log C\sin(x+\alpha),\ \text{mit}\ \frac{b}{a}=tg\alpha,\ \sin 2\alpha=\frac{2ab}{a^2+b^2},\ \cos 2\alpha=\frac{a^2-b^2}{a^2+b^2}\ ;$$

21a) $$\int\frac{dx}{a+b\,tg^2 x}=\frac{x}{a-b}-\frac{b}{2(a-b)\sqrt{-ab}}\log C_1\frac{b\,tg x-\sqrt{-ab}}{b\,tg x+\sqrt{-ab}}\ ,\ \text{für}\ ab<0;$$

21b) $$=\frac{x}{a-b}-\frac{b}{(a-b)\sqrt{ab}}\,arc\,tg\frac{b\,tg x}{\sqrt{ab}}+C_2\quad,\ \text{für}\ ab>0,\ a\neq b\ ;$$

21c) $$=\frac{x}{2a}+\frac{1}{4a}\sin 2x+C_3\ ,\quad \text{für}\ a=b\ .$$

22a) $$\int\frac{dx}{a\cos^2 x+2b\cos x\sin x+c\sin^2 x}=\frac{1}{2\sqrt{b^2-ac}}\log C_1\frac{c\,tg x+b-\sqrt{b^2-ac}}{c\,tg x+b+\sqrt{b^2-ac}}\quad,\ \text{für}\ b^2>ac\ ;$$

22b) $$=\frac{1}{\sqrt{ac-b^2}}\,arc\,tg\frac{c\,tg x+b}{\sqrt{ac-b^2}}+C_2\quad,\ \text{für}\ b^2<ac\ ;$$

22c) $$=\frac{-1}{c.tg x+b}+C_3\ ,\quad \text{für}\ b^2=ac\ .$$

22d) $$\int\frac{dx}{(a\cos^2 x+2b\cos x\sin x+c\sin^2 x)^2}=\frac{1}{4(ac-b^2)}\,\frac{2b\cos 2x+(c-a)\sin 2x}{a\cos^2 x+2b\cos x\sin x+c\sin^2 x}$$
$$+\frac{a+c}{2(ac-b^2)}\int\frac{dx}{a\cos^2 x+2b\cos x\sin x+c\sin^2 x}\ ,\quad \text{für}\ b^2\neq ac;$$

22e) $$=a^2\int\frac{dx}{(a\cos x+b\sin x)^4}\ ,\quad \text{für}\ b^2=ac\ .$$

23) $$\int\frac{dx}{(a^2\cos^2 x+b^2\sin^2 x)^n}=\frac{1}{(ab)^{2n-1}}\int(a^2\sin^2\chi+b^2\cos^2\chi)^{n-1}d\chi\ ,\quad \text{mit}\ tg\chi=\frac{b}{a}tg x\ .$$

24a) $$\int\frac{\alpha\cos^2 x+2\beta\cos x\sin x+\gamma\sin^2 x}{a\cos^2 x+2b\cos x\sin x+c\sin^2 x}dx=A_0x+A_1\log(a\cos^2 x+2b\cos x\sin x+c\sin^2 x)$$
$$+\frac{A_2}{2\sqrt{b^2-ac}}\log\frac{c.tg x+b-\sqrt{b^2-ac}}{c.tg x+b+\sqrt{b^2-ac}}+C_1\ ,\quad \text{für}\ b^2>ac\ ;$$

24b) $$=A_0x+A_1\log(a\cos^2 x+2b\cos x\sin x+c\sin^2 x)$$
$$+\frac{A_2}{\sqrt{ac-b^2}}\,arc\,tg\frac{c.tg x+b}{\sqrt{ac-b^2}}+C_2\ ,\quad \text{für}\ b^2<ac\ ;$$

24c) $$=A_0x+A_1\log(a\cos^2 x+2b\cos x\sin x+c\sin^2 x)-\frac{A_2}{c.tg x+b}+C_3,\ \text{für}\ b^2=ac;$$

mit $A_0 = \dfrac{4\beta b + (\alpha-\gamma)(a-c)}{4b^2 + (a-c)^2}$, $A_1 = \dfrac{(\alpha-\gamma)b - \beta(a-c)}{4b^2 + (a-c)^2}$,

$A_2 = \dfrac{2(\alpha+\gamma)b^2 - 2\beta b(a+c) + (\gamma a - \alpha c)(a-c)}{4b^2 + (a-c)^2}$

332. Integrale der Form $\int R(\sin(ax+b), \cos(cx+d), \ldots)\,dx$.

1) Zur Integration von Produkten $\sin ax . \sin bx . \cos cx \ldots$ benützt man die Formeln:

1a) $\sin ax \sin bx = \frac{1}{2}\cos(a-b)x - \frac{1}{2}\cos(a+b)x$;

1b) $\cos ax \cos bx = \frac{1}{2}\cos(a-b)x + \frac{1}{2}\cos(a+b)x$;

1c) $\sin ax \cos bx = \frac{1}{2}\sin(a+b)x + \frac{1}{2}\sin(a-b)x$.

2a) $$\int \sin ax \sin bx\,dx = \frac{\sin(a-b)x}{2(a-b)} - \frac{\sin(a+b)x}{2(a+b)} + C, \quad a^2 \neq b^2 ;$$

2b) $$\int \cos ax \cos bx\,dx = \frac{\sin(a-b)x}{2(a-b)} + \frac{\sin(a+b)x}{2(a+b)} + C, \quad a^2 \neq b^2 ;$$

2c) $$\int \sin ax \cos bx\,dx = \frac{-\cos(a+b)x}{2(a+b)} - \frac{\cos(a-b)x}{2(a-b)} + C, \quad a^2 \neq b^2 ;$$

3a) $$\int \sin(ax+b)\sin(cx+d)\,dx = \frac{\sin[(a-c)x+b-d]}{2(a-c)} - \frac{\sin[(a+c)x+b+d]}{2(a+c)} + C, \quad a^2 \neq c^2 ;$$

3b) $$\int \cos(ax+b)\cos(cx+d)\,dx = \frac{\sin[(a-c)x+b-d]}{2(a-c)} + \frac{\sin[(a+c)x+b+d]}{2(a+c)} + C, \quad a^2 \neq c^2 ;$$

3c) $$\int \sin(ax+b)\cos(cx+d)\,dx = \frac{-\cos[(a+c)x+b+d]}{2(a+c)} - \frac{\cos[(a-c)x+b-d]}{2(a-c)} + C, \quad a^2 \neq c^2 ;$$

3d) $$\int \sin(ax+b)\sin(ax+d)\,dx = \frac{x}{2}\cos(b-d) - \frac{\sin(2ax+b+d)}{4a} + C ;$$

3e) $$\int \cos(ax+b)\cos(ax+d)\,dx = \frac{x}{2}\cos(b-d) + \frac{\sin(2ax+b+d)}{4a} + C ;$$

3f) $$\int \sin(ax+b)\cos(ax+d)\,dx = \frac{x}{2}\sin(b-d) - \frac{\cos(2ax+b+d)}{4a} + C ;$$

4a) $$\int \sin ax \sin bx \sin cx\,dx = \frac{\cos(a+b+c)x}{4(a+b+c)} - \frac{\cos(-a+b+c)x}{4(-a+b+c)} - \frac{\cos(a-b+c)x}{4(a-b+c)} - \frac{\cos(a+b-c)x}{4(a+b-c)} + C ;$$

4b) $$\int \sin ax \sin bx \cos cx\,dx = \frac{-\sin(a+b+c)x}{4(a+b+c)} + \frac{\sin(-a+b+c)x}{4(-a+b+c)} + \frac{\sin(a-b+c)x}{4(a-b+c)} - \frac{\sin(a+b-c)x}{4(a+b-c)} + C ;$$

4c) $$\int \sin ax \cos bx \cos cx\,dx = \frac{-\cos(a+b+c)x}{4(a+b+c)} + \frac{\cos(-a+b+c)x}{4(-a+b+c)} - \frac{\cos(a-b+c)x}{4(a-b+c)} - \frac{\cos(a+b-c)x}{4(a+b-c)} + C ;$$

4d) $$\int \cos ax \cos bx \cos cx\,dx = \frac{\sin(a+b+c)x}{4(a+b+c)} + \frac{\sin(-a+b+c)x}{4(-a+b+c)} + \frac{\sin(a-b+c)x}{4(a-b+c)} + \frac{\sin(a+b-c)x}{4(a+b-c)} + C .$$

5a) $$\int \sin^m x \sin nx\,dx = \frac{-\sin^m x \cos nx}{m+n} + \frac{m}{m+n}\int \sin^{m-1} x \cos(n-1)x\,dx\,;$$

5b) $$= \frac{-\sin^m x \cos nx}{m+n} + \frac{m \sin^{m-1} x \sin(n-1)x}{(m+n)(m+n-2)} - \frac{m(m-1)}{(m+n)(m+n-2)}\int \sin^{m-2} x \sin(n-2)x\,dx\,;$$

5c) $$= \sum_{\nu=0}^{\varkappa-1}\left\{(-1)^{\nu-1}\frac{(m;-1;2\nu)}{(m+n;-2;2\nu+1)}\sin^{m-2\nu} x \cos(n-2\nu)x + (-1)^{\nu}\frac{(m;-1;2\nu+1)}{(m+n;-2;2\nu+2)}\times\right.$$
$$\left.\times \sin^{m-2\nu-1} x \sin(n-2\nu-1)x\right\} + (-1)^{\varkappa}\frac{(m;-1;2\varkappa)}{(m+n;-2;2\varkappa)}\int \sin^{m-2\varkappa} x \sin(n-2\varkappa)x\,dx\,;$$

5d) $$\int \frac{\sin nx}{\sin^m x}\,dx = 2\int \frac{\cos(n-1)x}{\sin^{m-1} x}\,dx + \int \frac{\sin(n-2)x}{\sin^m x}\,dx\,;$$

5e) $$\int \frac{\sin nx}{\sin x}\,dx = 2\sum_{\nu=0}^{\varkappa-1}\frac{\sin(n-2\nu-1)x}{n-2\nu-1} + sx + C\,, \quad \text{mit } n=2\varkappa+s\,,\ s=0 \text{ oder } 1\,;$$

6a) $$\int \sin^m x \cos nx\,dx = \frac{1}{m+n}\sin^m x \sin nx - \frac{m}{m+n}\int \sin^{m-1} x \sin(n-1)x\,dx\,;$$

6b) $$= \frac{\sin^m x \sin nx}{m+n} + \frac{m \sin^{m-1} x \cos(n-1)x}{(m+n)(m+n-2)} - \frac{m(m-1)}{(m+n)(m+n-2)}\int \sin^{m-2} x \cos(n-2)x\,dx\,;$$

6c) $$= \sum_{\nu=0}^{\varkappa-1}\left\{(-1)^{\nu}\frac{(m;-1;2\nu)}{(m+n;-2;2\nu+1)}\sin^{m-2\nu} x \sin(n-2\nu)x + (-1)^{\nu}\frac{(m;-1;2\nu+1)}{(m+n;-2;2\nu+2)}\times\right.$$
$$\left.\times \sin^{m-2\nu-1} x \cos(n-2\nu-1)x\right\} + (-1)^{\varkappa}\frac{(m;-1;2\varkappa)}{(m+n;-2;2\varkappa)}\int \sin^{m-2\varkappa} x \cos(n-2\varkappa)x\,dx\,;$$

6d) $$\int \frac{\cos nx}{\sin^m x}\,dx = -2\int \frac{\sin(n-1)x}{\sin^{m-1} x}\,dx + \int \frac{\cos(n-2)x}{\sin^m x}\,dx\,;$$

6e) $$\int \frac{\cos nx}{\sin x}\,dx = 2\sum_{\nu=0}^{\varkappa-1}\frac{\cos(n-2\nu-1)x}{n-2\nu-1} + s\log\sin x + (1-s)\log\operatorname{tg}\frac{x}{2} + C\,, \quad \text{mit } n=2\varkappa+s\,,\ s=0 \text{ oder } 1\,.$$

7a) $$\int \cos^m x \sin nx\,dx = \frac{-1}{m+n}\cos^m x \cos nx + \frac{m}{m+n}\int \cos^{m-1} x \sin(n-1)x\,dx\,;$$

7b) $$= -\sum_{\nu=0}^{\varkappa-1}\frac{(m;-1;\nu)}{(m+n;-2;\nu+1)}\cos^{m-\nu} x \cos(n-\nu)x + \frac{(m;-1;\varkappa)}{(m+n;-2;\varkappa)}\int \cos^{m-\varkappa} x \sin(n-\varkappa)x\,dx\,;$$

7c) $$\int \frac{\sin nx}{\cos^m x}\,dx = 2\int \frac{\sin(n-1)x}{\cos^{m-1} x}\,dx - \int \frac{\sin(n-2)x}{\cos^m x}\,dx\,;$$

7d) $$\int \frac{\sin nx}{\cos x}\,dx = 2\sum_{\nu=0}^{\varkappa-1}(-1)^{\nu+1}\frac{\cos(n-2\nu-1)x}{n-2\nu-1} + (-1)^{\varkappa+1}s\log\cos x + C\,, \quad \text{mit } n=2\varkappa+s\,,\ s=0 \text{ oder } 1\,.$$

8a) $$\int \cos^m x \cos nx\,dx = \frac{1}{m+n}\cos^m x \sin nx + \frac{m}{m+n}\int \cos^{m-1}x \cos(n-1)x\,dx \;;$$

8b) $$= \sum_{\nu=0}^{\varkappa-1} \frac{(m;-1;\nu)}{(m+n;-2;\nu+1)} \cos^{m-\nu}x \sin(n-\nu)x + \frac{(m;-1;\varkappa)}{(m+n;-2;\varkappa)}\int \cos^{m-\varkappa}x \cos(n-\varkappa)x\,dx \;;$$

8c) $$\int \frac{\cos nx}{\cos^m x}\,dx = 2\int \frac{\cos(n-1)x}{\cos^{m-1}x}\,dx - \int \frac{\cos(n-2)x}{\cos^m x}\,dx \;;$$

8d) $$\int \frac{\cos nx}{\cos x}\,dx = 2\sum_{\nu=0}^{\varkappa-1} (-1)^\nu \frac{\sin(n-2\nu-1)x}{n-2\nu-1} + (-1)^\varkappa (1-s)\log\frac{1+\sin x}{\cos x} + (-1)^\varkappa s x + C \,,$$
mit $n = 2\varkappa + s$, $s = 0$ oder 1.

9a) $$\int \frac{\sin(x+\alpha)}{\sin x}\,dx = x\cos\alpha + \sin\alpha \log C \sin x \;;$$

9b) $$\int \frac{\sin(x+\alpha)}{\cos x}\,dx = x\sin\alpha - \cos\alpha \log C \cos x \;;$$

9c) $$\int \frac{\cos(x+\alpha)}{\sin x}\,dx = -x\sin\alpha + \cos\alpha \log C \sin x \;;$$

9d) $$\int \frac{\cos(x+\alpha)}{\cos x}\,dx = x\cos\alpha + \sin\alpha \log C \cos x \,.$$

333. Integrale der Form $\int x^p \sin^m x \cos^n x\,dx$.

1a) $$\int x^p \sin^m x \cos^n x\,dx = \frac{1}{(m+n)^2}\Big[(m+n)x^p \sin^{m+1}x \cos^{n-1}x + p x^{p-1}\sin^m x \cos^n x - p(p-1)\int x^{p-2}\sin^m x \cos^n x\,dx$$
$$- pm\int x^{p-1}\sin^{m-1}x \cos^{n-1}x\,dx + (n-1)(m+n)\int x^p \sin^m x \cos^{n-2}x\,dx\Big] \;;$$

1b) $$= \frac{1}{(m+n)^2}\Big[-(m+n)x^p \sin^{m-1}x \cos^{n+1}x + p x^{p-1}\sin^m x \cos^n x - p(p-1)\int x^{p-2}\sin^m x \cos^n x\,dx$$
$$+ pn\int x^{p-1}\sin^{m-1}x \cos^{n-1}x\,dx + (m-1)(m+n)\int x^p \sin^{m-2}x \cos^n x\,dx\Big] \;;$$

1c) $$\int x \sin^m x \cos^n x\,dx = \frac{1}{m+n}\Big[x\sin^{m+1}x \cos^{n-1}x - \int \sin^{m+1}x \cos^{n-1}x\,dx + (n-1)\int x \sin^m x \cos^{n-2}x\,dx\Big];$$

1d) $$= \frac{1}{m+n}\Big[-x\sin^{m-1}x \cos^{n+1}x + \int \sin^{m-1}x \cos^{n+1}x\,dx + (m-1)\int x \sin^{m-2}x \cos^n x\,dx\Big];$$

1e) $$\int x^p \sin^m x\,dx = \frac{-1}{m}x^p \sin^{m-1}x \cos x + \frac{p}{m^2}x^{p-1}\sin^m x - \frac{p(p-1)}{m^2}\int x^{p-2}\sin^m x\,dx + \frac{m-1}{m}\int x^p \sin^{m-2}x\,dx \;;$$

1f) $$\int x^p \cos^n x\,dx = \frac{1}{n}x^p \sin x \cos^{n-1}x + \frac{p}{n^2}x^{p-1}\cos^n x - \frac{p(p-1)}{n^2}\int x^{p-2}\cos^n x\,dx + \frac{n-1}{n}\int x^p \cos^{n-2}x\,dx \;;$$

333.

2a) $$\int x\sin^m x\,dx=\sum_{\nu=0}^{\varkappa-1}\frac{(m-1;-2;\nu)}{(m;-2;\nu+1)}\left(\frac{\sin^{m-2\nu}x}{m-2\nu}-x\sin^{m-2\nu-1}x\cos x\right)+\frac{(1-s;2;\varkappa)}{(2-s;2;\varkappa)}\,\frac{x^2}{2}+C\,,\quad m=2\varkappa-s,\ s=0 \text{ oder } 1;$$

2b) $$\int x^p\sin x\,dx=\cos x\sum_{\nu=0}^{\left[\frac{p}{2}\right]}(-1)^{\nu+1}(p;-1;2\nu)x^{p-2\nu}+\sin x\sum_{\nu=0}^{\left[\frac{p-1}{2}\right]}(-1)^{\nu}(p;-1;2\nu+1)x^{p-2\nu-1}+C\;;$$

2c) $$\int x\sin ax\,dx=\frac{1}{a^2}\sin ax-\frac{x}{a}\cos ax+C\;;$$

2d) $$\int x^2\sin ax\,dx=\frac{2}{a^2}x\sin ax+\frac{2-a^2x^2}{a^3}\cos ax+C\;;$$

2e) $$\int x^p\sin^2 x\,dx=\frac{x^{p+1}}{2(p+1)}+\sin 2x\sum_{\nu=0}^{\left[\frac{p}{2}\right]}\left(\frac{-1}{4}\right)^{\nu+1}(p;-1;2\nu)x^{p-2\nu}+\frac{1}{2}\cos 2x\sum_{\nu=0}^{\left[\frac{p-1}{2}\right]}\left(\frac{-1}{4}\right)^{\nu+1}(p;-1;2\nu+1)x^{p-2\nu-1}+C;$$

2f) $$\int x^p\sin^3 x\,dx=\frac{1}{4}\sum_{\nu=0}^{\left[\frac{p}{2}\right]}(-1)^{\nu}(p;-1;2\nu)x^{p-2\nu}\left(\frac{\cos 3x}{3^{2\nu+1}}-3\cos x\right)-\frac{1}{4}\sum_{\nu=0}^{\left[\frac{p-1}{2}\right]}(-1)^{\nu}(p;-1;2\nu+1)x^{p-2\nu-1}\left(\frac{\sin 3x}{3^{2\nu+2}}-3\sin x\right)+C.$$

3a) $$\int x\cos^n x\,dx=\sum_{\nu=0}^{\varkappa-1}\frac{(n-1;-2;\nu)}{(n;-2;\nu+1)}\left(\frac{\cos^{n-2\nu}x}{n-2\nu}+x\cos^{n-2\nu-1}x\sin x\right)+\frac{(1-s;2;\varkappa)}{(2-s;2;\varkappa)}\,\frac{x^2}{2}+C,\quad n=2\varkappa-s,\ s=0 \text{ oder } 1;$$

3b) $$\int x^p\cos x\,dx=\sin x\sum_{\nu=0}^{\left[\frac{p}{2}\right]}(-1)^{\nu}(p;-1;2\nu)x^{p-2\nu}+\cos x\sum_{\nu=0}^{\left[\frac{p-1}{2}\right]}(-1)^{\nu}(p;-1;2\nu+1)x^{p-2\nu-1}+C\;;$$

3c) $$\int x\cos ax\,dx=\frac{1}{a^2}\cos ax+\frac{x}{a}\sin ax+C\;;$$

3d) $$\int x^2\cos ax\,dx=\frac{2}{a^2}x\cos ax-\frac{2-a^2x^2}{a^3}\sin ax+C\;;$$

3e) $$\int x^p\cos^2 x\,dx=\frac{x^{p+1}}{2(p+1)}-\sin 2x\sum_{\nu=0}^{\left[\frac{p}{2}\right]}\left(\frac{-1}{4}\right)^{\nu+1}(p;-1;2\nu)x^{p-2\nu}-\frac{1}{2}\cos 2x\sum_{\nu=0}^{\left[\frac{p-1}{2}\right]}\left(\frac{-1}{4}\right)^{\nu+1}(p;-1;2\nu+1)x^{p-2\nu-1}+C;$$

3f) $$\int x^p\cos^3 x\,dx=\frac{1}{4}\sum_{\nu=0}^{\left[\frac{p}{2}\right]}(-1)^{\nu}(p;-1;2\nu)x^{p-2\nu}\left(\frac{\sin 3x}{3^{2\nu+1}}+3\sin x\right)+\frac{1}{4}\sum_{\nu=0}^{\left[\frac{p-1}{2}\right]}(-1)^{\nu}(p;-1;2\nu+1)x^{p-2\nu-1}\left(\frac{\cos 3x}{3^{2\nu+2}}+3\cos x\right)+C$$

4a) $$\int\frac{\sin^m x\cos^n x}{x^p}\,dx=\frac{-1}{p-1}\,\frac{\sin^m x\cos^n x}{x^{p-1}}+\frac{m}{p-1}\int\frac{\sin^{m-1}x\cos^{n+1}x}{x^{p-1}}\,dx-\frac{n}{p-1}\int\frac{\sin^{m+1}x\cos^{n-1}x}{x^{p-1}}\,dx,\ p>1$$

4b) $$\int\frac{\sin^m x\cos^n x}{x}\,dx=\sum_{\nu=0}^{m+n}c_\nu\,\mathrm{Ci}(\nu x)+C,$$ wenn m gerade ist und $\sin^m x\cos^n x=\sum_{\nu=0}^{m+n}c_\nu\cos\nu x$ gemäß 332.1 gilt, vgl. 333.5;

4c) $$=\sum_{\nu=0}^{m+n}d_\nu\,\mathrm{Si}(\nu x)+C,$$ wenn m ungerade ist und $\sin^m x\cos^n x=\sum_{\nu=0}^{m+n}d_\nu\sin\nu x$ gemäß 332.1 gilt, vgl. 333.5a–5b.

5a) $$\int \frac{\cos x}{x}\,dx = \mathrm{Ci}(x) + C, \quad \text{wo } \mathrm{Ci}(x) = -\int_x^\infty \frac{\cos t}{t}\,dt = \log \gamma x - \int_0^x \frac{1-\cos t}{t}\,dt = \log\gamma x + \sum_{\nu=1}^{\infty} (-1)^\nu \frac{x^{2\nu}}{2\nu(2\nu)!}$$

den *Integralkosinus* bedeutet mit
$\log \gamma \approx 0{,}577\,215\,665$ (EULERsche Konstante),
$\gamma \approx 1{,}781\,072$; vgl. JAHNKE-EMDE Funktionentafeln, S.3...;

5b). $$\int \frac{\sin x}{x}\,dx = \mathrm{Si}(x) + C, \quad \text{wo } \mathrm{Si}(x) = \int_0^x \frac{\sin t}{t}\,dt = \frac{\pi}{2} - \int_x^\infty \frac{\sin t}{t}\,dt = \sum_{\nu=0}^{\infty} (-1)^\nu \frac{x^{2\nu+1}}{(2\nu+1)(2\nu+1)!}$$

den *Integralsinus* bedeutet, vgl. JAHNKE-EMDE, Funktionentafeln, S. 3 f... ;

6a) $$\int \frac{\sin^m x}{x^p}\,dx = \frac{-(p-2)\sin^m x - m x \sin^{m-1}x \cos x}{(p-1)(p-2)x^{p-1}} + \frac{m(m-1)}{(p-1)(p-2)} \int \frac{\sin^{m-2}x}{x^{p-2}}\,dx - \frac{m^2}{(p-1)(p-2)} \int \frac{\sin^m x}{x^{p-2}}\,dx,$$
$p>2$, vgl. auch 333.4a ;

6b) $$\int \frac{\sin x}{x^p}\,dx = \sum_{\nu=1}^{\left[\frac{p}{2}\right]} \frac{(-1)^\nu \sin x}{(p-1;-1;2\nu-1)x^{p-2\nu+1}} + \sum_{\nu=1}^{\left[\frac{p-1}{2}\right]} \frac{(-1)^\nu \cos x}{(p-1;-1;2\nu)x^{p-2\nu}} + s\frac{(-1)^\varkappa}{(p-1)!}\mathrm{Si}(x) - (1-s)\frac{(-1)^\varkappa}{(p-1)!}\mathrm{Ci}(x) + C,$$
mit $p = 2\varkappa + s$, $s = 0$ oder 1;

6c) $$\int \frac{\sin^{2m}x}{x}\,dx = \frac{(-1)^m}{2^{2m-1}} \sum_{\nu=0}^{m-1} (-1)^\nu \binom{2m}{\nu} \mathrm{Ci}\left[2(m-\nu)x\right] + \binom{2m}{m}\frac{1}{2^{2m}} \log Cx \;;$$

6d) $$\int \frac{\sin^{2m+1}x}{x}\,dx = \frac{(-1)^m}{2^{2m}} \sum_{\nu=0}^{m} (-1)^\nu \binom{2m+1}{\nu} \mathrm{Si}\left[(2m-2\nu+1)x\right] + C \;;$$

6e) $$\int \frac{\sin x}{x^2}\,dx = -\frac{\sin x}{x} + \mathrm{Ci}(x) + C \;;$$

6f) $$\int \frac{\sin^{2\varkappa}x}{x^2}\,dx = \frac{1}{2^{2\varkappa-1}} \sum_{\nu=0}^{\varkappa-1} (-1)^{\varkappa-1-\nu} \binom{2\varkappa}{\nu} \left\{ \frac{\cos[(2\varkappa-2\nu)x]}{x} + (2\varkappa-2\nu)\,\mathrm{Si}[(2\varkappa-2\nu)x] \right\} - \binom{2\varkappa}{\varkappa}\frac{1}{2^{2\varkappa}x} + C \;;$$

6g) $$\int \frac{\sin^{2\varkappa+1}x}{x^2}\,dx = \frac{1}{2^{2\varkappa}} \sum_{\nu=0}^{\varkappa} (-1)^{\varkappa-\nu} \binom{2\varkappa+1}{\nu} \left\{ -\frac{\sin[(2\varkappa+1-2\nu)x]}{x} + (2\varkappa+1-2\nu)\,\mathrm{Ci}[(2\varkappa+1-2\nu)x] \right\} + C \;;$$

7a) $$\int \frac{\cos^n x}{x^p}\,dx = \frac{-(p-2)\cos^n x + n x \cos^{n-1}x \sin x}{(p-1)(p-2)x^{p-1}} + \frac{n(n-1)}{(p-1)(p-2)} \int \frac{\cos^{n-2}x}{x^{p-2}}\,dx - \frac{n^2}{(p-1)(p-2)} \int \frac{\cos^n x}{x^{p-2}}\,dx,$$
$p>2$, vgl. auch 333.4a ;

7b) $$\int \frac{\cos x}{x^p}\,dx = \sum_{\nu=1}^{\left[\frac{p}{2}\right]} \frac{(-1)^\nu \cos x}{(p-1;-1;2\nu-1)x^{p-2\nu+1}} + \sum_{\nu=1}^{\left[\frac{p-1}{2}\right]} \frac{(-1)^{\nu+1} \sin x}{(p-1;-1;2\nu)x^{p-2\nu}} + s\frac{(-1)^\varkappa}{(p-1)!}\mathrm{Ci}(x) + (1-s)\frac{(-1)^\varkappa}{(p-1)!}\mathrm{Si}(x) + C,$$
mit $p = 2\varkappa + s$, $s = 0$ oder 1;

7c) $$\int \frac{\cos^n x}{x}\,dx = \frac{1}{2^{n-1}} \sum_{\nu=0}^{\varkappa-1} \binom{n}{\nu} \mathrm{Ci}\left[(n-2\nu)x\right] + (1-s)\binom{n}{\varkappa}\frac{1}{2^n} \log Cx,$$ mit $n = 2\varkappa - s$, $s = 0$ oder 1;

7d) $$\int \frac{\cos x}{x^2}\,dx = -\frac{\cos x}{x} - \mathrm{Si}(x) + C \;;$$

7e) $$\int \frac{\cos^n x}{x^2}\,dx = \frac{-1}{2^{n-1}} \sum_{\nu=0}^{\varkappa-1} \binom{n}{\nu} \left\{ \frac{\cos[(n-2\nu)x]}{x} + (n-2\nu)\,\mathrm{Si}[(n-2\nu)x] \right\} + (s-1)\binom{n}{\varkappa}\frac{1}{2^n x} + C,$$
mit $n = 2\varkappa - s$, $s = 0$ oder 1.

333.

8a) $$\int\frac{x^p}{\sin^m x}dx=\frac{-px^{p-1}\sin x-(m-2)x^p\cos x}{(m-1)(m-2)\sin^{m-1}x}+\frac{p(p-1)}{(m-1)(m-2)}\int\frac{x^{p-2}}{\sin^{m-2}x}dx+\frac{m-2}{m-1}\int\frac{x^p}{\sin^{m-2}x}dx\,,\quad m>2;$$

8b) $$\int\frac{x^p}{\sin x}dx=\frac{x^p}{p}+\sum_{\nu=1}^{\infty}(-1)^{\nu+1}\frac{2(2^{2\nu-1}-1)}{(p+2\nu)(2\nu)!}B_{2\nu}x^{p+2\nu}+C\,,\quad p>0\,,\ |x|<\pi\,,\ \text{vgl. } 331.6c\,;^{*)}$$

8c) $$\int\frac{x^p}{\sin^2 x}dx=-x^p\operatorname{ctg}x+\frac{p}{p-1}x^{p-1}+p\sum_{\nu=1}^{\infty}(-1)^{\nu}\frac{2^{2\nu}B_{2\nu}}{(p+2\nu-1)(2\nu)!}x^{p+2\nu-1}+C\,,\quad p>1\,,\ |x|<\pi\,;^{*)}$$

8d) $$\int\frac{x}{\sin^2 x}dx=-x\operatorname{ctg}x+\log C\sin x\,;$$

8e) $$\int\frac{x}{\sin^m x}dx=-\sum_{\nu=1}^{\varkappa-1}\frac{(m-2;-2;\nu-1)}{(m-1;-2;\nu)}\left[\frac{x\cos x}{\sin^{m-2\nu+1}x}+\frac{1}{(m-2\nu)\sin^{m-2\nu}x}\right]+\frac{(2-s;2;\varkappa-1)}{(3-s;2;\varkappa-1)}\int\frac{x}{\sin^{2-s}x}dx\,,$$
mit $m=2\varkappa-s$, $s=0$ oder 1;

9a) $$\int\frac{dx}{x^p\sin^m x}=\frac{p}{(m-1)(m-2)x^{p+1}\sin^{m-2}x}-\frac{\cos x}{(m-1)x^p\sin^{m-1}x}+\frac{m-2}{m-1}\int\frac{dx}{x^p\sin^{m-2}x}+\frac{p(p+1)}{(m-1)(m-2)}\int\frac{dx}{x^{p+2}\sin^{m-2}x}\,,$$
$m>2$;

9b) $$\int\frac{dx}{x^p\sin x}=\frac{-1}{px^p}-\left[1+(-1)^p\right](-1)^{\frac{p}{2}}\frac{2^{p-1}-1}{p!}B_p\log x-\sum_{\substack{\nu=1\\ \nu\neq p/2}}^{\infty}(-1)^{\nu}\frac{2(2^{2\nu-1}-1)}{(2\nu-p)(2\nu)!}B_{2\nu}x^{2\nu-p}+C\,,\quad p>1,\ |x|<\pi\,;^{*)}$$

9c) $$\int\frac{dx}{x^p\sin^2 x}=\frac{-\operatorname{ctg}x}{x^p}+\frac{p}{(p+1)x^{p+1}}-\left[1-(-1)^p\right](-1)^{\frac{p+1}{2}}\frac{2^p p}{(p+1)!}B_{p+1}\log x-\frac{p}{x^{p+1}}\sum_{\substack{\nu=1\\ \nu\neq\frac{p+1}{2}}}^{\infty}\frac{(-1)^{\nu}B_{2\nu}}{(2\nu-p-1)(2\nu)!}(2x)^{2\nu}+C\,,^{*)}$$
$|x|<\pi$.

10a) $$\int\frac{x^p}{\cos^n x}dx=\frac{-px^{p-1}\cos x+(n-2)x^p\sin x}{(n-1)(n-2)\cos^{n-1}x}+\frac{p(p-1)}{(n-1)(n-2)}\int\frac{x^{p-2}}{\cos^{n-2}x}dx+\frac{n-2}{n-1}\int\frac{x^p}{\cos^{n-2}x}dx\,,\quad n>2\,;$$

10b) $$\int\frac{x^p}{\cos x}dx=\sum_{\nu=0}^{\infty}\frac{E_\nu}{(p+2\nu+1)(2\nu)!}x^{p+2\nu+1}+C\,,\quad p>0\,,\ |x|<\frac{\pi}{2}\,;^{**)}$$

10c) $$\int\frac{x^p}{\cos^2 x}dx=x^p\operatorname{tg}x+p\sum_{\nu=1}^{\infty}(-1)^{\nu}\frac{2^{2\nu}(2^{2\nu}-1)B_{2\nu}}{(p+2\nu-1)(2\nu)!}x^{p+2\nu-1}+C\,,\quad p>1\,,\ |x|<\frac{\pi}{2}\,;^{*)}$$

10d) $$\int\frac{x}{\cos^2 x}dx=x\operatorname{tg}x+\log C\cos x\,;$$

10e) $$\int\frac{x}{\cos^n x}dx=\sum_{\nu=1}^{\varkappa-1}\frac{(n-2;-2;\nu-1)}{(n-1;-2;\nu)}\left[\frac{x\sin x}{\cos^{n-2\nu+1}x}-\frac{1}{(n-2\nu)\cos^{n-2\nu}x}\right]+\frac{(2-s;2;\varkappa-1)}{(3-s;2;\varkappa-1)}\int\frac{x}{\cos^{2-s}x}dx\,,$$
mit $n=2\varkappa-s$, $s=0$ oder 1;

11a) $$\int\frac{dx}{x^p\cos^n x}=\frac{p}{(n-1)(n-2)x^{p+1}\cos^{n-2}x}+\frac{\sin x}{(n-1)x^p\cos^{n-1}x}+\frac{n-2}{n-1}\int\frac{dx}{x^p\cos^{n-2}x}+\frac{p(p+1)}{(n-1)(n-2)}\int\frac{dx}{x^{p+2}\cos^{n-2}x}\,,$$
$n>2$;

11b) $$\int\frac{dx}{x^p\cos x}=s\frac{E_\varkappa}{(p-1)!}\log x+\sum_{\substack{\nu=0\\ \nu\neq\frac{p-1}{2}}}^{\infty}\frac{E_\nu}{(2\nu-p+1)(2\nu)!}x^{2\nu-p+1}+C\,,\quad |x|<\frac{\pi}{2}\,,\ p=2\varkappa+s\,,\ s=0 \text{ oder } 1,$$
vgl. 333.10b;[**)]

---

*) B_ν bedeuten die BERNOULLIschen Zahlen; siehe Anmerkung S.113.

**) E_ν bedeuten die EULERschen Zahlen: $E_0=E_1=1$, $E_2=5$, $E_3=61$, $E_4=1385$, $E_5=50\,521$, $E_6=2\,702\,765$, $E_7=199\,360\,981$, $E_8=19\,391\,512\,145$, . . .

11c) $$\int\frac{dx}{x^p\cos^2 x}=\frac{\operatorname{tg}x}{x^p}-\left[1-(-1)^p\right](-1)^{\frac{p+1}{2}}\frac{2^p p}{(p+1)!}(2^{p+1}-1)B_{p+1}\log x-\frac{p}{x^{p+1}}\sum_{\substack{\nu=1\\ \nu\neq\frac{p+1}{2}}}^{\infty}(-1)^\nu\frac{(2^{2\nu}-1)B_{2\nu}}{(2\nu-p-1)(2\nu)!}(2x)^{2\nu}+C\,,^{*)}\quad |x|<\frac{\pi}{2}\,.$$

12a) $$\int x^p\frac{\sin^{2m}x}{\cos^n x}dx=\sum_{\nu=0}^{m}(-1)^\nu\binom{m}{\nu}\int\frac{x^p}{\cos^{n-2\nu}x}dx\,,\quad \text{vgl. } 333.10\,;$$

12b) $$\int x^p\frac{\sin^{2m+1}x}{\cos^n x}dx=\sum_{\nu=0}^{m}(-1)^\nu\binom{m}{\nu}\int x^p\frac{\sin x}{\cos^{n-2\nu}x}dx\,;$$

12c) $$\int x^p\frac{\sin x}{\cos^n x}dx=\frac{1}{n-1}\,\frac{x^p}{\cos^{n-1}x}-\frac{p}{n-1}\int\frac{x^{p-1}}{\cos^{n-1}x}dx\,,\quad n>1\,;$$

12d) $$\int x^p\operatorname{tg}x\,dx=\sum_{\nu=1}^{\infty}(-1)^{\nu+1}\frac{2^{2\nu}(2^{2\nu}-1)B_{2\nu}}{(2\nu+p)(2\nu)!}x^{2\nu+p}+C\,,\quad p\geq -1\,,\ |x|<\frac{\pi}{2}\,;^{*)}$$

12e) $$\int x^p\operatorname{tg}^{2m}x\,dx=(-1)^m\frac{x^{p+1}}{p+1}+\sum_{\nu=0}^{m-1}(-1)^\nu\binom{m}{\nu}\int\frac{x^p}{\cos^{2m-2\nu}x}dx\,,\quad \text{vgl. } 333.10\,;$$

12f) $$\int x^p\operatorname{tg}^{2m+1}x\,dx=(-1)^m\int x^p\operatorname{tg}x\,dx+\sum_{\nu=0}^{m-1}\frac{(-1)^\nu}{2m-2\nu}\binom{m}{\nu}\left[\frac{x^p}{\cos^{2m-2\nu}x}-p\int\frac{x^{p-1}}{\cos^{2m-2\nu}x}dx\right],\quad \text{vgl. } 333.10;$$

13a) $$\int x^p\frac{\cos^{2n}x}{\sin^m x}dx=\sum_{\nu=0}^{n}(-1)^\nu\binom{n}{\nu}\int\frac{x^p}{\sin^{m-2\nu}x}dx\,,\quad \text{vgl. } 333.8\,;$$

13b) $$\int x^p\frac{\cos^{2n+1}x}{\sin^m x}dx=\sum_{\nu=0}^{n}(-1)^\nu\binom{n}{\nu}\int x^p\frac{\cos x}{\sin^{m-2\nu}x}dx\,;$$

13c) $$\int x^p\frac{\cos x}{\sin^m x}dx=\frac{-1}{m-1}\,\frac{x^p}{\sin^{m-1}x}+\frac{p}{m-1}\int\frac{x^{p-1}}{\sin^{m-1}x}dx\,,\quad m>1\,;$$

13d) $$\int x^p\operatorname{ctg}x\,dx=\sum_{\nu=0}^{\infty}(-1)^\nu\frac{2^{2\nu}B_{2\nu}}{(2\nu+p)(2\nu)!}x^{2\nu+p}+C\,,\quad p\geq +1\,,\ |x|<\pi\,;^{*)}$$

13e) $$\int x^p\operatorname{ctg}^{2n}x\,dx=(-1)^n\frac{x^{p+1}}{p+1}+\sum_{\nu=0}^{n-1}(-1)^\nu\binom{n}{\nu}\int\frac{x^p}{\sin^{2n-2\nu}x}dx\,,\quad \text{vgl. } 333.8\,;$$

13f) $$\int x^p\operatorname{ctg}^{2n+1}x\,dx=(-1)^n\int x^p\operatorname{ctg}x\,dx+\sum_{\nu=0}^{n-1}\frac{(-1)^\nu}{2n-2\nu}\binom{n}{\nu}\left[\frac{-x^p}{\sin^{2n-2\nu}x}+p\int\frac{x^{p-1}}{\sin^{2n-2\nu}x}dx\right];\quad \text{vgl. } 333.8;$$

14) $$\int\frac{x}{1+\varepsilon\sin x}dx=-\varepsilon\frac{x\cos x}{1+\varepsilon\sin x}+\log C(1+\varepsilon\sin x)\,,\quad \varepsilon=\pm 1\,.$$

15a) $$\int\frac{x}{1+\cos x}dx=x\operatorname{tg}\frac{x}{2}+2\log C\cos\frac{x}{2}\,;$$

15b) $$\int\frac{x}{1-\cos x}dx=-x\operatorname{ctg}\frac{x}{2}+2\log C\sin\frac{x}{2}\,.$$

---

*) B_ν bedeuten die BERNOULLIschen Zahlen, siehe Anmerkung S. 113.

333.

16a) $$\int \frac{x+\sin x}{1+\cos x}\,dx = x\,\mathrm{tg}\frac{x}{2} + C\,;$$

16b) $$\int \frac{x-\sin x}{1-\cos x}\,dx = -x\,\mathrm{ctg}\frac{x}{2} + C\,.$$

17) $$\int \frac{x^2}{[(ax-b)\sin x+(a+bx)\cos x]^2}\,dx = \frac{x\sin x+\cos x}{b[(ax-b)\sin x+(a+bx)\cos x]} + C\,,\quad b\neq 0\,.$$

18) $$\int \frac{dx}{[a+(ax+b)\mathrm{tg}x]^2} = \frac{\mathrm{tg}x}{a[a+(ax+b)\mathrm{tg}x]} + C\,.$$

334. Integrale der Form $\int e^{ax}\sin^m bx\cos^n cx\,dx$. *)

1a) $$\int e^{ax}\sin^m x\cos^n x\,dx = \frac{1}{a^2+(m+n)^2}\Big\{ae^{ax}\sin^m x\cos^n x + (m+n)e^{ax}\sin^{m+1}x\cos^{n-1}x$$
$$-am\int e^{ax}\sin^{m-1}x\cos^{n-1}x\,dx + (n-1)(m+n)\int e^{ax}\sin^m x\cos^{n-2}x\,dx\Big\};$$

1b) $$= \frac{1}{a^2+(m+n)^2}\Big\{ae^{ax}\sin^m x\cos^n x - (m+n)e^{ax}\sin^{m-1}x\cos^{n+1}x$$
$$+an\int e^{ax}\sin^{m-1}x\cos^{n-1}x\,dx + (m-1)(m+n)\int e^{ax}\sin^{m-2}x\cos^n x\,dx\Big\};$$

1c) $$= \frac{1}{a^2+(m+n)^2}\Big\{ae^{ax}\sin^m x\cos^n x + ne^{ax}\sin^{m+1}x\cos^{n-1}x - me^{ax}\sin^{m-1}x\cos^{n+1}x$$
$$+n(n-1)\int e^{ax}\sin^{m-2}x\cos^{n-2}x\,dx + (m-n)(m+n-1)\int e^{ax}\sin^{m-2}x\cos^n x\,dx\Big\};$$

1d) $$= \frac{1}{a^2+(m+n)^2}\Big\{ae^{ax}\sin^m x\cos^n x + ne^{ax}\sin^{m+1}x\cos^{n-1}x - me^{ax}\sin^{m-1}x\cos^{n+1}x$$
$$+m(m-1)\int e^{ax}\sin^{m-2}x\cos^{n-2}x\,dx - (m-n)(m+n-1)\int e^{ax}\sin^m x\cos^{n-2}x\,dx\Big\},$$

siehe auch 334.6;

2a) $$\int e^{ax}\sin^m bx\,dx = \frac{1}{a^2+m^2b^2}\Big\{ae^{ax}\sin^m bx - mbe^{ax}\sin^{m-1}bx\cos bx + m(m-1)b^2\int e^{ax}\sin^{m-2}bx\,dx\Big\};$$

2b) $$= \sum_{\nu=0}^{r-1}\frac{(m;-1;2\nu)b^{2\nu}e^{ax}\sin^{m-2\nu-1}bx\,[a\sin bx-(m-2\nu)b\cos bx]}{(a^2+m^2b^2)\,[a^2+(m-2)^2b^2]\ldots[a^2+(m-2\nu)^2b^2]}$$
$$+(1-s)\frac{m!\,b^m e^{ax}}{(a^2+m^2b^2)\,[a^2+(m-2)^2b^2]\ldots[a^2+4b^2]a} + C\,,\quad m=2r-s,\ s=0 \text{ oder } 1\,;$$

---

*) Vgl. auch 354.

2c) $\int e^{ax}\sin^{2m}bx\,dx = \binom{2m}{m}\frac{e^{ax}}{2^{2m}a} + \frac{e^{ax}}{2^{2m-1}}\sum_{\nu=1}^{m}\frac{(-1)^\nu\binom{2m}{m-\nu}}{a^2+4b^2\nu^2}(a\cos 2b\nu x + 2b\nu\sin 2b\nu x) + C,\ m \geqq 1;$

2d) $\int e^{ax}\sin^{2m+1}bx\,dx = \frac{e^{ax}}{2^{2m}}\sum_{\nu=0}^{m}\frac{(-1)^\nu\binom{2m+1}{m-\nu}}{a^2+(2\nu+1)^2b^2}\left[a\sin(2\nu+1)bx-(2\nu+1)b\cos(2\nu+1)bx\right] + C,\ m \geqq 0;$

2e) $\int e^{ax}\sin bx\,dx = \frac{e^{ax}}{a^2+b^2}(a\sin bx - b\cos bx) + C;$

2f) $\int e^{ax}\sin^2 bx\,dx = \frac{e^{ax}}{2a} - \frac{e^{ax}}{a^2+4b^2}\left(\frac{a}{2}\cos 2bx + b\sin 2bx\right) + C.$

3a) $\int e^{ax}\cos^n bx\,dx = \frac{1}{a^2+n^2b^2}\left\{ae^{ax}\cos^n bx + nbe^{ax}\cos^{n-1}bx\sin bx + n(n-1)b^2\int e^{ax}\cos^{n-2}bx\,dx\right\};$

3b) $= \sum_{\nu=0}^{\varkappa-1}\frac{(n;-1;2\nu)\,b^{2\nu}e^{ax}\cos^{n-2\nu-1}bx\left[a\cos bx+(n-2\nu)b\sin bx\right]}{\left[a^2+n^2b^2\right]\left[a^2+(n-2)^2b^2\right]\ .\ .\ .\ .\ .\ \left[a^2+(n-2\nu)^2b^2\right]}$

$+ (1-s)\frac{n!\,b^n e^{ax}}{\left[a^2+n^2b^2\right]\left[a^2+(n-2)^2b^2\right]\ .\ .\ .\ \left[a^2+4b^2\right]a} + C$; mit $n = 2\varkappa - s$, $s = 0$ oder 1;

3c) $\int e^{ax}\cos^{2n}bx\,dx = \binom{2n}{n}\frac{e^{ax}}{2^{2n}a} + \frac{e^{ax}}{2^{2n-1}}\sum_{\nu=1}^{n}\frac{\binom{2n}{n-\nu}}{a^4+4\nu^2b^2}(a\cos 2\nu bx + 2\nu b\sin 2\nu bx) + C,\ n \geqq 1;$

3d) $\int e^{ax}\cos^{2n+1}bx\,dx = \frac{e^{ax}}{2^{2n}}\sum_{\nu=0}^{n}\frac{\binom{2n+1}{n-\nu}}{a^2+(2\nu+1)^2b^2}\left[a\cos(2\nu+1)bx+(2\nu+1)b\sin(2\nu+1)bx\right] + C,\ n \geqq 0;$

3e) $\int e^{ax}\cos bx\,dx = \frac{e^{ax}}{a^2+b^2}(a\cos bx + b\sin bx) + C;$

3f) $\int e^{ax}\cos^2 bx\,dx = \frac{e^{ax}}{2a} + \frac{e^{ax}}{a^2+4b^2}\left(\frac{a}{2}\cos 2bx + b\sin 2bx\right) + C.$

4) $\int e^{ax}\sin(bx+c)\,dx = \frac{e^{ax}}{a^2+b^2}\left[a\sin(bx+c) - b\cos(bx+c)\right] + C = \frac{e^{ax}}{\sqrt{a^2+b^2}}\sin(bx+c+\alpha) + C.$ *)

5) $\int e^{ax}\cos(bx+c)\,dx = \frac{e^{ax}}{a^2+b^2}\left[a\cos(bx+c) + b\sin(bx+c)\right] + C = \frac{e^{ax}}{\sqrt{a^2+b^2}}\cos(bx+c+\alpha) + C.$ *)

6a) $\int e^{ax}\sin^m bx\cos^n cx\,dx = \sum_{\mu=0}^{m}\sum_{\nu=-n}^{+n}\frac{A_{\mu\nu}e^{ax}}{a^2+(\mu b+\nu c)^2}\left\{\begin{matrix}\left[a\cos(\mu b+\nu c)x+(\mu b+\nu c)\sin(\mu b+\nu c)x\right]\\ \left[a\sin(\mu b+\nu c)x-(\mu b+\nu c)\cos(\mu b+\nu c)x\right]\end{matrix}\right\} + C,$

wobei die obere oder untere Zeile gilt, je nachdem m gerade oder ungerade ist. Die Koeffizienten $A_{\mu\nu}$ erhält man, wenn man $\sin^m bx\cos^n cx$ durch wiederholte Anwendung der Formeln (332.1a–1c) entwickelt:

$\sin^m bx\cos^n cx = \sum_{\mu=0}^{m}\sum_{\nu=-n}^{+n}A_{\mu\nu}\begin{matrix}\cos\\ \sin\end{matrix}(\mu b+\nu c)x$ für m $\begin{matrix}\text{gerade}\\ \text{ungerade}\end{matrix}$.

*) α ist bestimmt durch: $\cos\alpha = \frac{a}{\sqrt{a^2+b^2}}$, $\sin\alpha = \frac{-b}{\sqrt{a^2+b^2}}$.

334.

6b) $$\int e^{ax}\sin bx\cos cx\,dx = \frac{1}{2}\int e^{ax}\left[\sin(b+c)x+\sin(b-c)x\right]dx\,;$$

6c) $$= \frac{e^{ax}}{2}\left[\frac{a\sin(b+c)x-(b+c)\cos(b+c)x}{a^2+(b+c)^2}+\frac{a\sin(b-c)x-(b-c)\cos(b-c)x}{a^2+(b-c)^2}\right]+C;$$

6d) $$\int e^{ax}\sin^2 bx\cos cx\,dx = \frac{e^{ax}}{4}\left[2\frac{a\cos cx+c\sin cx}{a^2+c^2}-\frac{a\cos(2b+c)x+(2b+c)\sin(2b+c)x}{a^2+(2b+c)^2}\right.$$
$$\left.-\frac{a\cos(2b-c)x+(2b-c)\sin(2b-c)x}{a^2+(2b-c)^2}\right]+C\,;$$

6e) $$\int e^{ax}\sin bx\cos^2 cx\,dx = \frac{e^{ax}}{4}\left[2\frac{a\sin bx-b\cos bx}{a^2+b^2}+\frac{a\sin(b+2c)x-(b+2c)\cos(b+2c)x}{a^2+(b+2c)^2}\right.$$
$$\left.+\frac{a\sin(b-2c)x-(b-2c)\cos(b-2c)x}{a^2+(b-2c)^2}\right]+C\,.$$

7) $$\int\frac{e^{ax}}{\sin^m bx}dx = -\frac{a\sin bx+(m-2)b\cos bx}{(m-1)(m-2)b^2\sin^{m-1}bx}e^{ax}+\frac{a^2+(m-2)^2b^2}{(m-1)(m-2)b^2}\int\frac{e^{ax}}{\sin^{m-2}bx}dx\,,\quad m>2\,.$$

8) $$\int\frac{e^{ax}}{\cos^n bx}dx = -\frac{a\cos bx-(n-2)b\sin bx}{(n-1)(n-2)b^2\cos^{n-1}bx}e^{ax}+\frac{a^2+(n-2)^2b^2}{(n-1)(n-2)b^2}\int\frac{e^{ax}}{\cos^{n-2}bx}dx\,,\quad n>2\,.$$

9a) $$\int e^{ax}\,\mathrm{tg}^n bx\,dx = \frac{1}{(n-1)b}e^{ax}\,\mathrm{tg}^{n-1}bx-\frac{a}{(n-1)b}\int e^{ax}\,\mathrm{tg}^{n-1}bx\,dx-\int e^{ax}\,\mathrm{tg}^{n-2}bx\,dx\,,\quad n\neq 1;$$

9b) $$\int e^{ax}\,\mathrm{ctg}^n bx\,dx = \frac{-1}{(n-1)b}e^{ax}\,\mathrm{ctg}^{n-1}bx+\frac{a}{(n-1)b}\int e^{ax}\,\mathrm{ctg}^{n-1}bx\,dx-\int e^{ax}\,\mathrm{ctg}^{n-2}bx\,dx\,,\quad n\neq 1.$$

335. Integrale der Form $\int R(x, e^{ax}, \sin bx, \cos cx)\,dx$.

1a) $$\int x^n e^{ax}\sin bx\,dx = \frac{1}{a^2+b^2}x^n e^{ax}(a\sin bx-b\cos bx)-\frac{n}{a^2+b^2}\int x^{n-1}e^{ax}(a\sin bx-b\cos bx)dx;$$

1b) $$= \frac{1}{\sqrt{a^2+b^2}}x^n e^{ax}\sin(bx+\alpha)-\frac{n}{\sqrt{a^2+b^2}}\int x^{n-1}e^{ax}\sin(bx+\alpha)dx\,;^{*)}$$

2a) $$\int x^n e^{ax}\cos bx\,dx = \frac{1}{a^2+b^2}x^n e^{ax}(a\cos bx+b\sin bx)-\frac{n}{a^2+b^2}\int x^{n-1}e^{ax}(a\cos bx+b\sin bx)dx;$$

2b) $$= \frac{1}{\sqrt{a^2+b^2}}x^n e^{ax}\cos(bx+\alpha)-\frac{n}{\sqrt{a^2+b^2}}\int x^{n-1}e^{ax}\cos(bx+\alpha)dx\,.^{*)}$$

3a) $$\int x^n e^{ax}\sin(bx+c)dx = e^{ax}\sum_{\nu=1}^{n+1}(-1)^{\nu-1}\frac{(n;-1;\nu-1)}{(a^2+b^2)^{\nu/2}}x^{n-\nu+1}\sin(bx+c+\nu\alpha)+C\,,\quad n\geq 0\,;^{*)}$$

3b) $$\int x e^{ax}\sin(bx+c)dx = \frac{1}{\sqrt{a^2+b^2}}xe^{ax}\sin(bx+c+\alpha)-\frac{1}{a^2+b^2}e^{ax}\sin(bx+c+2\alpha)+C\,.^{*)}$$

---

*) Der Winkel α ist durch folgende Gleichungen bestimmt: $\sin\alpha = \frac{-b}{\sqrt{a^2+b^2}}$, $\cos\alpha = \frac{a}{\sqrt{a^2+b^2}}$.

4a) $$\int x^p e^{ax}\cos(bx+c)\,dx = e^{ax}\sum_{\nu=1}^{p+1}(-1)^{\nu-1}\frac{(p;-1;\nu-1)}{(a^2+b^2)^{\nu/2}}x^{p-\nu+1}\cos(bx+c+\nu\alpha)+C,\quad p\geq 0;\ ^{*)}$$

4b) $$\int x e^{ax}\cos(bx+c)\,dx = \frac{e^{ax}}{\sqrt{a^2+b^2}}\,x\cos(bx+c+\alpha)-\frac{e^{ax}}{a^2+b^2}\cos(bx+c+2\alpha)+C.\ ^{*)}$$

5) $$\int x^p e^{ax}\sin^m bx\cos^n cx\,dx = \sum_{\mu=0}^{m}\sum_{\nu=-n}^{+n}A_{\mu\nu}\int x^p e^{ax}\,{\cos \atop \sin}(\mu b+\nu c)x\,dx \quad \text{für } m\ {\text{gerade} \atop \text{ungerade}};$$

über die Koeffizienten $A_{\mu\nu}$ siehe 334.6a.

336. Integrale der Form $\int R\left({\sin \atop \cos}(ax^2+2bx+c), x\right)dx$.

1) FRESNELsche Integrale: vgl. JAHNKE–EMDE, Funktionentafeln, S.35 f;

1a) $$\mathcal{C}(x) = \int_0^x \cos\frac{\pi}{2}t^2\,dt;$$

1b) $$\mathcal{S}(x) = \int_0^x \sin\frac{\pi}{2}t^2\,dt; \qquad \text{es gilt } \mathcal{C}(x)-i\,\mathcal{S}(x) = \frac{1}{1+i}\,\Phi\left(\frac{1+i}{2}\sqrt{\pi}\,x\right), \text{ vgl. } 313.1.$$

2a) $$\int\sin(ax^2+2bx+c)\,dx = \sqrt{\frac{\pi}{2a}}\left\{\cos\frac{ac-b^2}{a}\,\mathcal{S}\left(\frac{\sqrt{2}(ax+b)}{\sqrt{a\pi}}\right)+\sin\frac{ac-b^2}{a}\,\mathcal{C}\left(\frac{\sqrt{2}(ax+b)}{\sqrt{a\pi}}\right)\right\}+C,\quad a>0;$$

2b) $$\int\sin x^2\,dx = \sqrt{\frac{\pi}{2}}\,\mathcal{S}\left(\sqrt{\frac{2}{\pi}}\,x\right)+C,\quad \text{vgl. } 336.1b;$$

3a) $$\int\cos(ax^2+2bx+c)\,dx = \sqrt{\frac{\pi}{2a}}\left\{\cos\frac{ac-b^2}{a}\,\mathcal{C}\left(\frac{\sqrt{2}(ax+b)}{\sqrt{a\pi}}\right)-\sin\frac{ac-b^2}{a}\,\mathcal{S}\left(\frac{\sqrt{2}(ax+b)}{\sqrt{a\pi}}\right)\right\}+C,\quad a>0;$$

3b) $$\int\cos x^2\,dx = \sqrt{\frac{\pi}{2}}\,\mathcal{C}\left(\sqrt{\frac{2}{\pi}}\,x\right)+C,\quad \text{vgl. } 336.1a.$$

4a) $$\int x^p\sin x^2\,dx = \frac{-1}{2}x^{p-1}\cos x^2+\frac{p-1}{2}\int x^{p-2}\cos x^2\,dx;$$

4b) $$= \sum_{\nu=1}^{k}(-1)^\nu\left\{\frac{(p-1;-2;2\nu-2)}{2^{2\nu-1}}x^{p-4\nu+3}\cos x^2-\frac{(p-1;-2;2\nu-1)}{2^{2\nu}}x^{p-4\nu+1}\sin x^2\right\}$$
$$+(-1)^k\frac{(s+1;2;2k)}{2^{2k}}\int x^s\sin x^2\,dx,\quad \text{mit } p=4k+s,\ s=0,1,2 \text{ oder } 3;$$

4c) $$\int x^2\sin x^2\,dx = \frac{-x}{2}\cos x^2+\frac{1}{2}\sqrt{\frac{\pi}{2}}\,\mathcal{C}\left(\sqrt{\frac{2}{\pi}}\,x\right)+C,\quad \text{vgl. } 336.1a;$$

4d) $$\int x\sin x^2\,dx = \frac{-1}{2}\cos x^2+C;$$

*) Der Winkel α ist durch folgende Gleichungen bestimmt: $\sin\alpha = \frac{-b}{\sqrt{a^2+b^2}}$, $\cos\alpha = \frac{a}{\sqrt{a^2+b^2}}$.

4e) $\displaystyle\int\frac{\sin x^2}{x}\,dx = \frac{1}{2}\operatorname{Si}(x^2) + C$, vgl. 333.5b ;

4f) $\displaystyle\int\frac{\sin x^2}{x^2}\,dx = \frac{-\sin x^2}{x} + \sqrt{2\pi}\;\mathcal{C}\left(\sqrt{\frac{2}{\pi}}\,x\right) + C$, vgl. 336.1a .

5a) $\displaystyle\int x^p\cos x^2\,dx = \frac{1}{2}x^{p-1}\sin x^2 - \frac{p-1}{2}\int x^{p-2}\sin x^2\,dx$;

5b) $$= \sum_{\nu=1}^{\varkappa}(-1)^{\nu-1}\left\{\frac{(p-1;-2;2\nu-2)}{2^{2\nu-1}}\,x^{p-4\nu+3}\sin x^2 + \frac{(p-1;-2;2\nu-1)}{2^{2\nu}}\,x^{p-4\nu+1}\cos x^2\right\}$$

$$+ (-1)^{\varkappa}\frac{(s+1;2;2\varkappa)}{2^{2\varkappa}}\int x^s\cos x^2\,dx \quad , \quad \text{mit } p = 4\varkappa + s\,,\; s = 0, 1, 2 \text{ oder } 3;$$

5c) $\displaystyle\int x^2\cos x^2\,dx = \frac{1}{2}x\sin x^2 - \frac{1}{2}\sqrt{\frac{\pi}{2}}\;\mathcal{S}\left(\sqrt{\frac{2}{\pi}}\,x\right) + C$, vgl. 336.1b ;

5d) $\displaystyle\int x\cos x^2\,dx = \frac{1}{2}\sin x^2 + C$;

5e) $\displaystyle\int\frac{\cos x^2}{x}\,dx = \frac{1}{2}\operatorname{Ci}(x^2) + C$; vgl. 333.5a ;

5f) $\displaystyle\int\frac{\cos x^2}{x^2}\,dx = \frac{-\cos x^2}{x} - \sqrt{2\pi}\;\mathcal{S}\left(\sqrt{\frac{2}{\pi}}\,x\right) + C$.

341. Integrale der Form $\int R\left(x, \operatorname{arc}\,{}^{\sin}_{\cos}\,x\right)dx$.*)

1) Substitution: Setzt man

1a) $$x = {}^{\sin}_{\cos}\,t \quad ,$$

so wird

1b) $$\int R\left(x, \operatorname{arc}\,{}^{\sin}_{\cos}\,x\right)dx = \pm\int R\left({}^{\sin}_{\cos}\,t, t\right){}^{\cos}_{\sin}\,t\,dt\;;$$

das letzte Integral fällt unter 331 – 333 .

2) Partielle Integration (vgl. 10.6a–6d):

2a) $\displaystyle\int f(x)\operatorname{arc}\,{}^{\sin}_{\cos}\,x\,dx = F(x)\operatorname{arc}\,{}^{\sin}_{\cos}\,x \mp \int\frac{F(x)}{\sqrt{1-x^2}}\,dx$, wenn $F'(x) = f(x)$ ist ;

2b) $\displaystyle\int F_1\left(x, \operatorname{arc}\,{}^{\sin}_{\cos}\,x\right)dx = F\left(x, \operatorname{arc}\,{}^{\sin}_{\cos}\,x\right) - \int F_2\left({}^{\sin}_{\cos}\,y, y\right)dy$, mit $y = \operatorname{arc}\,{}^{\sin}_{\cos}\,x$,

wenn $\dfrac{\partial}{\partial x_1}F(x_1, x_2) = F_1(x_1, x_2)$ und $\dfrac{\partial}{\partial x_2}F(x_1, x_2) = F_2(x_1, x_2)$ ist.

---

*) Die Formeln $\operatorname{arc}\sin x$ und $\operatorname{arc}\cos x$ sind hier in leicht verständlicher Weise zusammengefaßt, indem nur die Zeichen, in denen sie sich jeweils unterscheiden, übereinander geschrieben sind; man beachte auch die für die Hauptwerte geltende Formel $\operatorname{arc}\sin x + \operatorname{arc}\cos x = \dfrac{\pi}{2}$.

341.

3a) $$\int x^n \operatorname{arc}\substack{\sin\\\cos}\frac{x}{a}\,dx = \frac{1}{n+1}x^{n+1}\operatorname{arc}\substack{\sin\\\cos}\frac{x}{a} \mp \frac{1}{n+1}\int\frac{x^{n+1}}{\sqrt{a^2-x^2}}\,dx\,,\quad n \neq -1\,,\ |x| \leqq a\,,$$
vgl. 236.2b – 2c ;

3b) $$\int x \operatorname{arc}\substack{\sin\\\cos}\frac{x}{a}\,dx = \frac{2x^2-a^2}{4}\operatorname{arc}\substack{\sin\\\cos}\frac{x}{a} \pm \frac{x}{4}\sqrt{a^2-x^2} + C\,,\quad |x| \leqq a\,;$$

3c) $$\int \operatorname{arc}\substack{\sin\\\cos}\frac{x}{a}\,dx = x\operatorname{arc}\substack{\sin\\\cos}\frac{x}{a} \pm \sqrt{a^2-x^2} + C\,,\quad |x| \leqq a\,;$$

4a) $$\int \frac{1}{x^n}\operatorname{arc}\substack{\sin\\\cos}\frac{x}{a}\,dx = \frac{-1}{n-1}\,\frac{1}{x^{n-1}}\operatorname{arc}\substack{\sin\\\cos}\frac{x}{a} \pm \frac{1}{n-1}\int\frac{dx}{x^{n-1}\sqrt{a^2-x^2}}\,,\quad n \neq 1\,,\ |x| \leqq a\,,$$
vgl. 236.4b – 4c ;

4b) $$\int \frac{1}{x}\operatorname{arc}\substack{\sin\\\cos}\frac{x}{a}\,dx = \log x\,.\operatorname{arc}\substack{\sin\\\cos}\frac{x}{a} \pm \log\frac{axy}{2}\operatorname{arctg} y \pm i\left[\mathfrak{L}_2(iy) - \mathfrak{L}_2(-iy)\right]$$
$$\mp i\left[\mathfrak{L}_2\left(\frac{1+iy}{2}\right) - \mathfrak{L}_2\left(\frac{1-iy}{2}\right)\right] + C\,,\quad \text{mit } y = \frac{a+\sqrt{a^2-x^2}}{x}\,,\quad |x| \leqq a\,,$$
vgl. 322.7a – 7b;

4c) $$= \pm\sum_{\nu=0}^{\infty}\frac{(1;2;\nu)}{(2;2;\nu)(2\nu+1)^2}\left(\frac{x}{a}\right)^{2\nu+1} + \begin{cases} C\,, \\ \frac{\pi}{2}\log x + C\,, \end{cases}\quad |x| \leqq a\,;$$

4d) $$\int \frac{1}{x^2}\operatorname{arc}\substack{\sin\\\cos}\frac{x}{a}\,dx = \frac{-1}{x}\operatorname{arc}\substack{\sin\\\cos}\frac{x}{a} \mp \frac{1}{a}\log C\,\frac{a+\sqrt{a^2-x^2}}{x}\,.$$

5a) $$\int\left(\operatorname{arc}\substack{\sin\\\cos}x\right)^n dx = x\left(\operatorname{arc}\substack{\sin\\\cos}x\right)^n \pm n\sqrt{1-x^2}\left(\operatorname{arc}\substack{\sin\\\cos}x\right)^{n-1} - n(n-1)\int\left(\operatorname{arc}\substack{\sin\\\cos}x\right)^{n-2}dx\,;$$

5b) $$= \sum_{\nu=0}^{\left[\frac{n}{2}\right]}(-1)^\nu\left\{(n;-1;2\nu)\,x\left(\operatorname{arc}\substack{\sin\\\cos}x\right)^{n-2\nu} \pm (n;-1;2\nu+1)\sqrt{1-x^2}\left(\operatorname{arc}\substack{\sin\\\cos}x\right)^{n-2\nu-1}\right\} + C\,,$$
$|x| \leqq 1$;

5c) $$\int\left(\operatorname{arc}\substack{\sin\\\cos}\frac{x}{a}\right)^2 dx = x\left(\operatorname{arc}\substack{\sin\\\cos}\frac{x}{a}\right)^2 - 2x \pm 2\sqrt{a^2-x^2}\operatorname{arc}\substack{\sin\\\cos}\frac{x}{a} + C\,,\quad |x| \leqq a\,.$$

6) $$\int R\left(x, \sqrt{1-x^2}, \operatorname{arc}\substack{\sin\\\cos}x\right)dx = \pm\int R\left(\substack{\sin\\\cos}t, \substack{\cos\\\sin}t, t\right)\substack{\cos\\\sin}t\,dt\,,\quad \text{mit } x = \substack{\sin\\\cos}t\,,\ t = \operatorname{arc}\substack{\sin\\\cos}x\,.$$

7a) $$\int\frac{x^n}{\sqrt{1-x^2}}\operatorname{arc}\substack{\sin\\\cos}x\,dx = \frac{-1}{n}x^{n-1}\sqrt{1-x^2}\operatorname{arc}\substack{\sin\\\cos}x \pm \frac{x^n}{n^2} + \frac{n-1}{n}\int\frac{x^{n-2}}{\sqrt{1-x^2}}\operatorname{arc}\substack{\sin\\\cos}x\,dx\,,\quad n \neq 0\,;$$

7b) $$\int\frac{1}{\sqrt{1-x^2}}\operatorname{arc}\substack{\sin\\\cos}x\,dx = \pm\frac{1}{2}\left(\operatorname{arc}\substack{\sin\\\cos}x\right)^2 + C\,;$$

7c) $$\int\frac{x}{\sqrt{1-x^2}}\operatorname{arc}\substack{\sin\\\cos}x\,dx = -\sqrt{1-x^2}\operatorname{arc}\substack{\sin\\\cos}x \pm x + C\,;$$

7d) $$\int\frac{x^2}{\sqrt{1-x^2}}\operatorname{arc}\substack{\sin\\\cos}x\,dx = -\frac{x}{2}\sqrt{1-x^2}\operatorname{arc}\substack{\sin\\\cos}x \pm \frac{1}{4}\left(\operatorname{arc}\substack{\sin\\\cos}x\right)^2 \pm \frac{x^2}{4} + C\,.$$

8a) $$\int \frac{1}{(1-x^2)^{3/2}} \operatorname{arc}\genfrac{}{}{0pt}{}{\sin}{\cos} x\,dx = \frac{x}{\sqrt{1-x^2}} \operatorname{arc}\genfrac{}{}{0pt}{}{\sin}{\cos} x \pm \frac{1}{2}\log(1-x^2) + C\,;$$

8b) $$\int \frac{x}{(1-x^2)^{3/2}} \operatorname{arc}\genfrac{}{}{0pt}{}{\sin}{\cos} x\,dx = \frac{1}{\sqrt{1-x^2}} \operatorname{arc}\genfrac{}{}{0pt}{}{\sin}{\cos} x \pm \frac{1}{2}\log\frac{1-x}{1+x} + C\,.$$

9) $$\int \frac{dx}{\sqrt{1-x^2}\,\operatorname{arc}\genfrac{}{}{0pt}{}{\sin}{\cos} x} = \pm \log\left(\operatorname{arc}\genfrac{}{}{0pt}{}{\sin}{\cos} x\right) + C\,.$$

342. Integrale der Form $\int R\left(x, \operatorname{arc}\genfrac{}{}{0pt}{}{\operatorname{tg}}{\operatorname{ctg}} x\right)dx$. *)

1) <u>Substitution</u>: Setzt man

1a) $$x = \genfrac{}{}{0pt}{}{\operatorname{tg}}{\operatorname{ctg}} t\,,$$

so wird

1b) $$\int R\left(x, \operatorname{arc}\genfrac{}{}{0pt}{}{\operatorname{tg}}{\operatorname{ctg}} x\right)dx = \pm\int R\left(\genfrac{}{}{0pt}{}{\operatorname{tg}}{\operatorname{ctg}} t, t\right)\left(\genfrac{}{}{0pt}{}{\cos}{\sin} t\right)^{-2} dt\,;$$ dieses Integral gehört zu 331. – 333.

2) <u>Partielle Integration</u> (vgl. 10.6a–6d):

2a) $$\int f(x)\operatorname{arc}\genfrac{}{}{0pt}{}{\operatorname{tg}}{\operatorname{ctg}}\frac{x}{a}\,dx = F(x)\operatorname{arc}\genfrac{}{}{0pt}{}{\operatorname{tg}}{\operatorname{ctg}}\frac{x}{a} \mp a\int\frac{F(x)}{a^2+x^2}\,dx\,,$$ wenn $F'(x) = f(x)$ ist.

2b) $$\int F_1\left(x, \operatorname{arc}\genfrac{}{}{0pt}{}{\operatorname{tg}}{\operatorname{ctg}} x\right)dx = F\left(x, \operatorname{arc}\genfrac{}{}{0pt}{}{\operatorname{tg}}{\operatorname{ctg}} x\right) - \int F_2\left(\genfrac{}{}{0pt}{}{\operatorname{tg}}{\operatorname{ctg}} y, y\right)dy\,,$$ mit $y = \operatorname{arc}\genfrac{}{}{0pt}{}{\operatorname{tg}}{\operatorname{ctg}} x$, wenn $\frac{\partial}{\partial x_1}F(x_1,x_2) = F_1(x_1,x_2)$ und $\frac{\partial}{\partial x_2}F(x_1,x_2) = F_2(x_1,x_2)$ ist.

3a) $$\int x^n \operatorname{arc}\genfrac{}{}{0pt}{}{\operatorname{tg}}{\operatorname{ctg}}\frac{x}{a}\,dx = \frac{1}{n+1}x^{n+1}\operatorname{arc}\genfrac{}{}{0pt}{}{\operatorname{tg}}{\operatorname{ctg}}\frac{x}{a} \mp \frac{a}{n+1}\int\frac{x^{n+1}}{x^2+a^2}\,dx\,,$$ $n \neq -1$, vgl. 15.13f;

3b) $$\int x \operatorname{arc}\genfrac{}{}{0pt}{}{\operatorname{tg}}{\operatorname{ctg}}\frac{x}{a}\,dx = \frac{x^2+a^2}{2}\operatorname{arc}\genfrac{}{}{0pt}{}{\operatorname{tg}}{\operatorname{ctg}}\frac{x}{a} \mp \frac{1}{2}ax + C\,;$$

3c) $$\int \operatorname{arc}\genfrac{}{}{0pt}{}{\operatorname{tg}}{\operatorname{ctg}}\frac{x}{a}\,dx = x\operatorname{arc}\genfrac{}{}{0pt}{}{\operatorname{tg}}{\operatorname{ctg}}\frac{x}{a} \mp \frac{a}{2}\log(x^2+a^2) + C\,.$$

4a) $$\int \frac{1}{x^n}\operatorname{arc}\genfrac{}{}{0pt}{}{\operatorname{tg}}{\operatorname{ctg}}\frac{x}{a}\,dx = \frac{-1}{n-1}\frac{1}{x^{n-1}}\operatorname{arc}\genfrac{}{}{0pt}{}{\operatorname{tg}}{\operatorname{ctg}}\frac{x}{a} \pm \frac{a}{n-1}\int\frac{dx}{x^{n-1}(x^2+a^2)}\,,$$ $n \neq 1$, vgl. 15.16a–17c;

4b) $$\int \frac{1}{x}\operatorname{arc}\genfrac{}{}{0pt}{}{\operatorname{tg}}{\operatorname{ctg}}\frac{x}{a}\,dx = \mp\frac{i}{2}\left[\mathfrak{L}_2\left(\frac{ix}{a}\right) - \mathfrak{L}_2\left(\frac{-ix}{a}\right)\right] + \begin{cases} C \\ \frac{\pi}{2}\log x + C \end{cases}$$, vgl. 322.7a–7b;

4c) $$= \pm\sum_{\nu=0}^{\infty}\frac{(-1)^\nu}{(2\nu+1)^2}\left(\frac{x}{a}\right)^{2\nu+1} + \begin{cases} C \\ \frac{\pi}{2}\log x + C \end{cases}\,,\quad |x| \leqq a\,;$$

4d) $$\int \frac{1}{x^2}\operatorname{arc}\genfrac{}{}{0pt}{}{\operatorname{tg}}{\operatorname{ctg}}\frac{x}{a}\,dx = \frac{-1}{x}\operatorname{arc}\genfrac{}{}{0pt}{}{\operatorname{tg}}{\operatorname{ctg}}\frac{x}{a} \pm \frac{1}{2a}\log\frac{x^2}{x^2+a^2} + C\,.$$

*) Vgl. die Anmerkung zu 341. Für die Hauptwerte gilt wieder die Gleichung $\operatorname{arc\,tg} x + \operatorname{arc\,ctg} x = \frac{\pi}{2}$.

5) $$\int\left(\operatorname{arc}\genfrac{}{}{0pt}{}{\mathrm{tg}}{\mathrm{ctg}}\frac{x}{a}\right)^2 dx = x\left(\operatorname{arc}\genfrac{}{}{0pt}{}{\mathrm{tg}}{\mathrm{ctg}}\frac{x}{a}\right)^2 - a\log\frac{\sqrt{x^2+a^2}}{2a}\operatorname{arctg}\frac{x}{a} + \frac{ia}{2}\left[\mathfrak{L}_2\left(\frac{a+ix}{2a}\right)-\mathfrak{L}_2\left(\frac{a-ix}{2a}\right)\right] + \begin{cases} C \\ a\pi\log\dfrac{\sqrt{x^2+a^2}}{2a} + C \end{cases}$$

6) $$\int R\left(x,\sqrt{x^2+a^2},\operatorname{arc}\genfrac{}{}{0pt}{}{\mathrm{tg}}{\mathrm{ctg}}\frac{x}{a}\right)dx = \pm a\int R\left(a\genfrac{}{}{0pt}{}{\mathrm{tg}}{\mathrm{ctg}}t,\ a\left(\genfrac{}{}{0pt}{}{\cos}{\sin}t\right)^{-1},\ t\right)\left(\genfrac{}{}{0pt}{}{\cos}{\sin}t\right)^{-2}dt,\quad \genfrac{}{}{0pt}{}{-\frac{\pi}{2}\le t\le\frac{\pi}{2}}{0\le t\le\pi},\ a>0,$$

mit $x = a\genfrac{}{}{0pt}{}{\mathrm{tg}}{\mathrm{ctg}}t$, $t = \operatorname{arc}\genfrac{}{}{0pt}{}{\mathrm{tg}}{\mathrm{ctg}}\frac{x}{a}$.

7a) $$\int\frac{x^n}{x^2+a^2}\operatorname{arc}\genfrac{}{}{0pt}{}{\mathrm{tg}}{\mathrm{ctg}}\frac{x}{a}dx = \int x^{n-2}\operatorname{arc}\genfrac{}{}{0pt}{}{\mathrm{tg}}{\mathrm{ctg}}\frac{x}{a}dx - a^2\int\frac{x^{n-2}}{x^2+a^2}\operatorname{arc}\genfrac{}{}{0pt}{}{\mathrm{tg}}{\mathrm{ctg}}\frac{x}{a}dx\,;$$

7b) $$\int\frac{1}{x^2+a^2}\operatorname{arc}\genfrac{}{}{0pt}{}{\mathrm{tg}}{\mathrm{ctg}}\frac{x}{a}dx = \pm\frac{1}{2a}\left(\operatorname{arc}\genfrac{}{}{0pt}{}{\mathrm{tg}}{\mathrm{ctg}}\frac{x}{a}\right)^2 + C\,;$$

7c) $$\int\frac{x}{x^2+a^2}\operatorname{arc}\genfrac{}{}{0pt}{}{\mathrm{tg}}{\mathrm{ctg}}\frac{x}{a}dx = \frac{1}{2}\log\frac{\sqrt{x^2+a^2}}{2a}\operatorname{arc}\genfrac{}{}{0pt}{}{\mathrm{tg}}{\mathrm{ctg}}\frac{x}{a} \mp \frac{i}{4}\left[\mathfrak{L}_2\left(\frac{a+ix}{2a}\right)-\mathfrak{L}_2\left(\frac{a-ix}{2a}\right)\right] + \begin{cases} C \\ \frac{\pi}{4}\log\dfrac{\sqrt{x^2+a^2}}{2a} + C \end{cases}$$

8) $$\int\frac{1}{(x^2+a^2)^2}\operatorname{arc}\genfrac{}{}{0pt}{}{\mathrm{tg}}{\mathrm{ctg}}\frac{x}{a}dx = \frac{x}{2a^2(x^2+a^2)}\operatorname{arc}\genfrac{}{}{0pt}{}{\mathrm{tg}}{\mathrm{ctg}}\frac{x}{a} \pm \frac{1}{4a^3}\left(\operatorname{arc}\genfrac{}{}{0pt}{}{\mathrm{tg}}{\mathrm{ctg}}\frac{x}{a}\right)^2 \pm \frac{1}{4a(x^2+a^2)} + C\,.$$

9) $$\int\frac{x}{\sqrt{1-x^2}}\operatorname{arc}\genfrac{}{}{0pt}{}{\mathrm{tg}}{\mathrm{ctg}}x\,dx = -\sqrt{1-x^2}\operatorname{arc}\genfrac{}{}{0pt}{}{\mathrm{tg}}{\mathrm{ctg}}x \mp \arcsin x + \sqrt{2}\operatorname{arc}\genfrac{}{}{0pt}{}{\mathrm{tg}}{\mathrm{ctg}}\left(\frac{\sqrt{2}\,x}{\sqrt{1-x^2}}\right) + C\,.$$

10) $$\int\frac{dx}{(1+x^2)\operatorname{arc}\genfrac{}{}{0pt}{}{\mathrm{tg}}{\mathrm{ctg}}x} = \pm\log\left(\operatorname{arc}\genfrac{}{}{0pt}{}{\mathrm{tg}}{\mathrm{ctg}}x\right) + C\,.$$

351. Integrale der Form $\int R(\mathfrak{Sin}\,x, \mathfrak{Cof}\,x)\,dx$.*)

1) Der besseren Übersicht wegen werden im folgenden die Hyperbelfunktionen $\mathfrak{Tg}\,x$ und $\mathfrak{Ctg}\,x$ gewöhnlich durch $\mathfrak{Sin}\,x$ und $\mathfrak{Cof}\,x$ ausgedrückt:

1a) $$\mathfrak{Tg}\,x = \frac{\mathfrak{Sin}\,x}{\mathfrak{Cof}\,x}\,,\quad \mathfrak{Ctg}\,x = \frac{\mathfrak{Cof}\,x}{\mathfrak{Sin}\,x}\,.$$

Da

1b) $$\mathfrak{Sin}\,x = \frac{e^x - e^{-x}}{2}\,,\quad \mathfrak{Cof}\,x = \frac{e^x + e^{-x}}{2}$$

gilt, sind die hier behandelten Integrale identisch mit denen der Gruppe 311.
Für die Integration der Hyperbelfunktionen sind die Additionstheoreme wichtig:

1c) $$\mathfrak{Sin}(x\pm y) = \mathfrak{Sin}\,x\,\mathfrak{Cof}\,y \pm \mathfrak{Cof}\,x\,\mathfrak{Sin}\,y\,,\qquad \mathfrak{Cof}(x\pm y) = \mathfrak{Cof}\,x\,\mathfrak{Cof}\,y \pm \mathfrak{Sin}\,x\,\mathfrak{Sin}\,y\,;$$

1d) $$\mathfrak{Sin}\,x + \mathfrak{Sin}\,y = 2\,\mathfrak{Sin}\frac{x+y}{2}\,\mathfrak{Cof}\frac{x-y}{2}\,,\qquad \mathfrak{Sin}\,x - \mathfrak{Sin}\,y = 2\,\mathfrak{Sin}\frac{x-y}{2}\,\mathfrak{Cof}\frac{x+y}{2}\,;$$

1e) $$\mathfrak{Cof}\,x + \mathfrak{Cof}\,y = 2\,\mathfrak{Cof}\frac{x+y}{2}\,\mathfrak{Cof}\frac{x-y}{2}\,,\qquad \mathfrak{Cof}\,x - \mathfrak{Cof}\,y = 2\,\mathfrak{Sin}\frac{x+y}{2}\,\mathfrak{Sin}\frac{x-y}{2}\,.$$

*) Die Formeln dieser Gruppe gehen aus denen von 331 durch die Substitution $x \to ix$ hervor, wenn man noch beachtet, daß $\sin ix = i\,\mathfrak{Sin}\,x$, $\cos ix = \mathfrak{Cof}\,x$ ist.

2) *Substitution*: Man setze

2a) $e^x = t,\ \operatorname{Sin} x = \frac{t^2-1}{2t},\ \operatorname{Cof} x = \frac{t^2+1}{2t},\ \operatorname{Tg} x = \frac{t^2-1}{t^2+1},\ \operatorname{Ctg} x = \frac{t^2+1}{t^2-1},\ dx = \frac{dt}{t}$,

dann geht das Integral

$$\int R(\operatorname{Sin} x, \operatorname{Cof} x, \operatorname{Tg} x, \operatorname{Ctg} x)\,dx$$

in ein Integral

$$\int R_1(t)\,dt$$

über mit einem rationalen Integranden $R_1(t)$; dieses Integral kann nach Abschnitt 1 berechnet werden. In besonderen Fällen kommt man mit einfacheren Substitutionen aus:

2b) $\int R(\operatorname{Sin} x, \operatorname{Cof}^2 x)\operatorname{Cof} x\,dx = \int R(t, 1+t^2)\,dt$, mit $t = \operatorname{Sin} x,\ \operatorname{Cof}^2 x = 1+t^2,\ \operatorname{Cof} x\,dx = dt$;

2c) $\int R(\operatorname{Sin}^2 x, \operatorname{Cof} x)\operatorname{Sin} x\,dx = \int R(t^2-1, t)\,dt$, mit $t = \operatorname{Cof} x,\ \operatorname{Sin}^2 x = t^2-1,\ \operatorname{Sin} x\,dx = dt$;

2d) $\int R(\operatorname{Tg} x)\,dx = \int \frac{R(t)}{1-t^2}\,dt$, mit $t = \operatorname{Tg} x,\ dx = \frac{dt}{1-t^2}$.

3) *Grundintegrale*:

3a) $\int \operatorname{Sin} x\,dx = \operatorname{Cof} x + C$;

3b) $\int \operatorname{Cof} x\,dx = \operatorname{Sin} x + C$.

4a) $\int \operatorname{Sin}^n x\,dx = \frac{1}{n}\operatorname{Sin}^{n-1} x \operatorname{Cof} x - \frac{n-1}{n}\int \operatorname{Sin}^{n-2} x\,dx$;

4b) $= \operatorname{Cof} x \sum_{\nu=1}^{\kappa} (-1)^{\nu-1}\frac{(n-1;-2;\nu-1)}{(n;-2;\nu)}\operatorname{Sin}^{n-2\nu+1} x + (-1)^{\kappa}\frac{(1-s;2;\kappa)}{(2-s;2;\kappa)}x + C$,

mit $n = 2\kappa - s$, $s = 0$ oder 1;

4c) $\int \operatorname{Sin}^2 x\,dx = \frac{1}{4}\operatorname{Sin} 2x - \frac{x}{2} + C$.

5a) $\int \operatorname{Sin}^{2n} x\,dx = (-1)^n \frac{1}{2^{2n}}\binom{2n}{n}x + \frac{1}{2^{2n-1}}\sum_{\nu=0}^{n-1}(-1)^{\nu}\binom{2n}{\nu}\frac{\operatorname{Sin}(2n-2\nu)x}{2n-2\nu} + C$;

5b) $\int \operatorname{Sin}^{2n+1} x\,dx = \frac{1}{2^{2n}}\sum_{\nu=0}^{n}(-1)^{\nu}\binom{2n+1}{\nu}\frac{1}{2n+1-2\nu}\operatorname{Cof}(2n+1-2\nu)x + C_1$;

5c) $= (-1)^n \sum_{\nu=0}^{n}(-1)^{\nu}\binom{n}{\nu}\frac{1}{2\nu+1}\operatorname{Cof}^{2\nu+1} x + C_2$.

351.

6a) $$\int\frac{dx}{\mathfrak{Sin}^n x}=\frac{-1}{n-1}\,\frac{\mathfrak{Cof}\,x}{\mathfrak{Sin}^{n-1}x}-\frac{n-2}{n-1}\int\frac{dx}{\mathfrak{Sin}^{n-2}x}\,,\quad n\neq 1\,;$$

6b) $$=\sum_{\nu=1}^{\varkappa}(-1)^{\nu}\frac{(n-2;-2;\nu-1)}{(n-1;-2;\nu)}\,\frac{\mathfrak{Cof}\,x}{\mathfrak{Sin}^{n-2\nu+1}x}+(-1)^{\varkappa}\frac{(s;2;\varkappa)}{(s+1;2;\varkappa)}\log\mathfrak{Tg}\frac{x}{2}+C\,,\ \text{mit } n=2\varkappa+s,\ s=0 \text{ oder } 1\,;$$

6c) $$\int\frac{dx}{\mathfrak{Sin}\,x}=\log\mathfrak{Tg}\frac{x}{2}+C=\log\frac{\mathfrak{Cof}\,x-1}{\mathfrak{Sin}\,x}+C=\log\frac{\mathfrak{Sin}\,x}{\mathfrak{Cof}\,x+1}+C=\frac{1}{2}\log\frac{\mathfrak{Cof}\,x-1}{\mathfrak{Cof}\,x+1}+C\,;$$

6d) $$\int\frac{dx}{\mathfrak{Sin}^2 x}=-\mathfrak{Ctg}\,x+C\,.$$

7a) $$\int\mathfrak{Cof}^n x\,dx=\frac{1}{n}\,\mathfrak{Sin}\,x\,\mathfrak{Cof}^{n-1}x+\frac{n-1}{n}\int\mathfrak{Cof}^{n-2}x\,dx\,;$$

7b) $$=\mathfrak{Sin}\,x\sum_{\nu=1}^{\varkappa}\frac{(n-1;-2;\nu-1)}{(n;-2;\nu)}\mathfrak{Cof}^{n-2\nu+1}x+\frac{(1-s;2;\varkappa)}{(2-s;2;\varkappa)}x+C\,,\ \text{mit } n=2\varkappa-s,\ s=0 \text{ oder } 1\,;$$

7c) $$\int\mathfrak{Cof}^2 x\,dx=\frac{1}{4}\,\mathfrak{Sin}\,2x+\frac{x}{2}+C\,.$$

8a) $$\int\mathfrak{Cof}^{2n}x\,dx=\frac{1}{2^{2n}}\binom{2n}{n}x+\frac{1}{2^{2n-1}}\sum_{\nu=0}^{n-1}\binom{2n}{\nu}\frac{1}{2n-2\nu}\,\mathfrak{Sin}(2n-2\nu)x+C\,;$$

8b) $$\int\mathfrak{Cof}^{2n+1}x\,dx=\frac{1}{2^{2n}}\sum_{\nu=0}^{n}\binom{2n+1}{\nu}\frac{1}{2n+1-2\nu}\,\mathfrak{Sin}(2n+1-2\nu)x+C_1\,;$$

8c) $$=\sum_{\nu=0}^{n}\binom{n}{\nu}\frac{1}{2\nu+1}\,\mathfrak{Sin}^{2\nu+1}x+C_2\,.$$

9a) $$\int\frac{dx}{\mathfrak{Cof}^n x}=\frac{1}{n-1}\,\frac{\mathfrak{Sin}\,x}{\mathfrak{Cof}^{n-1}x}+\frac{n-2}{n-1}\int\frac{dx}{\mathfrak{Cof}^{n-2}x}\,,\quad n\neq 1\,;$$

9b) $$=\mathfrak{Sin}\,x\sum_{\nu=1}^{\varkappa}\frac{(n-2;-2;\nu-1)}{(n-1;-2;\nu)}\,\frac{1}{\mathfrak{Cof}^{n-2\nu+1}x}+\frac{(s;2;\varkappa)}{(s+1;2;\varkappa)}\operatorname{arc\,tg}(\mathfrak{Sin}\,x)+C\,,$$
mit $n=2\varkappa+s$, $s=0$ oder 1;

9c) $$\int\frac{dx}{\mathfrak{Cof}\,x}=\arcsin(\mathfrak{Tg}\,x)+C_1=\arccos\frac{1}{\mathfrak{Cof}\,x}+C_1=\operatorname{arc\,tg}(\mathfrak{Sin}\,x)+C_1=2\operatorname{arc\,tg}e^x+C_2\,;$$

9d) $$\int\frac{dx}{\mathfrak{Cof}^2 x}=\mathfrak{Tg}\,x+C\,.$$

10a) $$\int\mathfrak{Sin}^m x\,\mathfrak{Cof}^n x\,dx=\frac{1}{m+n}\,\mathfrak{Sin}^{m+1}x\,\mathfrak{Cof}^{n-1}x+\frac{n-1}{m+n}\int\mathfrak{Sin}^m x\,\mathfrak{Cof}^{n-2}x\,dx\,;$$

10b) $$=\frac{1}{m+n}\,\mathfrak{Sin}^{m-1}x\,\mathfrak{Cof}^{n+1}x-\frac{m-1}{m+n}\int\mathfrak{Sin}^{m-2}x\,\mathfrak{Cof}^n x\,dx\,;$$

10c) $$=\mathfrak{Sin}^{m+1}x\sum_{\nu=1}^{\varkappa+s}\frac{(n-1;-2;\nu-1)}{(m+n;-2;\nu)}\mathfrak{Cof}^{n-2\nu+1}x+\frac{(1-s;2;\varkappa)}{(m+n;-2;\varkappa)}\int\mathfrak{Sin}^m x\,dx\,;$$
mit $n=2\varkappa+s$, $s=0$ oder 1, vgl. 351.4–5;

351.

10d) $$\int \mathfrak{Sin}^m x\, \mathfrak{Cos}^n x\, dx = \mathfrak{Cos}^{n+1} x \sum_{\nu=1}^{\varkappa+s} (-1)^{\nu-1} \frac{(m-1;-2;\nu-1)}{(m+n;-2;\nu)} \mathfrak{Sin}^{m-2\nu+1} x + (-1)^{\varkappa} \frac{(1-s;2;\varkappa)}{(m+n;-2;\varkappa)} \int \mathfrak{Cos}^n x\, dx,$$
mit $n = 2\varkappa + s$, $s = 0$ oder 1, vgl. 351.7–8;

10e) $$\int \mathfrak{Sin}^m x\, \mathfrak{Cos}\, x\, dx = \frac{1}{m+1} \mathfrak{Sin}^{m+1} x + C;$$

10f) $$\int \mathfrak{Sin}\, x\, \mathfrak{Cos}^n x\, dx = \frac{1}{n+1} \mathfrak{Cos}^{n+1} x + C.$$

11a) $$\int \frac{\mathfrak{Sin}^m x}{\mathfrak{Cos}^n x} dx = \frac{1}{m-n} \frac{\mathfrak{Sin}^{m-1} x}{\mathfrak{Cos}^{n-1} x} - \frac{m-1}{m-n} \int \frac{\mathfrak{Sin}^{m-2} x}{\mathfrak{Cos}^n x} dx, \quad m \neq n;$$

11b) $$= \frac{1}{n-1} \frac{\mathfrak{Sin}^{m+1} x}{\mathfrak{Cos}^{n-1} x} - \frac{m-n+2}{n-1} \int \frac{\mathfrak{Sin}^m x}{\mathfrak{Cos}^{n-2} x} dx, \quad n \neq 1;$$

11c) $$= \frac{-1}{n-1} \frac{\mathfrak{Sin}^{m-1} x}{\mathfrak{Cos}^{n-1} x} + \frac{m-1}{n-1} \int \frac{\mathfrak{Sin}^{m-2} x}{\mathfrak{Cos}^{n-2} x} dx, \quad n \neq 1;$$

11d) $$\int \frac{\mathfrak{Sin}^{2m+1} x}{\mathfrak{Cos}^n x} dx = \sum_{\substack{\nu=0 \\ \nu \neq \frac{n-1}{2}}}^{m} (-1)^{m+\nu} \binom{m}{\nu} \frac{1}{2\nu-n+1} \mathfrak{Cos}^{2\nu-n+1} x + s(-1)^{m+\frac{n-1}{2}} \binom{m}{\frac{n-1}{2}} \log \mathfrak{Cos}\, x + C,$$
mit $s = 1$, wenn n ungerade und $\leqq 2m+1$ ist, sonst $s = 0$;

11e) $$\int \frac{\mathfrak{Sin}^m x}{\mathfrak{Cos}^n x} dx = \mathfrak{Sin}^{m+1} x \sum_{\nu=0}^{\varkappa-1} (-1)^{\nu} \frac{(m-n+2;2;\nu)}{(n-1;-2;\nu+1)} \frac{1}{\mathfrak{Cos}^{n-2\nu-1} x} + (-1)^{\varkappa} \frac{(m-s;-2;\varkappa)}{(s+1;2;\varkappa)} \int \frac{\mathfrak{Sin}^m x}{\mathfrak{Cos}^s x} dx,$$
mit $n = 2\varkappa + s$, $s = 0$ oder 1, vgl. 351.4–5 und 351.11f–11h;

11f) $$\int \frac{\mathfrak{Sin}^{2m} x}{\mathfrak{Cos}\, x} dx = \sum_{\nu=1}^{m} (-1)^{m+\nu} \frac{1}{2\nu-1} \mathfrak{Sin}^{2\nu-1} x + (-1)^m \operatorname{arctg}(\mathfrak{Sin}\, x) + C, \quad m \geqq 1;$$

11g) $$\int \frac{\mathfrak{Sin}^{2m+1} x}{\mathfrak{Cos}\, x} dx = \sum_{\nu=1}^{m} (-1)^{m+\nu} \frac{1}{2\nu} \mathfrak{Sin}^{2\nu} x + (-1)^m \log \mathfrak{Cos}\, x + C_1, \quad m \geqq 1;$$

11h) $$= \sum_{\nu=1}^{m} (-1)^{m+\nu} \frac{1}{2\nu} \binom{m}{\nu} \mathfrak{Cos}^{2\nu} x + (-1)^m \log \mathfrak{Cos}\, x + C_2, \quad m \geqq 1;$$

11j) $$\int \frac{\mathfrak{Sin}\, x}{\mathfrak{Cos}^n x} dx = \frac{-1}{n-1} \frac{1}{\mathfrak{Cos}^{n-1} x} + C, \quad n \neq 1;$$

11k) $$\int \frac{\mathfrak{Sin}^n x}{\mathfrak{Cos}^{n+2} x} dx = \frac{1}{n+1} \mathfrak{Tg}^{n+1} x + C.$$

12a) $$\int \mathfrak{Tg}^n x\, dx = \frac{-1}{n-1} \mathfrak{Tg}^{n-1} x + \int \mathfrak{Tg}^{n-2} x\, dx, \quad n \neq 1;$$

12b) $$= -\sum_{\nu=1}^{\varkappa} \frac{1}{n-2\nu+1} \mathfrak{Tg}^{n-2\nu+1} x + \int \mathfrak{Tg}^s x\, dx, \quad \text{mit } n = 2\varkappa + s,\ s = 0 \text{ oder } 1;$$

351.

12c) $$\int \mathfrak{Tg}^{2n+1}x\,dx = \sum_{\nu=1}^{n} (-1)^{\nu-1}\frac{1}{2\nu}\binom{n}{\nu}\frac{1}{\mathfrak{Cos}^{2\nu}x} + \log \mathfrak{Cos}\,x + C\,, \quad n \geq 1\,;$$

12d) $$\int \mathfrak{Tg}\,x\,dx = \log \mathfrak{Cos}\,x + C\,;$$

12e) $$\int \mathfrak{Tg}^2 x\,dx = x - \mathfrak{Tg}\,x + C\,.$$

13a) $$\int \frac{\mathfrak{Cos}^n x}{\mathfrak{Sin}^m x}\,dx = \frac{1}{n-m}\,\frac{\mathfrak{Cos}^{n-1}x}{\mathfrak{Sin}^{m-1}x} + \frac{n-1}{n-m}\int \frac{\mathfrak{Cos}^{n-2}x}{\mathfrak{Sin}^m x}\,dx\,, \quad m \neq n\,;$$

13b) $$= \frac{-1}{m-1}\,\frac{\mathfrak{Cos}^{n+1}x}{\mathfrak{Sin}^{m-1}x} + \frac{n-m+2}{m-1}\int \frac{\mathfrak{Cos}^n x}{\mathfrak{Sin}^{m-2}x}\,dx\,, \quad m \neq 1\,;$$

13c) $$= \frac{-1}{m-1}\,\frac{\mathfrak{Cos}^{n-1}x}{\mathfrak{Sin}^{m-1}x} + \frac{n-1}{m-1}\int \frac{\mathfrak{Cos}^{n-2}x}{\mathfrak{Sin}^{m-2}x}\,dx\,, \quad m \neq 1\,;$$

13d) $$\int \frac{\mathfrak{Cos}^{2n+1}x}{\mathfrak{Sin}^m x}\,dx = \sum_{\substack{\nu=0\\ \nu \neq \frac{m-1}{2}}}^{n} \binom{n}{\nu}\frac{1}{2\nu-m+1}\,\mathfrak{Sin}^{2\nu-m+1}x + s\binom{n}{\frac{m-1}{2}}\log \mathfrak{Sin}\,x + C\,,$$

mit $s=1$, wenn m ungerade und $\leq 2n+1$ ist, sonst $s=0$.

13e) $$\int \frac{\mathfrak{Cos}^n x}{\mathfrak{Sin}^m x}\,dx = -\mathfrak{Cos}^{n+1}x \sum_{\nu=0}^{\kappa-1}\frac{(n-m+2;2;\nu)}{(m-1;-2;\nu+1)}\,\frac{1}{\mathfrak{Sin}^{m-2\nu-1}x} + \frac{(n-s;-2;\kappa)}{(s+1;2;\kappa)}\int \frac{\mathfrak{Cos}^n x}{\mathfrak{Sin}^s x}\,dx\,,$$

mit $m=2\kappa+s$, $s=0$ oder 1, vgl. 351.7–8 und 351.13f–13h;

13f) $$\int \frac{\mathfrak{Cos}^{2n}x}{\mathfrak{Sin}\,x}\,dx = \sum_{\nu=1}^{n}\frac{1}{2\nu-1}\,\mathfrak{Cos}^{2\nu-1}x + \log \mathfrak{Tg}\,\frac{x}{2} + C\,, \quad n \geq 1\,;$$

13g) $$\int \frac{\mathfrak{Cos}^{2n+1}x}{\mathfrak{Sin}\,x}\,dx = \sum_{\nu=1}^{n}\frac{1}{2\nu}\,\mathfrak{Cos}^{2\nu}x + \log \mathfrak{Sin}\,x + C\,, \quad n \geq 1\,;$$

13h) $$= \sum_{\nu=1}^{n}\frac{1}{2\nu}\binom{n}{\nu}\mathfrak{Sin}^{2\nu}x + \log \mathfrak{Sin}\,x + C\,, \quad n \geq 1\,;$$

13j) $$\int \frac{\mathfrak{Cos}\,x}{\mathfrak{Sin}^m x}\,dx = \frac{-1}{m-1}\,\frac{1}{\mathfrak{Sin}^{m-1}x} + C\,, \quad m \neq 1\,;$$

13k) $$\int \frac{\mathfrak{Cos}^n x}{\mathfrak{Sin}^{n+2}x}\,dx = \frac{-1}{n+1}\,\mathfrak{Ctg}^{n+1}x + C\,, \quad n \neq -1\,.$$

14a) $$\int \mathfrak{Ctg}^n x\,dx = \frac{-1}{n-1}\,\mathfrak{Ctg}^{n-1}x + \int \mathfrak{Ctg}^{n-2}x\,dx\,, \quad n \neq 1\,;$$

14b) $$= -\sum_{\nu=1}^{\kappa}\frac{1}{n-2\nu+1}\,\mathfrak{Ctg}^{n-2\nu+1}x + \int \mathfrak{Ctg}^s x\,dx\,, \quad \text{mit } n=2\kappa+s,\ s=0 \text{ oder } 1\,;$$

14c) $$\int \mathfrak{Ctg}^{2n+1}x\,dx = -\sum_{\nu=1}^{n}\frac{1}{2\nu}\binom{n}{\nu}\frac{1}{\mathfrak{Sin}^{2\nu}x} + \log \mathfrak{Sin}\,x + C\,, \quad n \geq 1\,;$$

351.

14d) $\displaystyle\int \mathfrak{Ctg}\, x\, dx = \log \mathfrak{Sin}\, x + C$;

14e) $\displaystyle\int \mathfrak{Ctg}^2 x\, dx = x - \mathfrak{Ctg}\, x + C$.

15a) $\displaystyle\int \frac{dx}{\mathfrak{Sin}^m x\, \mathfrak{Cos}^n x} = \frac{-1}{m-1}\, \frac{1}{\mathfrak{Sin}^{m-1} x\, \mathfrak{Cos}^{n-1} x} - \frac{m+n-2}{m-1} \int \frac{dx}{\mathfrak{Sin}^{m-2} x\, \mathfrak{Cos}^n x}\,, \quad m \neq 1$;

15b) $\displaystyle = \frac{1}{n-1}\, \frac{1}{\mathfrak{Sin}^{m-1} x\, \mathfrak{Cos}^{n-1} x} + \frac{m+n-2}{n-1} \int \frac{dx}{\mathfrak{Sin}^m x\, \mathfrak{Cos}^{n-2} x}\,, \quad n \neq 1$;

15c) $\displaystyle = \frac{1}{\mathfrak{Sin}^{m-1} x} \sum_{\nu=1}^{\varkappa} \frac{(m+n-2;-2;\nu-1)}{(n-1;-2;\nu)}\, \frac{1}{\mathfrak{Cos}^{n-2\nu+1} x} + \frac{(m+s;2;\varkappa)}{(1+s;2;\varkappa)} \int \frac{dx}{\mathfrak{Sin}^m x\, \mathfrak{Cos}^s x}\,,$

mit $n = 2\varkappa + s$, $s = 0$ oder 1; vgl. 351.6 und 351.15g ;

15d) $\displaystyle = \frac{1}{\mathfrak{Cos}^{n-1} x} \sum_{\nu=1}^{\varkappa} (-1)^\nu \frac{(m+n-2;-2;\nu-1)}{(m-1;-2;\nu)}\, \frac{1}{\mathfrak{Sin}^{m-2\nu+1} x} + (-1)^\varkappa \frac{(n+s;2;\varkappa)}{(1+s;2;\varkappa)} \int \frac{dx}{\mathfrak{Sin}^s x\, \mathfrak{Cos}^n x}\,,$

mit $m = 2\varkappa + s$, $s = 0$ oder 1; vgl. 351.9. und 351.15h ;

15e) $\displaystyle\int \frac{dx}{\mathfrak{Sin}^{2m} x\, \mathfrak{Cos}^{2n} x} = \sum_{\nu=0}^{m+n-1} \frac{(-1)^\nu}{2\nu-2m+1} \binom{m+n-1}{\nu} \mathfrak{Tg}^{2\nu-2m+1} x + C$;

15f) $\displaystyle\int \frac{dx}{\mathfrak{Sin}^{2m+1} x\, \mathfrak{Cos}^{2n+1} x} = \sum_{\substack{\nu=0\\ \nu\neq m}}^{m+n} \frac{(-1)^\nu}{2\nu-2m} \binom{m+n}{\nu} \mathfrak{Tg}^{2\nu-2m} x + (-1)^m \binom{m+n}{m} \log \mathfrak{Tg}\, x + C$;

15g) $\displaystyle\int \frac{dx}{\mathfrak{Sin}^m x\, \mathfrak{Cos}\, x} = \sum_{\nu=1}^{\varkappa} \frac{(-1)^\nu}{m-2\nu+1}\, \frac{1}{\mathfrak{Sin}^{m-2\nu+1} x} + (-1)^\varkappa s \log \mathfrak{Tg}\, x + (-1)^\varkappa (1-s) \operatorname{arc\,tg}(\mathfrak{Sin}\, x) + C\,,$

mit $m = 2\varkappa + s$, $s = 0$ oder 1;

15h) $\displaystyle\int \frac{dx}{\mathfrak{Sin}\, x\, \mathfrak{Cos}^n x} = \sum_{\nu=1}^{\varkappa} \frac{1}{n-2\nu+1}\, \frac{1}{\mathfrak{Cos}^{n-2\nu+1} x} + \log \mathfrak{Tg} \frac{x}{2-s} + C\,,$ mit $n = 2\varkappa + s$, $s = 0$ oder 1 ;

15k) $\displaystyle\int \frac{dx}{\mathfrak{Sin}^n x\, \mathfrak{Cos}^n x} = 2^{n-1} \int \frac{dy}{\mathfrak{Sin}^n y}\,, \quad$ mit $y = 2x$, vgl. 351.6 ;

15l) $\displaystyle\int \frac{dx}{\mathfrak{Sin}\, x\, \mathfrak{Cos}\, x} = \log \mathfrak{Tg}\, x + C$;

15m) $\displaystyle\int \frac{dx}{\mathfrak{Sin}^2 x\, \mathfrak{Cos}\, x} = \frac{-1}{\mathfrak{Sin}\, x} - \operatorname{arc\,tg}(\mathfrak{Sin}\, x) + C$;

15n) $\displaystyle\int \frac{dx}{\mathfrak{Sin}\, x\, \mathfrak{Cos}^2 x} = \frac{1}{\mathfrak{Cos}\, x} + \log \mathfrak{Tg} \frac{x}{2} + C$;

15o) $\displaystyle\int \frac{dx}{\mathfrak{Sin}^2 x\, \mathfrak{Cos}^2 x} = -\mathfrak{Tg}\, x - \mathfrak{Ctg}\, x + C = -2\,\mathfrak{Ctg}\, 2x + C$.

16a) $$\int\frac{A+B\operatorname{Sin}x}{(a+b\operatorname{Sin}x)^n}\,dx=\frac{aB-bA}{(n-1)(a^2+b^2)}\,\frac{\operatorname{Cof}x}{(a+b\operatorname{Sin}x)^{n-1}}+\frac{1}{(n-1)(a^2+b^2)}\int\frac{(n-1)(aA+bB)+(n-2)(aB-bA)\operatorname{Sin}x}{(a+b\operatorname{Sin}x)^{n-1}}\,dx,\quad n\neq1;$$

16b) $$\int\frac{A+B\operatorname{Sin}x}{a+b\operatorname{Sin}x}\,dx=\frac{B}{b}x-\frac{aB-bA}{b}\int\frac{dx}{a+b\operatorname{Sin}x},\quad b\neq0\;;$$

16c) $$\int\frac{dx}{a+b\operatorname{Sin}x}=\frac{1}{\sqrt{a^2+b^2}}\log C_1\,\frac{a\operatorname{Tg}\frac{x}{2}-b+\sqrt{a^2+b^2}}{a\operatorname{Tg}\frac{x}{2}-b-\sqrt{a^2+b^2}}\;;$$

16d) $$=\frac{2}{\sqrt{a^2+b^2}}\operatorname{Ar}\operatorname{Tg}\left(\frac{a\operatorname{Tg}\frac{x}{2}-b}{\sqrt{a^2+b^2}}\right)+C_2\;;$$

16e) $$\int\frac{A+B\operatorname{Sin}x}{(a+b\operatorname{Sin}x)\operatorname{Sin}x}\,dx=\frac{A}{a}\log\operatorname{Tg}\frac{x}{2}+\frac{aB-bA}{a}\int\frac{dx}{a+b\operatorname{Sin}x},\quad a\neq0\,.$$

17a) $$\int\frac{A+B\operatorname{Cof}x}{(a+b\operatorname{Cof}x)^n}\,dx=\frac{aB-bA}{(n-1)(a^2-b^2)}\,\frac{\operatorname{Sin}x}{(a+b\operatorname{Cof}x)^{n-1}}+\frac{1}{(n-1)(a^2-b^2)}\int\frac{(n-1)(aA-bB)+(n-2)(aB-bA)\operatorname{Cof}x}{(a+b\operatorname{Cof}x)^{n-1}}\,dx,\quad n\neq1,\ a^2\neq b^2;$$

17b) $$\int\frac{A+B\operatorname{Cof}x}{a+b\operatorname{Cof}x}\,dx=\frac{B}{b}x-\frac{aB-bA}{b}\int\frac{dx}{a+b\operatorname{Cof}x},\quad b\neq0\;;$$

17c) $$\int\frac{dx}{a+b\operatorname{Cof}x}=\frac{\pm1}{\sqrt{b^2-a^2}}\arcsin\frac{b+a\operatorname{Cof}x}{a+b\operatorname{Cof}x}+C_1,$$ für $b^2>a^2>0$, wobei das obere bzw. das untere Zeichen gilt, je nachdem im Bereich $x<0$ bzw. $x>0$ integriert wird;

17d) $$=\frac{1}{\sqrt{a^2-b^2}}\log C_2\,\frac{a+b+\sqrt{a^2-b^2}\operatorname{Tg}\frac{x}{2}}{a+b-\sqrt{a^2-b^2}\operatorname{Tg}\frac{x}{2}},$$ für $a^2>b^2$; ($a^2=b^2$ siehe 17f);

17e) $$\int\frac{A+B\operatorname{Cof}x}{(\varepsilon+\operatorname{Cof}x)^n}\,dx=\frac{-B\operatorname{Sin}x}{(n-1)(\varepsilon+\operatorname{Cof}x)^n}+\left(\varepsilon A+\frac{n}{n-1}B\right)\operatorname{Sin}x\sum_{\nu=0}^{n-1}\frac{(n-1;-1;\nu)\,\varepsilon^\nu}{(2n-1;-2;\nu+1)(\varepsilon+\operatorname{Cof}x)^{n-\nu}}+C,$$ mit $\varepsilon=\pm1$, für $n>1$;

17f) $$\int\frac{A+B\operatorname{Cof}x}{\varepsilon+\operatorname{Cof}x}\,dx=Bx+(\varepsilon A-B)\frac{\operatorname{Cof}x-\varepsilon}{\operatorname{Sin}x}+C,$$ mit $\varepsilon=\pm1$;

17g) $$\int\frac{A+B\operatorname{Cof}x}{(a+b\operatorname{Cof}x)\operatorname{Cof}x}\,dx=\frac{A}{a}\arcsin(\operatorname{Tg}x)+\frac{aB-bA}{a}\int\frac{dx}{a+b\operatorname{Cof}x},\quad a\neq0\,.$$

18a) $$\int\frac{\alpha+\beta\operatorname{Cof}x+\gamma\operatorname{Sin}x}{(a+b\operatorname{Cof}x+c\operatorname{Sin}x)^n}\,dx=\frac{-(\beta c-\gamma b)-(\alpha c-\gamma a)\operatorname{Cof}x-(\alpha b-\beta a)\operatorname{Sin}x}{(n-1)(a^2-b^2+c^2)(a+b\operatorname{Cof}x+c\operatorname{Sin}x)^{n-1}}$$
$$+\frac{1}{(n-1)(a^2-b^2+c^2)}\int\frac{(n-1)(\alpha a-\beta b+\gamma c)-(n-2)(\alpha b-\beta a)\operatorname{Cof}x-(n-2)(\alpha c-\gamma a)\operatorname{Sin}x}{(a+b\operatorname{Cof}x+c\operatorname{Sin}x)^{n-1}}\,dx,$$
für $n\neq1$, $a^2+c^2\neq b^2$, vgl. auch 351.16a u. 17a;

18b) $$=\frac{\beta c-\gamma b-\gamma a\operatorname{Cof}x-\beta a\operatorname{Sin}x}{(n-1)a(a+b\operatorname{Cof}x+c\operatorname{Sin}x)^n}+\left(\frac{\alpha}{a}+\frac{n(\beta b-\gamma c)}{(n-1)a^2}\right)\times$$
$$\times(c\operatorname{Cof}x+b\operatorname{Sin}x)\sum_{\nu=0}^{n-1}\frac{(n-1;-1;\nu)}{(2n-1;-2;\nu+1)a^\nu}\,\frac{1}{(a+b\operatorname{Cof}x+c\operatorname{Sin}x)^{n-\nu}}+C,$$
für $a^2+c^2=b^2$, $n>1$, vgl. auch 351.17e;

18c) $$\int\frac{\alpha+\beta\cos x+\gamma\sin x}{a+b\cos x+c\sin x}dx=\frac{\gamma b-\beta c}{b^2-c^2}\log(a+b\cos x+c\sin x)+\frac{\beta b-\gamma c}{b^2-c^2}x$$
$$+\left(\alpha-a\frac{\beta b-\gamma c}{b^2-c^2}\right)\int\frac{dx}{a+b\cos x+c\sin x}\,,\quad b^2\neq c^2\,;$$

18d) $$\int\frac{\alpha+\beta\cos x+\gamma\sin x}{a+b\cos x+\varepsilon b\sin x}dx=\frac{\gamma-\varepsilon\beta}{2a}(\cos x-\varepsilon\sin x)+\left[\frac{\alpha}{a}-\frac{(\beta-\varepsilon\gamma)b}{2a^2}\right]x$$
$$+\left[\frac{\varepsilon\beta+\gamma}{2b}-\varepsilon\frac{\alpha}{a}+\frac{(\varepsilon\beta-\gamma)b}{2a^2}\right]\log(a+b\cos x+\varepsilon b\sin x)+C\,,$$
mit $\varepsilon=\pm1,\ ab\neq0$;

18e) $$\int\frac{dx}{a+b\cos x+c\sin x}=\frac{2}{\sqrt{b^2-a^2-c^2}}\operatorname{arctg}\frac{(b-a)\operatorname{tg}\frac{x}{2}+c}{\sqrt{b^2-a^2-c^2}}+C_1\,,\quad \text{für } b^2>a^2+c^2;$$

18f) $$=\frac{1}{\sqrt{a^2-b^2+c^2}}\log\frac{(a-b)\operatorname{tg}\frac{x}{2}-c+\sqrt{a^2-b^2+c^2}}{(a-b)\operatorname{tg}\frac{x}{2}-c-\sqrt{a^2-b^2+c^2}}+C_2\,,\quad \text{für } b^2<a^2+c^2 \text{ und } a\neq b\,;$$

18g) $$=\frac{1}{c}\log C_3\left(a+c\operatorname{tg}\frac{x}{2}\right)\,,\quad \text{für } a=b\,,\ c\neq0\,;$$

18h) $$=\frac{-2}{(b-a)\operatorname{tg}\frac{x}{2}+c}+C_4\,,\quad \text{für } b^2=a^2+c^2\,.$$

19) $$\int\frac{\alpha+\beta\cos x+\gamma\sin x}{(a_1+b_1\cos x+c_1\sin x)(a_2+b_2\cos x+c_2\sin x)}dx=A_0\log\frac{a_1+b_1\cos x+c_1\sin x}{a_2+b_2\cos x+c_2\sin x}$$
$$+A_1\int\frac{dx}{a_1+b_1\cos x+c_1\sin x}+A_2\int\frac{dx}{a_2+b_2\cos x+c_2\sin x}\,,\quad \text{mit}$$

$$A_0=\frac{-\alpha\{bc\}-\beta\{ca\}-\gamma\{ab\}}{\{ab\}^2+\{bc\}^2-\{ca\}^2}\,,\qquad \{ab\}=a_1b_2-a_2b_1\,,$$

$$A_1=\frac{(\beta a_1-\alpha b_1)\{ab\}+(\gamma b_1-\beta c_1)\{bc\}-(\alpha c_1-\gamma a_1)\{ca\}}{\{ab\}^2+\{bc\}^2-\{ca\}^2}\,,\qquad \{bc\}=b_1c_2-b_2c_1\,,$$

$$A_2=\frac{-(\beta a_2-\alpha b_2)\{ab\}-(\gamma b_2-\beta c_2)\{bc\}+(\alpha c_2-\gamma a_2)\{ca\}}{\{ab\}^2+\{bc\}^2-\{ca\}^2}\,,\qquad \{ca\}=c_1a_2-c_2a_1\,,$$

wenn $\{ab\}^2+\{bc\}^2-\{ca\}^2\neq0$ ist.

20a) $$\int\frac{\cos x}{a\cos x+b\sin x}dx=\frac{1}{a^2-b^2}\{ax-b\log C(a\cos x+b\sin x)\}\,,\quad a^2\neq b^2\,;$$

20b) $$\int\frac{\cos x}{a\cos x+\varepsilon a\sin x}dx=\frac{1}{4a}(2x-\varepsilon\cos 2x+\sin 2x)+C\,,\quad \text{mit } \varepsilon=\pm1\,;$$

20c) $$\int\frac{\sin x}{a\cos x+b\sin x}dx=\frac{-1}{a^2-b^2}\{bx-a\log C(a\cos x+b\sin x)\}\,,\quad a^2\neq b^2\,;$$

20d) $$\int\frac{\sinh x}{a\cosh x+\varepsilon a\sinh x}\,dx=\frac{\varepsilon}{4a}(2x+\varepsilon\cosh 2x-\sinh 2x)+C\,,\quad \text{mit } \varepsilon=\pm 1\,;$$

20e) $$\int\frac{a\cosh x-b\sinh x}{a\cosh x+b\sinh x}\,dx=-x\cosh 2\alpha+\sinh 2\alpha\cdot\log\left[C\sinh(x+\alpha)\right]\,,$$
$$\text{mit } \tanh\alpha=\frac{a}{b}\,,\ \cosh 2\alpha=\frac{b^2+a^2}{b^2-a^2}\,,\ \sinh 2\alpha=\frac{2ab}{b^2-a^2}\,,\ \text{für } b^2\neq a^2.$$

21a) $$\int\frac{dx}{a+b\tanh^2 x}=\frac{1}{a+b}\left\{x+\sqrt{\frac{b}{a}}\operatorname{arctg}\left(\sqrt{\frac{b}{a}}\tanh x\right)\right\}+C_1\,,\quad \text{für } ab>0\,;$$

21b) $$=\frac{1}{a+b}\left\{x+\frac{b}{2\sqrt{-ab}}\log C_2\frac{\sqrt{-ab}-b\tanh x}{\sqrt{-ab}+b\tanh x}\right\}\,,\quad \text{für } ab<0\,,\ a+b\neq 0\,;$$

21c) $$=\frac{1}{2a}x+\frac{1}{4a}\sinh 2x+C_3\,,\quad \text{für } b=-a\,.$$

22a) $$\int\frac{dx}{a\cosh^2 x+2b\cosh x\sinh x+c\sinh^2 x}=\frac{1}{2\sqrt{b^2-ac}}\log C_1\frac{c\tanh x+b-\sqrt{b^2-ac}}{c\tanh x+b+\sqrt{b^2-ac}}\,,\quad \text{für } b^2>ac\,;$$

22b) $$=\frac{1}{\sqrt{ac-b^2}}\operatorname{arctg}\frac{c\tanh x+b}{\sqrt{ac-b^2}}+C_2\,,\quad \text{für } b^2<ac\,;$$

22c) $$=\frac{-1}{c\tanh x+b}+C_3\,,\quad \text{für } b^2=ac\,.$$

23a) $$\int\frac{dx}{(a^2\cosh^2 x+b^2\sinh^2 x)^n}=\frac{(-1)^{n-1}}{(ab)^{2n-1}}\int(a^2\sin^2 z-b^2\cos^2 z)^{n-1}dz\,,\quad \text{mit } \operatorname{tg} z=\frac{b}{a}\tanh x\,;$$

23b) $$\int\frac{dx}{(a^2\cosh^2 x-b^2\sinh^2 x)^n}=\frac{(-1)^{n-1}}{(ab)^{2n-1}}\int(a^2\sinh^2 z-b^2\cosh^2 z)^{n-1}dz\,,\quad \text{mit } \tanh z=\frac{b}{a}\tanh x\,.$$

24a) $$\int\frac{\alpha\cosh^2 x+2\beta\cosh x\sinh x+\gamma\sinh^2 x}{a\cosh^2 x+2b\cosh x\sinh x+c\sinh^2 x}\,dx=A_0x+A_1\log(a\cosh^2 x+2b\cosh x\sinh x+c\sinh^2 x)$$
$$+\frac{A_2}{2\sqrt{b^2-ac}}\log\frac{c\tanh x+b-\sqrt{b^2-ac}}{c\tanh x+b+\sqrt{b^2-ac}}+C_1\,,\quad \text{für } b^2>ac;$$

24b) $$=A_0x+A_1\log(a\cosh^2 x+2b\cosh x\sinh x+c\sinh^2 x)$$
$$+\frac{A_2}{\sqrt{ac-b^2}}\operatorname{arctg}\frac{c\tanh x+b}{\sqrt{ac-b^2}}+C_2\,,\quad \text{für } b^2<ac\,;$$

24c) $$=A_0x+A_1\log(a\cosh^2 x+2b\cosh x\sinh x+c\sinh^2 x)$$
$$-\frac{A_2}{c\tanh x+b}+C_3\,,\quad \text{für } b^2=ac\,,$$

$$\text{mit } A_0=\frac{4\beta b-(\alpha+\gamma)(a+c)}{4b^2-(a+c)^2}\,,\quad A_1=\frac{(\alpha+\gamma)b-\beta(a+c)}{4b^2-(a+c)^2}\,,$$
$$A_2=\frac{2(\alpha-\gamma)b^2-2\beta b(a-c)+(\gamma a-\alpha c)(a+c)}{4b^2-(a+c)^2}\,.$$

352. Integrale der Form $\int R(\operatorname{Sin}(ax+b), \operatorname{Cos}(cx+d), \ldots)\,dx$.

1) Zur Integration von Produkten $\operatorname{Sin} ax \operatorname{Sin} bx \operatorname{Cos} cx \ldots$ benützt man die Formeln (falls man nicht (351.1b) anzuwenden vorzieht):

1a) $\operatorname{Sin} ax \operatorname{Sin} bx = \frac{1}{2}\operatorname{Cos}(a+b)x - \frac{1}{2}\operatorname{Cos}(a-b)x$;

1b) $\operatorname{Cos} ax \operatorname{Cos} bx = \frac{1}{2}\operatorname{Cos}(a+b)x + \frac{1}{2}\operatorname{Cos}(a-b)x$;

1c) $\operatorname{Sin} ax \operatorname{Cos} bx = \frac{1}{2}\operatorname{Sin}(a+b)x + \frac{1}{2}\operatorname{Sin}(a-b)x$;

2a) $$\int \operatorname{Sin}(ax+b)\operatorname{Sin}(cx+d)\,dx = \frac{1}{2(a+c)}\operatorname{Sin}\left[(a+c)x+b+d\right] - \frac{1}{2(a-c)}\operatorname{Sin}\left[(a-c)x+b-d\right] + C, \quad a^2 \neq c^2;$$

2b) $$\int \operatorname{Cos}(ax+b)\operatorname{Cos}(cx+d)\,dx = \frac{1}{2(a+c)}\operatorname{Sin}\left[(a+c)x+b+d\right] + \frac{1}{2(a-c)}\operatorname{Sin}\left[(a-c)x+b-d\right] + C, \quad a^2 \neq c^2;$$

2c) $$\int \operatorname{Sin}(ax+b)\operatorname{Cos}(cx+d)\,dx = \frac{1}{2(a+c)}\operatorname{Cos}\left[(a+c)x+b+d\right] + \frac{1}{2(a-c)}\operatorname{Cos}\left[(a-c)x+b-d\right] + C, \quad a^2 \neq c^2;$$

3a) $$\int \operatorname{Sin}(ax+b)\operatorname{Sin}(ax+d)\,dx = -\frac{x}{2}\operatorname{Cos}(b-d) + \frac{1}{4a}\operatorname{Sin}(2ax+b+d) + C \;;$$

3b) $$\int \operatorname{Cos}(ax+b)\operatorname{Cos}(ax+d)\,dx = \frac{x}{2}\operatorname{Cos}(b-d) + \frac{1}{4a}\operatorname{Sin}(2ax+b+d) + C \;;$$

3c) $$\int \operatorname{Sin}(ax+b)\operatorname{Cos}(ax+d)\,dx = \frac{x}{2}\operatorname{Sin}(b-d) + \frac{1}{4a}\operatorname{Cos}(2ax+b+d) + C \;;$$

4a) $$\int \operatorname{Sin} ax \operatorname{Sin} bx \operatorname{Sin} cx\,dx = \frac{\operatorname{Cos}(a+b+c)x}{4(a+b+c)} - \frac{\operatorname{Cos}(-a+b+c)x}{4(-a+b+c)} - \frac{\operatorname{Cos}(a-b+c)x}{4(a-b+c)} - \frac{\operatorname{Cos}(a+b-c)x}{4(a+b-c)} + C,$$

4b) $$\int \operatorname{Sin} ax \operatorname{Sin} bx \operatorname{Cos} cx\,dx = \frac{\operatorname{Sin}(a+b+c)x}{4(a+b+c)} - \frac{\operatorname{Sin}(-a+b+c)x}{4(-a+b+c)} - \frac{\operatorname{Sin}(a-b+c)x}{4(a-b+c)} + \frac{\operatorname{Sin}(a+b-c)x}{4(a+b-c)} + C,$$

4c) $$\int \operatorname{Sin} ax \operatorname{Cos} bx \operatorname{Cos} cx\,dx = \frac{\operatorname{Cos}(a+b+c)x}{4(a+b+c)} - \frac{\operatorname{Cos}(-a+b+c)x}{4(-a+b+c)} + \frac{\operatorname{Cos}(a-b+c)x}{4(a-b+c)} + \frac{\operatorname{Cos}(a+b-c)x}{4(a+b-c)} + C;$$

4d) $$\int \operatorname{Cos} ax \operatorname{Cos} bx \operatorname{Cos} cx\,dx = \frac{\operatorname{Sin}(a+b+c)x}{4(a+b+c)} + \frac{\operatorname{Sin}(-a+b+c)x}{4(-a+b+c)} + \frac{\operatorname{Sin}(a-b+c)x}{4(a-b+c)} + \frac{\operatorname{Sin}(a+b-c)x}{4(a+b-c)} + C;$$

5a) $$\int \operatorname{Sin}^m x \operatorname{Sin} nx\,dx = \frac{1}{m+n}\operatorname{Sin}^m x \operatorname{Cos} nx - \frac{m}{m+n}\int \operatorname{Sin}^{m-1} x \operatorname{Cos}(n-1)x\,dx \;;$$

5b) $$= \sum_{\nu=0}^{\varkappa-1}\left\{\frac{(m;-1;2\nu)}{(m+n;-2;2\nu+1)}\operatorname{Sin}^{m-2\nu} x \operatorname{Cos}(n-2\nu)x - \frac{(m;-1;2\nu+1)}{(m+n;-2;2\nu+2)}\operatorname{Sin}^{m-2\nu-1} x \times\right.$$

$$\left.\times \operatorname{Sin}(n-2\nu-1)x\right\} + \frac{(m;-1;2\varkappa)}{(m+n;-2;2\varkappa)}\int \operatorname{Sin}^{m-2\varkappa} x \operatorname{Sin}(n-2\varkappa)x\,dx \;;$$

352.

5c) $$\int\frac{\mathfrak{Sin}\,nx}{\mathfrak{Sin}^m x}\,dx = 2\int\frac{\mathfrak{Cos}(n-1)x}{\mathfrak{Sin}^{m-1}x}\,dx + \int\frac{\mathfrak{Sin}(n-2)x}{\mathfrak{Sin}^m x}\,dx\ ;$$

5d) $$\int\frac{\mathfrak{Sin}\,nx}{\mathfrak{Sin}\,x}\,dx = 2\sum_{\nu=0}^{\varkappa-1}\frac{\mathfrak{Sin}(n-2\nu-1)x}{n-2\nu-1} + sx + C\ ,\quad \text{mit } n=2\varkappa+s\ ,\ s=0 \text{ oder } 1\ ;$$

6a) $$\int\mathfrak{Sin}^m x\,\mathfrak{Cos}\,nx\,dx = \frac{1}{m+n}\mathfrak{Sin}^m x\,\mathfrak{Sin}\,nx - \frac{m}{m+n}\int\mathfrak{Sin}^{m-1}x\,\mathfrak{Sin}(n-1)x\,dx\ ;$$

6b) $$= \sum_{\nu=0}^{\varkappa-1}\Big\{\frac{(m;-1;2\nu)}{(m+n;-2;2\nu+1)}\mathfrak{Sin}^{m-2\nu}x\,\mathfrak{Sin}(n-2\nu)x - \frac{(m;-1;2\nu+1)}{(m-n;-2;2\nu+2)}\times$$
$$\times\,\mathfrak{Sin}^{m-2\nu-1}x\,\mathfrak{Cos}(n-2\nu-1)x\Big\} + \frac{(m;-1;2\varkappa)}{(m+n;-2;2\varkappa)}\int\mathfrak{Sin}^{m-2\varkappa}x\,\mathfrak{Cos}(n-2\varkappa)x\,dx\ ;$$

6c) $$\int\frac{\mathfrak{Cos}\,nx}{\mathfrak{Sin}^m x}\,dx = 2\int\frac{\mathfrak{Sin}(n-1)x}{\mathfrak{Sin}^{m-1}x}\,dx + \int\frac{\mathfrak{Cos}(n-2)x}{\mathfrak{Sin}^m x}\,dx\ ;$$

6d) $$\int\frac{\mathfrak{Cos}\,nx}{\mathfrak{Sin}\,x}\,dx = 2\sum_{\nu=0}^{\varkappa-1}\frac{\mathfrak{Cos}(n-2\nu-1)x}{n-2\nu-1} + s\log\mathfrak{Sin}\,x + (1-s)\log\mathfrak{Tg}\frac{x}{2} + C\ ,\quad \text{mit } n=2\varkappa+s\ ,\ s=0 \text{ oder } 1\ ;$$

7a) $$\int\mathfrak{Cos}^m x\,\mathfrak{Sin}\,nx\,dx = \frac{1}{m+n}\mathfrak{Cos}^m x\,\mathfrak{Cos}\,nx + \frac{m}{m+n}\int\mathfrak{Cos}^{m-1}x\,\mathfrak{Sin}(n-1)x\,dx\ ;$$

7b) $$= \sum_{\nu=0}^{\varkappa-1}\frac{(m;-1;\nu)}{(m+n;-2;\nu+1)}\mathfrak{Cos}^{m-\nu}x\,\mathfrak{Cos}(n-\nu)x + \frac{(m;-1;\varkappa)}{(m+n;-2;\varkappa)}\int\mathfrak{Cos}^{m-\varkappa}x\,\mathfrak{Sin}(n-\varkappa)x\,dx;$$

7c) $$\int\frac{\mathfrak{Sin}\,nx}{\mathfrak{Cos}^m x}\,dx = 2\int\frac{\mathfrak{Sin}(n-1)x}{\mathfrak{Cos}^{m-1}x}\,dx - \int\frac{\mathfrak{Sin}(n-2)x}{\mathfrak{Cos}^m x}\,dx\ ;$$

7d) $$\int\frac{\mathfrak{Sin}\,nx}{\mathfrak{Cos}\,x}\,dx = 2\sum_{\nu=0}^{\varkappa-1}(-1)^\nu\frac{\mathfrak{Cos}(n-2\nu-1)x}{n-2\nu-1} + (-1)^\varkappa s\log\mathfrak{Cos}\,x + C\ ,\quad \text{mit } n=2\varkappa+s\ ,\ s=0 \text{ oder } 1\ ;$$

8a) $$\int\mathfrak{Cos}^m x\,\mathfrak{Cos}\,nx\,dx = \frac{1}{m+n}\mathfrak{Cos}^m x\,\mathfrak{Sin}\,nx + \frac{m}{m+n}\int\mathfrak{Cos}^{m-1}x\,\mathfrak{Cos}(n-1)x\,dx\ ;$$

8b) $$= \sum_{\nu=0}^{\varkappa-1}\frac{(m;-1;\nu)}{(m+n;-2;\nu+1)}\mathfrak{Cos}^{m-\nu}x\,\mathfrak{Sin}(n-\nu)x + \frac{(m;-1;\varkappa)}{(m+n;-2;\varkappa)}\int\mathfrak{Cos}^{m-\varkappa}x\,\mathfrak{Cos}(n-\varkappa)x\,dx;$$

8c) $$\int\frac{\mathfrak{Cos}\,nx}{\mathfrak{Cos}^m x}\,dx = 2\int\frac{\mathfrak{Cos}(n-1)x}{\mathfrak{Cos}^{m-1}x}\,dx - \int\frac{\mathfrak{Cos}(n-2)x}{\mathfrak{Cos}^m x}\,dx\ ;$$

8d) $$\int\frac{\mathfrak{Cos}\,nx}{\mathfrak{Cos}\,x}\,dx = 2\sum_{\nu=0}^{\varkappa-1}(-1)^\nu\frac{\mathfrak{Sin}(n-2\nu-1)x}{n-2\nu-1} + (-1)^\varkappa sx + (-1)^\varkappa(1-s)\arcsin\mathfrak{Tg}\,x + C\ ,\quad \text{mit } n=2\varkappa+s\ ,\ s=0 \text{ oder } 1.$$

353. Integrale der Form $\int x^p \mathfrak{Sin}^m x \, \mathfrak{Cos}^n x \, dx$.

1a) $$\int x^p \mathfrak{Sin}^m x \, \mathfrak{Cos}^n x \, dx = \frac{1}{(m+n)^2}\Big[(m+n)x^p \mathfrak{Sin}^{m+1}x \, \mathfrak{Cos}^{n-1}x - p x^{p-1} \mathfrak{Sin}^m x \, \mathfrak{Cos}^n x + p(p-1)\int x^{p-2}\mathfrak{Sin}^m x \, \mathfrak{Cos}^n x \, dx + pm\int x^{p-1}\mathfrak{Sin}^{m-1}x \, \mathfrak{Cos}^{n-1}x \, dx + (n-1)(m+n)\int x^p \mathfrak{Sin}^m x \, \mathfrak{Cos}^{n-2}x \, dx\Big];$$

1b) $$= \frac{1}{(m+n)^2}\Big[(m+n)x^p \mathfrak{Sin}^{m-1}x \, \mathfrak{Cos}^{n+1}x - p x^{p-1}\mathfrak{Sin}^m x \, \mathfrak{Cos}^n x + p(p-1)\int x^{p-2}\mathfrak{Sin}^m x \, \mathfrak{Cos}^n x \, dx - pn\int x^{p-1}\mathfrak{Sin}^{m-1}x \, \mathfrak{Cos}^{n-1}x \, dx - (m-1)(m+n)\int x^p \mathfrak{Sin}^{m-2}x \, \mathfrak{Cos}^n x \, dx\Big];$$

1c) $$\int x \mathfrak{Sin}^m x \, \mathfrak{Cos}^n x \, dx = \frac{1}{m+n}\Big[x \mathfrak{Sin}^{m+1}x \, \mathfrak{Cos}^{n-1}x - \int \mathfrak{Sin}^{m+1}x \, \mathfrak{Cos}^{n-1}x \, dx + (n-1)\int x \mathfrak{Sin}^m x \, \mathfrak{Cos}^{n-2}x \, dx\Big];$$

1d) $$= \frac{1}{m+n}\Big[x \mathfrak{Sin}^{m-1}x \, \mathfrak{Cos}^{n+1}x - \int \mathfrak{Sin}^{m-1}x \, \mathfrak{Cos}^{n+1}x \, dx - (m-1)\int x \mathfrak{Sin}^{m-2}x \, \mathfrak{Cos}^n x \, dx\Big];$$

1e) $$\int x^p \mathfrak{Sin}^m x \, dx = \frac{1}{m} x^p \mathfrak{Sin}^{m-1}x \, \mathfrak{Cos}\, x - \frac{p}{m^2} x^{p-1}\mathfrak{Sin}^m x + \frac{p(p-1)}{m^2}\int x^{p-2}\mathfrak{Sin}^m x \, dx - \frac{m-1}{m}\int x^p \mathfrak{Sin}^{m-2}x \, dx;$$

1f) $$\int x^p \mathfrak{Cos}^n x \, dx = \frac{1}{n} x^p \mathfrak{Sin}\, x \, \mathfrak{Cos}^{n-1}x - \frac{p}{n^2} x^{p-1}\mathfrak{Cos}^n x + \frac{p(p-1)}{n^2}\int x^{p-2}\mathfrak{Cos}^n x \, dx + \frac{n-1}{n}\int x^p \mathfrak{Cos}^{n-2}x \, dx;$$

2a) $$\int x \mathfrak{Sin}^m x \, dx = \sum_{\nu=0}^{\varkappa-1}(-1)^{\nu+1}\frac{(m-1;-2;\nu)}{(m;-2;\nu+1)}\Big(\frac{\mathfrak{Sin}^{m-2\nu}x}{m-2\nu} - x \mathfrak{Sin}^{m-2\nu-1}x \, \mathfrak{Cos}\, x\Big) + (-1)^\varkappa \frac{(1-s;2;\varkappa)}{(2-s;2;\varkappa)}\frac{x^2}{2} + C,$$
mit $m = 2\varkappa - s$, $s = 0$ oder 1;

2b) $$\int x^p \mathfrak{Sin}\, x \, dx = \sum_{\nu=0}^{\varkappa}\Big[(p;-1;2\nu)x^{p-2\nu}\mathfrak{Cos}\, x - (p;-1;2\nu+1)x^{p-2\nu-1}\mathfrak{Sin}\, x\Big] + C, \quad \text{mit } \varkappa = \Big[\frac{p}{2}\Big];$$

2c) $$\int x \mathfrak{Sin}\, ax \, dx = \frac{-1}{a^2}\mathfrak{Sin}\, ax + \frac{x}{a}\mathfrak{Cos}\, ax + C;$$

2d) $$\int x^2 \mathfrak{Sin}\, ax \, dx = \frac{-2x}{a^2}\mathfrak{Sin}\, ax + \frac{2+a^2x^2}{a^3}\mathfrak{Cos}\, ax + C;$$

2e) $$\int x^p \mathfrak{Sin}^2 x \, dx = \frac{-x^{p+1}}{2(p+1)} + \sum_{\nu=0}^{\varkappa}\Big[\frac{(p;-1;2\nu)}{2^{2\nu+2}} x^{p-2\nu}\mathfrak{Sin}\, 2x - \frac{(p;-1;2\nu+1)}{2^{2\nu+3}} x^{p-2\nu-1}\mathfrak{Cos}\, 2x\Big] + C,$$
mit $\varkappa = \Big[\frac{p}{2}\Big]$;

2f) $$\int x^p \mathfrak{Sin}^3 x \, dx = \frac{1}{4}\sum_{\nu=0}^{\varkappa}\Big[(p;-1;2\nu)x^{p-2\nu}\Big(\frac{\mathfrak{Cos}\, 3x}{3^{2\nu+1}} - 3\mathfrak{Cos}\, x\Big) - (p;-1;2\nu+1)x^{p-2\nu-1}\Big(\frac{\mathfrak{Sin}\, 3x}{3^{2\nu+2}} - 3\mathfrak{Sin}\, x\Big)\Big] + C$$
mit $\varkappa = \Big[\frac{p}{2}\Big]$;

353.

3a) $$\int x \operatorname{Cof}^n x\,dx = \sum_{\nu=0}^{\varkappa-1} \frac{(n-1;-2;\nu)}{(n;-2;\nu+1)}\left(\frac{-1}{n-2\nu}\operatorname{Cof}^{n-2\nu}x + x\operatorname{Cof}^{n-2\nu-1}x\operatorname{Sin}x\right) + \frac{(1-s;2;\varkappa)}{(2-s;2;\varkappa)}\frac{x^2}{2} + C$$

mit $n = 2\varkappa - s$, $s = 0$ oder 1;

3b) $$\int x^p \operatorname{Cof} x\,dx = \sum_{\nu=0}^{\varkappa}\left\{(p;-1;2\nu)x^{p-2\nu}\operatorname{Sin}x - (p;-1;2\nu+1)x^{p-2\nu-1}\operatorname{Cof}x\right\} + C,$$ mit $\varkappa = \left[\frac{p}{2}\right]$;

3c) $$\int x \operatorname{Cof} ax\,dx = \frac{-1}{a^2}\operatorname{Cof} ax + \frac{x}{a}\operatorname{Sin} ax + C \;;$$

3d) $$\int x^2 \operatorname{Cof} ax\,dx = \frac{-2}{a^2}x\operatorname{Cof} ax + \frac{2+a^2x^2}{a^3}\operatorname{Sin} ax + C\;;$$

3e) $$\int x^p \operatorname{Cof}^2 x\,dx = \frac{x^{p+1}}{2(p+1)} + \sum_{\nu=0}^{\varkappa}\left\{\frac{(p;-1;2\nu)}{2^{2\nu+2}}x^{p-2\nu}\operatorname{Sin}2x - \frac{(p;-1;2\nu+1)}{2^{2\nu+3}}x^{p-2\nu-1}\operatorname{Cof}2x\right\} + C,$$

mit $\varkappa = \left[\frac{p}{2}\right]$;

3f) $$\int x^p \operatorname{Cof}^3 x\,dx = \frac{1}{4}\sum_{\nu=0}^{\varkappa}\left\{(p;-1;2\nu)x^{p-2\nu}\left(\frac{\operatorname{Sin}3x}{3^{2\nu+1}} + 3\operatorname{Sin}x\right) - (p;-1;2\nu+1)x^{p-2\nu-1}\left(\frac{\operatorname{Cof}3x}{3^{2\nu+2}} + 3\operatorname{Cof}x\right)\right\} + C,$$

mit $\varkappa = \left[\frac{p}{2}\right]$.

4a) $$\int\frac{\operatorname{Sin}^m x\operatorname{Cof}^n x}{x^p}dx = \frac{-\operatorname{Sin}^m x\operatorname{Cof}^n x}{(p-1)x^{p-1}} + \frac{m}{p-1}\int\frac{\operatorname{Sin}^{m-1}x\operatorname{Cof}^{n+1}x}{x^{p-1}}dx + \frac{n}{p-1}\int\frac{\operatorname{Sin}^{m+1}x\operatorname{Cof}^{n-1}x}{x^{p-1}}dx,$$

$p \neq 1$;

4b) $$\int\frac{\operatorname{Sin}^m x\operatorname{Cof}^n x}{x}dx = \sum_{\nu=0}^{m+n} c_\nu \operatorname{Ci}(\nu x) + C,$$ wenn m gerade ist und

$$\operatorname{Sin}^m x\operatorname{Cof}^n x = \sum_{\nu=0}^{m+n} c_\nu\operatorname{Cof}\nu x$$ gemäß 352.1 gilt;

$$= \sum_{\nu=0}^{m+n} d_\nu\operatorname{Si}(\nu x) + C,$$ wenn m ungerade ist und

$$\operatorname{Sin}^m x\operatorname{Cof}^n x = \sum_{\nu=0}^{m+n} d_\nu\operatorname{Sin}\nu x$$ gemäß 352.1

gilt; vgl. 353.5a–5b.

5a) $$\int\frac{\operatorname{Cof}x}{x}dx = \operatorname{Ci}(x) + C,$$ wo $$\operatorname{Ci}(x) = \log\gamma x + \int_0^x\frac{\operatorname{Cof}t - 1}{t}dt = \log\gamma + \log x + \sum_{\nu=1}^{\infty}\frac{x^{2\nu}}{2\nu(2\nu)!}$$

den <u>hyperbolischen Integralkosinus</u> bedeutet mit
$\log\gamma \approx 0{,}577\,215\,665$ (EULERsche Konstante),
$\gamma \approx 1{,}781\,072$; vgl. JAHNKE-EMDE, Funktionentafeln, S.2 ff.

5b) $$\int \frac{\operatorname{Sin} x}{x}\,dx = \operatorname{Si}(x) + C\,, \quad \text{wo } \operatorname{Si}(x) = \int_0^x \frac{\operatorname{Sin} t}{t}\,dt = \sum_{\nu=0}^{\infty} \frac{x^{2\nu+1}}{(2\nu+1)(2\nu+1)!}$$

den *hyperbolischen Integralsinus* bedeutet, vgl. JAHNKE–EMDE, Funktionentafeln, S. 1 ff. Es gilt für $0<x<\infty$: $\operatorname{Ci}(x) - \operatorname{Si}(x) = \operatorname{Ei}(-x)$, vgl. 312.3a.

6a) $$\int \frac{\operatorname{Sin}^m x}{x^p}\,dx = \frac{-(p-2)\operatorname{Sin}^m x - m x \operatorname{Sin}^{m-1} x \operatorname{Cof} x}{(p-1)(p-2)x^{p-1}} + \frac{m(m-1)}{(p-1)(p-2)} \int \frac{\operatorname{Sin}^{m-2} x}{x^{p-2}}\,dx + \frac{m^2}{(p-1)(p-2)} \int \frac{\operatorname{Sin}^m x}{x^{p-2}}\,dx\,,$$
$p>2$, vgl. auch 353.4a;

6b) $$\int \frac{\operatorname{Sin} x}{x^p}\,dx = -\sum_{\nu=1}^{\left[\frac{p}{2}\right]} \frac{\operatorname{Sin} x}{(p-1;-1;2\nu-1)x^{p-2\nu+1}} - \sum_{\nu=1}^{\left[\frac{p-1}{2}\right]} \frac{\operatorname{Cof} x}{(p-1;-1;2\nu)x^{p-2\nu}} + \frac{s}{(p-1)!}\operatorname{Si}(x) + \frac{1-s}{(p-1)!}\operatorname{Ci}(x) + C\,,$$
mit $p=2r+s$, $s=0$ oder 1;

6c) $$\int \frac{\operatorname{Sin}^{2m} x}{x}\,dx = \frac{1}{2^{2m-1}} \sum_{\nu=0}^{m-1} (-1)^\nu \binom{2m}{\nu} \operatorname{Ci}\, 2(m-\nu)x + \binom{2m}{m}\frac{(-1)^m}{2^{2m}} \log Cx\,, \quad m \geqq 1\,;$$

6d) $$\int \frac{\operatorname{Sin}^{2m+1} x}{x}\,dx = \frac{1}{2^{2m}} \sum_{\nu=0}^{m} (-1)^\nu \binom{2m+1}{\nu} \operatorname{Si}\left[(2m-2\nu+1)x\right] + C\,, \quad m \geqq 0\,;$$

6e) $$\int \frac{\operatorname{Sin} x}{x^2}\,dx = \frac{-\operatorname{Sin} x}{x} + \operatorname{Ci}(x) + C\,;$$

6f) $$\int \frac{\operatorname{Sin}^{2r} x}{x^2}\,dx = \frac{1}{2^{2r-1}} \sum_{\nu=0}^{r-1} (-1)^\nu \binom{2r}{\nu} \left\{ -\frac{\operatorname{Cof}(2r-2\nu)x}{x} + (2r-2\nu)\operatorname{Si}\,(2r-2\nu)x \right\} + (-1)^{r+1}\binom{2r}{r}\frac{1}{2^{2r}x} + C\,;$$

6g) $$\int \frac{\operatorname{Sin}^{2r+1} x}{x^2}\,dx = \frac{1}{2^{2r}} \sum_{\nu=0}^{r} (-1)^\nu \binom{2r+1}{\nu} \left\{ -\frac{\operatorname{Sin}(2r+1-2\nu)x}{x} + (2r+1-2\nu)\operatorname{Ci}\,(2r+1-2\nu)x \right\} + C\,.$$

7a) $$\int \frac{\operatorname{Cof}^n x}{x^p}\,dx = \frac{-(p-2)\operatorname{Cof}^n x - n x \operatorname{Cof}^{n-1} x \operatorname{Sin} x}{(p-1)(p-2)x^{p-1}} - \frac{n(n-1)}{(p-1)(p-2)} \int \frac{\operatorname{Cof}^{n-2} x}{x^{p-2}}\,dx + \frac{n^2}{(p-1)(p-2)} \int \frac{\operatorname{Cof}^n x}{x^{p-2}}\,dx\,,$$
$p>2$, vgl. auch 353.4a;

7b) $$\int \frac{\operatorname{Cof} x}{x^p}\,dx = -\sum_{\nu=1}^{\left[\frac{p}{2}\right]} \frac{\operatorname{Cof} x}{(p-1;-1;2\nu-1)x^{p-2\nu+1}} - \sum_{\nu=1}^{\left[\frac{p-1}{2}\right]} \frac{\operatorname{Sin} x}{(p-1;-1;2\nu)x^{p-2\nu}} + \frac{s}{(p-1)!}\operatorname{Ci}(x) + \frac{1-s}{(p-1)!}\operatorname{Si}(x) + C\,,$$
mit $p=2r+s$, $s=0$ oder 1;

7c) $$\int \frac{\operatorname{Cof}^n x}{x}\,dx = \frac{1}{2^{n-1}} \sum_{\nu=0}^{r-1} \binom{n}{\nu} \operatorname{Ci}\left[(n-2\nu)x\right] + \frac{1-s}{2^n}\binom{n}{r} \log Cx\,, \quad \text{mit } n=2r-s,\ s=0 \text{ oder } 1\,;$$

7d) $$\int \frac{\operatorname{Cof} x}{x^2}\,dx = \frac{-\operatorname{Cof} x}{x} + \operatorname{Si}(x) + C\,;$$

7e) $$\int \frac{\operatorname{Cof}^n x}{x^2}\,dx = \frac{1}{2^{n-1}} \sum_{\nu=0}^{r-1} \binom{n}{\nu} \left\{ -\frac{\operatorname{Cof}(n-2\nu)x}{x} + (n-2\nu)\operatorname{Si}(n-2\nu)x \right\} + (s-1)\binom{n}{r}\frac{1}{2^n x} + C\,,$$
mit $n=2r-s$, $s=0$ oder 1.

8a) $$\int\frac{x^p}{\operatorname{Sin}^m x}dx=\frac{-p x^{p-1}\operatorname{Sin}x-(m-2)x^p\operatorname{Cof}x}{(m-1)(m-2)\operatorname{Sin}^{m-1}x}+\frac{p(p-1)}{(m-1)(m-2)}\int\frac{x^{p-2}}{\operatorname{Sin}^{m-2}x}dx-\frac{m-2}{m-1}\int\frac{x^p}{\operatorname{Sin}^{m-2}x}dx,\quad m>2;$$

8b) $$\int\frac{x^p}{\operatorname{Sin}x}dx=\sum_{\nu=0}^{\infty}\frac{2-2^{2\nu}}{(p+2\nu)(2\nu)!}B_{2\nu}x^{p+2\nu}+C^{*)},\quad p>0,\ |x|<\pi,\ \text{vgl. } 351.6c;$$

8c) $$\int\frac{x^p}{\operatorname{Sin}^2 x}dx=-x^p\operatorname{Ctg}x+p\sum_{\nu=0}^{\infty}\frac{2^{2\nu}B_{2\nu}}{(p+2\nu-1)(2\nu)!}x^{p+2\nu-1}+C^{*)},\quad p>1,\ |x|<\pi;$$

8d) $$\int\frac{x}{\operatorname{Sin}^2 x}dx=-x\operatorname{Ctg}x+\log C\operatorname{Sin}x;$$

8e) $$\int\frac{x}{\operatorname{Sin}^m x}dx=\sum_{\nu=1}^{\varkappa-1}(-1)^{\nu}\frac{(m-2;-2;\nu-1)}{(m-1;-2;\nu)}\left[\frac{x\operatorname{Cof}x}{\operatorname{Sin}^{m-2\nu+1}x}+\frac{1}{(m-2\nu)\operatorname{Sin}^{m-2\nu}x}\right]+(-1)^{\varkappa-1}\frac{(2-s;2;\varkappa-1)}{(3-s;2;\varkappa-1)}\int\frac{x\,dx}{\operatorname{Sin}^{2-s}x},$$
mit $m=2\varkappa-s$, $s=0$ oder 1;

9a) $$\int\frac{dx}{x^p\operatorname{Sin}^m x}=\frac{p}{(m-1)(m-2)x^{p+1}\operatorname{Sin}^{m-2}x}-\frac{\operatorname{Cof}x}{(m-1)x^p\operatorname{Sin}^{m-1}x}-\frac{m-2}{m-1}\int\frac{dx}{x^p\operatorname{Sin}^{m-2}x}+\frac{p(p+1)}{(m-1)(m-2)}\int\frac{dx}{x^{p+2}\operatorname{Sin}^{m-2}x},$$
$m>2$;

9b) $$\int\frac{dx}{x^p\operatorname{Sin}x}=-\left[1+(-1)^p\right]\frac{2^{p-1}-1}{p!}B_p\log x+\sum_{\substack{\nu=0\\ \nu\neq\frac{p}{2}}}^{\infty}\frac{2-2^{2\nu}}{(2\nu-p)(2\nu)!}B_{2\nu}x^{2\nu-p}+C,^{*)}\quad p\geqq1,\ |x|<\pi;$$

9c) $$\int\frac{dx}{x^p\operatorname{Sin}^2 x}=\frac{-\operatorname{Ctg}x}{x^p}-\left[1-(-1)^p\right]\frac{2^p p}{(p+1)!}B_{p+1}\log x-\frac{p}{x^{p+1}}\sum_{\substack{\nu=0\\ \nu\neq\frac{p+1}{2}}}^{\infty}\frac{B_{2\nu}}{(2\nu-p-1)(2\nu)!}(2x)^{2\nu}+C,^{*)}\quad |x|<\pi.$$

10a) $$\int\frac{x^p}{\operatorname{Cof}^n x}dx=\frac{p x^{p-1}\operatorname{Cof}x+(n-2)x^p\operatorname{Sin}x}{(n-1)(n-2)\operatorname{Cof}^{n-1}x}-\frac{p(p-1)}{(n-1)(n-2)}\int\frac{x^{p-2}}{\operatorname{Cof}^{n-2}x}dx+\frac{n-2}{n-1}\int\frac{x^p}{\operatorname{Cof}^{n-2}x}dx,\quad n>2;$$

10b) $$\int\frac{x^p}{\operatorname{Cof}x}dx=\sum_{\nu=0}^{\infty}(-1)^{\nu}\frac{E_{\nu}x^{p+2\nu+1}}{(p+2\nu+1)(2\nu)!}+C,^{**)}\quad p\geqq0,\ |x|<\frac{\pi}{2};$$

10c) $$\int\frac{x^p}{\operatorname{Cof}^2 x}dx=x^p\operatorname{Tg}x-p\sum_{\nu=1}^{\infty}\frac{2^{2\nu}(2^{2\nu}-1)B_{2\nu}}{(p+2\nu-1)(2\nu)!}x^{p+2\nu-1}+C,^{*)}\quad p>1,\ |x|<\frac{\pi}{2};$$

10d) $$\int\frac{x}{\operatorname{Cof}^2 x}dx=x\operatorname{Tg}x-\log C\operatorname{Cof}x;$$

10e) $$\int\frac{x}{\operatorname{Cof}^n x}dx=\sum_{\nu=1}^{\varkappa-1}\frac{(n-2;-2;\nu-1)}{(n-1;-2;\nu)}\left[\frac{x\operatorname{Sin}x}{\operatorname{Cof}^{n-2\nu+1}x}+\frac{1}{(n-2\nu)\operatorname{Cof}^{n-2\nu}x}\right]+\frac{(2-s;2;\varkappa-1)}{(3-s;2;\varkappa-1)}\int\frac{x}{\operatorname{Cof}^{2-s}x}dx,$$
mit $n=2\varkappa-s$, $s=0$ oder 1.

---

*) Siehe Anmerkung S. 113.

**) Siehe Anmerkung S. 130.

353.

11a) $$\int\frac{dx}{x^p\,\mathfrak{Cof}^n x}=\frac{-p}{(n-1)(n-2)x^{p+1}\,\mathfrak{Cof}^{n-2}x}+\frac{\mathfrak{Sin}\,x}{(n-1)x^p\,\mathfrak{Cof}^{n-1}x}+\frac{n-2}{n-1}\int\frac{dx}{x^p\,\mathfrak{Cof}^{n-2}x}-\frac{p(p+1)}{(n-1)(n-2)}\int\frac{dx}{x^{p+2}\,\mathfrak{Cof}^{n-2}x},\; n>2;$$

11b) $$\int\frac{dx}{x^p\,\mathfrak{Cof}\,x}=\sum_{\substack{\nu=0\\ \nu\neq\frac{p-1}{2}}}^{\infty}(-1)^\nu\frac{E_\nu x^{2\nu-p+1}}{(2\nu-p+1)(2\nu)!}+(-1)^\kappa\frac{sE_\kappa}{(p-1)!}\log x+C,^{*)}\text{ mit } p=2\kappa+s,\ s=0 \text{ oder } 1, \text{ für } |x|<\frac{\pi}{2};$$

11c) $$\int\frac{dx}{x^p\,\mathfrak{Cof}^2 x}=\frac{\mathfrak{Tg}\,x}{x^p}+\left[1-(-1)^p\right]\frac{2^p(2^{p+1}-1)p}{(p+1)!}B_{p+1}\log x+\frac{p}{x^{p+1}}\sum_{\substack{\nu=1\\ \nu\neq\frac{p+1}{2}}}^{\infty}\frac{(2^{2\nu}-1)B_{2\nu}}{(2\nu-p-1)(2\nu)!}(2x)^{2\nu}+C^{**)},\ |x|<\frac{\pi}{2}.$$

12a) $$\int x^p\frac{\mathfrak{Sin}^{2m}x}{\mathfrak{Cof}^n x}dx=\sum_{\nu=0}^{m}(-1)^{m+\nu}\binom{m}{\nu}\int\frac{x^p}{\mathfrak{Cof}^{n-2\nu}x}dx,\quad \text{vgl. } 353.10;$$

12b) $$\int x^p\frac{\mathfrak{Sin}^{2m+1}x}{\mathfrak{Cof}^n x}dx=\sum_{\nu=0}^{m}(-1)^{m+\nu}\binom{m}{\nu}\int x^p\frac{\mathfrak{Sin}\,x}{\mathfrak{Cof}^{n-2\nu}x}dx;$$

12c) $$\int x^p\frac{\mathfrak{Sin}\,x}{\mathfrak{Cof}^n x}dx=\frac{-1}{n-1}\,\frac{x^p}{\mathfrak{Cof}^{n-1}x}+\frac{p}{n-1}\int\frac{x^{p-1}}{\mathfrak{Cof}^{n-1}x}dx,\quad n>1;$$

12d) $$\int x^p\,\mathfrak{Tg}\,x\,dx=\sum_{\nu=1}^{\infty}\frac{2^{2\nu}(2^{2\nu}-1)B_{2\nu}}{(2\nu+p)(2\nu)!}x^{2\nu+p}+C^{**)},\ |x|<\frac{\pi}{2},\ p\geqq-1;$$

12e) $$\int x^p\,\mathfrak{Tg}^{2m}x\,dx=\frac{1}{p+1}x^{p+1}+\sum_{\nu=0}^{m-1}(-1)^{m+\nu}\binom{m}{\nu}\int\frac{x^p}{\mathfrak{Cof}^{2m-2\nu}x}dx,\quad \text{vgl. } 353.10;$$

12f) $$\int x^p\,\mathfrak{Tg}^{2m+1}x\,dx=\int x^p\,\mathfrak{Tg}\,x\,dx+\sum_{\nu=0}^{m-1}(-1)^{m+\nu+1}\binom{m}{\nu}\frac{1}{2m-2\nu}\left\{\frac{x^p}{\mathfrak{Cof}^{2m-2\nu}x}-p\int\frac{x^{p-1}}{\mathfrak{Cof}^{2m-2\nu}x}dx\right\},$$
vgl. 353.10.

13a) $$\int x^p\frac{\mathfrak{Cof}^{2n}x}{\mathfrak{Sin}^m x}dx=\sum_{\nu=0}^{n}\binom{n}{\nu}\int\frac{x^p}{\mathfrak{Sin}^{m-2\nu}x}dx,\quad \text{vgl. } 353.8;$$

13b) $$\int x^p\frac{\mathfrak{Cof}^{2n+1}x}{\mathfrak{Sin}^m x}dx=\sum_{\nu=0}^{n}\binom{n}{\nu}\int\frac{x^p\,\mathfrak{Cof}\,x}{\mathfrak{Sin}^{m-2\nu}x}dx;$$

13c) $$\int x^p\frac{\mathfrak{Cof}\,x}{\mathfrak{Sin}^m x}dx=\frac{-1}{m-1}\,\frac{x^p}{\mathfrak{Sin}^{m-1}x}+\frac{p}{m-1}\int\frac{x^{p-1}}{\mathfrak{Sin}^{m-1}x}dx,\quad m>1;$$

13d) $$\int x^p\,\mathfrak{Ctg}\,x\,dx=\sum_{\nu=0}^{\infty}\frac{2^{2\nu}B_{2\nu}}{(2\nu+p)(2\nu)!}x^{2\nu+p}+C^{**)},\ |x|<\pi,\ p\geqq1;$$

13e) $$\int x^p\,\mathfrak{Ctg}^{2n}x\,dx=\frac{1}{p+1}x^{p+1}+\sum_{\nu=0}^{n-1}\binom{n}{\nu}\int\frac{x^p}{\mathfrak{Sin}^{2n-2\nu}x}dx,\quad \text{vgl. } 353.8;$$

13f) $$\int x^p\,\mathfrak{Ctg}^{2n+1}x\,dx=\int x^p\,\mathfrak{Ctg}\,x\,dx+\sum_{\nu=0}^{n-1}\frac{1}{2n-2\nu}\binom{n}{\nu}\left\{\frac{-x^p}{\mathfrak{Sin}^{2n-2\nu}x}+p\int\frac{x^{p-1}}{\mathfrak{Sin}^{2n-2\nu}x}dx\right\},$$
vgl. 353.8.

---

*) Siehe Anmerkung S.130.

**) Siehe Anmerkung S.113.

354. Integrale der Form $\int R(\mathfrak{Sin}(ax+b), \sin(cx+d), \ldots)\,dx$ *)

1a) $$\int \mathfrak{Sin}(ax+b)\sin(cx+d)\,dx = \frac{a}{a^2+c^2}\mathfrak{Cof}(ax+b)\sin(cx+d) - \frac{c}{a^2+c^2}\mathfrak{Sin}(ax+b)\cos(cx+d) + C;$$

1b) $$\int \mathfrak{Sin}(ax+b)\cos(cx+d)\,dx = \frac{a}{a^2+c^2}\mathfrak{Cof}(ax+b)\cos(cx+d) + \frac{c}{a^2+c^2}\mathfrak{Sin}(ax+b)\sin(cx+d) + C;$$

1c) $$\int \mathfrak{Cof}(ax+b)\sin(cx+d)\,dx = \frac{a}{a^2+c^2}\mathfrak{Sin}(ax+b)\sin(cx+d) - \frac{c}{a^2+c^2}\mathfrak{Cof}(ax+b)\cos(cx+d) + C;$$

1d) $$\int \mathfrak{Cof}(ax+b)\cos(cx+d)\,dx = \frac{a}{a^2+c^2}\mathfrak{Sin}(ax+b)\cos(cx+d) + \frac{c}{a^2+c^2}\mathfrak{Cof}(ax-b)\sin(cx+d) + C.$$

2) Ein Integral $\int \mathfrak{Sin}^m(a_1x+b_1)\mathfrak{Cof}^n(c_1x+d_1)\sin^p(a_2x+b_2)\cos^q(c_2x+d_2)\,dx$, wobei die Exponenten m, n, p und q nicht negative ganze Zahlen sind, kann geschlossen integriert werden, indem man sowohl $\mathfrak{Sin}^m(a_1x+b_1)\mathfrak{Cof}^n(c_1x+d_1)$ als auch $\sin^p(a_2x+b_2)\cos^q(c_2x+d_2)$ durch wiederholte Anwendung der Formeln 352.1 bzw. 332.1 in Summen verwandelt und dann die Formeln 354.1 benützt.

3a) $$\int \mathfrak{Sin}^m(ax+b)\sin^n(cx+d)\,dx = \frac{(-1)^\varkappa}{2^{m+n}}\binom{m}{\varkappa}\binom{n}{\varrho}x + \frac{(-1)^{\varkappa+\varrho}}{2^{m+n-1}}\binom{m}{\varkappa}\sum_{\nu=0}^{\varrho-1}\frac{(-1)^\nu}{(n-2\nu)c}\binom{n}{\nu}\sin(n-2\nu)(cx+d)$$
$$+\frac{1}{2^{m+n-1}}\binom{n}{\varrho}\sum_{\mu=0}^{\varkappa-1}\frac{(-1)^\mu}{(m-2\mu)a}\binom{m}{\mu}\mathfrak{Sin}(m-2\mu)(ax+b)$$
$$+\frac{(-1)^\varrho}{2^{m+n-2}}\sum_{\mu=0}^{\varkappa-1}\sum_{\nu=0}^{\varrho-1}\frac{(-1)^{\mu+\nu}\binom{m}{\mu}\binom{n}{\nu}}{(m-2\mu)^2a^2+(n-2\nu)^2c^2}\Big[(m-2\mu)a\,\mathfrak{Sin}(m-2\mu)(ax+b)\times$$
$$\times\cos(n-2\nu)(cx+d)+(n-2\nu)c\,\mathfrak{Cof}(m-2\mu)(ax+b).\sin(n-2\nu)(cx+d)\Big]+C_1,$$
wenn $m=2\varkappa$ und $n=2\varrho$ ist.

3b) $$=\frac{(-1)^{\varkappa+\varrho}}{2^{m+n-1}}\binom{m}{\varkappa}\sum_{\nu=0}^{\varrho-1}\frac{(-1)^\nu}{(n-2\nu)c}\binom{n}{\nu}\cos(n-2\nu)(cx+d)$$
$$+\frac{(-1)^{\varrho-1}}{2^{m+n-2}}\sum_{\mu=0}^{\varkappa-1}\sum_{\nu=0}^{\varrho-1}\frac{(-1)^{\mu+\nu}\binom{m}{\mu}\binom{n}{\nu}}{(m-2\mu)^2a^2+(n-2\nu)^2c^2}\Big[(m-2\mu)a\,\mathfrak{Sin}(m-2\mu)(ax+b)\times$$
$$\times\sin(n-2\nu)(cx+d)-(n-2\nu)c\,\mathfrak{Cof}(m-2\mu)(ax+b).\cos(n-2\nu)(cx+d)\Big]+C_2,$$
wenn $m=2\varkappa$ und $n=2\varrho-1$ ist.

---

*) Vgl. auch 334.

354.

3c) $$\int \mathfrak{Sin}^m(ax+b)\sin^n(cx+d)\,dx = \frac{1}{2^{m+n-1}}\binom{n}{\varrho}\sum_{\mu=0}^{\varkappa-1}\frac{(-1)^\mu}{(m-2\mu)a}\binom{m}{\mu}\mathfrak{Cof}(m-2\mu)(ax+b)$$

$$+\frac{(-1)^\varrho}{2^{m+n-2}}\sum_{\mu=0}^{\varkappa-1}\sum_{\nu=0}^{\varrho-1}\frac{(-1)^{\mu+\nu}\binom{m}{\mu}\binom{n}{\nu}}{(m-2\mu)^2a^2+(n-2\nu)^2c^2}\Big[(m-2\mu)a\,\mathfrak{Cof}(m-2\mu)(ax+b)\times$$

$$\times\cos(n-2\nu)(cx+d)+(n-2\nu)c\,\mathfrak{Sin}(m-2\mu)(ax+b).\sin(n-2\nu)(cx+d)\Big]+C_3,$$

wenn $m=2\varkappa-1$ und $n=2\varrho$ ist.

3d) $$=\frac{(-1)^{\varrho-1}}{2^{m+n-2}}\sum_{\mu=0}^{\varkappa-1}\sum_{\nu=0}^{\varrho-1}\frac{(-1)^{\mu+\nu}\binom{m}{\mu}\binom{n}{\nu}}{(m-2\mu)^2a^2+(n-2\nu)^2c^2}\Big[(m-2\mu)a\,\mathfrak{Cof}(m-2\mu)(ax+b)\times$$

$$\times\sin(n-2\nu)(cx+d)-(n-2\nu)c\,\mathfrak{Sin}(m-2\mu)(ax+b).\cos(n-2\nu)(cx+d)\Big]+C_4,$$

wenn $m=2\varkappa-1$ und $n=2\varrho-1$ ist.

4a) $$\int \mathfrak{Sin}^m(ax+b)\cos^n(cx+d)\,dx = \frac{(-1)^\varkappa(1-\sigma)}{2^{m+n}}\binom{m}{\varkappa}\binom{n}{\varrho}x+\frac{1-\sigma}{2^{m+n-1}}\binom{n}{\varrho}\sum_{\mu=0}^{\varkappa-1}\frac{(-1)^\mu}{(m-2\mu)a}\binom{m}{\mu}\mathfrak{Sin}(m-2\mu)(ax+b)$$

$$+\frac{(-1)^\varkappa}{2^{m+n-1}}\binom{m}{\varkappa}\sum_{\nu=0}^{\varrho-1}\frac{1}{(n-2\nu)c}\binom{n}{\nu}\sin(n-2\nu)(cx+d)$$

$$+\frac{1}{2^{m+n-2}}\sum_{\mu=0}^{\varkappa-1}\sum_{\nu=0}^{\varrho-1}\frac{(-1)^\mu\binom{m}{\mu}\binom{n}{\nu}}{(m-2\mu)^2a^2+(n-2\nu)^2c^2}\Big[(m-2\mu)a\,\mathfrak{Sin}(m-2\mu)(ax+b)\times$$

$$\times\cos(n-2\nu)(cx+d)+(n-2\nu)c\,\mathfrak{Cof}(m-2\mu)(ax+b).\sin(n-2\nu)(cx+d)\Big]+C_1,$$

wenn $m=2\varkappa$ und $n=2\varrho-\sigma$, $\sigma=0$ oder 1 ist;

4b) $$=\frac{1-\sigma}{2^{m+n-1}}\binom{n}{\varrho}\sum_{\mu=0}^{\varkappa-1}\frac{(-1)^\mu\binom{m}{\mu}}{(m-2\mu)a}\mathfrak{Cof}(m-2\mu)(ax+b)$$

$$+\frac{1}{2^{m+n-2}}\sum_{\mu=0}^{\varkappa-1}\sum_{\nu=0}^{\varrho-1}\frac{(-1)^\mu\binom{m}{\mu}\binom{n}{\nu}}{(m-2\mu)^2a^2+(n-2\nu)^2c^2}\Big[(m-2\mu)a\,\mathfrak{Cof}(m-2\mu)(ax+b)\times$$

$$\times\cos(n-2\nu)(cx+d)+(n-2\nu)c\,\mathfrak{Sin}(m-2\mu)(ax+b).\sin(n-2\nu)(cx+d)\Big]+C_2,$$

wenn $m=2\varkappa-1$ und $n=2\varrho-\sigma$, $\sigma=0$ oder 1.

5a) $$\int \mathfrak{Cof}^m(ax+b)\sin^n(cx+d)\,dx = \frac{1-s}{2^{m+n}}\binom{m}{\varkappa}\binom{n}{\varrho}x + \frac{(1-s)(-1)^\varrho}{2^{m+n-1}}\binom{m}{\varkappa}\sum_{\nu=0}^{\varrho-1}\frac{(-1)^\nu\binom{n}{\nu}}{(n-2\nu)c}\sin(n-2\nu)(cx+d)$$

$$+\frac{1}{2^{m+n-1}}\binom{n}{\varrho}\sum_{\mu=0}^{\varkappa-1}\frac{1}{(m-2\mu)a}\binom{m}{\mu}\mathfrak{Sin}(m-2\mu)(ax+b)$$

$$+\frac{(-1)^\varrho}{2^{m+n-2}}\sum_{\mu=0}^{\varkappa-1}\sum_{\nu=0}^{\varrho-1}\frac{(-1)^\nu\binom{m}{\mu}\binom{n}{\nu}}{(m-2\mu)^2a^2+(n-2\nu)^2c^2}\Big[(m-2\mu)a\,\mathfrak{Sin}(m-2\mu)(ax+b)\times$$

$$\times\cos(n-2\nu)(cx+d)+(n-2\nu)c\,\mathfrak{Cof}(m-2\mu)(ax+b)\cdot\sin(n-2\nu)(cx+d)\Big]+C_1,$$

wenn $m=2\varkappa-s$, $s=0$ oder 1, und $n=2\varrho$ ist.

5b) $$=\frac{(1-s)(-1)^{\varrho-1}}{2^{m+n-1}}\binom{m}{\varkappa}\sum_{\nu=0}^{\varrho-1}\frac{(-1)^{\nu+1}}{(n-2\nu)c}\binom{n}{\nu}\cos(n-2\nu)(cx+d)$$

$$+\frac{(-1)^{\varrho-1}}{2^{m+n-2}}\sum_{\mu=0}^{\varkappa-1}\sum_{\nu=0}^{\varrho-1}\frac{(-1)^\nu\binom{m}{\mu}\binom{n}{\nu}}{(m-2\mu)^2a^2+(n-2\nu)^2c^2}\Big[(m-2\mu)a\,\mathfrak{Sin}(m-2\mu)(ax+b)\times$$

$$\times\sin(n-2\nu)(cx+d)-(n-2\nu)c\,\mathfrak{Cof}(m-2\mu)(ax+b)\cdot\cos(n-2\nu)(cx+d)\Big]+C_2,$$

wenn $m=2\varkappa-s$, $s=0$ oder 1, und $n=2\varrho-1$ ist.

6) $$\int \mathfrak{Cof}^m(ax+b)\cos^n(cx+d)\,dx = \frac{(1-s)(1-\sigma)}{2^{m+n}}\binom{m}{\varkappa}\binom{n}{\varrho}x + \frac{1-s}{2^{m+n-1}}\binom{m}{\varkappa}\sum_{\nu=0}^{\varrho-1}\frac{\binom{n}{\nu}}{(n-2\nu)c}\sin(n-2\nu)(cx+d)$$

$$+\frac{1-\sigma}{2^{m+n-1}}\binom{n}{\varrho}\sum_{\mu=0}^{\varkappa-1}\frac{\binom{m}{\mu}}{(m-2\mu)a}\mathfrak{Sin}(m-2\mu)(ax+b)$$

$$+\frac{1}{2^{m+n-2}}\sum_{\mu=0}^{\varkappa-1}\sum_{\nu=0}^{\varrho-1}\frac{\binom{m}{\mu}\binom{n}{\nu}}{(m-2\mu)^2a^2+(n-2\nu)^2c^2}\Big[(m-2\mu)a\,\mathfrak{Sin}(m-2\mu)(ax+b)\times$$

$$\times\cos(n-2\nu)(cx+d)+(n-2\nu)c\,\mathfrak{Cof}(m-2\mu)(ax+b)\cdot\sin(n-2\nu)(cx+d)\Big]+C,$$

wenn $m=2\varkappa-s$, $s=0$ oder 1, und $n=2\varrho-\sigma$, $\sigma=0$ oder 1, ist.

361. Integrale der Form $\int R\left(x, \mathfrak{Ar}\,{\mathfrak{Sin} \atop \mathfrak{Cof}}\,x\right)dx$.*)

1) Definition der Areafunktionen $\mathfrak{Ar}\,\mathfrak{Sin}\,x$ und $\mathfrak{Ar}\,\mathfrak{Cof}\,x$ (11.9.).

Die folgenden Formeln sind den Hauptwerten dieser Funktionen angepaßt, wobei alle Quadratwurzeln positiv zu ziehen sind. Es ist im besonderen:

1a) $$\mathfrak{Ar}\,\mathfrak{Sin}\,\frac{x}{a} = \int_0^x \frac{dt}{\sqrt{t^2+a^2}} \qquad (-\infty < x < +\infty,\ a>0),$$

1b) $$\mathfrak{Ar}\,\mathfrak{Cof}\,\frac{x}{a} = \int_0^x \frac{dt}{\sqrt{t^2-a^2}} \qquad (0<a\leqq x<\infty).$$

*) Vgl. auch 323. Die Formeln für $\mathfrak{Ar}\,\mathfrak{Sin}\,x$ und $\mathfrak{Ar}\,\mathfrak{Cof}\,x$ sind hier in leicht verständlicher Weise zusammengefaßt, indem nur diejenigen Zeichen, in denen sie sich unterscheiden, übereinandergeschrieben sind.

361.

2) Substitution: Setzt man

2a) $$x = \genfrac{}{}{0pt}{}{\mathfrak{Sin}}{\mathfrak{Cof}}\, t\,,$$

so wird

2b) $$\int R\left(x, \mathrm{Ar}\genfrac{}{}{0pt}{}{\mathfrak{Sin}}{\mathfrak{Cof}}\, x\right) dx = \int R\left(\genfrac{}{}{0pt}{}{\mathfrak{Sin}}{\mathfrak{Cof}}\, t, t\right) \genfrac{}{}{0pt}{}{\mathfrak{Cof}}{\mathfrak{Sin}}\, t\, dt\;;$$

das letzte Integral fällt unter 351–353.

3) Partielle Integration (vgl. 10.6a–6d):

3a) $$\int f(x)\, \mathrm{Ar}\genfrac{}{}{0pt}{}{\mathfrak{Sin}}{\mathfrak{Cof}}\, x\, dx = F(x) .\, \mathrm{Ar}\genfrac{}{}{0pt}{}{\mathfrak{Sin}}{\mathfrak{Cof}}\, x - \int \frac{F(x)}{\sqrt{x^2 \pm 1}}\, dx\,, \qquad \text{wenn } F'(x) = f(x) \text{ ist;}$$

3b) $$\int F_1\left(x, \mathrm{Ar}\genfrac{}{}{0pt}{}{\mathfrak{Sin}}{\mathfrak{Cof}}\, x\right) dx = F\left(x, \mathrm{Ar}\genfrac{}{}{0pt}{}{\mathfrak{Sin}}{\mathfrak{Cof}}\, x\right) - \int F_2\left(\genfrac{}{}{0pt}{}{\mathfrak{Sin}}{\mathfrak{Cof}}\, y, y\right) dy\,, \quad \text{mit } y = \mathrm{Ar}\genfrac{}{}{0pt}{}{\mathfrak{Sin}}{\mathfrak{Cof}}\, x\;;$$

wenn $\frac{\partial}{\partial x_1} F(x_1, x_2) = F_1(x_1, x_2)$ und $\frac{\partial}{\partial x_2} F(x_1, x_2) = F_2(x_1, x_2)$ ist.

4a) $$\int x^n\, \mathrm{Ar}\genfrac{}{}{0pt}{}{\mathfrak{Sin}}{\mathfrak{Cof}}\, \frac{x}{a}\, dx = \frac{x^{n+1}}{n+1}\, \mathrm{Ar}\genfrac{}{}{0pt}{}{\mathfrak{Sin}}{\mathfrak{Cof}}\, \frac{x}{a} - \frac{1}{n+1} \int \frac{x^{n+1}}{\sqrt{x^2 \pm a^2}}\, dx\,, \quad n \neq -1,$$

vgl. 234.2 und 235.2 sowie 323.20a–20b und 323.23a–23b;

4b) $$\int \mathrm{Ar}\genfrac{}{}{0pt}{}{\mathfrak{Sin}}{\mathfrak{Cof}}\, \frac{x}{a}\, dx = x\, \mathrm{Ar}\genfrac{}{}{0pt}{}{\mathfrak{Sin}}{\mathfrak{Cof}}\, \frac{x}{a} - \sqrt{x^2 \pm a^2} + C\,,$$ vgl. 323.20c und 23c;

4c) $$\int x\, \mathrm{Ar}\genfrac{}{}{0pt}{}{\mathfrak{Sin}}{\mathfrak{Cof}}\, \frac{x}{a}\, dx = \frac{2x^2 \pm a^2}{4}\, \mathrm{Ar}\genfrac{}{}{0pt}{}{\mathfrak{Sin}}{\mathfrak{Cof}}\, \frac{x}{a} - \frac{x}{4}\sqrt{x^2 \pm a^2} + C\,.$$

5a) $$\int \frac{1}{x^n}\, \mathrm{Ar}\genfrac{}{}{0pt}{}{\mathfrak{Sin}}{\mathfrak{Cof}}\, \frac{x}{a}\, dx = \frac{-1}{n-1}\, \frac{1}{x^{n-1}}\, \mathrm{Ar}\genfrac{}{}{0pt}{}{\mathfrak{Sin}}{\mathfrak{Cof}}\, \frac{x}{a} + \frac{1}{n-1} \int \frac{dx}{x^{n-1}\sqrt{x^2 \pm a^2}}\,, \quad n \neq 1\,,$$

vgl. 234.4 und 235.4 sowie 323.21a–21b und 323.24a–24b;

5b) $$\int \frac{1}{x}\, \mathrm{Ar}\genfrac{}{}{0pt}{}{\mathfrak{Sin}}{\mathfrak{Cof}}\, \frac{x}{a}\, dx = -\log a .\, \log x + \int \frac{\log\left(x + \sqrt{x^2 \pm a^2}\right)}{x}\, dx\,,$$ vgl. 323.21b–21d und 323.24b;

5c) $$\int \frac{1}{x^2}\, \mathrm{Ar}\genfrac{}{}{0pt}{}{\mathfrak{Sin}}{\mathfrak{Cof}}\, \frac{x}{a}\, dx = \frac{-1}{x}\, \mathrm{Ar}\genfrac{}{}{0pt}{}{\mathfrak{Sin}}{\mathfrak{Cof}}\, \frac{x}{a} - \frac{1}{a} \begin{cases} \log \dfrac{a + \sqrt{x^2 + a^2}}{x} & a > 0 \\ \arcsin \dfrac{a}{x} & x \geqq a > 0 \end{cases} + C\,,$$

vgl. 323.21e und 323.24c.

6a) $$\int \left(\mathrm{Ar}\genfrac{}{}{0pt}{}{\mathfrak{Sin}}{\mathfrak{Cof}}\, x\right)^n dx = x\left(\mathrm{Ar}\genfrac{}{}{0pt}{}{\mathfrak{Sin}}{\mathfrak{Cof}}\, x\right)^n - n\sqrt{x^2 \pm 1}\left(\mathrm{Ar}\genfrac{}{}{0pt}{}{\mathfrak{Sin}}{\mathfrak{Cof}}\, x\right)^{n-1} + n(n-1)\int \left(\mathrm{Ar}\genfrac{}{}{0pt}{}{\mathfrak{Sin}}{\mathfrak{Cof}}\, x\right)^{n-2} dx\;;$$

6b) $$= \sum_{\nu=0}^{\left[\frac{n}{2}\right]} \left\{(n;-1;2\nu)\, x \left(\mathrm{Ar}\genfrac{}{}{0pt}{}{\mathfrak{Sin}}{\mathfrak{Cof}}\, x\right)^{n-2\nu} - (n;-1;2\nu+1)\sqrt{x^2 \pm 1}\left(\mathrm{Ar}\genfrac{}{}{0pt}{}{\mathfrak{Sin}}{\mathfrak{Cof}}\, x\right)^{n-2\nu-1}\right\} + C\;;$$

6c) $$\int \left(\mathrm{Ar}\genfrac{}{}{0pt}{}{\mathfrak{Sin}}{\mathfrak{Cof}}\, x\right)^2 dx = x\left(\mathrm{Ar}\genfrac{}{}{0pt}{}{\mathfrak{Sin}}{\mathfrak{Cof}}\, x\right)^2 - 2\sqrt{x^2 \pm 1}\left(\mathrm{Ar}\genfrac{}{}{0pt}{}{\mathfrak{Sin}}{\mathfrak{Cof}}\, x\right) + 2x + C\,.$$

7) $\int R\left(x, \sqrt{x^2 \pm 1}, \mathfrak{Ar}\genfrac{}{}{0pt}{}{\mathfrak{Sin}}{\mathfrak{Cos}} x\right) dx = \int R\left(\genfrac{}{}{0pt}{}{\mathfrak{Sin}}{\mathfrak{Cos}} t, \genfrac{}{}{0pt}{}{\mathfrak{Cos}}{\mathfrak{Sin}} t, t\right) \genfrac{}{}{0pt}{}{\mathfrak{Cos}}{\mathfrak{Sin}} t \, dt$,

mit $x = \genfrac{}{}{0pt}{}{\mathfrak{Sin}}{\mathfrak{Cos}} t$, $t = \mathfrak{Ar}\genfrac{}{}{0pt}{}{\mathfrak{Sin}}{\mathfrak{Cos}} x$ (x, t unbeschränkt; $x \geqq 1$, $t \geqq 0$).

8a) $\int \frac{x^n}{\sqrt{x^2 \pm 1}} \mathfrak{Ar}\genfrac{}{}{0pt}{}{\mathfrak{Sin}}{\mathfrak{Cos}} x \, dx = \frac{x^{n-1}}{n} \sqrt{x^2 \pm 1} \, \mathfrak{Ar}\genfrac{}{}{0pt}{}{\mathfrak{Sin}}{\mathfrak{Cos}} x - \frac{x^n}{n^2} \mp \frac{n-1}{n} \int \frac{x^{n-2}}{\sqrt{x^2 \pm 1}} \mathfrak{Ar}\genfrac{}{}{0pt}{}{\mathfrak{Sin}}{\mathfrak{Cos}} x \, dx$, $n \neq 0$;

8b) $\int \frac{1}{\sqrt{x^2 \pm 1}} \mathfrak{Ar}\genfrac{}{}{0pt}{}{\mathfrak{Sin}}{\mathfrak{Cos}} x \, dx = \frac{1}{2} \left(\mathfrak{Ar}\genfrac{}{}{0pt}{}{\mathfrak{Sin}}{\mathfrak{Cos}} x\right)^2 + C$;

8c) $\int \frac{x}{\sqrt{x^2 \pm 1}} \mathfrak{Ar}\genfrac{}{}{0pt}{}{\mathfrak{Sin}}{\mathfrak{Cos}} x \, dx = \sqrt{x^2 \pm 1} \, \mathfrak{Ar}\genfrac{}{}{0pt}{}{\mathfrak{Sin}}{\mathfrak{Cos}} x - x + C$.

362. Integrale der Form $\int R\left(x, \mathfrak{Ar}\genfrac{}{}{0pt}{}{\mathfrak{Tg}}{\mathfrak{Ctg}} x\right) dx$.*)

1) **Definition der Areafunktionen $\mathfrak{Ar\,Tg}\,x$ und $\mathfrak{Ar\,Ctg}\,x$** (vgl. 11.9):

Die folgenden Formeln sind den Hauptwerten dieser Funktionen angepaßt, gelten jedoch auch bei richtiger analytischer Fortsetzung für die weiteren Zweige dieser Funktionen.

1a) $\mathfrak{Ar\,Tg} \frac{x}{a} = a \int_0^x \frac{dt}{a^2 - t^2}$, $|x| < a$;

1b) $\mathfrak{Ar\,Ctg} \frac{x}{a} = -\mathfrak{Ar\,Ctg} \frac{-x}{a} = \mathfrak{Ar\,Tg} \frac{a}{x} = a \int_x^{+\infty} \frac{dt}{t^2 - a^2}$, $0 < a < x < \infty$.

2) **Substitution**: Setzt man

2a) $x = \genfrac{}{}{0pt}{}{\mathfrak{Tg}}{\mathfrak{Ctg}} t$,

so wird

2b) $\int R\left(x, \mathfrak{Ar}\genfrac{}{}{0pt}{}{\mathfrak{Tg}}{\mathfrak{Ctg}} x\right) dx = \pm \int R\left(\genfrac{}{}{0pt}{}{\mathfrak{Tg}}{\mathfrak{Ctg}} t, t\right) \left(\genfrac{}{}{0pt}{}{\mathfrak{Cos}}{\mathfrak{Sin}} t\right)^{-2} dt$;

das letzte Integral gehört zu 351 – 353.

3) **Partielle Integration** (vgl. 10.6a – 6d):

3a) $\int f(x) \, \mathfrak{Ar}\genfrac{}{}{0pt}{}{\mathfrak{Tg}}{\mathfrak{Ctg}} \frac{x}{a} \, dx = F(x) \cdot \mathfrak{Ar}\genfrac{}{}{0pt}{}{\mathfrak{Tg}}{\mathfrak{Ctg}} \frac{x}{a} - a \int \frac{F(x)}{a^2 - x^2} dx$, wenn $F'(x) = f(x)$ ist ;

3b) $\int F_1\left(x, \mathfrak{Ar}\genfrac{}{}{0pt}{}{\mathfrak{Tg}}{\mathfrak{Ctg}} x\right) dx = F\left(x, \mathfrak{Ar}\genfrac{}{}{0pt}{}{\mathfrak{Tg}}{\mathfrak{Ctg}} x\right) - \int F_2\left(\genfrac{}{}{0pt}{}{\mathfrak{Tg}}{\mathfrak{Ctg}} y, y\right) dy$, mit $y = \mathfrak{Ar}\genfrac{}{}{0pt}{}{\mathfrak{Tg}}{\mathfrak{Ctg}} x$,

wenn $F_1(x_1, x_2) = \frac{\partial}{\partial x_1} F(x_1, x_2)$ und $F_2(x_1, x_2) = \frac{\partial}{\partial x_2} F(x_1, x_2)$ bedeutet.

---

*) Hinsichtlich der Schreibweise vgl. Anmerkung S. 157.

362.

4a) $$\int x^n\,\mathfrak{Ar}\,{}^{\mathfrak{Tg}}_{\mathfrak{Ctg}}\frac{x}{a}\,dx=\frac{1}{n+1}x^{n+1}\,\mathfrak{Ar}\,{}^{\mathfrak{Tg}}_{\mathfrak{Ctg}}\frac{x}{a}+\frac{a}{n+1}\int\frac{x^{n+1}}{x^2-a^2}\,dx\,,\quad n\neq-1,$$ vgl. 15.21f,g und 15.23b;

4b) $$\int\mathfrak{Ar}\,{}^{\mathfrak{Tg}}_{\mathfrak{Ctg}}\frac{x}{a}\,dx=x\,\mathfrak{Ar}\,{}^{\mathfrak{Tg}}_{\mathfrak{Ctg}}\frac{x}{a}+\frac{a}{2}\log C(x^2-a^2)\,;$$

4c) $$\int x\,\mathfrak{Ar}\,{}^{\mathfrak{Tg}}_{\mathfrak{Ctg}}\frac{x}{a}\,dx=\frac{x^2-a^2}{2}\,\mathfrak{Ar}\,{}^{\mathfrak{Tg}}_{\mathfrak{Ctg}}\frac{x}{a}+\frac{a}{2}x+C\,.$$

5a) $$\int\frac{1}{x^n}\,\mathfrak{Ar}\,{}^{\mathfrak{Tg}}_{\mathfrak{Ctg}}\frac{x}{a}\,dx=\frac{-1}{n-1}\,\frac{1}{x^{n-1}}\,\mathfrak{Ar}\,{}^{\mathfrak{Tg}}_{\mathfrak{Ctg}}\frac{x}{a}-\frac{a}{n-1}\int\frac{dx}{x^{n-1}(x^2-a^2)}\,,\quad n\neq1,$$ vgl. 15.24 und 15.23b;

5b) $$\int\frac{1}{x}\,\mathfrak{Ar}\,{}^{\mathfrak{Tg}}_{\mathfrak{Ctg}}\frac{x}{a}\,dx=\frac{1}{2}\mathfrak{L}_2\left(\frac{x}{a}\right)-\frac{1}{2}\mathfrak{L}_2\left(\frac{-x}{a}\right)+\begin{cases}C & ,\ |x|\leq a\,,\\ \frac{\pi i}{2}\log x+C & ,\ |x|\geq a\,,\end{cases}$$ vgl. 322.7;

5c) $$=\pm\sum_{\nu=0}^{\infty}\frac{1}{(2\nu+1)^2}\left(\frac{x}{a}\right)^{\pm(2\nu+1)}+C\,;$$

5d) $$\int\frac{1}{x^2}\,\mathfrak{Ar}\,{}^{\mathfrak{Tg}}_{\mathfrak{Ctg}}\frac{x}{a}\,dx=\frac{-1}{x}\,\mathfrak{Ar}\,{}^{\mathfrak{Tg}}_{\mathfrak{Ctg}}\frac{x}{a}-\frac{1}{2a}\log C\,\frac{x^2-a^2}{x^2}\,.$$

6) $$\int R\left(x,\sqrt{\pm(a^2-x^2)},\,\mathfrak{Ar}\,{}^{\mathfrak{Tg}}_{\mathfrak{Ctg}}\frac{x}{a}\right)dx=\pm a\int R\left(a\,{}^{\mathfrak{Tg}}_{\mathfrak{Ctg}}\,t,\ a\left({}^{\mathfrak{Cof}}_{\mathfrak{Sin}}\,t\right)^{-1},\,t\right)\left({}^{\mathfrak{Cof}}_{\mathfrak{Sin}}\,t\right)^{-2}dt\,,\quad a>0\,,$$

mit $x=a\,{}^{\mathfrak{Tg}}_{\mathfrak{Ctg}}\,t$, $t=\mathfrak{Ar}\,{}^{\mathfrak{Tg}}_{\mathfrak{Ctg}}\frac{x}{a}$; t unbeschränkt, $t>0$.

7a) $$\int\frac{x^n}{a^2-x^2}\,\mathfrak{Ar}\,{}^{\mathfrak{Tg}}_{\mathfrak{Ctg}}\frac{x}{a}\,dx=-\int x^{n-2}\,\mathfrak{Ar}\,{}^{\mathfrak{Tg}}_{\mathfrak{Ctg}}\frac{x}{a}\,dx+a^2\int\frac{x^{n-2}}{a^2-x^2}\,\mathfrak{Ar}\,{}^{\mathfrak{Tg}}_{\mathfrak{Ctg}}\frac{x}{a}\,dx\,;$$

7b) $$\int\frac{1}{a^2-x^2}\,\mathfrak{Ar}\,{}^{\mathfrak{Tg}}_{\mathfrak{Ctg}}\frac{x}{a}\,dx=\frac{1}{2a}\left(\mathfrak{Ar}\,{}^{\mathfrak{Tg}}_{\mathfrak{Ctg}}\frac{x}{a}\right)^2+C\,;$$

7c) $$\int\frac{x}{a^2-x^2}\,\mathfrak{Ar}\,{}^{\mathfrak{Tg}}_{\mathfrak{Ctg}}\frac{x}{a}\,dx=\frac{1}{4}\log\frac{4a^2}{\pm(a^2-x^2)}\,\mathfrak{Ar}\,{}^{\mathfrak{Tg}}_{\mathfrak{Ctg}}\frac{x}{a}+\frac{1}{4}\left[\mathfrak{L}_2\left(\frac{a-x}{2a}\right)-\mathfrak{L}_2\left(\frac{a+x}{2a}\right)\right]+\begin{cases}C\,, & |x|<a\,.\\ \frac{\pi i}{4}\log(x+a)+C\,, & x>a>0\,.\end{cases}$$

371. Integrale von Weierstraßschen elliptischen Funktionen.

1) **Definitionen**: vgl. 242.2 und JAHNKE-EMDE, Funktionentafeln, S. 98 ff.

1a) $$\wp(u) = \frac{1}{u^2} + \sum_{\mu,\nu}^{-\infty\dots+\infty}{}' \left[\frac{1}{(u-2\mu\omega-2\nu\omega')^2} - \frac{1}{(2\mu\omega+2\nu\omega')^2}\right]^{*)};$$

1b) $$\zeta(u) = \frac{1}{u} + \sum_{\mu,\nu}^{-\infty\dots+\infty}{}' \frac{u^2}{(2\mu\omega+2\nu\omega')^2(u-2\mu\omega-2\nu\omega)}^{*)};$$

1c) $$\sigma(u) = u\, e^{\int_0^u \left(\zeta(u)-\frac{1}{u}\right)du} = u \prod_{\mu,\nu}^{-\infty\dots+\infty}{}' \left(1-\frac{u}{2\mu\omega+2\nu\omega'}\right) e^{\frac{u}{2\mu\omega+2\nu\omega'}+\frac{1}{2}\left(\frac{u}{2\mu\omega+2\nu\omega'}\right)^2} \quad {}^{*)}$$

Es gelten folgende Beziehungen:

1d) $\wp(u+2\mu\omega+2\nu\omega') = \wp(u)$, für beliebige ganze Zahlen μ, ν;

1e) $\wp'(u) = \sqrt{4\wp^3(u) - g_2\wp(u) - g_3}$, $\wp''(u) = 6\wp^2(u) - \frac{1}{2}g_2$, $\wp'''(u) = 12\wp(u)\wp'(u)$;

1f) $$\wp(u+v) = \frac{1}{4}\left(\frac{\wp'(u)-\wp'(v)}{\wp(u)-\wp(v)}\right)^2 - \wp(u) - \wp(v);$$

1g) $$\zeta(u+v) = \zeta(u) + \zeta(v) + \frac{1}{2}\,\frac{\wp'(u)-\wp'(v)}{\wp(u)-\wp(v)};$$

1h) Die Umkehrfunktion von $x = \wp(u)$ ist: $u = \wp_{(-1)}(x) = \int_\infty^x \frac{dx}{\sqrt{4x^3-g_2x-g_3}}$.

2) **Grundintegrale**:

2a) $$\int \wp'(u)\,du = \wp(u) + C;$$

2b) $$\int \wp(u)\,du = -\zeta(u) + C;$$

2c) $$\int \zeta(u)\,du = \log\sigma(u) + C;$$

3) Jede elliptische Funktion, d. h. jede rationale Funktion $R[\wp(u), \wp'(u)]$, läßt sich geschlossen integrieren, denn wegen 371.1e gilt:

3a) $$\int R[\wp(u), \wp'(u)]\,du = \int R_1[\wp(u)]\,du + \int R_2[\wp(u)]\,\wp'(u)\,du$$

mit zwei rationalen Funktionen R_1 und R_2. Das letzte Integral geht durch die Substitution $\wp(u) = x$ in das rationale Integral $\int R_2(x)\,dx$ über; das vorletzte Integral kann durch Partialbruchzerlegung von $R_1(x)$ auf die folgenden Integrale zurückgeführt

---

*) Die Summe bzw. das Produkt ist über alle positiven und negativen Zahlen μ, ν zu erstrecken mit Ausnahme der Kombination $\mu = \nu = 0$.

371.

werden:

4a) $$\int \wp^n(u)\,du = \frac{1}{2(2n-1)}\wp^{n-2}(u)\,\wp'(u) + \frac{(2n-3)g_2}{4(2n-1)}\int \wp^{n-2}(u)\,du + \frac{(n-2)g_3}{2(2n-1)}\int \wp^{n-3}(u)\,du\,;$$

4b) $$\int \wp^2(u)\,du = \frac{1}{6}\wp'(u) + \frac{g}{12}u + C\,;$$

4c) $$\int \wp^3(u)\,du = \frac{1}{10}\wp(u)\,\wp'(u) - \frac{3g_2}{20}\zeta(u) + \frac{g_3}{10}u + C\,;$$

5a) $$\int \frac{du}{[\wp(u)-\varrho]^n} = \frac{-1}{(n-1)b_3}\,\frac{\wp'(u)}{[\wp(u)-\varrho]^{n-1}} - \frac{3(2n-3)b_2}{2(n-1)b_3}\int \frac{du}{[\wp(u)-\varrho]^{n-1}}$$
$$- \frac{6(2n-4)\varrho}{(n-1)b_3}\int \frac{du}{[\wp(u)-\varrho]^{n-2}} - \frac{2(2n-5)}{(n-1)b_3}\int \frac{du}{[\wp(u)-\varrho]^{n-3}}\,,\quad n \neq 1\,,$$
mit $b_2 = 4\varrho^2 - \frac{1}{3}g_2$ und $b_3 = 4\varrho^3 - g_2\varrho - g_3 \neq 0$;

5b) $$\int \frac{du}{[\wp(u)-e]^n} = \frac{-2}{3(2n-1)b_2}\,\frac{\wp'(u)}{[\wp(u)-e]^n} - \frac{8(n-1)e}{(2n-1)b_2}\int \frac{du}{[\wp(u)-e]^{n-1}} - \frac{4(2n-3)}{3(2n-1)b_2}\int \frac{du}{[\wp(u)-e]^{n-2}}\,,$$
mit $b_2 = 4e^2 - \frac{1}{3}g_2$ für $4e^3 - g_2 e - g_3 = 0$.

6a) $$\int \frac{du}{\wp(u)-\varrho} = \frac{1}{\delta}\left\{\log\frac{\sigma(u-\gamma)}{\sigma(u+\gamma)} + 2\zeta(\gamma)u\right\} + C\,,$$ mit $\gamma = \wp_{(-1)}(\varrho)$, also $\varrho = \wp(\gamma)$ und $\delta = \wp'(\gamma) = \sqrt{4\varrho^3 - g_2\varrho - g_3} \neq 0$;

6b) $$\int \frac{du}{\wp(u)-e} = \frac{-2}{3b_2}\,\frac{\wp'(u)}{\wp(u)-e} - \frac{4}{3b_2}\zeta(u) - \frac{4e}{3b_2}u + C\,,$$
mit $b_2 = 4e^2 - \frac{1}{3}g_2$ für $4e^3 - g_2 e - g_3 = 0$.

372. Integrale von JACOBIschen elliptischen Funktionen.

1) Definitionen: Vgl. 241.1 und JAHNKE-EMDE, Funktionentafeln, S. 90 ff.

1a) Die Umkehrfunktion des LEGENDREschen Normalintegrals 1. Gattung (241.1):

$$v(\varphi) = \int_0^{\varphi} \frac{d\psi}{\sqrt{1-k^2\sin^2\psi}}$$

ist die Amplitudenfunktion:

$$\varphi = am(v,k) \;;^{*)}$$

1b)
$$\begin{cases} sn(v,k) = \sin am(v,k) = \sin\varphi \,, \; ^{*)} \\ cn(v,k) = \cos am(v,k) = \cos\varphi \,, \\ dn(v,k) = \sqrt{1-k^2\sin^2\varphi} \,. \end{cases}$$

Für diese Funktionen gelten die Gleichungen:

1c) $sn^2v + cn^2v = 1 \,, \quad dn^2v + k^2sn^2v = 1 \,;$

1d) $am'v = dn\,v \,, \; sn'v = cn\,v\,dn\,v \,, \; cn'v = -sn\,v\,dn\,v \,, \; dn'v = -k^2 sn\,v\,cn\,v \,;$

1e)
$$\begin{cases} sn(v_1+v_2) = \dfrac{sn\,v_1\,cn\,v_2\,dn\,v_2 + sn\,v_2\,cn\,v_1\,dn\,v_1}{1-k^2sn^2v_1\,sn^2v_2} \,, \\[2ex] cn(v_1+v_2) = \dfrac{cn\,v_1\,cn\,v_2 - sn\,v_1\,dn\,v_1\,sn\,v_2\,dn\,v_2}{1-k^2sn^2v_1\,sn^2v_2} \,, \\[2ex] dn(v_1+v_2) = \dfrac{dn\,v_1\,dn\,v_2 - k^2sn\,v_1\,cn\,v_1\,sn\,v_2\,cn\,v_2}{1-k^2sn^2v_1\,sn^2v_2} \,; \end{cases}$$

1f) $zn(v,k) = \displaystyle\int_0^v \left[dn^2(u,k) - \frac{E(k)}{K(k)}\right] du = E(\varphi,k) - \frac{E(k)}{K(k)}\,v \,,$ *) JACOBIsche Zetafunktion, vgl. 241.1;

K(k) und E(k) bedeuten die vollständigen Integrale 1. und 2. Gattung:
$K(k) = F(\frac{\pi}{2},k) \,, \; E(k) = E(\frac{\pi}{2},k) \,; \; \varphi = am(v,k) \,.$

1g) $pn(v,a,k) = k^2 sn\,a\,cn\,a\,dn\,a \displaystyle\int_0^v \frac{sn^2u}{1-k^2sn^2a\,sn^2u}\,du \,,$ JACOBIsches Integral 3. Gattung; es hängt mit dem LEGENDREschen Integral 3. Gattung $\Pi(\varphi,\varrho,k)$ (vgl. 241.1) folgendermaßen zusammen:

1h) $pn(v,a,k) = \dfrac{cn\,a\,dn\,a}{sn\,a}\left\{\Pi(\varphi,-k^2sn^2a,k) - v\right\} \,, \quad \text{mit } \varphi = am(v,k) \,;$

1j) $pn(v,a,k) - pn(a,v,k) = v\,zn(a,k) - a\,zn(v,k) \,.$

---

*) Wenn keine Verwechslung vorkommen kann, wird der Modul k weggelassen; man schreibt also einfach $am\,v$, $sn\,v$, $cn\,v$, $dn\,v$, $zn\,v$ statt $am(v,k)$ usw.

2) Jede rationale Funktion $R(\mathrm{sn}\,v, \mathrm{cn}\,v, \mathrm{dn}\,v)$ läßt sich mit Hilfe dieser Funktionen geschlossen integrieren, denn wegen 372.1c gilt:

2a) $$\int R(\mathrm{sn}\,v, \mathrm{cn}\,v, \mathrm{dn}\,v)\,dv = \int R_1(\mathrm{sn}\,v)\,dv + \int R_2(\mathrm{sn}\,v)\,\mathrm{cn}\,v\,.\,dv$$

$$+\int R_3(\mathrm{sn}\,v)\,\mathrm{dn}\,v\,.\,dv + \int R_4(\mathrm{sn}\,v)\,\mathrm{cn}\,v\;\mathrm{dn}\,v\;dv\,,$$

mit rationalen Funktionen R_1, R_2, R_3, R_4. Das letzte Integral geht nach der Substitution $\mathrm{sn}\,v = x$ in ein rationales Integral über, das nach Abschnitt 1 zu berechnen ist:

2b) $$\int R_4(\mathrm{sn}\,v)\,\mathrm{cn}\,v\,.\,\mathrm{dn}\,v\,.\,dv = \int R_4(x)\,dx\,, \quad \text{mit } x = \mathrm{sn}\,v\,,\ dx = \mathrm{cn}\,v\,.\,\mathrm{dn}\,v\,.\,dv\,;$$

ebenso können die Integranden des zweiten und dritten Integrals durch folgende Substitutionen rationalisiert werden:

2c) $$\int R_2(\mathrm{sn}\,v)\,\mathrm{cn}\,v\,.\,dv = \int R_2\left(\frac{2t}{1+k^2t^2}\right)\frac{2}{1+k^2t^2}\,dt\,, \quad \text{mit } \mathrm{sn}\,v = \frac{2t}{1+k^2t^2}\,,\ \mathrm{cn}\,v\,.\,dv = \frac{2}{1+k^2t^2}\,dt\,,$$
$$t = \frac{\mathrm{sn}\,v}{\mathrm{dn}\,v+1} = \frac{1}{k}\sqrt{\frac{1-\mathrm{dn}\,v}{1+\mathrm{dn}\,v}}\;;$$

2d) $$\int R_3(\mathrm{sn}\,v)\,\mathrm{dn}\,v\,.\,dv = \int R_3\left(\frac{2t}{1+t^2}\right)\frac{2}{1+t^2}\,dt\,, \qquad \text{mit } \mathrm{sn}\,v = \frac{2t}{1+t^2}\,,\ \mathrm{dn}\,v\,.\,dv = \frac{2}{1+t^2}\,dt\,,$$
$$t = \frac{\mathrm{sn}\,v}{\mathrm{cn}\,v+1} = \sqrt{\frac{1-\mathrm{cn}\,v}{1+\mathrm{cn}\,v}}\,.$$

Das erste Integral $\int R_1(\mathrm{sn}\,v)\,dv$ kann in üblicher Weise durch Partialbruchzerlegung von R_1 auf die folgenden Integrale zurückgeführt werden:

3a) $$\int \mathrm{sn}^n v\,.\,dv = \frac{1}{(n-1)k^2}\,\mathrm{cn}\,v\,.\,\mathrm{dn}\,v\,.\,\mathrm{sn}^{n-3}v + \frac{(n-2)(1+k^2)}{(n-1)k^2}\int \mathrm{sn}^{n-2}v\,.\,dv$$
$$-\frac{n-3}{(n-1)k^2}\int \mathrm{sn}^{n-4}v\,.\,dv\,, \quad n \neq 1\,;$$

3b) $$\int \mathrm{sn}\,v\;dv = \frac{1}{k}\log(\mathrm{dn}\,v - k\,\mathrm{cn}\,v) + C\;;$$

3c) $$\int \mathrm{sn}^2 v\,dv = \frac{1}{k^2}\,v - \frac{1}{k^2}E(\varphi,k) + C = \frac{1}{k^2}\left(1-\frac{E}{K}\right)v - \frac{1}{k^2}\,\mathrm{zn}\,v + C\,,$$
vgl. 372.1f und 241.1, mit $\varphi = \mathrm{am}(v,k)$;

3d) $$\int \mathrm{sn}^3 v\,dv = \frac{1}{2k^2}\,\mathrm{cn}\,v\,.\,\mathrm{dn}\,v + \frac{1+k^2}{2k^3}\log(\mathrm{dn}\,v - k\,\mathrm{cn}\,v) + C\,.$$

4a) $$\int\frac{dv}{sn^n v}=\frac{-1}{n-1}\,\frac{cn v.dn v}{sn^{n-1}v}+\frac{(n-2)(1+k^2)}{n-1}\int\frac{dv}{sn^{n-2}v}-\frac{(n-3)k^2}{n-1}\int\frac{dv}{sn^{n-4}v}\;;\quad n\neq 1\,;$$

4b) $$\int\frac{dv}{sn v}=\log\frac{sn v}{cn v+dn v}+C_1=\log\frac{dn v-cn v}{sn v}+C_2\,.$$

5a) $$\int\frac{dv}{(sn v-\varrho)^n}=\frac{-1}{(n-1)(1-\varrho^2)(1-k^2\varrho^2)}\,\frac{cn v.dn v}{(sn v-\varrho)^{n-1}}+\frac{(2n-3)(1+k^2-2k^2\varrho^2)\varrho}{(n-1)(1-\varrho^2)(1-k^2\varrho^2)}\int\frac{dv}{(sn v-\varrho)^{n-1}}$$
$$+\frac{(n-2)(1+k^2-6k^2\varrho^2)}{(n-1)(1-\varrho^2)(1-k^2\varrho^2)}\int\frac{dv}{(sn v-\varrho)^{n-2}}-\frac{2(2n-5)k^2\varrho}{(n-1)(1-\varrho^2)(1-k^2\varrho^2)}\int\frac{dv}{(sn v-\varrho)^{n-3}}$$
$$-\frac{(n-3)k^2}{(n-1)(1-\varrho^2)(1-k^2\varrho^2)}\int\frac{dv}{(sn v-\varrho)^{n-4}}\,,\quad n\neq 1\,,\ \varrho\neq\pm 1,\pm\frac{1}{k}\ (\text{vgl. } 241.5a)\,;$$

5b) $$\int\frac{dv}{(sn v-\varepsilon)^n}=\frac{\varepsilon}{(2n-1)(1-k^2)}\,\frac{cn v.dn v}{(sn v-\varepsilon)^n}-\frac{\varepsilon(n-1)(1-5k^2)}{(2n-1)(1-k^2)}\int\frac{dv}{(sn v-\varepsilon)^{n-1}}$$
$$+\frac{2(2n-3)k^2}{(2n-1)(1-k^2)}\int\frac{dv}{(sn v-\varepsilon)^{n-2}}+\frac{\varepsilon(n-2)k^2}{(2n-1)(1-k^2)}\int\frac{dv}{(sn v-\varepsilon)^{n-3}}\,,\ \text{mit } \varepsilon=\pm 1\,;$$

5c) $$\int\frac{dv}{(k sn v-\varepsilon)^n}=\frac{-\varepsilon k}{(2n-1)(1-k^2)}\,\frac{cn v.dn v}{(k sn v-\varepsilon)^n}-\frac{\varepsilon(n-1)(5-k^2)}{(2n-1)(1-k^2)}\int\frac{dv}{(k sn v-\varepsilon)^{n-1}}$$
$$-\frac{2(2n-3)}{(2n-1)(1-k^2)}\int\frac{dv}{(k sn v-\varepsilon)^{n-2}}-\frac{\varepsilon(n-2)}{(2n-1)(1-k^2)}\int\frac{dv}{(k sn v-\varepsilon)^{n-3}}\,,\ \text{mit } \varepsilon=\pm 1\,.$$

6a) $$\int\frac{dv}{sn v-\varrho}=\frac{-1}{\varrho}\Pi\left(\varphi,\frac{-1}{\varrho^2},k\right)+\frac{1}{\sqrt{(1-\varrho^2)(1-k^2\varrho^2)}}\log\frac{\sqrt{1-\varrho^2}\,dn v-\sqrt{1-k^2\varrho^2}\,cn v}{\sqrt{sn^2 v-\varrho^2}}+C\,,$$
vgl. 241.1 mit $\varphi=am(v,k)$;

6b) $$\int\frac{dv}{sn v-\varepsilon}=\frac{\varepsilon}{1-k^2}\,\frac{cn v.dn v}{sn v-\varepsilon}+\frac{\varepsilon}{1-k^2}E(\varphi,k)-\varepsilon v+C\,,\quad \varepsilon=\pm 1\,,\ \varphi=am(v,k)\,;$$

6c) $$\int\frac{dv}{k sn v-\varepsilon}=\frac{-\varepsilon k}{1-k^2}\,\frac{cn v.dn v}{k sn v-\varepsilon}-\frac{\varepsilon}{1-k^2}E(\varphi,k)+C\,,\quad \varepsilon=\pm 1\,,\ \varphi=am(v,k)\,.$$

7a) $$\int cn v\,dv=\frac{2}{k}\,\text{arctg}\,\frac{k.sn v}{dn v+1}+C=\frac{i}{k}\log(dn v-i k\,sn v)+C\,;$$

7b) $$\int dn v\,dv=2\,\text{arctg}\,\frac{sn v}{cn v+1}+C=i\log(cn v-i\,sn v)+C\,.$$

372.

8a) $\int sn v\, cn v . dv = \frac{-1}{k^2} dn v + C$;

8b) $\int sn v . dn v . dv = - cn v + C$;

8c) $\int cn^2 v . dv = \frac{k^2-1}{k^2} v + \frac{1}{k^2} E(\varphi,k) + C$, $\varphi = am(v,k)$, vgl. 372.1f ;

8d) $\int cn v . dn v . dv = sn v + C$;

8e) $\int dn^2 v . dv = E(\varphi,k) + C$, $\varphi = am(v,k)$, vgl. 372.1f .

9a) $\int \frac{dv}{cn v} = \frac{1}{2k'} \log \frac{dn v + k' sn v}{dn v - k' sn v} + C = \frac{1}{k'} \log \frac{dn v + k' sn v}{cn v} + C$, $k' = \sqrt{1-k^2}$;

9b) $\int \frac{dv}{dn v} = \frac{1}{k'} \operatorname{arctg} \frac{k' sn v}{cn v} + C$, $k' = \sqrt{1-k^2}$.

10a) $\int \frac{dv}{sn^2 v} = \frac{-cn v . dn v}{sn v} + v - E(\varphi,k) + C$, vgl. 372.1f ;

10b) $\int \frac{dv}{cn^2 v} = \frac{1}{1-k^2} \frac{sn v . dn v}{cn v} + v - \frac{1}{1-k^2} E(\varphi,k) + C$, vgl. 372.1f ;

10c) $\int \frac{dv}{dn^2 v} = \frac{-k^2}{1-k^2} \frac{sn v . cn v}{dn v} + \frac{1}{1-k^2} E(\varphi,k) + C$, $\varphi = am(v,k)$, vgl. 372.1f

11a) $\int \frac{cn v}{sn v} dv = \log \frac{sn v}{dn v + 1} + C$;

11b) $\int \frac{dn v}{sn v} dv = \log \frac{sn v}{cn v + 1} + C$.

12a) $\int \frac{sn v}{cn v} dv = \frac{1}{2k'} \log \frac{dn v + k'}{dn v - k'} + C$, $k' = \sqrt{1-k^2}$.

12b) $\int \frac{dn v}{cn v} dv = \log \frac{sn v + 1}{cn v} + C$.

13a) $\int \frac{sn v}{dn v} dv = \frac{1}{k k'} \operatorname{arctg} \frac{k k' (cn v + 1)}{k^2 cn v - k'^2} + C$, $k' = \sqrt{1-k^2}$;

13b) $\int \frac{sn v}{dn v} dv = \frac{1}{2k} \log \frac{1 + k . sn v}{1 - k . sn v} + C = \frac{1}{k} \log \frac{1 + k . sn v}{dn v} + C$.

MIX
Papier aus verantwortungsvollen Quellen
Paper from responsible sources
FSC® C105338

If you have any concerns about our products,
you can contact us on
ProductSafety@springernature.com

In case Publisher is established outside the EU,
the EU authorized representative is:
Springer Nature Customer Service Center GmbH
Europaplatz 3, 69115 Heidelberg, Germany

Printed by Libri Plureos GmbH
in Hamburg, Germany